图灵程序设计丛书

深入解析CSS

CSS IN DEPTH

[美] 基思·J.格兰特 著

黄小璐 高楠 译

人民邮电出版社

北 京

图书在版编目（C I P）数据

深入解析CSS / （美）基思·J.格兰特
(Keith J. Grant) 著 ; 黄小璐, 高楠译. -- 北京 : 人
民邮电出版社, 2020.4（2023.11重印）
（图灵程序设计丛书）
ISBN 978-7-115-53376-0

Ⅰ. ①深… Ⅱ. ①基… ②黄… ③高… Ⅲ. ①网页制
作工具 Ⅳ. ①TP393.092.2

中国版本图书馆CIP数据核字(2020)第010887号

内 容 提 要

本书旨在达成两个目标：帮读者深度掌握 CSS 语言，并快速了解 CSS 的新进展和新特性。本书分为以下四部分。第一部分回顾基础知识，并重点关注几个很容易被忽视的细节，包括层叠和继承、相对单位、盒模型等；第二部分介绍网页布局的各种关键工具，如浮动布局、Flexbox、网格布局、定位、响应式设计等；第三部分介绍新的最佳实践，主要包括如何用模块化的方式组织 CSS，以及如何构建一个模式库；第四部分介绍与设计师共事时需要考虑哪些重要因素，以及自己如何做一点设计工作。

本书适合前端工程师及 Web 开发人员阅读。

◆ 著　　　　[美] 基思 · J. 格兰特
译　　　　黄小璐　高　楠
责任编辑　温　雪
责任印制　周昇亮

◆ 人民邮电出版社出版发行　　北京市丰台区成寿寺路 11 号
邮编　100164　　电子邮件　315@ptpress.com.cn
网址　https://www.ptpress.com.cn
固安县铭成印刷有限公司印刷

◆ 开本：800×1000　1/16
印张：25　　　　　　2020年 4 月第 1 版
字数：591千字　　　　2023 年 11 月河北第 4 次印刷

著作权合同登记号　图字：01-2018-5348号

定价：139.00元

读者服务热线：(010)84084456-6009　印装质量热线：(010)81055316
反盗版热线：(010)81055315
广告经营许可证：京东市监广登字 20170147 号

版权声明

盒模型和 border-box

盒模型指的是网页元素的结构。当指定一个元素的宽度或高度时，便设置了元素内容的尺寸——任何内边距（padding）、边框（border）、外边距（margin）都会基于它叠加。

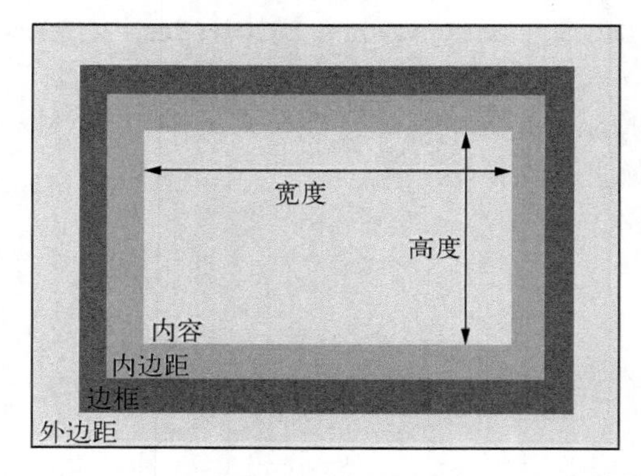

给元素设置 `box-sizing: border-box` 会改变盒模型，使其获得更好的可预测性。指定宽度或高度时，会设置整个元素尺寸，包括内边距和边框。

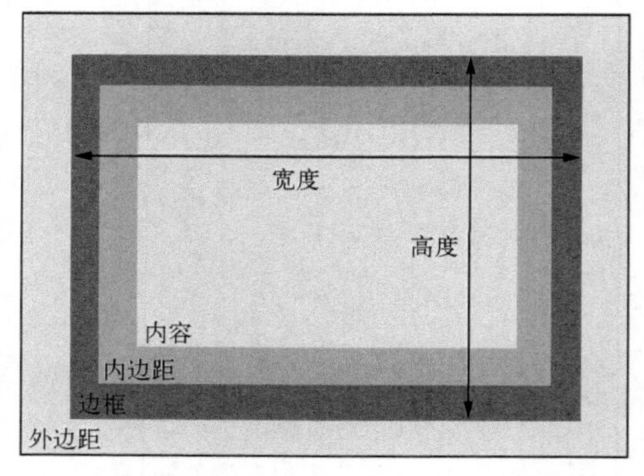

第 3 章介绍如何给整个网页设置 `border-box`，以及其他重要概念，如：

- 让内容居中
- 创建等高列
- 控制元素的间距

译 者 序

作为有多年工作经验的前端开发者，我深切地体会到CSS的重要性，同时也感受到精通CSS的难度之高。CSS的世界过于庞大，而且近几年涌现的新特性越来越多。虽然初学者可以快速上手CSS，但是要达到精通的境界则需要投入大量的时间。

而我正是因为工作方面遇到了急需解决的问题，无意中接触到了本书。我原本只是想随便翻开看看，没想到一翻开就合不上了，书中不仅解答了我原有的疑惑，还大大地拓展了我的视野。我想，这么好的书，应该让更多人看到，于是便有了翻译此书的念头。由于工作实在繁忙，便拉上自己的同事高楠一起翻译。我翻译了序言、前言、致谢、关于本书、第1～8章及附录A，高楠翻译了第9～16章及附录B。

言归正传，回到本书。本书作者在CSS这一概念提出之初，就已经自学了HTML和CSS的相关知识。他对前端和后端的工作都十分了解，并拥有十余年CSS实战经验。在就职过的每一家公司，他都是非常重要的CSS导师。对于想要精通CSS的人而言，本书就是一张宝贵的“地图”。本书覆盖了CSS世界的大部分“疆土”，从CSS基础知识开始（如层叠、优先级、继承、相对单位、盒模型等），到多种布局（如浮动布局、Flexbox、网格布局、响应式设计等），再到大型应用程序中的CSS（如模块化CSS和模式库），最后是关于CSS的高级话题（如背景、阴影和混合模式，对比、颜色和间距，以及排版、过渡、变换、动画等）。

不管你是CSS新手，还是有一定基础，但在CSS领域遇到了瓶颈的开发人员，你都可以从本书中获益。本书不仅有讲解透彻的文字介绍，而且还有详细的分步示例，手把手教你学习CSS。本书图文并茂，帮助你用科学的方法进行CSS实战训练，将理论融入实践，达到事半功倍的学习效果。

最后，由于译者水平有限，难免会有翻译不当之处。如有问题，欢迎读者批评指正。同时感谢人民邮电出版社图灵公司的领导和编辑们，他们为本书的出版付出了宝贵的时间和精力。

黄小璐

序

“只需一分钟就能学会，却要用一辈子的时间去精通”，这句话现在略显老套，但我还是很喜欢。这句话在现代作为《黑白棋》（*Othello*）游戏的标语而得到普及。在《黑白棋》游戏中，玩家轮流在棋盘上放置白色或者黑色的棋子。如果在下了一个白棋后，导致一行黑棋被两个白棋夹在中间，那么所有黑棋将被替换为白棋，整行棋子就变成了白色。

就像黑白棋一样，学会 CSS 的规则并不难。你只需要写一个选择器尝试匹配元素，然后写一些键/值对给元素添加样式即可。即使是新手也能轻松理解该基础语法。但要**精通** CSS，难在需要知道在**何时做何事**。

CSS 是一种 Web 语言，但是它与编程并不完全相同。CSS 也包含一些逻辑和循环，但它的数学仅限于简单的函数，并且直到最近才拥有变量，更别提安全性了。比起 Python，CSS 更接近于绘画。你可以尽情使用 CSS 创造，它不会给出任何错误或者编译失败的提示。

精通 CSS，需要学习 CSS 的所有功能。了解得越多，对 CSS 的感受就越自然。练习得越多，就越能轻松地想到完美的布局和定位方法。读得越多，就越能从容地应对任何设计。

真正优秀的 CSS 开发人员不会害怕任何设计。每项工作都变得像解谜游戏一样，能够锻炼你的聪明才智。真正优秀的 CSS 开发人员对 CSS 的功能有全面而广泛的了解。本书是你成为真正优秀的 CSS 开发人员的阶梯，能够让你掌握必要的知识，帮你成功实现目标。

请允许我再打个比方。虽然 CSS 诞生于几十年前，但它有点像《飙风战警》这部电影，你可以做任何想做的事情，只要事情按照的你预期发展就行。CSS 没有任何硬性规定，但正因为全靠自己发挥，没有衡量标准告诉你做得好不好，所以你需要格外小心。一点改动就可能产生巨大的影响。一个样式表也许会像滚雪球一样增长到难以控制的程度。最后，你可能会被自己写的样式吓到！

基思的这本书知识面很广，每一个知识点都能让你成为更优秀的 CSS 开发人员，助你制服《飙风战警》中的怪博士。你将深入到这门语言本身，掌握 CSS 的功能。此外，你将围绕这门语言学到很多创意，帮助你在其他方面成长。你将更加高效地写出易理解且高性能的持久的代码。

即使是经验丰富的 CSS 开发人员也能从本书中获益匪浅。即使你发现读到的是已知的内容，也能助你提升技能，巩固知识。你还能发现一些让自己惊喜的“宝藏”，从而扩展知识面。

Chris Coyier

CodePen 联合创始人

前　言

CSS 在 1994 年被提出，1996 年由 Internet Explorer 3 首次（部分地）实现。正是在那段时间，我发现了神奇的查看源代码（View Source）按钮，并意识到一个网页的全部秘密就在一份纯文本文件里，等着我去破译。我用一个文本编辑器编码并观察效果，就这样自学了 HTML 和 CSS。这成了我在网上花费大量时间的一个有趣的借口。

同时，我需要找一份真正的工作，于是取得了一个计算机科学的学位。在 21 世纪初“Web 开发人员”的概念出现时，我还不知道它能和 CSS 扯上关系。

我很早就开始写 CSS。即使是在工作中使用，我仍然把 CSS 当成好玩的游戏。我从事过后端和前端的工作，但无论在哪个团队中，我都是 CSS 专家。而 CSS 往往是 Web 技术栈中最容易被忽视的一部分。但是，一旦你的项目编写了清晰的 CSS 代码，你就再也离不开它了。每个经验丰富的 Web 开发者在见识到 CSS 的神奇效果后，大部分会问：“我该如何学习 CSS？”

这个问题没有简单直接的答案，因为学习 CSS 并不是学习一两个小技巧，而是要理解这门语言的方方面面，并知道它们如何搭配使用。有些书对 CSS 做了不错的入门介绍，但是很多开发人员已经对 CSS 的基础有了一定的了解；有些书则教授了许多有用的技巧，但前提是读者已经精通了这门语言。

与此同时，CSS 正在加速变化。响应式设计如今已经是事实标准了。Web 字体也早已普及。2016 年，我们见证了 Flexbox 的崛起；2017 年，网格布局开始兴起，混合模式、盒阴影、变换、过渡、动画也刚刚普及。随着越来越多的浏览器变得“长青”，具备自动升级新版本的功能，新的 CSS 特性还会源源不断地出现。我们需要关注的知识点太多了。

不管你是入行不久的新手，还是有一定经验，但需要提升 CSS 技能的开发人员，这本书都能帮助你紧跟 CSS 发展的步伐。本书选取的知识点具备以下三个特点之一。

- **基本特性**。很遗憾，很多开发人员没有完全理解 CSS 的众多基础概念，包括层叠、浮动布局的行为，以及定位。本书会深入探讨这些知识点，并解释它们的工作原理。
- **新特性**。过去几年涌现了许多新特性，甚至还有一些特性刚刚萌芽。本书会介绍 CSS 的新功能以及那些尚在孵化的特性。本书更关注未来，虽然我会适当给出向后兼容的方案，但是我对当前以及未来的跨浏览器开发十分乐观。
- **大部分 CSS 书没有介绍到的特性**。CSS 世界很庞大。现代 Web 应用程序开发的世界里充满了重要的最佳实践以及通用方法。它们不一定属于 CSS 语言，但是一定属于 CSS 文化。它们对现代 Web 开发至关重要。

如何学习 CSS 呢？你会在本书中找到答案。

致　谢

出版一本书需要做大量的工作。我坚信这本书很优秀，也希望读者认同，但是如果一路上没有众人的帮助，它不会达到现在的高度。

首先要感谢我的妻子 Courtney。你一直支持我鼓励我，与我分担了这本书的重担，甚至帮我编辑了很多关键部分。没有你，我无法完成这本书。

感谢我的老板 Mark Eagle 以及洲际交易所的团队伙伴。谢谢你们一路鼓励我，让我可以利用无数个午休时间来写书。

感谢我的策划编辑 Greg Wild，你发现了我在网上发表的简陋的初稿并联系了我。感谢 Manning 的出版人 Marjan Bace，你看到了这本书的潜力。出版一本书，尤其是一本由新手写作的书，需要承担风险。感谢你给了这本书一个机会。

好书离不开好编辑。感谢 Kristen Watterson 给本书质量把关。这本书因你而变得更好。感谢我的技术编辑 Robin Dewson，感谢你在这个漫长过程中的耐心和洞察力。

感谢 Birnou Sebarté和 Louis Lazaris 为本书做了最终的全面技术校对。感谢 Chris Coyier 为本书作序。

还要感谢在本书写作的每个阶段阅读我的稿件并提供反馈的技术审阅者和朋友们：Adam Rackis、Al Pezewski、Amit Lamba、Anto Aravinth、Brian Gaines、Dico Goldoni、Giancarlo Massari、Goetz Heller、Harsh Raval、James Anaipakos、Jeffrey Lim、Jim Arthur、Matthew Halverson、Mitchell Robles Jr.、Nitin Varma、Patrick Goetz、Phily Austria、Pierfrancesco D’Orsogna、Rafael Cassemiro Freire、Rafael Freire、Sachin Singhi、Tanya Wilke、Trent Whiteley 和 William E. Wheeler。你们的反馈让我能在写作早期就察觉到不同技能水平的开发人员如何从本书汲取知识。

最后我要对 W3C CSS 工作组在 CSS 规范上所做的优秀工作表示无尽的感谢。你们解决了很多难题，为我们开发人员带来了很大的便利。感谢你们的不懈努力，让 CSS 乃至整个 Web 世界变得更加美好。

关于本书

CSS 日趋成熟。越来越多的 Web 开发人员意识到自己虽然“知道”CSS，但是理解得还不够深入。近年来，CSS 语言不断发展，曾经精通 CSS 的开发人员现在也可能需要掌握很多新技能。本书旨在达成两个目标：帮你深度掌握 CSS 语言，并快速了解 CSS 的新进展和新特性。

本书名叫《深入解析 CSS》，但它也是一本关于 CSS 广度的书。对于某些很难理解或通常被错误理解的 CSS 概念，我会详细地解释它们的工作原理及其展现某种行为的原因。对于有些话题，我不会面面俱到，但是介绍的内容足以让你高效地运用相关技术，并且会指出进一步学习的方向。总之，这本书能够填补你的知识盲区。

本书有些话题值得另外写一本书去单独介绍，比如：动画、排版，甚至是 Flexbox 和网格布局。我的目的是帮你扩展知识面、补齐短板，并让你爱上 CSS。

本书读者

首先，本书的读者应该是那些疲于跟 CSS 较劲、想要真正理解 CSS 工作原理的开发人员。你可以是行业新手，也可以是从业十几年的老手。

本书的读者应该对 HTML、CSS 以及 JavaScript 有大致的了解。只要你熟悉 CSS 的基础语法，就能理解本书。不过，本书主要面向的是那些已经写过一些 CSS，但遇到了困难，对 CSS 感到沮丧的开发人员。本书用到了少量 JavaScript，我让这些 JavaScript 代码尽可能简单，因此只要你能理解一些简短的代码片段，就应该没有问题。

如果你是一位想要涉足 Web 设计的设计师，本书也会让你获益良多，尽管本书并没有特别针对设计师而写。这本书还能够让你了解即将共事的开发人员的想法。

本书结构

本书共 16 章，分为四部分。第一部分，“基础回顾”，会回顾基础知识，并重点关注几个很容易被忽视的细节。

- 第 1 章介绍层叠和继承。这些概念负责控制哪些样式会作用于哪些网页元素。
- 第 2 章讨论相对单位，重点介绍 em 和 rem。相对单位很灵活，是 CSS 中的重要工具。这一章会让你熟悉它们的使用方法。

- 第 3 章介绍盒模型，包括控制网页元素大小和元素之间的间距。

第二部分，“精通布局”，会介绍网页布局的各种关键工具。

- 第 4 章深入探索浮动布局。我们将构建一个多列布局的页面，并学习如何处理浮动布局的一些棘手的特性。
- 第 5 章介绍 Flexbox。这是一种比较新的布局方式。这一章先介绍基础概念，然后进入布局实践。
- 第 6 章介绍一种全新的布局工具——网格。它实现了之前 CSS 无法实现的布局。
- 第 7 章深入探索用 `position` 属性实现定位，包括绝对定位、固定定位等。定位是很多开发人员容易遇到麻烦的地方，所以加强对定位的理解至关重要。
- 第 8 章介绍响应式设计，具体会介绍在不同屏幕尺寸和设备类型上构建响应式网站的三大原则。

第三部分，“大型应用程序中的 CSS”，会介绍新的最佳实践。让网页元素按照你的想法展现是一回事；随着 Web 应用程序的发展，为了将来可以理解和维护而组织代码则是另一回事。这一部分会介绍一些用于管理代码的重要技术。

- 第 9 章介绍如何用模块化的方式组织 CSS，以便代码可以复用并且易于维护。
- 第 10 章介绍如何构建一个模式库。这是团队成员使用和维护 CSS 的一个关键部分。

第四部分，“高级话题”，会带你进入设计的世界。这一部分会探讨与设计师共事时需要考虑哪些重要因素，以及自己如何做一点设计工作——因为有时会派上用场。

- 第 11 章讨论阴影、渐变以及混合模式。它们搭配起来可以实现优雅的用户界面。
- 第 12 章介绍如何使用对比、颜色以及间距。当开始注意这些细节时，网页设计在从优秀到卓越的路上就迈出了一大步。
- 第 13 章介绍 Web 排版：使用在线字体文件为网站或者应用程序赋予独特的个性。
- 第 14 章介绍基于过渡的网页动效，用于改变网页元素的形状、颜色或大小。
- 第 15 章介绍变换，它是跟过渡和动画搭配使用的重要工具。这一章也会探讨在网页中实现动效的性能。
- 第 16 章讨论关键帧动画。你将学习如何使用复杂动效向用户传递信息。

最后还有两个附录。

- 附录 A 列举了目前所有的 CSS 选择器类型。
- 附录 B 介绍了预处理器。如果你对预处理器不是很熟悉的话，可以从这一附录开始。

我精心编排了本书。本书首先会介绍你必须了解的基础知识，后面的话题都是基于前面的话题展开的。我在很多地方会引用前面章节的内容和示例，并将它们联系起来。虽然我会在不同的地方列出有价值的参考资料，但是建议你按顺序阅读本书。

代码约定和代码库

本书包含了许多源码示例。有的是在编号了的代码清单中，有的是在正文里。所有源码都采用等宽字体，以便跟普通文字区分开。有时候代码还会加粗，以突出在前一步的基础上改动过的代码，例如当给已有的一行代码加上新特性时。

在很多情况下，书中出现的源码经过了重新格式化。我添加了换行并调整了缩进以适应本书版面。因为极少数情况下，这样还不够，所以代码清单会加入行继续标记（➥）。另外，如果正文中对代码做了解释，则会将代码清单中的注释删掉。许多代码清单中会写注解，以强调重要概念。

CSS 需要跟 HTML 一起搭配使用。我通常会提供一份 HTML 和一份 CSS 代码清单。在大多数章节里，多份 CSS 清单会复用同一份 HTML。我会指导你一步一步地编辑样式表，并会尽可能清晰地显示每一步之间的差异。

本书的源码放在 git 仓库（http://github.com/CSSInDepth/css-in-depth）以及 Manning 出版社网站（http://manning.com/books/css-in-depth）中。[①]乍一看会觉得缺失了一些代码清单——因为可运行的示例同时需要 HTML 和 CSS，所以我就将大部分的代码清单放在一份 HTML 中，用`<style>`标签放 CSS 代码。也就是说在代码库里，HTML 和 CSS 合并到了一个文件中。

比如在第 1 章中，代码清单 1-1 是 HTML 代码，代码清单 1-2 是要应用到 HTML 上的 CSS 代码。在代码库里，我将它们合并到 listing-1.2.html 文件中了。代码清单 1-3 是对代码清单 1-2 的修改，放在了 listing-1.3.html 文件中，它也包含了代码清单 1-1 里的 HTML 代码。

浏览器版本

跨浏览器测试是 Web 开发中很重要的一部分。本书大多数代码在 IE10、IE11、微软 Edge、Chrome、Firefox、Safari、Opera，以及大多数移动浏览器中均支持。较新的特性不一定得到了所有浏览器的支持，遇到这种情况时我会及时说明。

不要仅仅因为某个浏览器不支持某个特性就不去使用它。通常可以为旧版的浏览器提供一个**回退**（fallback）方案。本书会在很多地方提供这种回退方案的示例。

如果你要在自己的计算机上运行书中的代码示例，我推荐使用最新版本的 Firefox 或者 Chrome 浏览器。

针对纸质书读者的说明

书中很多图片原本是彩色的。本书电子版能显示彩图，阅读时不妨参考。要获得本书电子版（PDF、mobi 格式），请访问本书图灵社区主页 http://www.ituring.com.cn/book/2583。

① 示例代码也可以从本书图灵社区页面（http://www.ituring.com.cn/book/2583）获取。——编者注

本书论坛

购买了本书英文版的读者可以免费访问一个由Manning出版社维护的私有论坛，你可以在论坛上评论本书，询问技术问题，并获得作者或其他用户的帮助。论坛地址是https://forums.manning.com/forums/css-in-depth。你还可以访问https://forums.manning.com/forums/，学习Manning论坛和行为规范的更多内容。

Manning向读者承诺提供一个供读者之间以及读者和作者之间交流的论坛。这并不代表硬性要求作者一定要投入多少精力参与到交流中，因为作者对论坛的贡献是志愿行为（并且是免费的）。我们建议读者询问富有挑战的问题，以免作者不感兴趣。只要本书还在印，论坛和之前的讨论归档都可以在出版社的网站找到。

关于作者

基思·J. 格兰特目前是洲际交易所公司（Intercontinental Exchange, Inc.，ICE）的一名高级Web开发人员，他为公司和纽约证券交易所的网站编写和维护CSS。他用HTML、CSS和JavaScript构建和维护Web应用程序和网站已经有11年的专业经验。他自学HTML和CSS，早年间在这门技术上还积累了好几年非正式经验。

他的经理因为他在CSS方面的专长而将其带入现在的网站团队，当时ICE需要实现新版的网站。CSS让公司能够通过构建独特而又富有创意的网站来树立品牌，并且能够帮助复杂的Web应用程序实现精巧的布局。

虽然基思的主要工作是JavaScript开发，但在就职过的每家公司，他都是一位重要的CSS指导者。

关于封面插图

本书的封面插图出自19世纪的一个众多艺术家作品的合集，该作品集由Louis Curmer编辑并于1841年在巴黎出版。这本合集名叫*Les Français peints par euxmêmes*，翻译成英文是*The French People Painted by Themselves*。每一张插图都画得很精致，并且是手工上色。这本合集里各种各样的绘画生动地展示了大约200年前的世界中，不同地域、城镇、村庄甚至是邻里之间的文化差异有多大。由于彼此隔离，人们说着不同的方言和语言。在城市的街道上或者乡村小路上，通过人们的穿着就能够轻易地判断他们住在哪里、做什么生意、有着什么样的身份。

如今的着装规范已经改变，那时巨大的地域差异性如今已经逐渐消逝。现在仅凭外表很难区分来自不同大陆的人，更不用说来自不同的城镇或者地域的人了。也许我们以文化多样性为代价，换来了更丰富的个人生活，当然还有更加丰富且迅速发展的技术生活。

当很难区分不同的计算机图书时，Manning出版社用两个世纪前反映不同地域生活的作品作为封面，象征计算机行业的独创性和主动性，用这本合集里的画作（如本书封面）将这种多样性再次呈现了出来。

电子书

扫描如下二维码，即可购买本书中文版电子版。

目 录

第一部分 基础回顾

第二部分 精通布局

第三部分　大型应用程序中的 CSS

第四部分　高级话题

第一部分

基础回顾

第一部分将深入探索 CSS 最基本的部分：层叠、相对单位以及盒模型。前三章介绍的这些基础知识决定了给网页元素添加什么样式，以及如何确定这些元素的大小。全面理解这些内容是阅读本书后续章节以及学习其他 CSS 知识的前提。

第 1 章 层叠、优先级和继承

本章概要

- ❑ 组成层叠的四个部分
- ❑ 层叠和继承的区别
- ❑ 如何控制样式和元素的对应关系
- ❑ 简写声明的常见误区

在软件开发中，CSS 是很特别的存在。严格来讲，它不是编程语言，却要求抽象思维。它不是纯粹的设计工具，却要求创造力。它提供了看似简单的声明式语法，但是在大型项目中写过 CSS 的人都知道它可能会变得极其复杂。

在学习传统编程中遇到问题时，你通常知道该搜索什么（比如，“如何找到一个数组里类型为 *x* 的元素”）。在 CSS 中，却很难将问题提炼成一句话。即使可以，答案一般也是“这得看情况”。最好的解决办法通常取决于具体场景，以及你希望以多大粒度处理各种边缘情况。

尽管了解一些“小技巧”或者具体的实现方式很有用，真正掌握 CSS 却需要理解这些实践背后的原理。本书虽然包含了很多例子，但其核心是 CSS 的原理。

本书第一部分首先介绍 CSS 最基本的原理：层叠、盒模型、可用的各种单位类型。大多数 Web 开发人员知道层叠和盒模型。他们了解像素单位，可能还听说过“应该改用 em 单位”。然而这类话题太多了，对此一知半解不能让你走得更远。如果要掌握 CSS，你一定要理解基础知识，并且是深入地理解。

你现在一定迫不及待地想要学习最新、最酷的 CSS 特性。那些特性确实令人兴奋，但首先你需要复习一下基础知识。我会快速地概括你可能熟知的所有基础知识，然后深入介绍每个话题。本章的目的是强化基础，CSS 的其他部分是在这些基础上构建的。

本章将首先介绍 CSS 里的 C（代表 cascade，层叠）。我将先讲解它的原理，然后展示一些例子。接着将介绍与层叠相关的话题：继承。之后将介绍简写属性以及对它们的常见误解。

总而言之，本章的话题都是关于将特定样式应用到目标元素的，其中有很多开发人员踩过的“坑”。理解这些话题能够让你更好地掌握 CSS。运气好的话，你还会更加欣赏和享受开发 CSS 的乐趣。

1.1　层叠

CSS 本质上就是声明规则，即在各种条件下，我们希望产生特定的效果。如果某个元素有这个类，则应用这些样式。如果 *X* 元素是 *Y* 元素的子节点，则应用那些样式。浏览器会根据这些规则，判断每个规则应该用在哪里，并使用它们去渲染页面。

如果只看几个小例子，CSS 的规则很容易理解。但是当样式表变大，或者将同一份样式表应用到更多的网页时，CSS 代码很快就会变得复杂。在 CSS 里实现一个效果通常有好几种方式。当 HTML 结构变化，或者将同一份样式表应用到不同的网页时，不同的实现方式会产生不同的结果。CSS 开发很重要的一点就是以可预测的方式书写规则。

首先我们需要理解浏览器如何解析样式规则。每条规则单独来看很简单，但是当两条规则提供了冲突的样式时会发生什么呢？如果你发现有一条规则没有按照预期生效，可能是因为另一条规则跟它冲突了。要想预测规则最终的效果，就需要理解 CSS 里的层叠。

为了演示，你需要构建一个简单的网页头部（如图 1-1 所示）。上面是网站标题，下面是一排蓝绿色的导航链接。最后一个链接是橘黄色的，用来表示其特殊性。

Wombat Coffee Roasters

Home　Coffees　Brewers　Specials

图 1-1　网页标题和导航链接

> **给纸质书读者的提示**　本书中的很多图片应该查看彩色版本。本书的电子版能显示彩图，阅读时应该参考。请访问 http://www.ituring.com.cn/book/2583 以获取中文版电子书。

在构建这个网页头部时，你可能熟悉大部分的 CSS。因此，我们将重点关注你一知半解的部分。

首先，创建一个 HTML 文档和一个样式表，将样式表命名为 styles.css。将代码清单 1-1 粘贴到 HTML 中。

> **说明**　本书的所有代码都可以访问 http://www.ituring.com.cn/book/2583 下载。这个代码库以 HTML 文件的方式组织，每个 HTML 里都内联了对应的 CSS。

代码清单 1-1　网页头部的 HTML 标记

```
<!doctype html>
<head>
  <link href="styles.css" rel="stylesheet" type="text/css" />
</head>
<body>
  <header class="page-header">
    <h1 id="page-title" class="title">Wombat Coffee Roasters</h1>
    <nav>
```

网页标题

```
      <ul id="main-nav" class="nav">
        <li><a href="/">Home</a></li>
        <li><a href="/coffees">Coffees</a></li>
        <li><a href="/brewers">Brewers</a></li>
        <li><a href="/specials" class="featured">Specials</a></li>
      </ul>
    </nav>
  </header>
</body
```

导航链接列表

特殊链接

对同一个元素应用多个规则时，规则中可能会包含冲突的声明。下面的代码就展示了这一点。它包含三个规则集，每一个给网页标题指定了不同的字体样式。标题不可能同时显示三种样式。哪一个会生效呢？将代码清单 1-2 粘贴到 CSS 文件中，看看会出现什么效果。

代码清单 1-2　冲突的声明

```
h1 {
  font-family: serif;
}

#page-title {
  font-family: sans-serif;
}

.title {
  font-family: monospace;
}
```

标签（或类型）选择器

ID 选择器

类选择器

包含冲突声明的规则集可能会连续出现，也可能分布在样式表的不同地方。无论如何，对于你的 HTML 来说，它们都选中了相同的元素。

三个规则集尝试给标题设置不同的字体，哪一个会生效呢？浏览器为了解决这个问题会遵循一系列规则，因此最终的效果可以预测。在上面的例子里，规则决定了第二个声明（即 ID 选择器）生效，因此标题采用 sans-serif 字体（如图 1-2 所示）。

Wombat Coffee Roasters

- Home
- Coffees
- Brewers
- Specials

图 1-2　ID 选择器生效，网页标题最后显示为 sans-serif 字体

层叠指的就是这一系列规则。它决定了如何解决冲突，是 CSS 语言的基础。虽然有经验的开发人员对层叠有大体的了解，但是层叠里有些规则还是容易让人误解。

下面来分析层叠的规则。当声明冲突时，层叠会依据三种条件解决冲突。

(1) **样式表的来源**：样式是从哪里来的，包括你的样式和浏览器默认样式等。

(2) **选择器优先级**：哪些选择器比另一些选择器更重要。

(3) **源码顺序**：样式在样式表里的声明顺序。

层叠的规则是按照这种顺序来考虑的。图 1-3 概括展示了规则的用法。

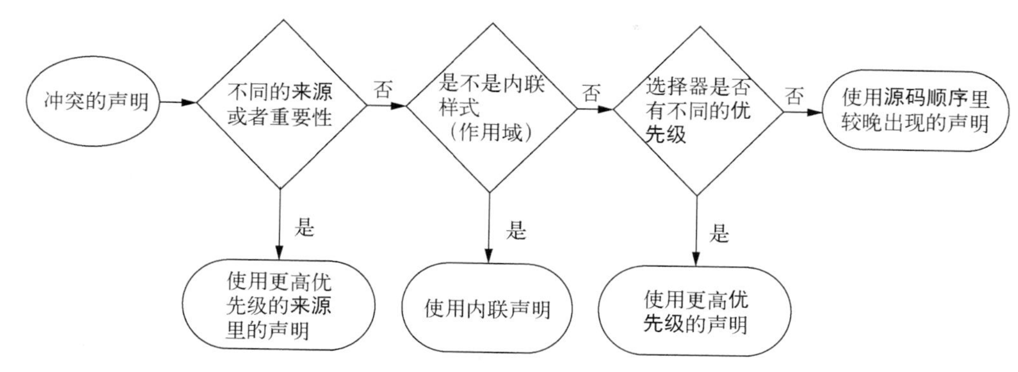

图 1-3 层叠的高级流程图，展示了声明的优先顺序

这些规则让浏览器以可预测的方式解决 CSS 样式规则的冲突。我们来一个一个地分析。

术语解释

你熟不熟悉 CSS 语法中各部分的名称，取决于你从哪儿学的 CSS。这一点我不加强调，但是因为整本书都要用到这些术语，所以我最好解释一下这些术语的意思。

以下是 CSS 中的一行。它被称作一个**声明**。该声明由一个**属性**（`color`）和一个**值**（`black`）组成。

```
color: black;
```

不要将 CSS 属性（property）跟 HTML 属性（attribute）混淆。比如在`<a href="/">`元素里，`href` 就是 `a` 标签的一个 HTML 属性。

包含在大括号内的一组声明被称作一个**声明块**。声明块前面有一个**选择器**（如下面的 `body`）。

```
body {
  color: black;
  font-family: Helvetica;
}
```

选择器和声明块一起组成了**规则集**（ruleset）。一个规则集也简称一个**规则**，不过我发现很少有人说单数形式的**规则**（rule），通常会用复数形式（rules），用来指一系列样式的集合。

最后，**@规则**（at-rules）是指用“@”符号开头的语法。比如`@import` 规则或者`@media` 查询。

1.1.1 样式表的来源

你添加到网页里的样式表并不是浏览器唯一使用的样式表，还有其他类型或来源的样式表。

你的样式表属于**作者**样式表，除此之外还有用户代理样式表，即浏览器默认样式。用户代理样式表优先级低，你的样式会覆盖它们。

> **说明**　有些浏览器允许用户定义一个**用户样式表**。这是第三种来源，它的优先级介于用户代理样式表和作者样式表之间。用户样式表很少见，并且不受网站作者控制，因此这里略过。

用户代理样式在不同浏览器上稍有差异，但是大体上是在做相同的事情：为标题（`<h1>`到`<h6>`）和段落（`<p>`）添加上下外边距，为列表（`<ol>`和`<ul>`）添加左侧内边距，为链接添加颜色，为元素设置各种默认字号。

1. 用户代理样式

再看一下示例的网页（如图 1-4 所示）。标题字体是 sans-serif，由你添加的样式决定。其他元素的样式则是由用户代理样式决定：列表有左侧内边距，`list-style-type` 为 `disc`，因此有项目符号（小黑点）。链接为蓝色且有下划线。标题和列表有上下外边距。

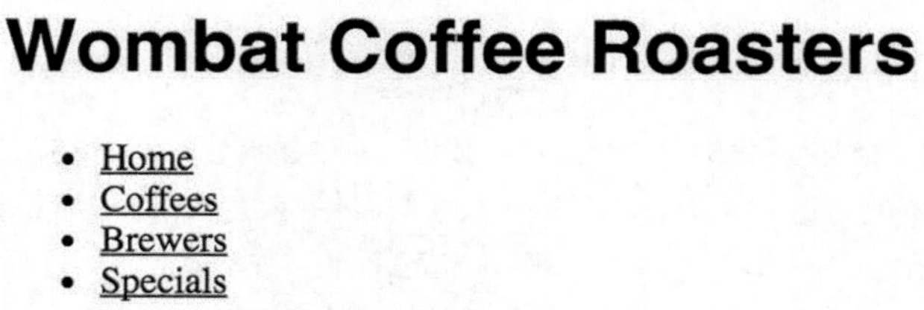

图 1-4　用户代理样式给网页头部设置了默认样式

浏览器应用了用户代理样式后才会应用你的样式表，即作者样式表。你指定的声明会覆盖用户代理样式表里的样式。如果你在 HTML 里面链接了多个样式表，那么它们的来源都相同，即作者。

用户代理样式表因为设置了用户普遍需要的样式，所以不会做一些完全超出预期的事情。当你不喜欢默认样式时，可以在自己的样式表里设置别的值。现在就试试覆盖一些你不想要的用户代理的样式，让网页看起来如图 1-5 所示。

图 1-5　作者样式覆盖用户代理样式，因为作者样式的优先级更高

在代码清单 1-3 中，我将之前冲突的字体声明去掉了，另外添加了新的样式，设置了各种颜色，覆盖了用户代理默认的外边距和列表内边距以及项目符号。将代码清单 1-3 更新到你的样式表中。

代码清单 1-3 覆盖用户代理样式

```
h1 {
  color: #2f4f4f;
  margin-bottom: 10px;
}

#main-nav {
  margin-top: 10px;
  list-style: none;
  padding-left: 0;
}

#main-nav li {
  display: inline-block;
}

#main-nav a {
  color: white;
  background-color: #13a4a4;
  padding: 5px;
  border-radius: 2px;
  text-decoration: none;
}
```


如果长期使用 CSS，你大概习惯了覆盖用户代理的样式。这种做法实际上就是利用了层叠的样式来源规则。你写的样式会覆盖用户代理样式，因为来源不同。

说明 你可能注意到我用了 ID 选择器，但应该避免使用这种选择器，稍后会做出解释。

2. `!important` 声明

样式来源规则有一个例外：标记为**重要**（important）的声明。如下所示，在声明的后面、分号的前面加上`!important`，该声明就会被标记为重要的声明。

```
color: red !important;
```

标记了`!important` 的声明会被当作更高优先级的来源，因此总体的优先级按照由高到低排列如下所示：

(1) 作者的`!important`

(2) 作者

(3) 用户代理

层叠独立地解决了网页中每个元素的样式属性的冲突。例如，如果给段落设置加粗的字体，用户代理的上下外边距样式仍然会生效（除非被明确覆盖）。处理过渡和动画时，还会再提到样式来源的概念，因为它们会引入更多的来源。`!important` 注释是 CSS 的一个有趣而怪异的特性，稍后会再解释。

1.1.2　理解优先级

如果无法用来源解决冲突声明，浏览器会尝试检查它们的**优先级**。理解优先级很重要。不理解样式的来源照样可以写 CSS，因为 99%的网站样式是来自同样的源。但是如果不理解优先级，就会被坑得很惨。不幸的是，很少有人提及这个概念。

浏览器将优先级分为两部分：HTML 的行内样式和选择器的样式。

1. 行内样式

如果用 HTML 的 `style` 属性写样式，这个声明只会作用于当前元素。实际上行内元素属于"带作用域的"声明，它会覆盖任何来自样式表或者`<style>`标签的样式。行内样式没有选择器，因为它们直接作用于所在的元素。

在示例中，需要让导航菜单里的特殊链接变成橘黄色，如图 1-6 所示。有好几种方式能够实现这种效果，首先使用代码清单 1-4 所示的行内样式。

Wombat Coffee Roasters

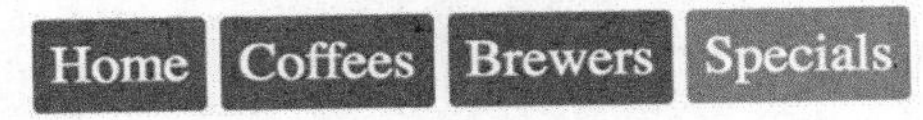

图 1-6　使用行内样式覆盖选择器样式

按代码清单 1-4 修改你的代码，然后在浏览器中查看。（稍后会撤销这部分修改。）

代码清单 1-4　行内样式覆盖了其他声明

```
<li>
  <a href="/specials" class="featured"
    style="background-color: orange;">     ← 用 style 属性设置行内样式
    Specials
  </a>
</li>
```

为了在样式表里覆盖行内声明，需要为声明添加`!important`，这样能将它提升到一个更高优先级的来源。但如果行内样式也被标记为`!important`，就无法覆盖它了。最好是只在样式表内用`!important`。将以上修改撤销，我们来看看更好的方式。

2. 选择器优先级

优先级的第二部分由选择器决定。比如，有两个类名的选择器比只有一个类名的选择器优先级更高。如果一个声明将背景色设置为橘黄色，但另一个更高优先级的声明将其设置为蓝绿色，浏览器就会将蓝绿色应用到元素上。

为了演示，我们尝试用一个简单的类选择器将特殊链接设置为橘黄色。按照代码清单 1-5 更新你的样式表。

代码清单 1-5 不同优先级的选择器

```
#main-nav a {                              ← 更高优先级的选择器
  color: white;
  background-color: #13a4a4;               ← 蓝绿色背景
  padding: 5px;
  border-radius: 2px;
  text-decoration: none;
}

.featured {                                ← 因为选择器优先级较低，所以橘黄色的
  background-color: orange;                  背景声明不会覆盖蓝绿色
}
```

没有生效！所有的链接仍然是蓝绿色。为什么呢？第一个选择器的优先级高于第二个选择器。第一个由一个 ID 和一个标签名组成，而第二个由一个类名组成。但选择器的长度并不是决定优先级的唯一因素。

不同类型的选择器有不同的优先级。比如，ID 选择器比类选择器优先级更高。实际上，ID 选择器的优先级比拥有任意多个类的选择器都高。同理，类选择器的优先级比标签选择器（也称**类型选择器**）更高。

优先级的准确规则如下。

- 如果选择器的 ID 数量更多，则它会胜出（即它更明确）。
- 如果 ID 数量一致，那么拥有最多类的选择器胜出。
- 如果以上两次比较都一致，那么拥有最多标签名的选择器胜出。

思考代码清单 1-6 里的选择器（但不要把它们加到你的网页中）。它们是按照优先级由低到高的顺序排列的。

代码清单 1-6 按照优先级由低到高排列的选择器

```
html body header h1 {                 ← ❶ 4 个标签
  color: blue;
}

body header.page-header h1 {          ← ❷ 3 个标签和 1 个类
  color: orange;
}

.page-header .title {                 ← ❸ 2 个类
  color: green;
}

#page-title {                         ← ❹ 1 个 ID
  color: red;
}
```

最明确的选择器是有 1 个 ID 的❹，因此标题的颜色最终为红色。第二明确的是有 2 个类的❸。如果没有出现带 ID 选择器的❹，则❸的声明会生效。选择器❸比选择器❷的优先级更高，尽管选择器❷更长：2 个类比 1 个类更明确。最后，选择器❶最不明确，它有 4 个元素类型（即标签

名），但是没有 ID 或者类。

> **说明**　伪类选择器（如:hover）和属性选择器（如[type="input"]）与一个类选择器的优先级相同。通用选择器（*）和组合器（>、+、~）对优先级没有影响。

如果你在 CSS 里写了一个声明，但是没有生效，一般是因为被更高优先级的规则覆盖了。很多时候开发人员使用 ID 选择器，却不知道它会创建更高的优先级，之后就很难覆盖它。如果要覆盖一个 ID 选择器的样式，就必须要用另一个 ID 选择器。

这个概念很简单，但是如果你不理解优先级，就无法弄清楚为什么一个规则能生效，另一个却不能。

3. 优先级标记

一个常用的表示优先级的方式是用数值形式来标记，通常用逗号隔开每个数。比如，“1,2,2”表示选择器由 1 个 ID、2 个类、2 个标签组成。优先级最高的 ID 列为第一位，紧接着是类，最后是标签。

选择器#page-header #page-title 有 2 个 ID，没有类，也没有标签，它的优先级可以用“2,0,0”表示。选择器 ul li 有 2 个标签，没有 ID，也没有类名，它的优先级可以用“0,0,2”表示。表 1-1 展示了代码清单 1-6 里的选择器及其标记。

表 1-1　各种选择器和对应的优先级

选择器	ID	类	标签	标记
html body header h1	0	0	4	0,0,4
body header.page-header h1	0	1	3	0,1,3
.page-header .title	0	2	0	0,2,0
#page-title	1	0	0	1,0,0

现在通过比较数值就能决定哪个选择器优先级更高（更明确）。“1,0,0”的优先级高于“0,2,2”甚至“0,10,0”（尽管我不推荐写一个长达 10 个类名的选择器），因为第一个数（ID）有最高优先级。

有时，人们还会用 4 个数的标记，其中将最重要的位置用 0 或 1 来表示，代表一个声明是否是用行内样式添加的。此时，行内样式的优先级为“1,0,0,0”。它会覆盖通过选择器添加的样式，比如优先级为“0,1,2,0”（1 个 ID 和 2 个类）的选择器。

4. 关于优先级的思考

之前尝试用.feature 选择器添加橘黄色背景，但是没有成功。#main-nav a 选择器包含了一个 ID，覆盖了类选择器（优先级分别为“1,0,1”和“0,1,0”）。有好几种方法可以解决这个问题。下面介绍几种可行的方法。

最快的方法是将!important 添加到想要设置的元素的声明上。按代码清单 1-7 修改相应的声明。

代码清单 1-7 方法一

```
#main-nav a {
  color: white;
  background-color: #13a4a4;
  padding: 5px;
  border-radius: 2px;
  text-decoration: none;
}

.featured {
  background-color: orange !important;    ◁ 将声明设为重要，它便拥有了更高优先级的来源
}
```

这个方法之所以生效，是因为!important 注释将声明提升到了更高优先级的来源。这个方法的确简单，但也很低级。它可能解决了眼前的问题，但是会在以后带来更多问题。一旦给很多声明加上!important，要覆盖已设置为 important 的声明时，该怎么做呢？当给一些声明加上!important 时，就会先比较来源，再使用常规的优先级规则。最终会让一切回到起点：一旦引入一个!important，就会带来更多的!important。

那么更好的方法是什么？请不要试图绕开选择器优先级，而是利用它来解决问题。何不提升选择器的优先级呢？将你的 CSS 修改为代码清单 1-8 中的代码。

代码清单 1-8 方法二

```
#main-nav a {                      ◁ 优先级仍然是“1,0,1”
  color: white;
  background-color: #13a4a4;
  padding: 5px;
  border-radius: 2px;
  text-decoration: none;
}

#main-nav .featured {              ◁ 将优先级提升到“1,1,0”
  background-color: orange;        ◁ 去掉!important 注释
}
```

这个方法也奏效了。现在你的选择器有 1 个 ID 和 1 个类，优先级为“1,1,0”，比#main-nav a（优先级为“1,0,1”）高。因此，橘黄色背景是能够应用到元素上的。

但是这个方法还能改进。**不提升**第二个选择器的优先级，而是**降低**第一个选择器的优先级。导航链接元素同时还有一个类：<ul id="main-nav" class="nav">。所以可以修改 CSS，通过类名而不是 ID 来选中元素。如代码清单 1-9 所示，将选择器里的#main-nav 改为.nav。

代码清单 1-9 方法三

```
.nav {                  ◁ 将样式表中的“#main-nav”全部改为“.nav”
  margin-top: 10px;
  list-style: none;
  padding-left: 0;
}

.nav li {               ◁
```

```
  display: inline-block;
}

.nav a {                              降低第一个选择器的
  color: white;                       优先级（0,1,1）
  background-color: #13a4a4;
  padding: 5px;
  border-radius: 2px;
  text-decoration: none;
}

.nav .featured {                      提升第二个选择器的
  background-color: orange;           优先级（0,2,0）
}
```

现在你已经降低了这些选择器的优先级。橘黄色背景的优先级足够高，能够覆盖蓝绿色。

通过这些例子可以发现，优先级容易发展为一种“军备竞赛”。在大型项目中这一点尤为突出。通常最好让优先级尽可能低，这样当需要覆盖一些样式时，才能有选择空间。

1.1.3　源码顺序

层叠的第三步，也是最后一步，是源码顺序。如果两个声明的来源和优先级相同，其中一个声明在样式表中出现较晚，或者位于页面较晚引入的样式表中，则该声明胜出。

也就是说，可以通过控制源码顺序，来给特殊链接添加样式。如果两个冲突选择器的优先级相同，则出现得较晚的那个胜出。接下来看第四个方法（如代码清单 1-10 所示）。

代码清单 1-10　方法四

```
.nav a {
  color: white;
  background-color: #13a4a4;
  padding: 5px;
  border-radius: 2px;                 让优先级相同（0,1,1）
  text-decoration: none;
}

a.featured {
  background-color: orange;
}
```

在这个方法里，选择器优先级相同。源码顺序决定了哪个声明作用于特殊链接，最终产生了橘黄色的特殊按钮。

这个方法解决了问题，但也引入了一个潜在的新问题：虽然在 `nav` 元素里的特殊按钮看起来正常了，但是如果你想要在页面其他地方，在 `nav` 之外的链接上使用 `featured` 类呢？最后就会有奇怪的混合样式：橘黄色的背景，但是导航链接没有文本颜色、内边距或者圆角效果（如图 1-7 所示）。

Wombat Coffee Roasters

Home Coffees Brewers Specials

Be sure to check out our specials.

图 1-7 位于 nav 声明之外的 featured 类产生了奇怪的效果

代码清单 1-11 是上图对应的标记代码。有一个元素只被第二个选择器选中，没有被第一个选中，因而没有产生期望的结果。你得决定是否让 nav 以外的元素拥有橘黄色的按钮样式，如果是，需要确保将所有想要的样式都应用到元素上。

代码清单 1-11 nav 之外的特殊链接

```
<header class="page-header">
  <h1 id="page-title" class="title">Wombat Coffee Roasters</h1>
  <nav>
    <ul id="main-nav" class="nav">
      <li><a href="/">Home</a></li>
      <li><a href="/coffees">Coffees</a></li>
      <li><a href="/brewers">Brewers</a></li>
      <li><a href="/specials" class="featured">Specials</a></li>
    </ul>
  </nav>
</header>
<main>
  <p>
    Be sure to check out
    <a href="/specials" class="featured">our specials</a>
  </p>
</main>
```

nav 之外的特殊链接只会有部分样式

除非网站有其他需求，否则我倾向于方法三（代码清单 1-9）。理想状态下，你可以凭经验判断在页面其他地方会出现什么样式需求。也许你知道别处也可能需要一个特殊链接，这种情况下，也许方法四（代码清单 1-10）更合适，当然在别处还需要添加一些样式来补充 feature 类。

正如之前所说，在 CSS 中最好的答案通常是“这得看情况”。实现相同的效果有很多途径。多想些实现方法，并思考每一种方法的利弊，这是很有价值的。面对一个样式问题时，我经常分两个步骤来解决它。首先确定哪些声明可以实现效果。其次，思考可以用哪些选择器结构，然后选择最符合需求的那个。

1. 链接样式和源码顺序

你刚开始学习 CSS 时，或许就知道给链接加样式要按照一定的顺序书写选择器。这是因为源码顺序影响了层叠。代码清单 1-12 展示了如何以“正确”的顺序书写链接样式。

代码清单 1-12 链接样式

```
a:link {
  color: blue;
  text-decoration: none;
```

```
}

a:visited {
  color: purple;
}

a:hover {
  text-decoration: underline;
}

a:active {
  color: red;
}
```

书写顺序之所以很重要，是因为层叠。优先级相同时，后出现的样式会覆盖先出现的样式。如果一个元素同时处于两个或者更多状态，最后一个状态就能覆盖其他状态。如果用户将鼠标悬停在一个访问过的链接上，悬停效果会生效。如果用户在鼠标悬停时激活了链接（即点击了它），激活的样式会生效。

这个顺序的记忆口诀是"LoVe/HAte"（"爱/恨"），即 link（链接）、visited（访问）、hover（悬停）、active（激活）。注意，如果将一个选择器的优先级改得跟其他的选择器不一样，这个规则就会遭到破坏，可能会带来意想不到的结果。

2. 层叠值

浏览器遵循三个步骤，即来源、优先级、源码顺序，来解析网页上每个元素的每个属性。如果一个声明在层叠中"胜出"，它就被称作一个**层叠值**。元素的每个属性最多只有一个层叠值。网页上一个特定的段落（<p>）可以有一个上外边距和一个下外边距，但是不能有两个不同的上外边距或两个不同的下外边距。如果 CSS 为同一个属性指定了不同的值，层叠最终会选择一个值来渲染元素，这就是层叠值。

层叠值——作为层叠结果，应用到一个元素上的特定属性的值。

如果一个元素上始终没有指定一个属性，这个属性就没有层叠值。还是拿段落举例，可能就没有指定的边框或者内边距。

1.1.4 两条经验法则

你可能知道，处理层叠时有两条通用的经验法则。因为它们很有用，所以提一下。

(1) **在选择器中不要使用 ID**。就算只用一个 ID，也会大幅提升优先级。当需要覆盖这个选择器时，通常找不到另一个有意义的 ID，于是就会复制原来的选择器，然后加上另一个类，让它区别于想要覆盖的选择器。

(2) **不要使用`!important`**。它比 ID 更难覆盖，一旦用了它，想要覆盖原先的声明，就需要再加上一个`!important`，而且依然要处理优先级的问题。

这两条规则是很好的建议，但不必固守它们，因为也有例外。不要为了赢得优先级竞赛而习惯性地使用这两个方法。

关于重要性的一个重要提醒

当创建一个用于分发的 JavaScript 模块（比如 NPM 包）时，强烈建议尽量不要在 JavaScript 里使用行内样式。如果这样做了，就是在强迫使用该包的开发人员要么全盘接受包里的样式，要么给每个想修改的属性加上`!important`。

正确的做法是在包里包含一个样式表。如果组件需要频繁修改样式，通常最好用 JavaScript 给元素添加或者移除类。这样用户就可以在使用这份样式表的同时，在不引入优先级竞赛的前提下，按照自己的喜好选择编辑其中的样式。

过去几年涌现了一些实践方法，能够帮助我们管理选择器优先级。第 9 章将详细介绍这些方法，包括如何处理优先级，以及在哪里可以放心使用`!important`。现在你已经掌握了层叠的原理，接下来将介绍继承。

1.2 继承

还有最后一种给元素添加样式的方式：**继承**。经常有人会把层叠跟继承混淆。虽然两者相关，但是应该分别理解它们。

如果一个元素的某个属性没有层叠值，则可能会继承某个祖先元素的值。比如通常会给`<body>`元素加上`font-family`，里面的所有后代元素都会继承这个字体，就不必给页面的每个元素明确指定字体了。图 1-8 展示了继承是如何顺着 DOM 树向下传递的。

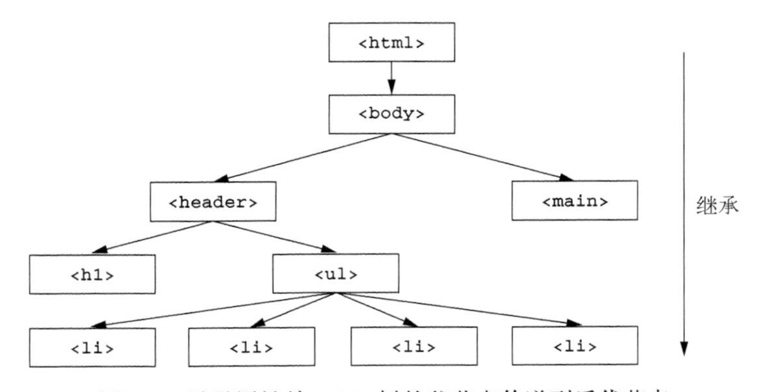

图 1-8 继承属性从 DOM 树的父节点传递到后代节点

但不是所有的属性都能被继承。默认情况下，只有特定的一些属性能被继承，通常是我们希望被继承的那些。它们主要是跟文本相关的属性：`color`、`font`、`font-family`、`font-size`、`font-weight`、`font-variant`、`font-style`、`line-height`、`letter-spacing`、`text-align`、`text-indent`、`text-transform`、`white-space` 以及 `word-spacing`。

还有一些其他的属性也可以被继承，比如列表属性：`list-style`、`list-style-type`、`list-style-position` 以及 `list-style-image`。表格的边框属性 `border-collapse` 和 `border-spacing` 也能被继承。注意，这些属性控制的是表格的边框行为，而不是常用于指定非表格元素边框的属性。（恐怕没人希望将一个`<div>`的边框传递到每一个后代元素。）以上为不完全枚举，但是已经很详尽了。

我们可以在适当的场景使用继承。比如给 body 元素应用字体，让后代元素继承该字体（如图 1-9 所示）。

Wombat Coffee Roasters

Home　Coffees　Brewers　Specials

图 1-9　给 body 应用 `font-family`，让所有的后代元素继承相同的值

将代码清单 1-13 加到你的样式表开头，在网页中使用继承。

代码清单 1-13　在父元素上添加 `font-family`

```
body {
  font-family: sans-serif;    ◁— 继承属性也会作用于后代元素
}
```

将属性加到 body 上会在整个网页上生效。而将属性加到特定元素上，则只会被它的后代元素继承。继承属性会顺序传递给后代元素，直到它被层叠值覆盖。

使用开发者工具

当属性值被继承和覆盖时，这个路径会很难追踪。如果你还不熟悉浏览器的开发者工具，请开始养成使用它们的习惯。

使用开发者工具能够看到哪些元素应用了哪些样式规则，以及为什么应用这些规则。层叠和继承都是抽象的概念，使用开发者工具是最好的追踪方式。在一个页面元素上点击鼠标右键，选择弹出菜单上的检查元素，就能打开开发者工具，示例如下所示。

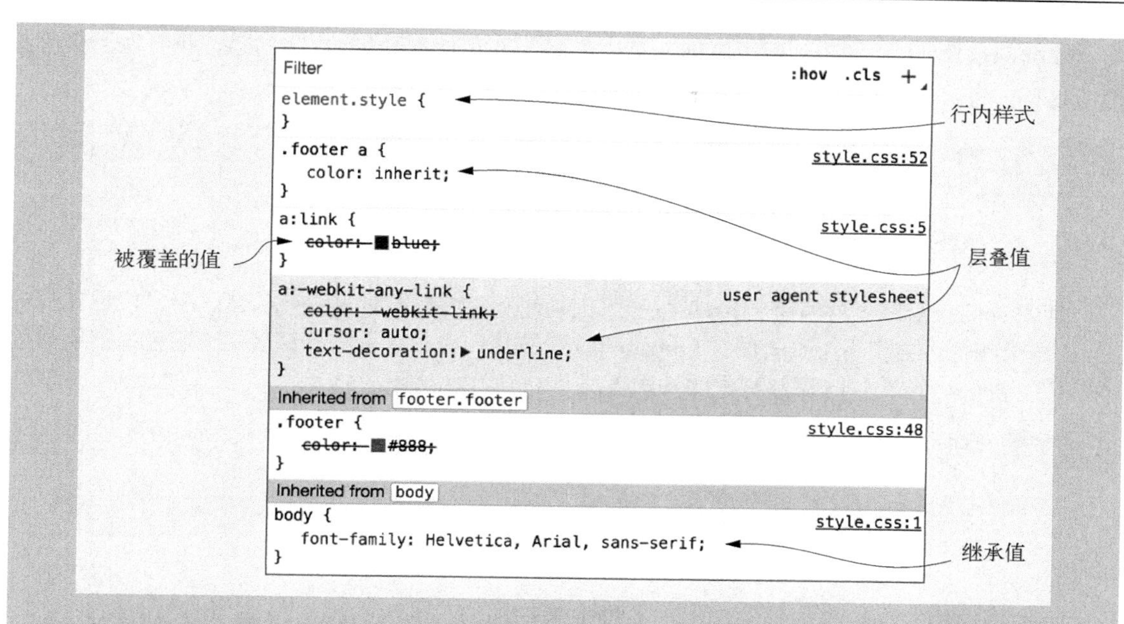

样式检查器显示了所检查元素的每个选择器，它们根据优先级排列。在选择器下方是继承属性。元素所有的层叠和继承一目了然。

有很多细节可以帮助开发人员弄清楚一个元素的样式是怎么产生的。靠近顶部的样式会覆盖下面的样式。被覆盖的样式上划了删除线。右侧显示了每个规则集的样式表和行号，你可以在源代码中找到它们。这样就能准确判断哪个元素继承了哪些样式以及这些样式的来源。还可以在顶部的筛选框中选择特定的声明，同时隐藏其他声明。

1.3 特殊值

有两个特殊值可以赋给任意属性，用于控制层叠：`inherit` 和 `initial`。我们来看看这两个特殊值。

1.3.1 使用 `inherit` 关键字

有时，我们想用继承代替一个层叠值。这时候可以用 `inherit` 关键字。可以用它来覆盖另一个值，这样该元素就会继承其父元素的值。

假设我们要给网页加上一个浅灰色的页脚。在页脚上有一些链接，但我们不希望这些链接太显眼，因为页脚不是网页的重点。因此要将页脚的链接变成深灰色（如图 1-10 所示）。

© 2016 Wombat Coffee Roasters — Terms of use

图 1-10 继承了灰色文本颜色的“Terms of use”链接

将代码清单 1-14 加入到网页底部。通常在页头和页脚之间会有更多内容，我们为了演示省略了这些内容。

代码清单 1-14 带链接的页脚

```
<footer class="footer">
  &copy; 2016 Wombat Coffee Roasters &mdash;
  <a href="/terms-of-use">Terms of use</a>
</footer>
```

通常我们会给网页的所有链接加上一个字体颜色（如果不加的话，就会以用户代理样式为准）。这个颜色也会作用于页脚的“Terms of use”链接。为了让页脚的链接变成灰色，需要覆盖颜色值。将代码清单 1-15 添加到你的样式表。

代码清单 1-15 `inherit` 值

```
a:link {
  color: blue;          全局的网页
}                       链接颜色
...
.footer {
  color: #666;                    页脚的文本
  background-color: #ccc;         设置为灰色
  padding: 15px 0;
  text-align: center;
  font-size: 14px;
}

.footer a {
  color: inherit;                     从页脚继承
  text-decoration: underline;         文本颜色
}
```

第三个规则集覆盖了蓝色的链接色，让页脚链接的层叠值为 `inherit`。因此，它继承了父元素`<footer>`的颜色。

这么做的好处是，如果页脚发生任何样式改变的话（比如修改第二个规则集，或者被别的样式覆盖），页脚链接的颜色就会跟着页脚其他内容一起改变。比如，当页脚文本变为更深的灰色时，其中的链接也会跟着改变。

还可以使用 `inherit` 关键字强制继承一个通常不会被继承的属性，比如边框和内边距。通常在实践中很少这么做，但是第 3 章介绍盒模型时，你会看到一个实际用例。

1.3.2 使用 `initial` 关键字

有时，你需要撤销作用于某个元素的样式。这可以用 `initial` 关键字来实现。每一个 CSS 属性都有初始（默认）值。如果将 `initial` 值赋给某个属性，那么就会有效地将其重置为默认值，这种操作相当于硬复位了该值。图 1-11 展示了给页脚链接赋以 `initial` 而不是 `inherit` 时的效果。

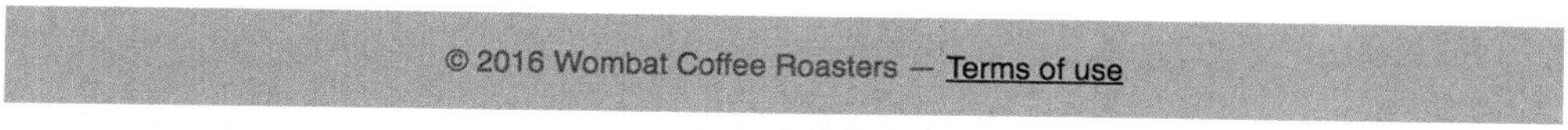

图 1-11 默认的颜色值为黑色

图 1-11 对应的 CSS 如代码清单 1-16 所示。因为在大多数浏览器中，黑色是 color 属性的初始值，所以 color: initial 等价于 color: black。

代码清单 1-16 initial 值

```
.footer a {
  color: initial;
  text-decoration: underline;
}
```

这么做的好处是不需要思考太多。如果想删除一个元素的边框，设置 border: initial 即可。如果想让一个元素恢复到默认宽度，设置 width: initial 即可。

你可能已经习惯了使用 auto 来实现这种重置效果。实际上，用 width: auto 是一样的，因为 width 的默认值就是 auto。

但是要注意，auto 不是所有属性的默认值，对很多属性来说甚至不是合法的值。比如 border-width: auto 和 padding: auto 是非法的，因此不会生效。可以花点时间研究一下这些属性的初始值，不过使用 initial 更简单。

说明 声明 display: initial 等价于 display: inline。不管应用于哪种类型的元素，它都不会等于 display: block。这是因为 initial 重置为属性的初始值，而不是元素的初始值。inline 才是 display 属性的初始值。

1.4 简写属性

简写属性是用于同时给多个属性赋值的属性。比如 font 是一个简写属性，可以用于设置多种字体属性。它指定了 font-style、font-weight、font-size、font-height 以及 font-family。

```
font: italic bold 18px/1.2 "Helvetica", "Arial", sans-serif;
```

还有如下属性。

- background 是多个背景属性的简写属性：background-color、background-image、background-size、background-repeat、background-position、background-origin、background-chip 以及 background-attachment。
- border 是 border-width、border-style 以及 border-color 的简写属性，而这几个属性也都是简写属性。
- border-width 是上、右、下、左四个边框宽度的简写属性。

简写属性可以让代码简洁明了，但是也隐藏了一些怪异行为。

1.4.1　简写属性会默默覆盖其他样式

大多数简写属性可以省略一些值，只指定我们关注的值。但是要知道，这样做仍然会设置省略的值，即它们会被隐式地设置为初始值。这会默默覆盖在其他地方定义的样式。比如，如果给网页标题使用简写属性 font 时，省略 font-weight，那么字体粗细就会被设置为 normal（如图 1-12 所示）。

Wombat Coffee Roasters

图 1-12　简写属性会设置省略值为其初始值

将代码清单 1-17 加入样式表，可以看到效果。

代码清单 1-17　简写属性指定了所有相关的值

```
h1 {
  font-weight: bold;
}

.title {
  font: 32px Helvetica, Arial, sans-serif;
}
```

乍一看可能会觉得<h1 class="title">会将标题加粗，但结果不是。代码清单 1-17 等价于代码清单 1-18。

代码清单 1-18　与代码清单 1-17 中的简写属性等价的展开属性

```
h1 {
  font-weight: bold;
}

.title {
  font-style: normal;
  font-variant: normal;
  font-weight: normal;         这些属性的初始值
  font-stretch: normal;
  line-height: normal;
  font-size: 32px;
  font-family: Helvetica, Arial, sans-serif;
}
```

给<h1>添加这些样式会显示成普通的字体，而不是加粗的字体。这些样式也会覆盖从祖先元素继承的字体样式。在所有的简写属性里，font 的问题最严重，因为它设置的属性值太多了。因此，要避免在<body>元素的通用样式以外使用 font。当然，其他简写属性也可能会遇到一样的问题，因此要当心。

1.4.2　理解简写值的顺序

简写属性会尽量包容指定的属性值的顺序。可以设置 border: 1px solid black 或者

border: black 1px solid，两者都会生效。这是因为浏览器知道宽度、颜色、边框样式分别对应什么类型的值。

但是有很多属性的值很模糊。在这种情况下，值的顺序很关键。理解这些简写属性的顺序很重要。

1. 上、右、下、左

当遇到像 margin、padding 这样的属性，还有为元素的四条边分别指定值的边框属性时，开发者容易弄错这些简写属性的顺序。这些属性的值是按顺时针方向，从上边开始的。

记住顺序能少犯错误。它的记忆口诀是 TRouBLe：top（上）、right（右）、bottom（下）、left（左）。

用这个口诀给元素设置四边的内边距。如图 1-13 所示的链接，上内边距为 10px，右内边距为 15px，下内边距为 0，左内边距为 5px。虽然这些内边距看起来不是很均匀，但是可以说明简写属性的顺序。

图 1-13　元素每个方向的内边距都不一样

代码清单 1-19 展示了这些链接的 CSS。

代码清单 1-19　指定元素每个方向的内边距

```
.nav a {
  color: white;
  background-color: #13a4a4;
  padding: 10px 15px 0 5px;        ← 上、右、下、左内边距
  border-radius: 2px;
  text-decoration: none;
}
```

这种模式下的属性值还可以缩写。如果声明结束时四个属性值还剩一个没指定，没有指定的一边会取其对边的值。指定三个值时，左边和右边都会使用第二个值。指定两个值时，上边和下边会使用第一个值。如果只指定一个值，那么四个方向都会使用这个值。因此下面的声明都是等价的。

```
padding: 1em 2em;
padding: 1em 2em 1em;
padding: 1em 2em 1em 2em;
```

下面的声明也是等价的。

```
padding: 1em;
padding: 1em 1em;
padding: 1em 1em 1em;
padding: 1em 1em 1em 1em;
```

对很多开发人员而言，比较难的是指定三个值时。记住，这种情况指定了上、右、下的值。因为没有指定左边的值，所以它会取与右边相等的值。第二个值就会作用到左边和右边。因此 padding: 10px 15px 0 是设置左右内边距为 15px，上内边距为 10px，下内边距为 0。

不过，大多数情况只需要指定两个值。尤其对于较小的元素，左右的内边距最好大于上下内边距。这种样式很适合网页的按钮或者导航链接（如图1-14所示）。

Home　Coffees　Brewers　Specials

图1-14　很多元素在水平方向的内边距较大会更好看些

按照代码清单1-20更新样式表。它使用简写属性先给垂直方向加上内边距，再给水平方向加上内边距。

代码清单1-20　指定两个内边距

```
.nav a {
  color: white;
  background-color: #13a4a4;
  padding: 5px 15px;              <-- 上下内边距，然后是左右内边距
  border-radius: 2px;
  text-decoration: none;
}
```

因为很多属性遵循这个顺序，所以最好记住它。

2. 水平、垂直

"TRouBLe"口诀只适用于分别给盒子设置四个方向的值的属性。还有一些属性只支持最多指定两个值，这些属性包括`background-position`、`box-shadow`、`text-shadow`（虽然严格来讲它们并不是简写属性）。这些属性值的顺序跟`padding`这种四值属性的顺序刚好相反。比如，`padding: 1em 2em`先指定了垂直方向的上/下属性值，然后才是水平方向的右/左属性值，而`background-position: 25% 75%`则先指定水平方向的右/左属性值，然后才是垂直方向的上/下属性值。

虽然看起来顺序相反的定义违背了直觉，原因却很简单：这两个值代表了一个笛卡儿网格。笛卡儿网格的测量值一般是按照x,y（水平，垂直）的顺序来的。比如，如图1-15所示，要给元素加上一个阴影，就要先指定x（水平）值。

Specials

图1-15　盒阴影的位置为`10px 2px`

这个元素的样式如代码清单1-21所示。

代码清单1-21　`box-shadow`先指定x值再指定y值

```
.nav .featured {
  background-color: orange;
  box-shadow: 10px 2px #6f9090;   <-- 阴影向右偏移10px，向下偏移2px
}
```

第一个（较大的）值指定了水平方向的偏移量，第二个（较小的）值指定了垂直方向的偏移量。

如果属性需要指定从一个点出发的两个方向的值，就想想“笛卡儿网格”。如果属性需要指定一个元素四个方向的值，就想想“时钟”。

1.5 总结

- 控制选择器的优先级。
- 不要混淆层叠和继承。
- 某些属性会被继承，包括文本、列表、表格边框相关的属性。
- 不要混淆 `initial` 和 `auto` 值。
- 简写属性要注意 TRouBLe 的顺序，避免踩坑。

第2章 相对单位

2

本章概要

- 相对单位的广泛用途
- 使用 em 和 rem
- 使用视口的相对单位
- 介绍 CSS 变量

说起给属性指定值，CSS 提供了很多选项。人们最熟悉同时也最简单的应该是像素单位（px）。它是**绝对**单位，即 5px 放在哪里都一样大。而其他单位，如 em 和 rem，就不是绝对单位，而是**相对**单位。相对单位的值会根据外部因素发生变化。比如，2em 的具体值会根据它作用到的元素（有时甚至是根据属性）而变化。因此相对单位的用法更难掌握。

开发人员，即便是经验丰富的 CSS 开发人员，通常也不愿意使用相对单位，包括经常提到的 em。em 值变化的方式使其难以预测，不如像素简单明了。本章将揭开相对单位的神秘面纱。首先我会解释相对单位给 CSS 带来的独特价值，并帮助你理解它们。我会解释它们的工作原理，然后展示如何控制其看似不可预测的性质。相对单位可以为我们所用，用得恰当的话，它们会让代码更简洁、更灵活，也更简单。

2.1 相对值的好处

CSS 为网页带来了**后期绑定**（late-binding）的样式：直到内容和样式都完成了，二者才会结合起来。这会给设计流程增加复杂性，而这在其他类型的图形设计中是不存在的。不过这也带来了好处，即一个样式表可以作用于成百上千个网页。此外，用户还能直接改变最终的渲染效果，比如用户可以改变默认字号或者缩放浏览器窗口。

在早期的计算机应用开发程序（以及传统的出版行业）中，开发人员（或者出版商）明确知道其媒介的限制。一个典型的程序窗口可能宽 400px、高 300px，一个页面可能是宽 4 英寸[①]、高 6.5 英寸。因此，当开发人员设置应用程序的按钮和文字布局时，他们能精确地知道元素在屏幕上的大小和留给其他元素的空间。在网页上，一切都变了。

---

① 1 英寸约合 2.54 厘米。——编者注

2.1.1 那些年追求的像素级完美

在 Web 环境下，用户可以设置浏览器窗口的大小，而 CSS 必须适应这种窗口大小。此外，当网页打开后，用户还可以缩放网页，CSS 还需要适应新的限制。也就是说，不能在刚创建网页时就应用样式，而是等到要将网页渲染到屏幕上时，才能去计算样式。

这给 CSS 增加了一个抽象层。我们无法根据理想的条件给元素添加样式，而是要设置无论元素处于任意条件，都能够生效的规则。现在的 Web 环境下，网页需要既可以在 4 英寸的手机屏幕上渲染，也可以在 30 英寸的大屏幕上渲染。

在很长时间里，网页设计者通过聚焦到“像素级完美”的设计来降低这种复杂性。他们会创建一个紧凑的容器，通常是居中的一栏，大约 800px 宽。然后再像之前的本地应用程序或者印刷出版物那样，在这些限制里面进行设计。

2.1.2 像素级完美的时代终结了

随着技术的发展，加上制造商推出高清显示器，像素级完美的方式逐渐走向了终点。在 21 世纪初，很多人开始讨论是否可以安全地将网页宽度设计成 1024px，而不是 800px。随后，人们又开始讨论同样的话题，是否要将网页宽度设计成 1280px。当时我们得做出选择，到底是让网页宽于旧计算机，还是窄于新计算机。

等到智能手机出现后，开发人员再也无法假装每个用户访问网站的体验都能一样。不管我们喜欢与否，都得抛弃以前那种固定宽度的栏目设计，开始考虑**响应式**设计。我们无法逃避 CSS 带来的抽象性。我们得拥抱它。

响应式——在 CSS 中指的是样式能够根据浏览器窗口的大小有不同的“响应”。这要求有意地考虑任何尺寸的手机、平板设备，或者桌面屏幕。第 8 章会详细介绍响应式设计，但本章会先普及一些重要的基础知识。

CSS 带来的抽象性也带来了额外的复杂性。如果给一个元素设置 800px 的宽度，在小窗口下会是什么样？水平菜单如果无法在一行显示会是什么样？在写 CSS 的时候，我们既要考虑整体性，也要考虑差异性。当有很多方法解决同一个问题时，我们要选择能够兼顾更多情况的方法。

相对单位就是 CSS 用来解决这种抽象的一种工具。我们可以基于窗口大小来等比例地缩放字号，而不是固定为 14px，或者将网页上的任何元素的大小都相对于基础字号来设置，然后只用改一行代码就能缩放整个网页。下面来看看 CSS 是如何实现这些功能的。

像素、点、派卡

CSS 支持几种绝对长度单位，最常用、最基础的是像素（px）。不常用的绝对单位是 mm（毫米）、cm（厘米）、in（英寸）、pt（点，印刷术语，1/72 英寸）、pc（派卡，印刷术语，12 点）。这些单位都可以通过公式互相换算：1in = 25.4mm = 2.54cm = 6pc = 72pt = 96px。因此，

16px 等于 12pt（16/96×72）。设计师经常用点作为单位，开发人员则习惯用像素。因此跟设计师沟通的时候需要做一些换算。

像素是一个具有误导性的名称，CSS 像素并不严格等于显示器的像素，尤其在高清屏（视网膜屏）下。尽管 CSS 单位会根据浏览器、操作系统或者硬件适当缩放，在某些设备或者用户的分辨率设置下也会发生变化，但是 96px 通常等于一个物理英寸的大小。

2.2　em 和 rem

em 是最常见的相对长度单位，适合基于特定的字号进行排版。在 CSS 中，1em 等于当前元素的字号，其准确值取决于作用的元素。图 2-1 是一个内边距为 1em 的 `div` 元素。

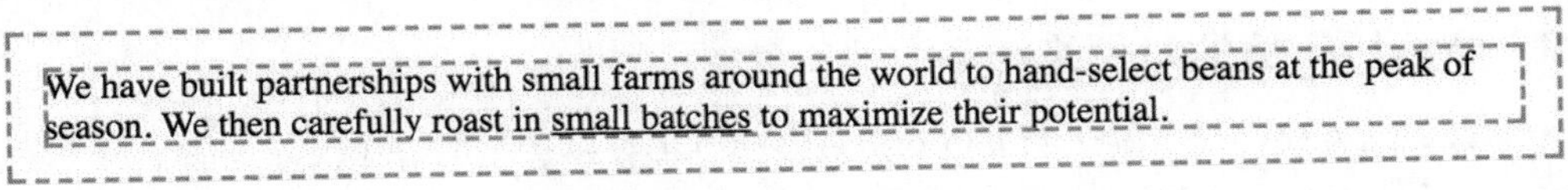

We have built partnerships with small farms around the world to hand-select beans at the peak of season. We then carefully roast in small batches to maximize their potential.

图 2-1　内边距为 1em 的元素（虚线用于展示内边距）

它的代码如代码清单 2-1 所示。规则集指定了字号为 16px，也就是元素局部定义的 1em。然后使用 em 指定了元素的内边距。将代码清单 2-1 加入一个新的样式表，在`<div class="padded">`中写一些文字，在浏览器中看看会是什么效果。

代码清单 2-1　用 em 单位设置内边距

```
.padded {
  font-size: 16px;
  padding: 1em;
}
```

设置四个内边距为 font-size

这里设置内边距的值为 `1em`。浏览器将其乘以字号，最终渲染为 16px。这一点很重要：浏览器会根据相对单位的值计算出绝对值，称作**计算值**（computed value）。

在本例中，设置内边距为 2em，会产生一个 32px 的计算值。如果另一个选择器也命中了相同的元素，并修改了字号，那么就会改变 em 的局部含义，计算出来的内边距也会随之变化。

当设置 `padding`、`height`、`width`、`border-radius` 等属性时，使用 em 会很方便。这是因为当元素继承了不同的字号，或者用户改变了字体设置时，这些属性会跟着元素均匀地缩放。

图 2-2 展示了两个不同大小的盒子，它们的字号、内边距和圆角都会不一样。

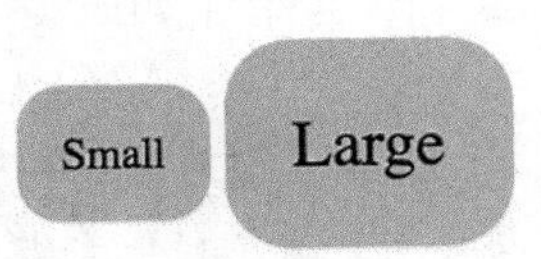

图 2-2　元素的内边距和圆角都是相对值

在定义这些盒子的样式时，可以用em指定内边距和圆角。给每个元素设置1em的内边距和圆角，再分别指定不同的字号，那么这些属性会随着字体一起缩放。

如代码清单2-2所示，在HTML中创建两个盒子。给元素分别添加`box-small`和`box-large`类名，作为大小修饰符。

2

代码清单2-2　给不同的元素加上em（HTML）

```
<span class="box box-small">Small</span>
<span class="box box-large">Large</span>
```

现在将代码清单2-3加到样式表中。这段代码用em定义了一个盒子，同时定义了一个small和一个large的修饰符，分别指定不同的字号。

代码清单2-3　将em应用于不同的元素（CSS）

```
.box {
  padding: 1em;
  border-radius: 1em;
  background-color: lightgray;
}

.box-small {
  font-size: 12px;        ◁┐
}                           │ 不同的字号，可以决定
                            │ 元素的 em 值
.box-large {                │
  font-size: 18px;        ◁┘
}
```

这就是em的好处。可以定义一个元素的大小，然后只需要改变字号就能整体缩放元素。稍后会再举一个例子，在此之前，我们先说说em和字号。

2.2.1　使用em定义字号

谈到`font-size`属性时，em表现得不太一样。之前提到过，当前元素的字号决定了em。但是，如果声明`font-size: 1.2em`，会发生什么呢？一个字号当然不能等于自己的1.2倍。实际上，这个`font-size`是根据**继承**的字号来计算的。

举个简单的例子。如图2-3所示，有两段文字，分别有不同的字号。可以像代码清单2-4那样定义元素，然后使用em定义字号。

We love coffee
We love coffee

图2-3　使用em定义两种不同的字号

按照代码清单2-4修改网页。第一行文字在`<body>`标签中，因此它会按照body的字号来渲染。第二段的slogan继承了这个字号。

代码清单 2-4　使用相对 font-size 的标记

```
<body>
  We love coffee
  <p class="slogan">We love coffee</p>    ◁ slogan 继承了<body>的字号
</body>
```

代码清单 2-5 指定了元素的字号。简单起见，这里用像素单位。接下来使用 em 来放大 slogan 的字号。

代码清单 2-5　使用 em 定义 font-size

```
body {
  font-size: 16px;
}

.slogan {
  font-size: 1.2em;     计算结果为元素继承的字号的 1.2 倍
}
```

slogan 的指定字号是 1.2em。为了得到计算的像素值，需要参考继承的字号，即 16px。因为 16×1.2 = 19.2，所以计算值为 19.2px。

提示　如果知道字号的像素值，但是想用 em 声明，可以用一个简单的公式换算：用想要的像素大小除以父级（继承）的像素字号。比如，想要一个 10px 的字体，元素继承的字体是 12px，则计算结果是 10/12 = 0.8333em。如果想要一个 16px 的字体，父级字号为 12px，则计算结果是 16/12 = 1.3333em。在本章我们还会进行几次这样的计算。

了解这些非常有用。对大多数浏览器来说，默认的字号为 16px。准确地说，medium 关键字的值是 16px。

1. em 同时用于字号和其他属性

现在你已经用 em 定义了字号（基于继承的字号），而且也用 em 定义了其他属性，比如 padding 和 border-radius（基于当前元素的字号）。em 的复杂之处在于同时用它指定一个元素的字号和其他属性。这时，浏览器必须先计算字号，然后使用这个计算值去算出其余的属性值。这两类属性可以拥有一样的声明值，但是计算值不一样。

在前面的例子里，字号的计算值为 19.2px（继承值 16px 乘以 1.2em）。图 2-4 展示了相同的 slogan 元素，但是内边距为 1.2em，背景为灰色，这样能明显地看到内边距的大小。内边距比字号稍微大一些，尽管它们的声明值相同。

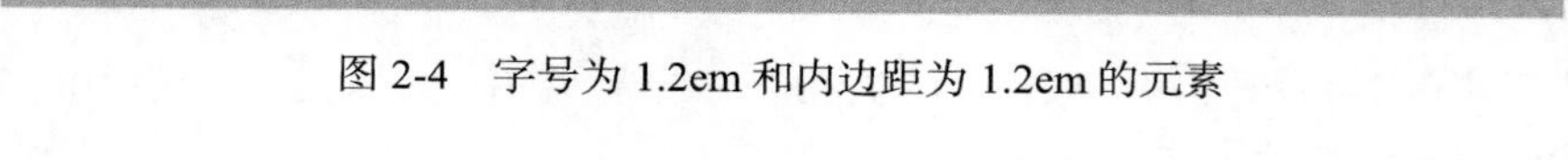

We love coffee

图 2-4　字号为 1.2em 和内边距为 1.2em 的元素

这是因为该段落从 body 继承了 16px 的字号，最终字号的计算值为 19.2px。因此 19.2px 是 em 的局部值，用于计算内边距。按照代码清单 2-6 更新测试页面的样式表。

代码清单 2-6 使用 em 定义 font-size 和 padding

```
body {
  font-size: 16px;
}

.slogan {
  font-size: 1.2em;      ← 计算值为 19.2px
  padding: 1.2em;        ← 计算值为 23.04px
  background-color: #ccc;
}
```

在这个例子里，padding 的声明值为 1.2em，乘以 19.2px（当前元素的字号），得到计算值为 23.04px。尽管 font-size 和 padding 的声明值相同，计算值却不一样。

2. 字体缩小的问题

当用 em 来指定多重嵌套的元素的字号时，就会产生意外的结果。为了算出每个元素的准确值，就需要知道继承的字号，如果这个值是在父元素上用 em 定义的，就需要知道父元素的继承值，以此类推，就会沿着 DOM 树一直往上查找。

当使用 em 给列表元素定义字号并且多级嵌套时，这个问题就显现出来了。绝大部分 Web 开发人员曾遇到过类似于图 2-5 的现象。文字缩小了！正是这种问题让开发人员惧怕使用 em。

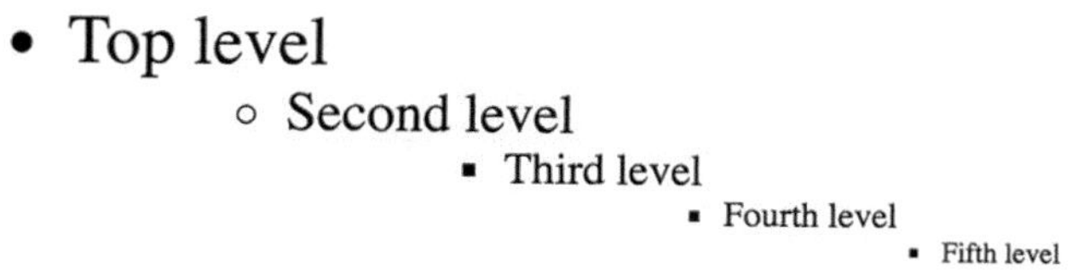

- Top level
  - Second level
    - Third level
      - Fourth level
        - Fifth level

图 2-5 嵌套列表的文字缩小了

当列表多级嵌套并且给每一级使用 em 定义字号时，就会发生文字缩小的现象。代码清单 2-7 和代码清单 2-8 的例子里，设置无序列表的字号为 0.8em。选择器选中了网页上每个<ul>元素，因此当这些列表从其他列表继承字号时，em 就会逐渐缩小字号。

代码清单 2-7 使用 em 指定列表的字号

```
body {
  font-size: 16px;
}

ul {
  font-size: .8em;
}
```

代码清单 2-8　嵌套列表

```
<ul>
  <li>Top level
    <ul>
      <li>Second level
        <ul>
          <li>Third level
            <ul>
              <li>Fourth level
                <ul>
                  <li>Fifth level</li>
                </ul>
              </li>
            </ul>
          </li>
        </ul>
      </li>
    </ul>
  </li>
</ul>
```

这个列表嵌套在第一个列表中，继承它的字号

这个嵌套在上一个列表中，继承第二个列表的字号

以此类推

每个列表元素的字号等于 0.8 乘以其父元素的字号。算出来第一级列表的字号为 12.8px，第二级缩小到 10.24px（12.8px × 0.8），第三级缩小到 8.192px，以此类推。同理，如果指定一个大于 1em 的字号，文字会逐渐增大。我们想要的是指定顶部的字号，然后保持子级的字号一致，如图 2-6 所示。

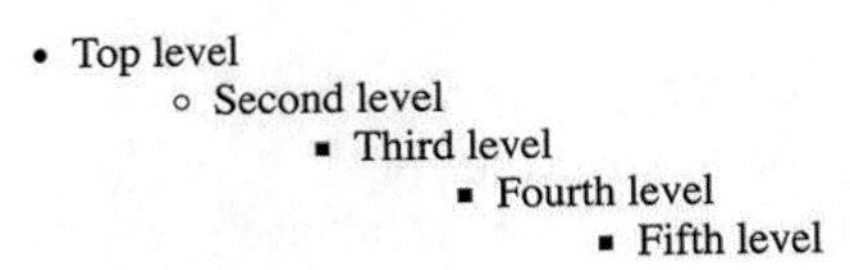

图 2-6　文字大小正确的嵌套列表

实现这种效果的代码如代码清单 2-9 所示。它设置第一级列表的字体为 0.8em（跟代码清单 2-7 一致）。代码清单 2-9 里的第二个选择器选中了嵌套在某个无序列表中的所有无序列表，也就是除了顶级列表以外的其他列表。嵌套列表的字号等于其父级的字号，如图 2-6 所示。

代码清单 2-9　纠正文字缩小的问题

```
ul {
  font-size: .8em;
}

ul ul {
  font-size: 1em;
}
```

嵌套的列表应当跟其父级的字号一致

这样确实解决了问题，尽管这个方式不完美。设置一个值，然后马上用另一个规则覆盖。如果不用提升选择器的优先级来覆盖规则，就更好了。

这些例子告诉我们，如果不小心的话，em 就会变得难以驾驭。em 用在内边距、外边距以及元素大小上很好，但是用在字号上就会很复杂。值得庆幸的是，我们有更好的选择：rem。

2.2.2　使用 rem 设置字号

当浏览器解析 HTML 文档时，会在内存里将页面的所有元素表示为 DOM（文档对象模型）。它是一个树结构，其中每个元素都由一个节点表示。`<html>`元素是顶级（根）节点。它下面是子节点，`<head>`和`<body>`。再下面是逐级嵌套的后代节点。

在文档中，根节点是所有其他元素的祖先节点。根节点有一个伪类选择器（`:root`），可以用来选中它自己。这等价于类型选择器 `html`，但是`:root` 的优先级相当于一个类名，而不是一个标签。

rem 是 root em 的缩写。rem 不是相对于当前元素，而是相对于根元素的单位。不管在文档的什么位置使用 rem，1.2rem 都会有相同的计算值：1.2 乘以根元素的字号。代码清单 2-10 先指定了根元素的字号，然后用 rem 定义了无序列表的相对字号。

代码清单 2-10　使用 rem 指定字号

```
:root {                  ← :root 伪类等价于类型选择器 html
  font-size: 1em;        ← 使用浏览器的默认字号（16px）
}

ul {
  font-size: .8rem;
}
```

在这个例子里，根元素的字号为浏览器默认的字号 16px（根元素上的 em 是相对于浏览器默认值的）。无序列表的字号设置为 0.8rem，计算值为 12.8px。因为相对根元素，所以所有字号始终一致，就算是嵌套列表也一样。

可访问性：对字号使用相对单位

有些浏览器给用户提供了两种方式来设置文字大小：缩放操作和设置默认字号。按住 Ctrl+ 或 Ctrl–，用户可以缩放网页。这种操作会缩放所有的字和图片，让网页整体放大或者缩小。在某些浏览器中，这种改变只会临时对当前标签页生效，不会将缩放设置带到新的标签页。

设置默认字号则不一样。不仅很难找到设置默认字号的地方（通常在浏览器的设置页），而且用这种方式改变字号会永久生效，除非用户再次修改默认值。这种方式的缺点是，它不会影响用 px 或者其他绝对单位设置的字号。由于默认的字号对某些用户而言很重要，尤其是对视力受损的人，所以应该始终用相对单位或者百分比设置字号。

与 em 相比，rem 降低了复杂性。实际上，rem 结合了 px 和 em 的优点，既保留了相对单位的优势，又简单易用。那是不是应该全用 rem，抛弃其他选择呢？答案是否定的。

在 CSS 里，答案通常是“看情况”。rem 只是你工具包中的一种工具。掌握 CSS 很重要的一点是学会在适当的场景使用适当的工具。我一般会用 rem 设置字号，用 px 设置边框，用 em 设置其他大部分属性，尤其是内边距、外边距和圆角（不过我有时用百分比设置容器宽度）。

这样字号是可预测的，同时还能在其他因素改变元素字号时，借助 em 缩放内外边距。用 px 定义边框也很好用，尤其是想要一个好看又精致的线时。这些是我在设置各种属性时常用的单位，但它们仅仅是工具，在某些情况下，用其他工具会更好。

提示　拿不准的时候，用 rem 设置字号，用 px 设置边框，用 em 设置其他大部分属性。

2.3　停止像素思维

过去几年有一个常见的模式，更准确地说是反模式，就是将网页根元素的字号设置为 0.625em 或者 62.5%（如代码清单 2-11 所示）。

代码清单 2-11　反模式：全局重置 `font-size` 为 10px

```
html {
  font-size: .625em;
}
```

我不推荐这样写。代码清单 2-11 将浏览器的默认字号 16px 缩小为 10px。这的确能简化计算：如果设计师希望字号为 14px，那么只需要默默在心里除以 10，写上 1.4rem 就可以了，而且还使用了相对单位。

一开始，这会很方便，但是这样有两个缺点。第一，我们被迫写很多重复的代码。10px 对大部分文字来说太小了，所以需要覆盖它，最后就得给段落设置 1.4rem，给侧边栏设置 1.4rem，给导航链接设置 1.4rem，等等。这样一来，代码容易出错的地方更多；当需要修改代码时，要改动的地方更多；样式表的体积也更大。

第二，这种做法的本质还是像素思维。虽然在代码里写的是 1.4rem，但是在心里仍然想着“14 像素”。在响应式网页中，需要习惯“模糊”值。1.2em 到底是多少像素并不重要，重点是它比继承的字号要稍微大一点。如果在屏幕上的效果不理想，就调整它的值，反复试验。这种方式同样适用于像素值。（在第 13 章中，我们将进一步研究具体规则来改进这种方法。）

使用 em 时，很容易陷入沉思：到底计算出来的像素值是多少，尤其是用 em 定义字号时。你会不停地做乘法和除法来计算 em 的值，直到抓狂。相反，我建议先适应使用 em。如果已经习惯了像素，那么使用 em 可能需要反复练习，但这一切是值得的。

这并不意味着永远不能用像素。如果是跟设计师沟通，可能就需要讨论具体的像素值，这没问题。在项目之初，需要确定基本的字号（通常是标题和脚注的常用字号）。讨论大小的时候用绝对值更简单。

将大小转换成 rem 需要计算，记得随手带一个计算器。（我会在 Mac 上按 Command-Space 键，在 Spotlight 里输入算式。）给根元素设置了字号后，就定义了一个 rem。在这之后，应该只在少数特殊情况下使用像素，而不能经常使用。

我在本章会继续提及像素，方便解释相对单位的行为，以及帮你熟悉 em 的计算。在本章之后，我将主要使用相对单位讨论字号。

2.3.1 设置一个合理的默认字号

如果你希望默认字号为 14px，那么不要将默认字体设置为 10px 然后再覆盖一遍，而应该直接将根元素字号设置为想要的值。将想要的值除以继承值（在这种情况下为浏览器默认值）是 14/16，等于 0.875。

将代码清单 2-12 加入到一个新的样式表中，作为基础样式。代码清单 2-12 设置了根元素（<html>）的默认字体。

代码清单 2-12 设置真正的默认字号

```
:root {                        <-- 使用 HTML 选择器
  font-size: 0.875em;          <-- 14/16（理想的 px/继承的 px）=0.875
}
```

现在你已经给网页设置了想要的字号，不用在其他地方再指定一遍了。你只需要相对它去修改其他元素（比如标题）的字号。

接下来创建一个如图 2-7 所示的面板。基于根元素的 14px 字号，用相对单位来构建这个面板。

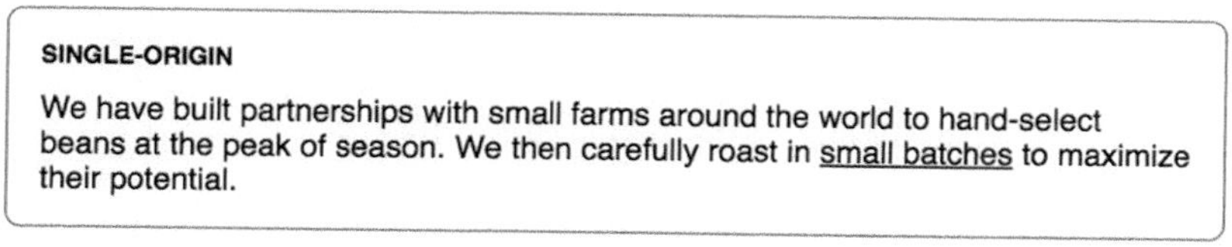

SINGLE-ORIGIN

We have built partnerships with small farms around the world to hand-select beans at the peak of season. We then carefully roast in small batches to maximize their potential.

图 2-7 使用相对单位和一个继承字号创建的面板

面板的 HTML 标记如代码清单 2-13 所示，将其添加到网页中。

代码清单 2-13 面板的 HTML 标记

```
<div class="panel">
  <h2>Single-origin</h2>
  <div class="panel-body">
    We have built partnerships with small farms around the world to
    hand-select beans at the peak of season. We then carefully roast
    in <a href="/batch-size">small batches</a> to maximize their
    potential.
  </div>
</div>
```

代码清单 2-14 是面板的样式代码。这里用 em 设置内边距和圆角，用 rem 设置标题的字号，用 px 设置边框。将以下代码添加到你的样式表中。

代码清单 2-14　使用相对单位创建的面板

```
.panel {
  padding: 1em;
  border-radius: 0.5em;
  border: 1px solid #999;
}

.panel > h2 {
  margin-top: 0;
  font-size: 0.8rem;
  font-weight: bold;
  text-transform: uppercase;
}
```

用 em 设置内边距和圆角

用 1px 设置一条细边

将面板顶部的多余空间移除，第 3 章会对此详细解释

用 rem 设置标题的字号

代码清单 2-14 给面板的四周加上了细边，并给标题指定了样式。我创建了一个较小的标题，同时将字体加粗，全大写。（如果设计需要的话，可以改成更大的字号，或者其他字体。）

第二个选择器里的>是一个**直接后代组合器**。它选中了`.panel`元素的一个`h2`子元素。有关选择器和组合器的完整参考资料，参见附录 A。

在代码清单 2-13 中，给面板主体添加`panel-body`类只是为了明确含义，在 CSS 中并未用到。因为这个元素已经继承了根元素的字号，所以它看起来就是理想的样子，不需要覆盖。

2.3.2　构造响应式面板

更进一步地说，我们甚至可以根据屏幕尺寸，用**媒体查询**改变根元素的字号。这样就能够基于不同用户的屏幕尺寸，渲染出不同大小的面板（如图 2-8 所示）。

媒体查询，即`@media`规则，可以指定某种屏幕尺寸或者媒体类型（比如，打印机或者屏幕）下的样式。这是响应式设计的关键部分。这里以代码清单 2-15 为例进行说明，第 8 章将更深入地介绍媒体查询。

SINGLE-ORIGIN

We have built partnerships with small farms around the world to hand-select beans at the peak of season. We then carefully roast in small batches to maximize their potential.

SINGLE-ORIGIN

We have built partnerships with small farms around the world to hand-select beans at the peak of season. We then carefully roast in small batches to maximize their potential.

SINGLE-ORIGIN

We have built partnerships with small farms around the world to hand-select beans at the peak of season. We then carefully roast in small batches to maximize their potential.

图 2-8　不同屏幕尺寸下的响应式面板：300px（左上）、800px（右上）、1440px（下）

按照代码清单 2-15 修改你的样式表。

代码清单 2-15　响应式的根元素 `font-size`

```
:root {
  font-size: 0.75em;
}
```

作用到所有的屏幕，但是在大屏上会被覆盖

```
@media (min-width: 800px) {
  :root {
    font-size: 0.875em;
  }
}
```

仅作用到宽度 800px 及其以上的屏幕，覆盖之前的值

```
@media (min-width: 1200px) {
  :root {
    font-size: 1em;
  }
}
```

仅作用到宽度 1200px 及其以上的屏幕，覆盖前面两个值

第一个规则集指定了一个较小的默认字号，这是希望在小屏幕上显示的字号。然后使用媒体查询覆盖该值，在 800px、1200px 以及更大的屏幕上逐渐增大字号。

通过给页面根元素设置不同字号，我们响应式地重新定义了整个网页的 em 和 rem。也就是说，即使不直接修改面板的样式，它也是响应式的。在小屏上，比如智能手机上，字体会较小（12px），内边距和圆角也相应较小。在大于 800px 和 1200px 的大屏上，组件会相应地分别放大到 14px 和 16px 的字号。缩放浏览器窗口可以看到这些变化。

如果你足够严格，整个网页的样式都像这样使用相对单位定义，那么网页就会根据视口大小整体缩放。这是响应式策略中很重要的一部分。靠近样式表顶部的两个媒体查询可以极大减少后续 CSS 代码中媒体查询的数量。如果用像素的话，就没有这么容易。

同样，如果老板或者客户觉得网页的字体太大或者太小，只需要改一行代码就能改变整体的字号，进而不费吹灰之力影响整个网页。

2.3.3 缩放单个组件

有时，需要让同一个组件在页面的某些部分显示不同的大小，你可以用 em 来单独缩放一个组件。拿之前的面板举例。首先给面板加上一个 `large` 类：`<div class="panel large">`。

图 2-9 展示了普通面板和大面板的区别。效果类似于响应式面板，但是同一个页面可以同时存在两种大小。

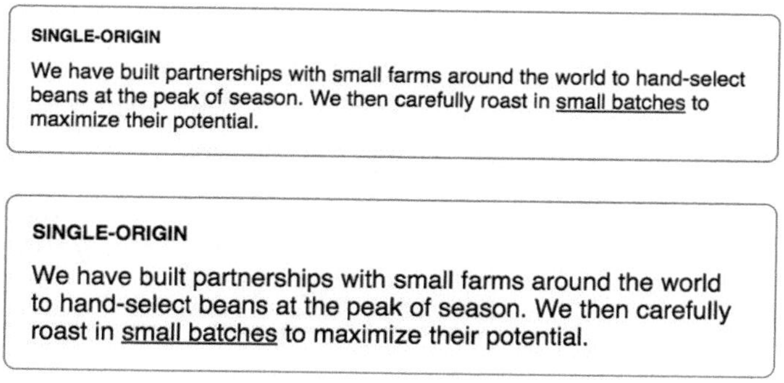

SINGLE-ORIGIN

We have built partnerships with small farms around the world to hand-select beans at the peak of season. We then carefully roast in small batches to maximize their potential.

SINGLE-ORIGIN

We have built partnerships with small farms around the world to hand-select beans at the peak of season. We then carefully roast in small batches to maximize their potential.

图 2-9　同一个页面里的普通面板和大面板

下面稍微改一下定义面板字号的方式。我们仍然使用相对单位，但是需要改变它相对的对象。首先，给每个面板添加父元素声明 `font-size: 1rem`，这样无论面板位于页面何处，都有一个可预测的字号。

其次，改用 em 而不是用 rem，重新定义标题的字号，使其相对于刚刚在 1rem 时创建的父元素的字号。用代码清单 2-16 所示的代码，更新你的样式表。

代码清单 2-16　创建一个大面板

```
.panel {
  font-size: 1rem;            ◁── 给组件设置一个可预测的字号
  padding: 1em;
  border: 1px solid #999;
  border-radius: 0.5em;
}

.panel > h2 {
  margin-top: 0;
  font-size: 0.8em;           ◁── 用 em 定义其他字号，使其相对于父元素的字号
  font-weight: bold;
  text-transform: uppercase;
}
```

这次修改并不会影响面板的样式，但是它为创建更大的面板做好了准备：只需要加一行 CSS 代码，即覆盖父元素的 1rem。因为组件内所有的大小都是相对于父元素的字号，所以覆盖后，整个面板的大小都会改变。将代码清单 2-17 添加到你的样式表中，定义一个更大的面板。

代码清单 2-17　用一个 CSS 声明放大整个面板

```
.panel.large {              ◁── 复合选择器选中同时拥有 panel 和 large 类的元素
  font-size: 1.2rem;
}
```

现在对普通面板使用 `class="panel"`，对大面板使用 `class="panel large"`。同理，可以设置一个更小的字号来定义一个小面板。如果面板是一个更复杂的组件，有多个字号和内边距，仍然只需要一个声明就能缩放它，只要内部的样式都使用 em 定义即可。

2.4　视口的相对单位

前面介绍的 em 和 rem 都是相对于 `font-size` 定义的，但 CSS 里不止有这一种相对单位。还有相对于浏览器视口定义长度的**视口的相对单位**。

> **视口**——浏览器窗口里网页可见部分的边框区域。它不包括浏览器的地址栏、工具栏、状态栏。

如果你不熟悉视口的相对单位，请先看下面的简单介绍。

- vh：视口高度的 1/100。
- vw：视口宽度的 1/100。
- vmin：视口宽、高中较小的一方的 1/100（IE9 中叫 vm，而不是 vmin）。
- vmax：视口宽、高中较大的一方的 1/100（本书写作时 IE 和 Edge 均不支持 vmax）[①]。

比如，50vw 等于视口宽度的一半，25vh 等于视口高度的 25%。vmin 取决于宽和高中较小的一方，这可以保证元素在屏幕方向变化时适应屏幕。在横屏时，vmin 取决于高度；在竖屏时，则取决于宽度。

图 2-10 展示了一个正方形元素在不同屏幕尺寸的视口中的样子。它的宽度和高度都是 90vmin，等于宽高的较小边的 90%，即横屏高度的 90%，或者竖屏宽度的 90%。

图 2-10　当一个元素的宽和高为 90vmin 时，不管视口的大小或者方向是什么，总会显示成一个稍小于视口的正方形

代码清单 2-18 是该元素的 CSS 样式。它生成了一个大正方形，不管如何缩放浏览器，它都能在视口中显示。可以在网页里加上`<div class="square">`来看效果。

代码清单 2-18　用 `vmin` 定义正方形元素的大小

```
.square {
  width: 90vmin;
  height: 90vmin;
  background-color: #369;
}
```

① 翻译本书时 Edge 已支持 vmax。——译者注

视口相对长度非常适合展示一个填满屏幕的大图。我们可以将图片放在一个很长的容器里，然后设置图片的高度为 100vh，让它等于视口的高度。

提示　相对视口的单位对大部分浏览器而言是较新的特性，因此当你将它跟其他样式结合使用时，会有一些奇怪的 bug。可在 Can I Use 网站中检索 Viewport units: vw, vh, vmin, vmax 中的“Known Issues”。

CSS3

本章中有些单位类型在 CSS 早期版本中没有（尤其是 rem 和视口的相对单位），它们是在 CSS 发展过程中加进来的，也就是通常所说的 CSS3。

20 世纪 90 年代末到 21 世纪初，在完成 CSS 规范的初始工作之后的很长一段时间，CSS 几乎没有什么大的改变。1998 年 5 月，W3C（万维网联盟）发布了 CSS2 规范。紧接着开始制定 2.1 版本，对 CSS2 的问题和 bug 进行修正。CSS2.1 的制定工作持续了许多年，仍然没有增加重大的新特性，直到 2011 年 4 月，才作为提案推荐标准（Proposed Recommendation）发布。此时，浏览器已经实现了 CSS2.1 的大部分特性，并且还以 CSS3 的名义增加了更多特性。

“3”是一个非正式的版本号，其实并没有 CSS3 规范，而是 CSS 规范分成了单独的模块，每个模块单独管理版本。如今背景和边框的规范脱离了盒模型模块以及层叠和继承模块。这样 W3C 就能够制定 CSS 某个领域的新版本，而不需要更新其他没变的领域。很多规范仍然停留在版本 3（现在称作 level 3），但是有一些规范已经处于 level 4，比如选择器规范。还有一些规范处于 level 1，比如 Flexbox。

随着这些变化的出现，我们发现从 2009 年到 2013 年,新特性呈现了爆炸式发展。在此期间值得关注的新特性包括 rem、视口的相对单位，以及新的选择器、媒体查询、Web 字体、圆角边框、动画、过渡、变形、指定颜色的不同方式等。现在每年还在不断地涌现新特性。

这也意味着我们不再只针对一个特定版本的 CSS 开发了。CSS 现在是一个活的标准（living standard）。每个浏览器在持续地增加对新特性的支持。开发人员使用这些新特性，并且适应了这些变化。未来不会有 CSS4 了，除非人们拿它作为一个更通用的市场术语。虽然本书覆盖了 CSS3 的特性，但是我尽可能不这么称呼它们，因为对于 Web 来说，它们都属于 CSS。

2.4.1　使用 vw 定义字号

相对视口单位有一个不起眼的用途，就是设置字号，但我发现它比用 vh 和 vw 设置元素的宽和高还要实用。

如果给一个元素加上 `font-size: 2vw` 会发生什么？在一个 1200px 的桌面显示器上，计算值为 24px（1200 的 2%）。在一个 768px 宽的平板上，计算值约为 15px（768 的 2%）。这样做的好处在于元素能够在这两种大小之间平滑地过渡，这意味着不会在某个断点突然改变。当视口大小改变时，元素会逐渐过渡。

不幸的是，24px 在大屏上来说太大了。更糟糕的是，在 iPhone 6 上会缩小到只有 7.5px。如果能够保留这种缩放的能力，但是让极端情况缓和一些就更棒了。CSS 的 calc()函数可以提供帮助。

2.4.2 使用 calc()定义字号

calc()函数内可以对两个及其以上的值进行基本运算。当要结合不同单位的值时，calc()特别实用。它支持的运算包括：加（+）、减（-）、乘（×）、除（÷）。加号和减号两边必须有空白，因此我建议大家养成在每个操作符前后都加上一个空格的习惯，比如 calc(1em + 10px)。

代码清单 2-19 用 calc()结合了 em 和 vw 两种单位。删除之前样式表的基础字号（以及相关的媒体查询），换成如下代码。

代码清单 2-19　用 calc()结合 em 和 vh 两种单位定义 font-size

```
:root {
  font-size: calc(0.5em + 1vw);
}
```

现在打开网页，慢慢缩放浏览器，字体会平滑地缩放。0.5em 保证了最小字号，1vw 则确保了字体会随着视口缩放。这段代码保证基础字号从 iPhone 6 里的 11.75px 一直过渡到 1200px 的浏览器窗口里的 20px。可以按照自己的喜好调整这个值。

我们不用媒体查询就实现了大部分的响应式策略。省掉三四个硬编码的断点，网页上的内容也能根据视口流畅地缩放。

2.5 无单位的数值和行高

有些属性允许**无单位的值**（即一个不指定单位的数）。支持这种值的属性包括 line-height、z-index、font-weight（700 等于 bold，400 等于 normal，等等）。任何长度单位（如 px、em、rem）都可以用无单位的值 0，因为这些情况下单位不影响计算值，即 0px、0%、0em 均相等。

> **警告**　一个无单位的 0 只能用于**长度**值和百分比，比如内边距、边框和宽度等，而不能用于角度值，比如度，或者时间相关的值，比如秒。

line-height 属性比较特殊，它的值既可以有单位也可以无单位。通常我们应该使用无单位的数值，因为它们继承的方式不一样。我们在网页中加上一些文字，看看无单位的行高会如何影响样式。将代码清单 2-20 添加到网页中。

代码清单 2-20　继承 line-height 的标记

```
<body>
  <p class="about-us">
    We have built partnerships with small farms around the world to
    hand-select beans at the peak of season. We then carefully roast in
    small batches to maximize their potential.
  </p>
</body>
```

接下来给 body 元素指定一个行高，允许它被网页上其他元素继承。不管在网页设置了什么字号，这种方式都会按照预期显示（如图 2-11 所示）。

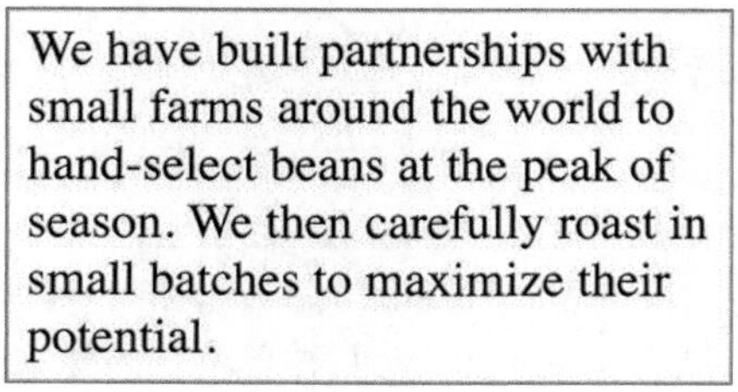

We have built partnerships with small farms around the world to hand-select beans at the peak of season. We then carefully roast in small batches to maximize their potential.

图 2-11　为每个后代元素重新计算无单位的行高

将代码清单 2-21 添加到样式表中。这个段落继承了行高 1.2。因为段落字号是 32px（2em × 16px，浏览器默认字号），所以此时行高的计算值为 38.4px（32px×1.2）。每行文字之间都会有一个合理的间距。

代码清单 2-21　用无单位的数值定义的行高

```
body {
  line-height: 1.2;
}

.about-us {
  font-size: 2em;
}
```

后代元素继承了无单位的值

如果用有单位的值定义行高，可能会产生意想不到的结果，如图 2-12 所示。每行文字会重叠。对应的 CSS 如代码清单 2-22 所示。

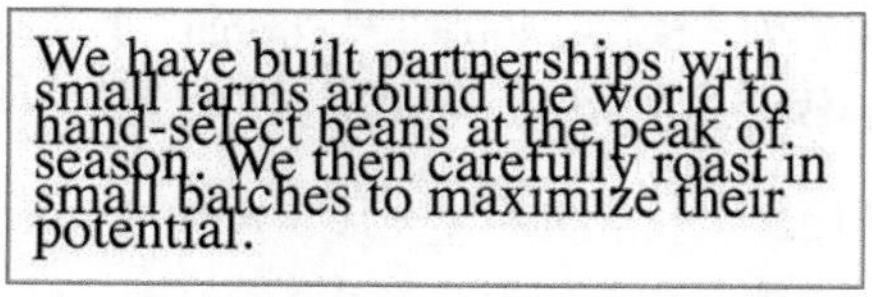

We have built partnerships with small farms around the world to hand-select beans at the peak of season. We then carefully roast in small batches to maximize their potential.

图 2-12　继承 `line-height`，导致行重叠

代码清单 2-22　用有单位的值定义行高，产生了意想不到的结果

```
body {
  line-height: 1.2em;
}

.about-us {
  font-size: 2em;
}
```

后代元素继承了计算值（19.2px）

计算值为 32px

这些结果源于继承的一个怪异特性：当一个元素的值定义为**长度**（px、em、rem，等等）时，子元素会继承它的计算值。当使用 em 等单位定义行高时，它们的值是计算值，传递到了任何继

承子元素上。如果子元素有不同的字号，并且继承了 `line-height` 属性，就会造成意想不到的结果，比如文字重叠。

> **长度**——一种用于测量距离的 CSS 值的正式称谓。它由一个数值和一个单位组成，比如 5px。长度有两种类型：绝对长度和相对长度。百分比类似于长度，但是严格来讲，它不是长度。

使用无单位的数值时，继承的是声明值，即在每个继承子元素上会重新算它的计算值。这样得到的结果几乎总是我们想要的。我们可以用一个无单位的数值给 body 设置行高，之后就不用修改了，除非有些地方想要不一样的行高。

2.6 自定义属性（即 CSS 变量）

2015 年，一个期盼已久的 CSS 规范作为候选推荐标准问世了，叫作**层叠变量的自定义属性**（Custom Properties for Cascading Variables）。这个规范给 CSS 引进了变量的概念，开启了一种全新的基于上下文的动态样式。你可以声明一个变量，为它赋一个值，然后在样式表的其他地方引用这个值。这样不仅能减少样式表中的重复，而且还有其他好处，稍后会介绍。

写作本书时，除了 IE，自定义属性已经得到各大主流浏览器的支持。要了解更新更全的情况，请在 Can I Use 网站中检索“CSS Variables”。

> **说明**　如果刚好用了内置变量功能的 CSS 预处理器，比如 Sass 或者 Less，你可能就不太想用 CSS 变量了。千万别这样。新规范里的 CSS 变量有本质上的区别，它比任何一款预处理器的变量功能都多。因此我倾向于称其为“自定义属性”，而不是变量，以强调它跟预处理器变量的区别。

要定义一个自定义属性，只需要像其他 CSS 属性那样声明即可，如代码清单 2-23 所示。创建一个新的网页和样式表，将代码清单 2-23 添加到样式表中。

代码清单 2-23　定义一个自定义属性

```
:root {
  --main-font: Helvetica, Arial, sans-serif;
}
```

这个代码清单定义了一个名叫`--main-font` 的变量。将其值设置为一些常见的 sans-serif 字体。变量名前面必须有两个连字符（--），用来跟 CSS 属性区分，剩下的部分可以随意命名。

变量必须在一个声明块内声明。这里使用了`:root` 选择器，因此该变量可以在整个网页使用，稍后会解释这一点。

变量声明本身什么也没做，我们使用时才能看到效果。将这个变量用到一个段落上，就会产生如图 2-13 所示的结果。

We have built partnerships with small farms around the world to hand-select beans at the peak of season. We then carefully roast in small batches to maximize their potential.

图 2-13　该段落使用了变量里定义的 sans-serif 字体

调用函数 var()就能使用该变量。利用该函数引用前面定义的变量--main-font。将代码清单 2-24 里的规则集添加到你的样式表中。

代码清单 2-24　使用自定义属性

```
:root {
  --main-font: Helvetica, Arial, sans-serif;
}

p {
  font-family: var(--main-font);
}
```

将段落的字体设置为 Helvetica、Arial、sans-serif

在样式表某处为自定义属性定义一个值，作为“单一数据源”，然后在其他地方复用它。这种方式特别适合反复出现的值，比如颜色值。代码清单 2-25 添加了一个叫 brand-color 的自定义属性。在样式表中可以多次使用这个变量，当你想要改变这个颜色值时，只需要在一个地方修改即可。

代码清单 2-25　使用自定义属性定义颜色

```
:root {
  --main-font: Helvetica, Arial, sans-serif;
  --brand-color: #369;
}

p {
  font-family: var(--main-font);
  color: var(--brand-color);
}
```

定义一个蓝色的 brand-color 变量

var()函数接受第二个参数，它指定了备用值。如果第一个参数指定的变量未定义，那么就会使用第二个值。

代码清单 2-26 在两个不同的声明中都指定了备用值。在第一个声明里，因为--main-font 被定义为 Helvetica, Arial, sans-serif，所以使用了这个变量的值。在第二个声明里，因为--secondary-color 是一个未定义的变量，所以使用了备用值 blue。

代码清单 2-26　提供备用值

```
:root {
  --main-font: Helvetica, Arial, sans-serif;
  --brand-color: #369;
}

p {
  font-family: var(--main-font, sans-serif);
  color: var(--secondary-color, blue);
}
```

指定备用值为 sans-serif

secondary-color 变量没有定义，因此会使用备用值 blue

说明　如果 var()函数算出来的是一个非法值，对应的属性就会设置为其初始值。比如，如果在 padding: var(--brand-color)中的变量算出来是一个颜色，它就是一个非法的内边距值。这种情况下，内边距会设置为 0。

2.6.1　动态改变自定义属性

在前面的示例中，自定义属性只不过为减少重复代码提供了一种便捷方式，但是它真正的意义在于，自定义属性的声明能够层叠和继承：可以在多个选择器中定义相同的变量，这个变量在网页的不同地方有不同的值。

例如，可以定义一个变量为黑色，然后在某个容器中重新将其定义为白色。那么基于该变量的任何样式，在容器外部会动态解析为黑色，在容器内部会动态解析为白色。接下来用这种特性来实现如图 2-14 所示的效果。

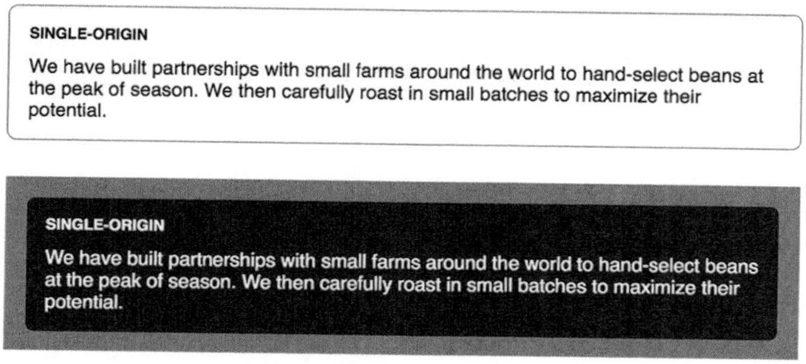

SINGLE-ORIGIN

We have built partnerships with small farms around the world to hand-select beans at the peak of season. We then carefully roast in small batches to maximize their potential.

SINGLE-ORIGIN

We have built partnerships with small farms around the world to hand-select beans at the peak of season. We then carefully roast in small batches to maximize their potential.

图 2-14　自定义属性基于当前变量值，产生了两种不同颜色的面板

这个面板跟之前的面板（如图 2-7 所示）类似。它的 HTML 标记如代码清单 2-27 所示。代码里的面板有两个实例：一个面板在 body 里，还有一个面板在深色的区域中。按照代码清单 2-27 更新 HTML。

代码清单 2-27　同一个网页中，不同环境下的两个面板

```
<body>
  <div class="panel">                          <- 网页中的一个
    <h2>Single-origin</h2>                        普通面板
    <div class="body">
      We have built partnerships with small farms
      around the world to hand-select beans at the
      peak of season. We then careful roast in
      small batches to maximize their potential.
    </div>
  </div>

  <aside class="dark">                            深色容器内的
    <div class="panel">                           另一个面板
```

```
      <h2>Single-origin</h2>
      <div class="body">
        We have built partnerships with small farms
        around the world to hand-select beans at the
        peak of season. We then careful roast in
        small batches to maximize their potential.
      </div>
    </div>
  </aside>
</body>
```

接下来，用变量定义文字和背景颜色，进而重新定义这个面板。将代码清单 2-28 加入你的样式表。这会将背景色设置为白色，将文字设置为黑色。在实现深色面板之前，我先解释一下它的工作原理。

代码清单 2-28　使用变量定义面板颜色

```
:root {
  --main-bg: #fff;
  --main-color: #000;
}

.panel {
  font-size: 1rem;
  padding: 1em;
  border: 1px solid #999;
  border-radius: 0.5em;
  background-color: var(--main-bg);
  color: var(--main-color);
}

.panel > h2 {
  margin-top: 0;
  font-size: 0.8em;
  font-weight: bold;
  text-transform: uppercase;
}
```

分别将背景色和文字颜色变量定义为白色和黑色

在面板样式中使用变量

首先还是在`:root`选择器的规则集中定义变量。这很重要，如此一来这些值就可以提供给根元素（整个网页）下的任何元素。当根元素的后代元素使用这个变量时，就会解析这里的值。

我们有两个面板，它们看起来一样。接下来在另一个选择器中重新定义这两个变量。代码清单 2-29 定义了深色容器的样式，为该容器设置了深灰色背景，还有一些内边距和外边距，同时也重新定义了两个变量。将代码清单 2-29 添加到样式表中。

代码清单 2-29　深色容器的样式

```
.dark {
  margin-top: 2em;
  padding: 1em;
```

给深色容器和前面的面板之间加上外边距

```
    background-color: #999;
    --main-bg: #333;
    --main-color: #fff;
}
```

给深色容器加上深灰色背景

在容器内重定义--main-bg 和--main-color 变量

重新加载网页，会看到第二个面板有深色背景和白色文字。这是因为面板使用了这些变量，它们会解析成深色容器内定义的值，而不是根元素内定义的值。注意，这里并没有重新定义面板样式，或者给面板加上额外的类。

在本例中，总共定义了自定义属性两次：第一次在根元素上（--main-color 为黑色），第二次在深色容器上（--main-color 为白色）。自定义属性就像作用域变量一样，因为它的值会被后代元素继承。在深色容器中，--main-color 为白色，在页面其他地方，则是黑色。

2.6.2 使用 JavaScript 改变自定义属性

还可以使用 JavaScript 在浏览器中实时访问和修改自定义属性。本书并不是介绍 JavaScript 的，所以只会简单介绍概念。需要你自己在 JavaScript 项目中实现剩下的功能。

代码清单 2-30 展示了如何访问一个元素上的属性。在网页中插入一个脚本，该脚本记录了根元素的--main-bg 属性值。

代码清单 2-30 访问 JavaScript 的自定义属性

```
<script type="text/javascript">
  var rootElement = document.documentElement;
  var styles = getComputedStyle(rootElement);
  var mainColor = styles.getPropertyValue('--main-bg');
  console.log(String(mainColor).trim());
</script>
```

获取一个元素的 styles 对象

获取 styles 对象的--main-bg 值

确保 mainColor 是一个字符串，并去掉前后空格；打印结果为“#fff”

因为你可以实时改变自定义属性的值，所以可以用 JavaScript 为--main-bg 动态设置一个新值。如果将其设置为浅蓝色，效果会如图 2-15 所示。

SINGLE-ORIGIN

We have built partnerships with small farms around the world to hand-select beans at the peak of season. We then carefully roast in small batches to maximize their potential.

图 2-15 JavaScript 可以通过改变--main-bg 变量的值，设置面板的背景色

代码清单 2-31 给根元素上的--main-bg 设置了一个新值。将这个代码清单放到<script>标签的末尾。

代码清单 2-31　使用 JavaScript 设置一个自定义属性

```
var rootElement = document.documentElement;
rootElement.style.setProperty('--main-bg', '#cdf');
```

将根元素上的`--main-bg`设置为浅蓝色

如果运行以上脚本，所有继承了`--main-bg`属性的元素都会更新，使用新的值。在网页中，第一个面板的背景色会改为浅蓝色。第二个面板保持不变，因为它依然继承了深色容器里的属性。

利用这种技术，就可以用 JavaScript 实时切换网站主题，或者在网页中突出显示某些元素，或者实时改变任意多个元素。只需要几行 JavaScript 代码，就可以进行更改，从而影响网页上的大量元素。

2.6.3　探索自定义属性

自定义属性是 CSS 中一个全新的领域，开发人员刚刚开始探索。因为浏览器支持有限，所以还没有出现“典型”的用法。我相信假以时日，会出现各种最佳实践和新的用法。这需要你持续关注。继续使用自定义属性，看看能用它做出什么效果。

值得注意的是，在不支持自定义属性的浏览器上，任何使用`var()`的声明都会被忽略。请尽量为这些浏览器提供回退方案。

```
color: black;
color: var(--main-color);
```

然而这种做法不是万能的，比如当用到自定义属性的动态特性时，就很难有备用方案。关注 Can I Use 网站，查看最新的浏览器支持情况。

2.7　总结

- 拥抱相对单位，让网页的结构决定样式的含义。
- 建议用 rem 设置字号，但是有选择地用 em 实现网页组件的简单缩放。
- 不用媒体查询也能让整个网页响应式缩放。
- 使用无单位的值设置行高。
- 请开始熟悉 CSS 的一个新特性：自定义属性。

第3章

盒 模 型

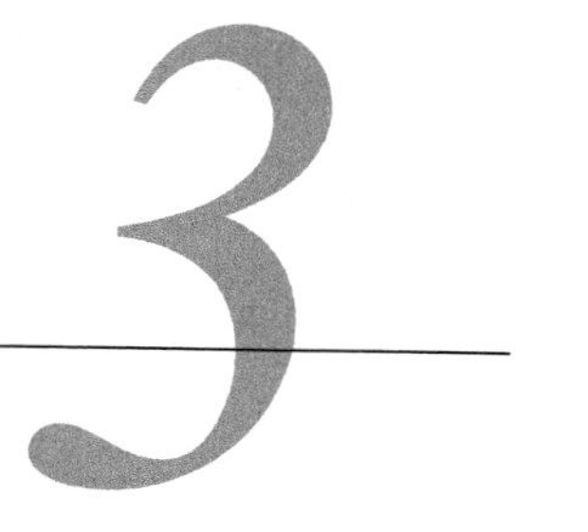

本章概要

- ❑ 给元素设置大小的实用经验
- ❑ 实现垂直居中
- ❑ 实现等高列
- ❑ 负的外边距和外边距折叠
- ❑ 网页组件之间一致的间距

在网页上实现元素布局涉及很多技术。在复杂网站上，可能会用到浮动元素、绝对定位元素以及其他各种大小的元素，甚至也会使用较新的 CSS 特性，比如 Flexbox 或者网格布局。需要掌握的内容太多，要想学会所有布局相关的技术不太现实。

之后几章会详细介绍几种布局技术。在此之前我们要打好基础，深刻理解浏览器是如何设置元素的大小和位置的。高级的布局话题基于文档流和盒模型等概念，这些是决定网页元素的大小和位置的基本规则。

本章将构建一个两列布局的网页。你可能很熟悉这个布局，因为它是一个经典的 CSS 入门练习，但是在指导你完成这种布局的过程中，我会强调布局中经常被忽略的一些细节。我们会处理盒模型的一些边缘情况，我也会分享一些有关设置元素大小和对齐方式的经验。另外本章还会处理 CSS 中最让人头疼的两个问题：垂直居中和等高列。

3.1 元素宽度的问题

在本章，你需要构建一个简单的网页：上面是网页头部，下面是两列内容，最终效果如图 3-1 所示。我特意将这个网页设计成“块状”风格，这样就能清楚地看到所有元素的大小和位置。

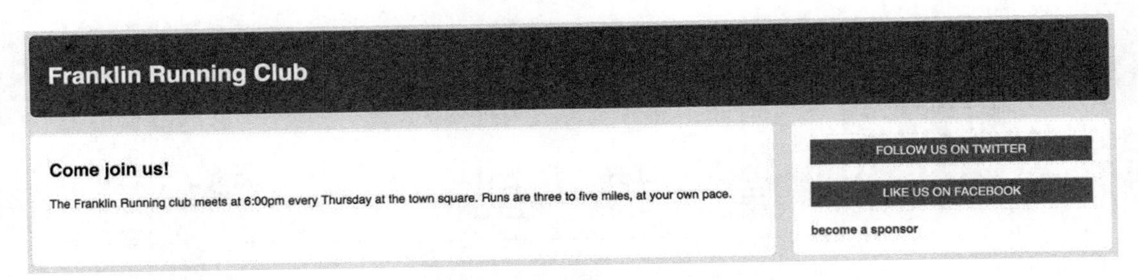

图 3-1　一个头部加两列的布局

新建一个网页和一个空的样式表，将其链接到一起。将代码清单 3-1 中的标记加入到新网页中。该网页有一个头部、一个主元素和一个侧边栏，它们构成了网页的两列，并由一个容器元素包了起来。

代码清单 3-1　两列布局的 HTML

```
<body>
  <header>
    <h1>Franklin Running Club</h1>
  </header>
  <div class="container">
    <main class="main">
      <h2>Come join us!</h2>
      <p>
        The Franklin Running club meets at 6:00pm every Thursday
        at the town square. Runs are three to five miles, at your
        own pace.
      </p>
    </main>
    <aside class="sidebar">
      <div class="widget"></div>
      <div class="widget"></div>
    </aside>
  </div>
</body>
```

下面处理一些基础样式。给网页设置字体，然后给网页和每个主要容器设置背景色，这样方便看清每个容器的位置和大小。完成这些工作后，网页如图 3-2 所示。

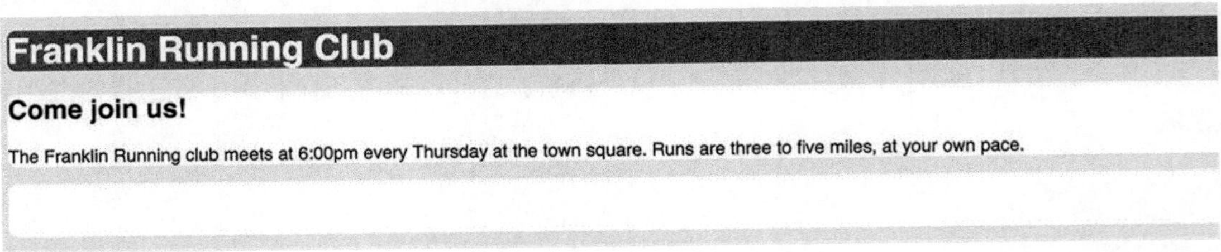

图 3-2　三个带背景色的主要容器

在一些网站设计中，某些容器的背景色可能是透明的。在这种情况下，可以先暂时给容器设置一个背景色，等实现了容器的大小和位置后再去掉背景色。

基础样式如代码清单 3-2 所示。由于现在侧边栏是空的，默认情况下没有高度，因此我们会给它加上内边距撑出一点高度。其他容器最后也需要内边距，但稍后再处理。现在将以下代码添加到你的样式表。

代码清单 3-2　应用字体和颜色

```
body {
  background-color: #eee;
  font-family: Helvetica, Arial, sans-serif;
}

header {
  color: #fff;
  background-color: #0072b0;
  border-radius: .5em;
}

main {
  display: block;          <- 修复 IE 的 bug
}

.main {
  background-color: #fff;
  border-radius: .5em;
}

.sidebar {
  padding: 1.5em;          <- 给侧边栏加上内边距
  background-color: #fff;
  border-radius: .5em;
}
```

说明　因为 IE 有一个 bug，它会默认将`<main>`元素渲染成行内元素，而不是块级元素，所以代码中我们用声明 `display: block` 来纠正。

接下来将两列放到合适的位置。我们首先使用浮动布局，将 `main` 和 `sidebar` 向左浮动，分别设置 70%和 30%的宽度。按照代码清单 3-3 更新你的样式表。

代码清单 3-3　对齐两列

```
.main {
  float: left;
  width: 70%;              <- 将 main 列向左浮动，设置宽度为 70%
  background-color: #fff;
  border-radius: .5em;
}

.sidebar {
  float: left;
```

```
    width: 30%;
    padding: 1.5em;
    background-color: #fff;
    border-radius: .5em;
}
```

将 **sidebar** 向左浮动，设置宽度为 30%

结果如图 3-3 所示，并没有达到理想的效果。

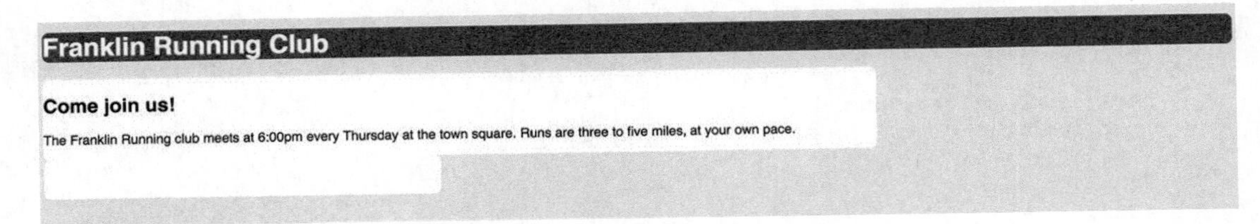

图 3-3　`main` 和 `sidebar` 的宽度分别为 70%和 30%

两列并没有并排出现，而是折行显示。虽然将两列宽度设置为 70%和 30%，但它们总共占据的宽度超过了可用空间的 100%，这是因为盒模型的默认行为（如图 3-4 所示）。当给一个元素设置宽或高的时候，指定的是内容的宽或高，所有内边距、边框、外边距都是追加到该宽度上的。

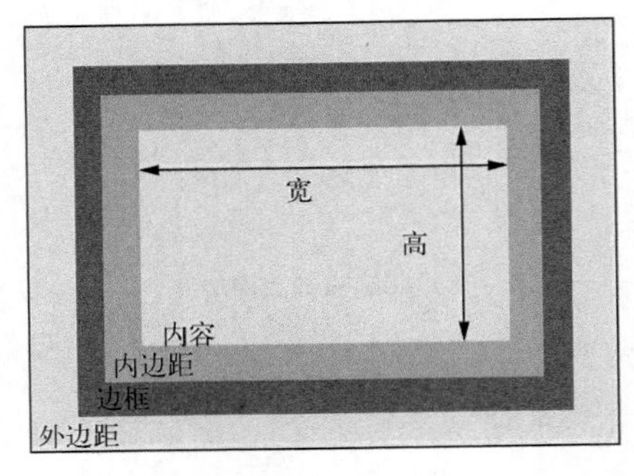

图 3-4　默认盒模型

这种行为会让一个宽 300px、内边距 10px、边框 1px 的元素渲染出来宽 322px（宽度加左右内边距再加左右边框）。如果这些值使用不同的单位，情况就会更复杂。

在以上例子中（代码清单 3-3），侧边栏的宽度等于 30%宽度加上各 1.5em 的左右内边距，主容器的宽度只占 70%。两列宽度加起来等于 100%宽度加上 3em。因为放不下，所以两列便折行显示了。

3.1.1　避免魔术数值

最笨的方法是减少其中一列（比如侧边栏）的宽度。在我的屏幕上，侧边栏改为宽 26%，两列能够并排放下，但是这种方式不可靠。26%是一个**魔术数值**（magic number）。它不是一个理想的值，而是通过改样式试出来的值。

在编程中不推荐魔术数值，因为往往难以解释一个魔术数值生效的原因。如果不理解这个数值是怎么来的，就不会知道在不同的情况下会产生什么样的结果。我的屏幕宽 1440px，在更小的视口下，侧边栏仍然会换行。虽然 CSS 中有时确实需要反复试验，但目的是为了得到更好的样式，而不是为了强行将一个元素填入一个位置。

替代魔术数值的一个方法是让浏览器帮忙计算。在本例中，因为加了内边距，两列的宽度总和超出了 3em，所以可以使用 `calc()`函数减去这个值，得到刚好 100%的总和。比如设置侧边栏宽度为 `calc(30% - 3em)`就能刚好并排放下两列，但是还有更好的解决办法。

3.1.2　调整盒模型

刚才遇到的问题说明默认的盒模型并不符合需求。相反，我们需要让指定的宽度包含内边距和边框。在 CSS 中可以使用 `box-sizing` 属性调整盒模型的行为。

`box-sizing` 的默认值为 `content-box`，这意味任何指定的宽或高都只会设置内容盒子的大小。将 `box-sizing` 设置为 `border-box` 后，`height` 和 `width` 属性会设置内容、内边距以及边框的大小总和，这刚好符合示例的要求。

如图 3-5 所示，盒模型的 `box-sizing` 为 `border-box`。在这个模型中，内边距不会让一个元素更宽，而是让内部的内容更窄。高度同理。

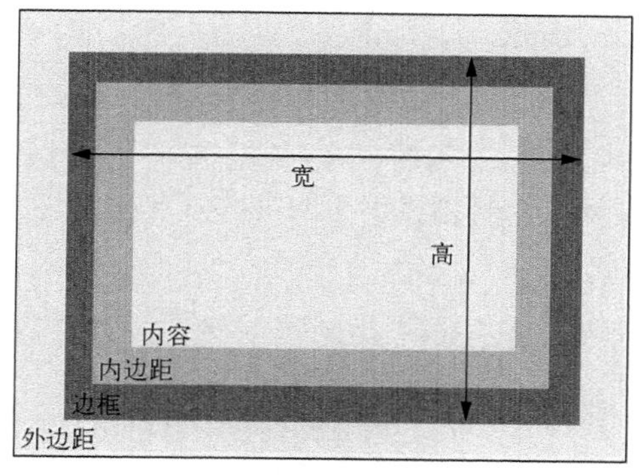

图 3-5　`box-sizing` 设置为 `border-box` 的盒模型

将这两个元素的 `box-sizing` 改为 `border-box` 就能在一行显示，不管左右内边距是多少（如图 3-6 所示）。[①]

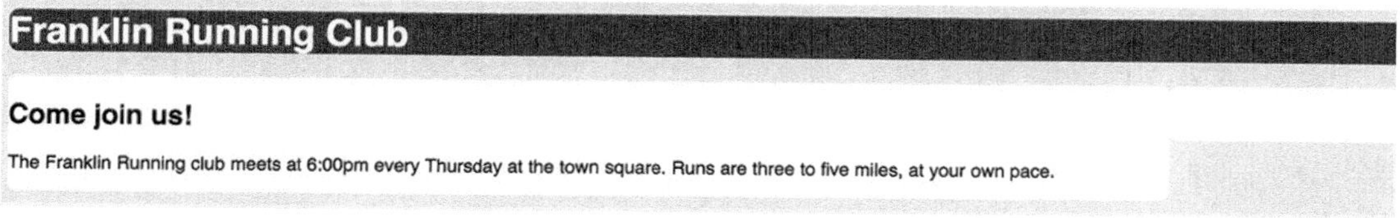

Franklin Running Club

Come join us!

The Franklin Running club meets at 6:00pm every Thursday at the town square. Runs are three to five miles, at your own pace.

图 3-6　调整盒模型后，两列并排

① 当 30%的计算值小于两侧内边距之和时会折行。——译者注

按照代码清单 3-4 修改样式表，调整 main 和 sidebar 的盒模型。

代码清单 3-4　修改浮动列的盒模型

```
.main {
  box-sizing: border-box;
  float: left;
  width: 70%;
  background-color: #fff;
  border-radius: .5em;
}

.sidebar {
  box-sizing: border-box;
  float: left;
  width: 30%;
  padding: 1.5em;
  background-color: #fff;
  border-radius: .5em;
}
```

将盒模型改为 border-box

使用 box-sizing: border-box 后，两个元素加起来正好等于 100%宽度。现在因为它们 70%和 30%的宽度包含内边距，所以一行放得下两列。

3.1.3　全局设置 border-box

现在这两个元素的 box-sizing 更符合预期了，但是以后使用其他元素时还会遇到同样的问题。最好能一次解决，这样以后就不用再想着调整盒模型了。代码清单 3-5 用通用选择器（*）选中了页面上所有元素，并用两个选择器选中了网页的所有伪元素。将这段代码放到你的样式表开头。

代码清单 3-5　全局修改盒模型为 border-box

```
*,
::before,
::after {
  box-sizing: border-box;
}
```

给页面上所有元素和伪元素设置 border-box

加上这段代码，height 和 width 会指定元素的实际宽和高。改变内边距不会影响它们。

说明　将这段代码放到样式表开头已是普遍做法了。

但是，如果在网页中使用了带样式的第三方组件，就可能会因此破坏其中一些组件的布局，尤其是当第三方组件在开发 CSS 的过程中没有考虑到使用者会修改盒模型时。因为全局设置 border-box 时使用的通用选择器会选中第三方组件内的每个元素，修改盒模型可能会有问题，所以最终需要写另外的样式将组件内的元素恢复为 content-box。

有一种简单点的方式，是利用继承改一下修改盒模型的方式。如代码清单 3-6 所示，更新样式表。

代码清单 3-6 让全局修改盒模型为 border-box 更稳健

```
:root {
  box-sizing: border-box;      ◁ 根元素设置为 border-box
}

*,
::before,
::after {
  box-sizing: inherit;         ◁ 告诉其他所有元素和伪元素继承其盒模型
}
```


盒模型通常不会被继承，但是使用 inherit 关键字可以强制继承。如下述代码所示，可以在必要时选中第三方组件的顶级容器，将其恢复为 content-box。这样组件的内部元素会继承该盒模型。

```
.third-party-component {
  box-sizing: content-box;
}
```

现在网站上的每个元素都有一个可预测性更好的盒模型了。如果要开发一个新的网站，我建议将代码清单 3-6 加到 CSS 中，因为从长远来看，这会给你省去很多麻烦。但是如果给已有的样式表加上代码清单 3-6 就可能有问题，尤其是当你已基于默认的内容盒模型写了很多样式后。如果非要给已有项目加上这段代码，那么一定要彻底检查一遍看会不会有问题。

说明 从现在开始，本书的每个示例都假设你的样式表开头修改为了 border-box。

3.1.4 给列之间加上间隔

通常在列之间加上一个小小的间隔会更好看。这有时可以通过给一列加上内边距来实现，但有时这种方式行不通。比如在本章示例中，两列都有背景色或者边框，这就需要将间隔放在两个元素的边框之间（如图 3-7 所示）。注意两个白色背景之间的灰色空间。实现这种效果有好几种方式，我们来介绍两种，如代码清单 3-7 和代码清单 3-8 所示。

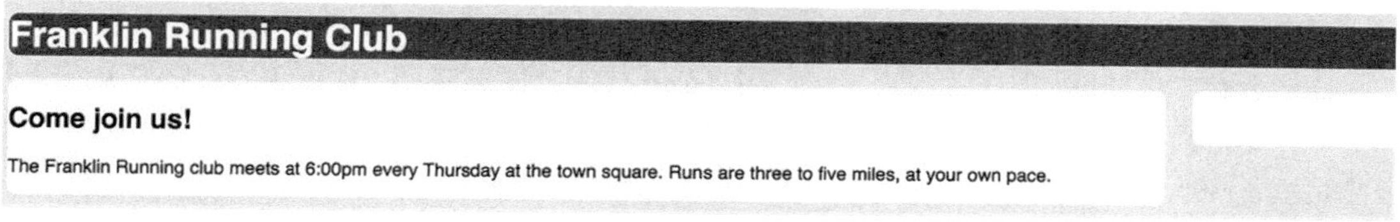

Franklin Running Club

Come join us!

The Franklin Running club meets at 6:00pm every Thursday at the town square. Runs are three to five miles, at your own pace.

图 3-7 在两列之间加间隔

首先，给其中一列加上外边距，再调整元素的宽度，将多出来的空间减掉。代码清单 3-7 从侧边栏的宽度中减掉了 1%，将其增加到外边距上，按照代码清单 3-7 更新你的 CSS。

代码清单 3-7　基于百分比的外边距留白

```
.main {
  float: left;
  width: 70%;
  background-color: #fff;
  border-radius: .5em;
}

.sidebar {
  float: left;
  width: 29%;                  ◁ 从宽度中减去 1%
  margin-left: 1%;             ◁ ……将其添加到外边距留白
  padding: 1.5em;
  background-color: #fff;
  border-radius: .5em;
}
```

这段代码的确加上了间隔，但是间隔的宽度由外层容器的宽度决定，百分比是相对于父元素的完整宽度的。如果想用其他单位指定间距呢？（我更想用 em 指定间距，因为 em 单位的一致性更好。）可以用 `calc()`来实现。

可以从宽度中减掉 1.5em 分给外边距，而不是完整宽度的 1%。代码清单 3-8 用 `calc()`实现了这种效果，按照代码清单 3-8 修改你的 CSS。

代码清单 3-8　使用 `calc()`从宽度中减去间距

```
.main {
  float: left;
  width: 70%;
  background-color: #fff;
  border-radius: .5em;
}

.sidebar {
  float: left;
  width: calc(30% - 1.5em);    ◁ 从宽度中减去 1.5em
  margin-left: 1.5em;          ◁ ……将其添加到外边距
  padding: 1.5em;
  background-color: #fff;
  border-radius: .5em;
}
```

这种方式不仅能够使用 em 指定间距，而且能让代码意图更明显。之后再看代码，从代码清单 3-7 中可能看不出为什么使用 29%，但是代码清单 3-8 中的 `30% - 1.5em` 则能提供线索，知道它是基于 30%算出来的。

3.2　元素高度的问题

处理元素高度的方式跟处理宽度不一样。之前对 `border-box` 的修改依然适用于高度，而且很有用，但是通常最好避免给元素指定明确的高度。普通文档流是为限定的宽度和无限的高度设计的。内容会填满视口的宽度，然后在必要的时候折行。因此，容器的高度由内容天然地决定，而不是容器自己决定。

普通文档流——指的是网页元素的默认布局行为。行内元素跟随文字的方向从左到右排列，当到达容器边缘时会换行。块级元素会占据完整的一行，前后都有换行。

3.2.1 控制溢出行为

当明确设置一个元素的高度时，内容可能会**溢出**容器。当内容在限定区域放不下，渲染到父元素外面时，就会发生这种现象。图 3-8 展示了这一现象。文档流不考虑溢出的情况，其容器下方的任何内容都会渲染到溢出内容的上面。

We'll be running the Polar Bear 5k
together on December 14th. Meet us
at the town square at 7:00am to
carpool. Wear blue!

图 3-8 内容溢出了容器

用 `overflow` 属性可以控制溢出内容的行为，该属性支持以下 4 个值。

- `visible`（默认值）——所有内容可见，即使溢出容器边缘。
- `hidden`——溢出容器内边距边缘的内容被裁剪，无法看见。
- `scroll`——容器出现滚动条，用户可以通过滚动查看剩余内容。在一些操作系统上，会出现水平和垂直两种滚动条，即使所有内容都可见（不溢出）。不过，在这种情况下，滚动条不可滚动（置灰）。
- `auto`——只有内容溢出时容器才会出现滚动条。

通常情况下，我倾向于使用 `auto` 而不是 `scroll`，因为在大多数情况下，我不希望滚动条一直出现。图 3-9 展示了 4 个 `overflow` 值对应的 4 个容器。

We'll be running the Polar Bear 5k
together on December 14th. Meet us
at the town square at 7:00am to
carpool. Wear blue!

We'll be running the Polar Bear 5k
together on December 14th. Meet us

We'll be running the Polar Bear 5k

We'll be running the Polar Bear 5k
together on December 14th. Meet

图 3-9 从左到右，`overflow` 值分别是 `visible`、`hidden`、`scroll`、`auto`

请谨慎地使用滚动条。浏览器给网页最外层加上了滚动条，如果网页内部再嵌套滚动区域，用户就会很反感。如果用户使用鼠标滚轮滚动网页，当鼠标到达一个较小的滚动区域，滚轮就会停止滚动网页，转而滚动较小的区域。

水平方向的溢出

除了垂直溢出，内容也可能在水平方向溢出。一个典型的场景就是在一个很窄的容器中放一条很长的 URL。溢出的规则跟垂直方向上的一致。

> 可以用 `overflow-x` 属性单独控制水平方向的溢出，或者用 `overflow-y` 控制垂直方向溢出。这些属性支持 `overflow` 的所有值，然而同时给 `x` 和 `y` 指定不同的值，往往会产生难以预料的结果。

3.2.2 百分比高度的备选方案

用百分比指定高度存在问题。百分比参考的是元素容器块的大小，但是容器的高度通常是由子元素的高度决定的。这样会造成死循环，浏览器处理不了，因此它会忽略这个声明。要想让百分比高度生效，必须给父元素明确定义一个高度。

人们使用百分比高度是想让一个容器填满屏幕。不过更好的方式是用视口的相对单位 `vh`，第 2 章已经介绍过。100vh 等于视口的高度。还有一个更常见的用法是创造等高列。这不用百分比也能实现。

1. 等高列

等高列的问题从 CSS 出现就一直困扰着人们。在 21 世纪初，CSS 取代了 HTML 表格成为布局的主要方式。当时表格是实现等高列的唯一方式，更具体地说，是不明确指定高度就能实现等高列的唯一方式，虽然可以简单地将所有列设置高度 500px 或者其他任意值，但是如果要让列自己决定高度，每个元素可能算出来都不一样高，具体高度取决于内容。这个简单的用例就足以让人们抓狂。

为了解决这个问题，诞生了很多有创意的解决方案。随着 CSS 的演进，出现了伪元素、负外边距等方案。如果你还在用这些复杂的方案，那么是时候改变了。现代浏览器支持了 CSS 表格，可以轻松实现等高列，比如 IE8+支持 `display: table`，IE10+支持弹性盒子或者 Flexbox，都默认支持等高列。

> **说明** 我说的**现代浏览器**是指能够自动更新（**长青**）的浏览器的最近版本，包括 Chrome、Firefox、Edge、Opera 还有 Safari。大家最关心 IE 的支持情况，如果我说 IE10+支持某特性，那么基本上所有长青浏览器都支持该特性。

很多常见的设计需要等高列，比如本章的两列布局就是个典型的例子。如果将主列和侧边栏的高度对齐（如图 3-10 所示），看起来就会更精致。任意一列的内容增加，两列的高度都会增加，同时保持底部对齐。

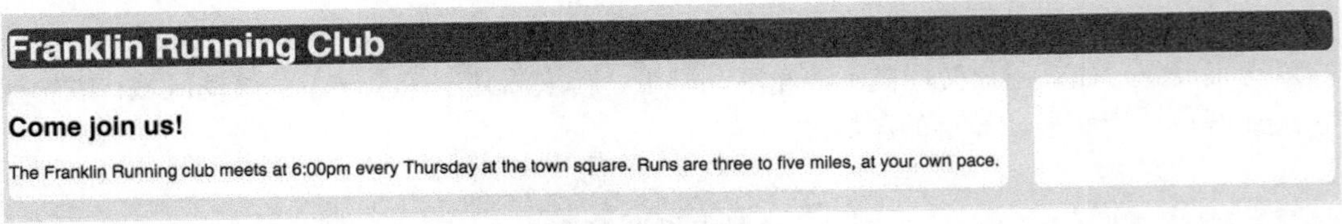

图 3-10 等高列

当然，你可以给两列随便设置一个高度值，但是应该选择什么值呢？太大了就会在容器底部留下大片空白，太小了内容就会溢出。

最好的办法是让它们自己决定高度，然后扩展较矮的列，让它的高度等于较高的列。下面会演示通过 CSS 表格和 Flexbox 两种方式实现这种效果。

2. CSS 表格布局

首先，用 CSS 表格布局替代浮动布局。给容器设置 `display: table`，给每一列设置 `display: table-cell`。按照代码清单 3-9 更新样式。（你可能注意到了这里没有 `table-row` 元素，因为 CSS 表格不像 HTML 表格那样必须有行元素。）

代码清单 3-9 使用 CSS 表格布局的等高列

```
.container {
  display: table;
  width: 100%;
}

.main {
  display: table-cell;
  width: 70%;
  background-color: #fff;
  border-radius: .5em;
}

.sidebar {
  display: table-cell;
  width: 30%;
  margin-left: 1.5em;
  padding: 1.5em;
  background-color: #fff;
  border-radius: .5em;
}
```

让容器布局像表格一样

❶ 让表格填充容器的宽度

让列布局像表格的单元格一样

❷ 外边距不再生效

不像 `block` 的元素，默认情况下，显示为 `table` 的元素宽度不会扩展到 100%，因此需要明确指定宽度❶。以上代码已经差不多实现了需求，但是缺少间隔。这是因为外边距❷并不会作用于 `table-cell` 元素，所以要修改代码，让间隔生效。

可以用表格元素的 `border-spacing` 属性来定义单元格的间距。该属性接受两个长度值：水平间距和垂直间距。（也可以将这两个长度值指定为同一值。）可以给容器加上 `border-spacing: 1.5em 0`，但这会产生一个特殊的副作用：这个值也会作用于表格的外边缘。这样两列就无法跟头部左右对齐了（如图 3-11 所示）。

图 3-11 `border-spacing` 作用于单元格之间和表格的外边缘

机智的你可能会想到**负**外边距，但是这需要给整个表格包裹一层新的容器。具体步骤：在表格容器外面包一个元素`<div class="wrapper">`，将其左右外边距设置为–1.5em，从而抵消表格容器外侧 1.5em 的 border-spacing。样式表如代码清单 3-10 所示。

代码清单 3-10　基于表格的列，间距已修正

```
.wrapper {
  margin-left: -1.5em;
  margin-right: -1.5em;
}

.container {
  display: table;
  width: 100%;
  border-spacing: 1.5em 0;
}

.main {
  display: table-cell;
  width: 70%;
  background-color: #fff;
  border-radius: .5em;
}

.sidebar {
  display: table-cell;
  width: 30%;
  padding: 1.5em;
  background-color: #fff;
  border-radius: .5em;
}
```

添加一个新的包裹元素，设置负外边距

单元格之间加上水平的 **border-spacing**

正的外边距会将容器的边缘往里推，而负的外边距则会将边缘往外拉。结合 border-spacing，两列靠近外侧的边缘跟<body>（包裹元素所在的容器盒子）的边缘对齐了。现在的布局满足了需求：两列等高，1.5em 的间距，外边缘跟头部对齐（如图 3-12 所示）。

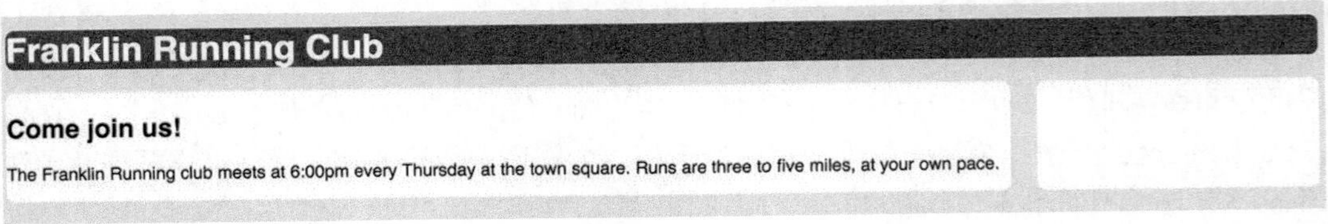

图 3-12　完美的等高列

负外边距有一些好玩的用处，稍后会介绍。

用表格实现布局

如果你已经做了一段时间 Web 开发，大概听过用 HTML 表格实现布局并非明智之举。在 21 世纪初，很多网站设计师使用<table>元素实现网站布局，因为它比用浮动布局（当时唯一的替代方案）简单。后来，有许多人强烈反对表格布局，因为它用了无语义的HTML标签。那时表格没有承担内容标签的功能，反而做着本该由CSS负责的布局工作。

浏览器现在支持将各种元素显示为表格，而不只是`<table>`，因此我们可以一边享受表格布局带来的好处，一边维护语义标记。然而这种方式并不是完美的解决方案，HTML表格的`colspan`和`rowspan`属性在CSS中没有可替代的方案，而且浮动、Flexbox以及inline-block可以实现表格无法实现的布局。

3. Flexbox

我们还可以用Flexbox实现两列等高布局，如代码清单3-11所示。Flexbox不需要一个额外的`div`包裹元素，它默认会产生等高的元素。此外也不需要使用负外边距。

提示 如果你不用支持IE9及其以下的浏览器，建议使用Flexbox而不是表格布局。

将`div`包裹元素去掉，按照代码清单3-11更新样式表。如果你还不了解Flexbox，下面有简要介绍。

代码清单3-11 使用Flexbox实现的等高列

```css
.container {
  display: flex;        /* 将容器的display属性设置为flex */
}

.main {                 /* 弹性容器内的元素不需要指定display或者float属性 */
  width: 70%;
  background-color: #fff;
  border-radius: 0.5em;
}

.sidebar {
  width: 30%;
  padding: 1.5em;
  margin-left: 1.5em;   /* 跟浮动布局一样，外边距可以生效 */
  background-color: #fff;
  border-radius: .5em;
}
```

给容器设置`display: flex`，它就变成了一个**弹性容器**（flex container），子元素默认等高。你可以给子元素设置宽度和外边距，尽管加起来可能超过100%，Flexbox也能妥善处理。以上代码清单渲染出来的样式跟表格布局一样，而且不需要额外包裹元素，CSS也更简单。

Flexbox提供了很多选项，第5章会详细介绍。这个例子里的选项已足以创建你的第一个Flexbox的布局了。（IE10还要求加上浏览器前缀，第5章会介绍。）

警告 除非别无选择，否则不要明确设置元素的高度。先寻找一个替代方案。设置高度一定会导致更复杂的情况。

3.2.3　使用 min-height 和 max-height

接下来介绍的两个是很有用的属性：min-height 和 max-height。你可以用这两个属性指定最小或最大值，而不是明确定义高度，这样元素就可以在这些界限内自动决定高度。

如果你想要将一张大图放在一大段文字后面，但是担心它溢出容器，就可以用 min-height 指定一个最小高度，而不指定它的明确高度。这意味着元素至少等于你指定的高度，如果内容太多，浏览器就会允许元素自己扩展高度，以免内容溢出。

图 3-13 有三个元素。左边的元素没有 min-height，因此它的高度由自身决定，另外两个元素都设置了 min-height 为 3em。中间的元素如果自己决定高度的话应该比现在矮，但是 min-height 值让它的高度为 3em。右边的元素内容多到已经超过 3em，容器自然地扩展高度，以容纳内容。

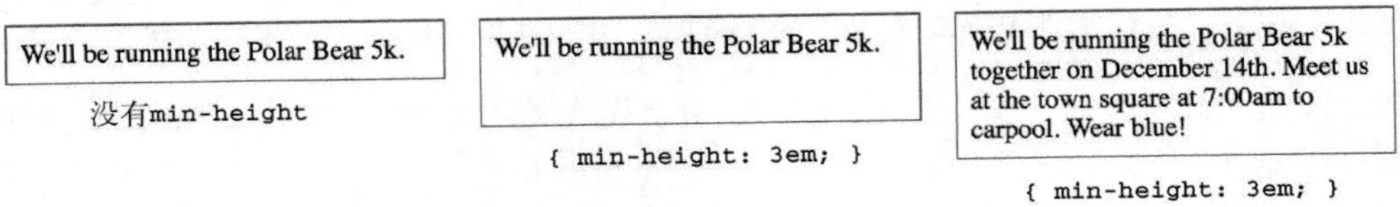

图 3-13　三个元素，一个没有指定高度，另外两个元素设置了 min-height 为 3em

同理，max-height 允许元素自然地增高到一个特定界限。如果到达这个界限，元素就不再增高，内容会溢出。还有类似的属性是 min-width 和 max-width，用于限制元素的宽度。

3.2.4　垂直居中内容

CSS 另一个让人头疼的问题就是垂直居中。过去有好几种方式实现垂直居中，但是每一种方式都有一定的局限性。在 CSS 中，回答一个问题的答案通常是“这得看情况”，垂直居中就是如此。

为什么 vertical-align 不生效

如果开发人员期望给块级元素设置 vertical-align: middle 后，块级元素里的内容就能垂直居中，那么他们通常会失望，因为浏览器会忽略这个声明。

vertical-align 声明只会影响行内元素或者 table-cell 元素。对于行内元素，它控制着该元素跟同一行内其他元素之间的对齐关系。比如，可以用它控制一个行内的图片跟相邻的文字对齐。

对于显示为 table-cell 的元素，vertical-align 控制了内容在单元格内的对齐。如果你的页面用了 CSS 表格布局，那么可以用 vertical-align 来实现垂直居中。

一个不好的做法就是，给容器设定一个高度值，然后试图让动态大小的内部元素居中。在实现这种效果时，请尽量交给浏览器来决定高度。

CSS 中最简单的垂直居中方法是给容器相等的上下内边距，让容器和内容自行决定自己的高度（如图 3-14 所示），对应的样式见代码清单 3-12。你可以暂时将这段代码放到样式表，看看它在网页中的样式（之后记得删掉，因为在设计中不是这样）。

Franklin Running Club

图 3-14 使用内边距让内容垂直居中

代码清单 3-12 使用内边距让内容垂直居中

```
header {
  padding-top: 4em;
  padding-bottom: 4em;
  color: #fff;
  background-color: #0072b0;
  border-radius: .5em;
}
```

相同的上下内边距，不用指定高度也能让元素内容垂直居中

不管容器里的内容显示为行内、块级或者其他形式，这种方法都有效，但有时我们想给容器设置固定高度，或者无法使用内边距，因为想让容器内另一个子元素靠近容器的顶部或者底部。

这在等高列中也是一个常见的问题，尤其是用浮动布局这种较传统的技术实现时。还好 CSS 表格和 Flexbox 能够轻松实现居中。（如果用传统的技术，需要用别的办法处理内容居中。）不同的情况有不同的处理方法，具体参考如下面的附加栏所示。

垂直居中指南

在容器里让内容居中最好的方式是根据特定场景考虑不同因素。做出判断前，先逐个询问自己以下几个问题，直到找到合适的解决办法。其中一些技术会在后面的章节中介绍，可根据情况翻阅对应的内容寻找答案。

- **可以用一个自然高度的容器吗？**给容器加上相等的上下内边距让内容居中。
- **容器需要指定高度或者避免使用内边距吗？**对容器使用 `display: table-cell` 和 `vertical-align: middle`。
- **可以用 Flexbox 吗？**如果不需要支持 IE9，可以用 Flexbox 居中内容。参见第 5 章。
- **容器里面的内容只有一行文字吗？**设置一个大的行高，让它等于理想的容器高度。这样会让容器高度扩展到能够容纳行高。如果内容不是行内元素，可以设置为 `inline-block`。
- **容器和内容的高度都知道吗？**将内容绝对定位。参见第 7 章。（只有当前面提到的方法都无效时才推荐这种方式。）
- **不知道内部元素的高度？**用绝对定位结合变形（transform）。参见第 15 章的例子。（还是只有当前面提到的方法都无效时才推荐该方法。）

还不确定的话，参考 howtocenterincss 网站。这个网站很不错，可以根据自己的场景填写几个选项，然后它会相应地生成垂直居中的代码。

3.3 负外边距

不同于内边距和边框宽度，外边距可以设置为负值。负外边距有一些特殊用途，比如让元素重叠或者拉伸到比容器还宽。

负外边距的具体行为取决于设置在元素的哪边，如图 3-15 所示。如果设置左边或顶部的负外边距，元素就会相应地向左或向上移动，导致元素与它前面的元素重叠，如果设置右边或者底部的负外边距，并不会移动元素，而是将它后面的元素拉过来。给元素底部加上负外边距并不等同于给它下面的元素顶部加上负外边距。

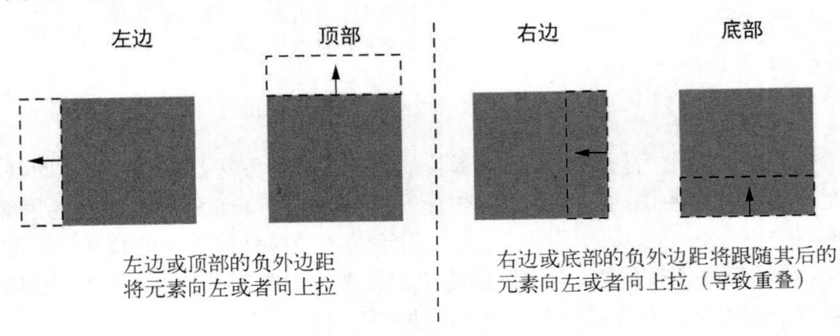

图 3-15　负外边距的行为

如果不给一个块级元素指定宽度，它会自然地填充容器的宽度。但如果在右边加上负外边距，则会把它拉出容器。如果在左边再加上相等的负外边距，元素的两边都会扩展到容器外面。这就是为什么可以拉宽图 3-12 里的表格容器布局，让它填满<body>的宽度，忽略 border-spacing 的影响。

警告　如果元素被别的元素遮挡，利用负外边距让元素重叠的做法可能导致元素不可点击。

负外边距并不常用，但是在某些场景下很实用，尤其是当创建列布局的时候。不过应当避免频繁使用，不然网页的样式就会失控。

3.4 外边距折叠

再看一眼你的网页，有没有发现有些外边距不对劲？头部和容器明明没有添加任何外边距，为什么它们之间会有间距（如图 3-16 所示）呢？

图 3-16　外边距折叠导致了间距

当顶部和/或底部的外边距相邻时，就会重叠，产生单个外边距。这种现象被称作**折叠**。图 3-16 中头部下方的空白就是由于外边距折叠造成的。下面看看它的工作原理。

3.4.1　文字折叠

外边距折叠的主要原因与包含文字的块之间的间隔相关。段落（`<p>`）默认有 1em 的上外边距和 1em 的下外边距。这是用户代理的样式表添加的，但当前后叠放两个段落时，它们的外边距不会相加产生一个 2em 的间距，而会折叠，只产生 1em 的间隔。

比如，示例中左列里的文字块就发生了外边距折叠。`<h2>`标题（“Come join us!”）底部的外边距为 0.83em，跟它后面的段落的顶部外边距折叠。如图 3-17 所示，分别是它们的外边距。注意每个元素的外边距是如何在网页中占据相同位置的。

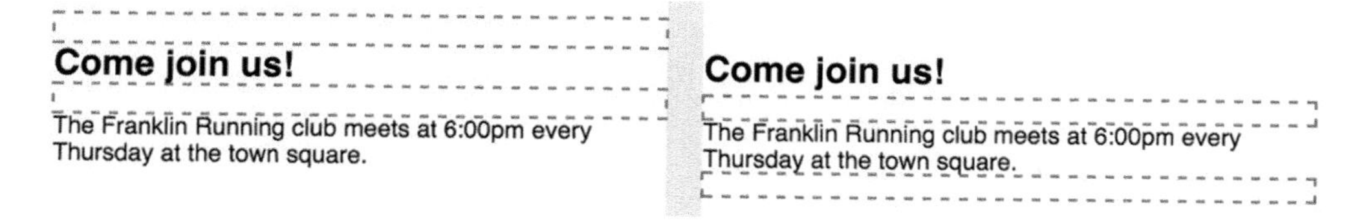

图 3-17　分别标出了标题（左图）和段落（右图）的外边距

折叠外边距的大小等于相邻外边距中的最大值。标题的下方有 19.92px 的外边距（24px 字号×0.83em 外边距），段落顶部有 16px 的外边距（16px 字号×1em 外边距）。它们中的较大者是 19.92px，也就是最终渲染的两个元素之间的间距。

3.4.2　多个外边距折叠

即使两个元素不是相邻的兄弟节点也会产生外边距折叠。即使将这个段落用一个额外的 `div` 包裹起来，如代码清单 3-13 所示，最终视觉结果也一样。在没有其他 CSS 的影响下，所有相邻的顶部和底部外边距都会折叠。

代码清单 3-13　包裹在 div 里的段落也会产生外边距折叠

```
<main class="main">
  <h2>Come join us!</h2>
  <div>
    <p>
      The Franklin Running club meets at 6:00pm
      every Thursday at the town square. Runs
      are three to five miles, at your own pace.
    </p>
  </div>
</main>
```

就算用另一个 div 包裹，段落的外边距还是会折叠

在代码清单 3-13 中，有三个不同的外边距折叠到一块了：<h2>底部的外边距、<div>顶部的外边距、<p>顶部的外边距。计算值分别是 19.92px、0px、16px。因此最终间隔还是 19.92px，也就是三者中最大的值。实际上，即使将段落放在多个 div 中嵌套，渲染结果都一样：所有的外边距都会折叠到一起。

总之，所有相邻的顶部和底部外边距会折叠到一起。如果在页面中添加一个空的、无样式的 div（没有高度、边框和内边距），它自己的顶部和底部外边距就会折叠。

说明　只有上下外边距会产生折叠，左右外边距不会折叠。

折叠外边距就像“个人空间”。如果在公交车站站着两个人，他们每个人都认为较为舒适的个人空间应为 3 英尺[①]，那么他们就会乐意间隔 3 英尺，而不必间隔 6 英尺才让双方满意。

这也就是说可以给任何元素加上外边距，而不必担心它们前后的元素是什么。如果给标题底部加上 1.5em 的外边距，那么在标题下面不管是顶部外边距为 1em 的<p>元素还是没有顶部外边距的 div 元素，它们之间的间距都等于 1.5em。只有当后面的元素需要更大的空间时，折叠外边距才会大于 1.5em。

3.4.3　容器外部折叠

三个连续的外边距折叠可能会让你措手不及。如果元素的容器有背景色，元素的外边距在容器外面折叠通常会产生不想要的效果。

再看看图 3-16 中头部下面的间距。网页标题是<h1>，用户代理样式表给它底部设置的外边距为 0.67em（21.44px）。它的父元素是<header>，没有设置任何外边距。因为它们的底部外边距相邻，所以会折叠，导致<header>下方出现了 21.44px 的外边距。这两个元素顶部的外边距也发生了折叠。

这种现象比较奇怪。在这种情况下，我们希望<h1>的外边距留在<header>中，但是外边距不一定在理想的地方折叠。幸运的是，有一些方法可以防止这种现象。实际上你已经在网页的主区域修复过这个问题了。注意看“Come join us!”上方的外边距没有在容器外面折叠，这是因为弹性子元素的外边距不会折叠，而这一块刚好用了 Flexbox 布局。

① 1 英尺约合 0.3048 米。——编者注

内边距也能解决这个问题。给头部添加上下内边距，外边距就不会在容器外部折叠。现在将头部的样式更新，让它如图 3-18 所示，也加上左右内边距。如代码清单 3-14 所示更新你的样式表，但是这样会丢失头部和主内容之间的外边距，我们稍后会解决这个问题。

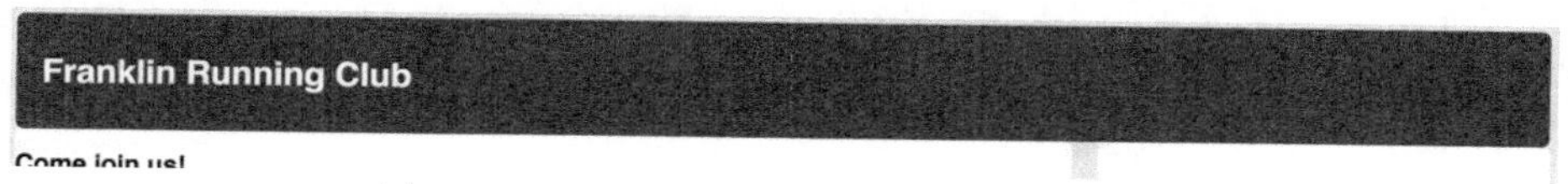

图 3-18 给头部加上内边距，防止外边距折叠

代码清单 3-14 给头部加上内边距

```
header {
  padding: 1em 1.5em;
  color: #fff;
  background-color: #0072b0;
  border-radius: .5em;
}
```

如下方法可以防止外边距折叠。

- 对容器使用 `overflow: auto`（或者非 `visible` 的值），防止内部元素的外边距跟容器外部的外边距折叠。这种方式副作用最小。
- 在两个外边距之间加上边框或者内边距，防止它们折叠。
- 如果容器为浮动元素、内联块、绝对定位或固定定位时，外边距不会在它外面折叠。
- 当使用 Flexbox 布局时，弹性布局内的元素之间不会发生外边距折叠。网格布局（参见第 6 章）同理。
- 当元素显示为 `table-cell` 时不具备外边距属性，因此它们不会折叠。此外还有 `table-row` 和大部分其他表格显示类型，但不包括 `table`、`table-inline`、`table-caption`。

这些方法中有很多会改变元素的布局行为，除非它们能产生想要的布局，否则不要轻易使用。

3.5 容器内的元素间距

容器的内边距和内容的外边距之间的相互作用处理起来很棘手。我们给侧边栏加上一些元素，看看会出现什么问题以及如何解决。最后，我会介绍一个实用技术来简化这些问题。

我们将给侧边栏加上两个跳转到社交媒体页的按钮以及一个不重要的链接。侧边栏最终完成的效果如图 3-19 所示。

图 3-19 侧边栏里的内容有适当的间距

先从两个社交链接入手。如代码清单 3-15 所示，给侧边栏加上两个链接，用 button-link 类作为选择器。

代码清单 3-15　给侧边栏加上两个社交按钮

```
<aside class="sidebar">
  <a href="/twitter" class="button-link">
    follow us on Twitter
  </a>
  <a href="/facebook" class="button-link">
    like us on Facebook
  </a>
</aside>
```

接下来，要给按钮加上通用样式。将其设置为块级元素，以便填满容器的宽度，也能够让每个按钮单独一行。将代码清单 3-16 加入你的样式表。

代码清单 3-16　设置侧边栏按钮的大小、字体、颜色

```
.button-link {
  display: block;                  <-- 块级元素填满了可用宽度，
  padding: 0.5em;                      同时让每个链接单独一行
  color: #fff;
  background-color: #0090C9;
  text-align: center;
  text-decoration: none;
  text-transform: uppercase;
}
```

完成了这两个链接的样式后，还需要加上间距。此刻，没有外边距的它们直接上下堆叠在一起。现在有两个选择：分别或同时指定它们的上下外边距，两个按钮之间会发生外边距折叠。

然而不管选择哪种方式，都会遇到一个问题：侧边栏的内边距需要跟按钮的外边距接触。如果加上 margin-top: 1.5em，最终效果如图 3-20 所示。

图 3-20　按钮的上外边距使得容器的内边距看起来更大了

现在容器顶部有了多余的空间。第一个按钮的顶部外边距加上容器顶部的内边距产生的空间大于其余三个方向的留白，显得很不匀称。

有好几种方法可以解决该问题。代码清单 3-17 是其中较简单的办法。它使用相邻的兄弟组合器（+）选中同一个父元素下紧跟在其他 button-link 后面的 button-link 元素。现在只在两个按钮之间存在外边距。

代码清单 3-17 使用相邻兄弟组合器给按钮之间加上一个外边距

```
.button-link {
  display: block;
  padding: .5em;
  color: #fff;
  background-color: #0090C9;
  text-align: center;
  text-decoration: none;
  text-transform: uppercase;
}

.button-link + .button-link {
  margin-top: 1.5em;
}
```

只给紧跟在其他 button-link 后面的 button-link 加上顶部外边距

这看起来生效了（如图 3-21 所示）。第一个按钮不再有顶部外边距，按钮四周的间距一致。

图 3-21 按钮四周加上了一致的间距

3.5.1 如果内容改变了

上述方法让一切如预期，但是如果在侧边栏添加更多内容，则会再次出现间距问题。如代码清单 3-18 所示，加上第三个链接，类设为 sponsor-link，这样就可以给链接加上其他样式。

代码清单 3-18 给侧边栏加上另一种链接

```
<aside class="sidebar">
  <a href="/twitter" class="button-link">
    follow us on Twitter
  </a>
  <a href="/facebook" class="button-link">
    like us on Facebook<
    /a>
  <a href="/sponsors" class="sponsor-link">
    become a sponsor
  </a>
</aside>
```

给侧边栏加上另一种链接

接下来需要给这个链接添加样式，但是同时还得处理它跟其他按钮的间距。图 3-22 是处理之前的样子。

图 3-22 第二个按钮和底部链接之间缺少间距

代码清单 3-19 是底部链接的样式。将它们添加到你的样式表。你可能想给链接也加一个顶部外边距，且慢，我接下来会介绍另一个有趣的方案。

代码清单 3-19　赞助商链接（sponsor-link）的样式

```
.sponsor-link {
  display: block;
  color: #0072b0;
  font-weight: bold;
  text-decoration: none;
}
```

虽然给链接加上顶部外边距也可以实现效果，但是考虑到 HTML 会频繁改动，也许下个月，也许下一年，总有一天这个侧边栏里有些内容需要移动或者替换。可能赞助商链接会需要移动到侧边栏的顶部，或者需要添加一个注册邮件简报的组件。

每一次改变 HTML，都需要考虑这些外边距的问题。你得确保每个元素之间有间距，但是容器的顶部（或底部）没有多余的间距。

3.5.2　更通用的解决方案：猫头鹰选择器

Web 设计师 Heydon Pickering 曾表示外边距“就像是给一个物体的一侧涂了胶水，而你还没有决定是否要将它贴到某处，或者还没想好要贴到什么东西上”。不要给网页当前的内容固定外边距，而是应该采取更通用的方式，不管网页结构如何变化都能够生效。这就是 Heydon Pickering 所说的**迟钝的猫头鹰选择器**（lobotomized owl selector）（以下简称猫头鹰选择器），因为它长这样：`* + *`。

该选择器开头是一个通用选择器（`*`），它可以选中所有元素，后面是一个相邻兄弟组合器（`+`），最后是另一个通用选择器。它因形似一只眼神空洞的猫头鹰而得名。猫头鹰选择器功能接近此前介绍的选择器：`.social-button + .social-button`，但是它不会选中直接跟在其他按钮后面的按钮，而是会选中直接跟在其他元素后面的任何元素。也就是说，它会选中页面上有着相同父级的非第一个子元素。

接下来用猫头鹰选择器给页面元素加上顶部外边距。这样就会给侧边栏的每一个元素加上一致的间距。该选择器还会选中主容器，因为它是头部的相邻兄弟节点，也如你所愿加上了间距。效果如图 3-23 所示。

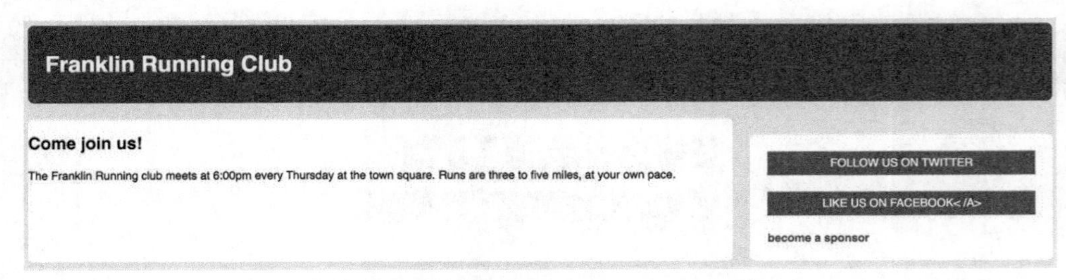

图 3-23　所有的相邻兄弟元素都有顶部外边距

将代码清单 3-20 添加到你的样式表的开头。我将 body 放在选择器的前面，这样该选择器就只能选中 body 内的元素。如果直接使用猫头鹰选择器，它还会选中<body>元素，因为它是<head>元素的相邻兄弟节点。

代码清单 3-20　用猫头鹰选择器全局设置上下堆叠的元素的间距

```
body * + * {
  margin-top: 1.5em;
}
```

说明　你也许会担心通用选择器（*）的性能问题。在 IE6 中，这个选择器超级慢，因此开发人员会避免使用它。现在不必担心了，因为现代浏览器都能很好地处理。此外，猫头鹰选择器可能会减少样式表中的选择器数量，因为它在全局范围内处理了大多数元素的间距问题。实际上，如果你的样式表要处理的细节很多的话，猫头鹰选择器的性能可能更好。

猫头鹰选择器的顶部外边距对侧边栏有个副作用。因为侧边栏是主列的相邻兄弟元素，所以它也会有顶部外边距。因此要将其恢复为 0，还需要给主列补上内边距。根据代码清单 3-21 更新你的样式表。

代码清单 3-21　完成最后的样式

```
.main {
  width: 70%;
  padding: 1em 1.5em;              <-- 给主列加上内边距
  background-color: #fff;
  border-radius: .5em;
}

.sidebar {
  width: 30%;
  padding: 1.5em;
  margin-top: 0;                   <-- 移除猫头鹰选择器设置的顶部外边距
  margin-left: 1.5em;
  background-color: #fff;
  border-radius: .5em;
}
```

完成最终样式后，页面如图 3-24 所示。

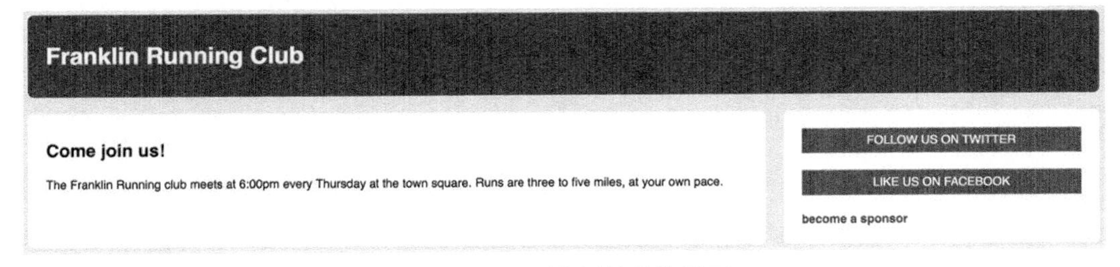

图 3-24　两列布局的最终页面

这样使用猫头鹰选择器是需要权衡的。它省去了许多的需要设置外边距的地方，但是在某些不想加外边距的地方则需要覆盖。通常只在有并列元素，或者有多列布局时这样使用。有时还需要根据设计，给段落和标题设置特定的外边距。

接下来的章节会有更多的例子使用猫头鹰选择器，帮助你理解它何时需要权衡。猫头鹰选择器可能并非是所有项目的正确选择，而且很难添加到已有项目中，因为可能破坏已有布局，不过可以在下次开始做新网站或 Web 应用程序时考虑使用它。

完整的样式表如代码清单 3-22 所示。

代码清单 3-22　最终的样式表

```
:root {
  box-sizing: border-box;
}

*,
::before,
::after {
  box-sizing: inherit;
}

body {
  background-color: #eee;
  font-family: Helvetica, Arial, sans-serif;
}

body * + * {
  margin-top: 1.5em;
}

header {
  padding: 1em 1.5em;
  color: #fff;
  background-color: #0072b0;
  border-radius: .5em;
}

.container {
  display: flex;
}

.main {
  width: 70%;
  padding: 1em 1.5em;
  background-color: #fff;
  border-radius: .5em;
}

.sidebar {
  width: 30%;
  padding: 1.5em;
  margin-top: 0;
```

```
  margin-left: 1.5em;
  background-color: #fff;
  border-radius: .5em;
}

.button-link {
  display: block;
  padding: .5em;
  color: #fff;
  background-color: #0090C9;
  text-align: center;
  text-decoration: none;
  text-transform: uppercase;
}

.sponsor-link {
  display: block;
  color: #0072b0;
  font-weight: bold;
  text-decoration: none;
}
```


3.6　总结

- 总是全局设置 `border-box`，以便得到预期的元素大小。
- 避免明确设置元素的高度，以免出现溢出问题。
- 使用现代的布局技术，比如 `display: table` 或者 Flexbox 实现列等高或者垂直居中内容。
- 如果外边距的行为很奇怪，就采取措施防止外边距折叠。
- 使用猫头鹰选择器全局设置堆叠元素之间的外边距。

第二部分

精通布局

CSS 提供了一些控制网页布局的工具。第二部分（第 4~8 章）将介绍其中最重要的几个，包括浮动、Flexbox 和定位。这些工具本身没有优劣之分，只不过实现布局的方式略有不同。我将介绍它们的工作原理，以便你选择合适的工具来实现想要的效果。

第 4 章

理解浮动

本章概要

- ❑ 浮动的工作原理，以及如何避开常见的陷阱
- ❑ 容器折叠和清除浮动
- ❑ 媒体对象和双容器模式
- ❑ 块级格式化上下文
- ❑ 如何创建和理解一个网格系统

第一部分在最后介绍了元素大小和间距的一些基本概念。第二部分会基于这些概念，更详细地介绍页面布局的主要方法。我们将介绍最重要的三种改变文档流的方式：浮动、Flexbox 和网格布局。此外还会介绍定位，它的主要作用是将元素堆叠到其他元素之上。其中，Flexbox 和网格布局是 CSS 中的新成员，二者的重要性毋庸置疑。浮动和定位虽然由来已久，但经常被误解。

第 4 章将首先介绍浮动。浮动是网页布局最古老的方式，并且在过去很多年都是唯一的方式。不过它有些让人捉摸不透。要想理解浮动，得从了解它的设计初衷入手。之后将介绍如何处理浮动的一些怪异行为，包括使用清除浮动（clearfix）工具。这将帮助你理解浮动的行为。

接下来，本章还将展示两种常见的网页布局模式：双容器模式和媒体对象。最后，你需要运用在本章所学的知识构建一个页面结构化的通用工具——网格系统。

4.1 浮动的设计初衷

虽然最初创造浮动并不是为了用于页面布局，但它在布局方面表现得很出色。然而为了理解浮动，我们首先必须牢记它的设计初衷。

浮动能将一个元素（通常是一张图片）拉到其容器的一侧，这样文档流就能够包围它（如图 4-1 所示）。这种布局在报纸和杂志中很常见，因此 CSS 增加了浮动来实现这种效果。

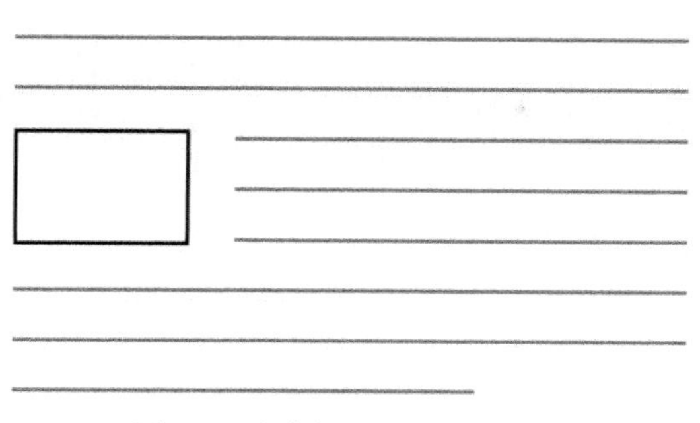

图 4-1 文本行包围了浮动元素

上图中，一个元素被拉到了左侧，它也可以浮动到右侧。浮动元素会被移出正常文档流，并被拉到容器边缘。文档流会重新排列，但是它会包围浮动元素此刻所占据的空间。如果让多个元素向同侧浮动，它们就会挨着排列，如图 4-2 所示。

图 4-2 两个浮动元素挨着排列

如果你写 CSS 已经有一段时间了，应该不会对这种行为感到陌生。重点是，尽管这才是浮动的设计初衷，我们却并不总是这样使用它。

在 CSS 早期，开发人员发现使用简单的浮动就可以移动页面的各个部分，从而实现各种各样的布局。浮动本身不是为了实现页面布局而设计的，但是在近 20 年的时间里，我们把它当成了布局工具。

之所以这样做是因为它是那个年代唯一的选择。后来，`display: inline-block` 和 `display: table` 的问世才让我们有了别的方案，尽管二者可替代的场景有限。Flexbox 和网格布局最近几年才出现，在它们出现之前，浮动一直承担着页面布局的重任。让我们来看看它是如何工作的。举个例子，你需要构建一个如图 4-3 所示的网页。

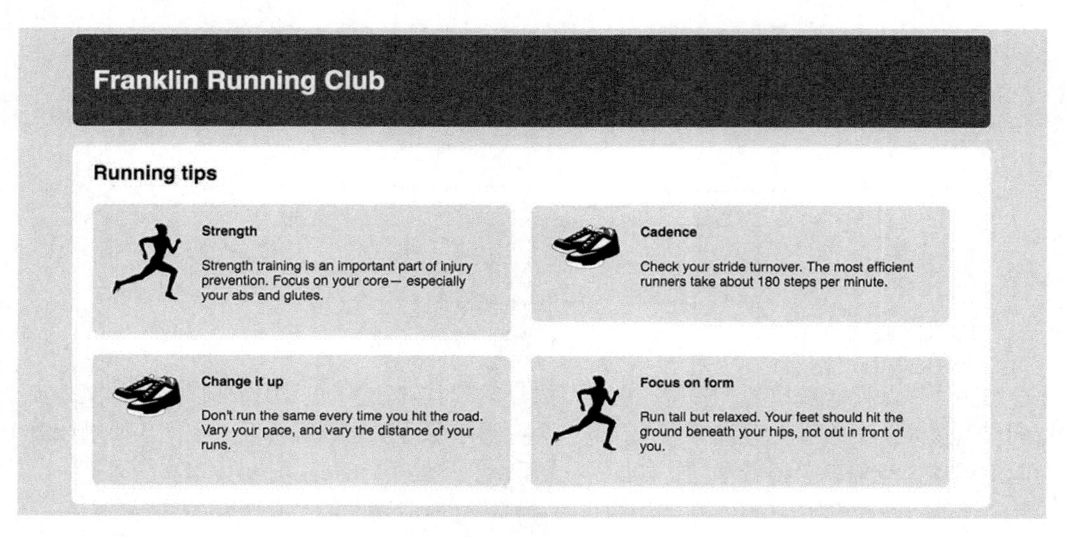

图 4-3 基于浮动布局的网页

在本章的例子里，你需要用浮动来定位四个灰色的盒子，并且在盒子里面将图片浮动到文字的一侧。现在创建一个空白的页面，并给它链接一个新的样式表，然后将代码清单 4-1 添加到页面中。

代码清单 4-1 示例的 HTML

```
<body>
  <div class="container">
    <header>                                    头部布局与
      <h1>Franklin Running Club</h1>            第 3 章相似
    </header>
    <main class="main clearfix">          主元素是白色的盒子，包
      <h2>Running tips</h2>               含了页面的主要内容

      <div>
        <div class="media">
          <img class="media-image" src="runner.png">
          <div class="media-body">
            <h4>Strength</h4>
            <p>
              Strength training is an important part of
              injury prevention. Focus on your core&mdash;
              especially your abs and glutes.
            </p>
          </div>
        </div>

        <div class="media">
          <img class="media-image" src="shoes.png">
          <div class="media-body">
            <h4>Cadence</h4>
            <p>
              Check your stride turnover. The most efficient
```

```
            runners take about 180 steps per minute.
          </p>
        </div>
      </div>

      <div class="media">
        <img class="media-image" src="shoes.png">
        <div class="media-body">
          <h4>Change it up</h4>
          <p>
            Don't run the same every time you hit the
            road. Vary your pace, and vary the distance
            of your runs.
          </p>
        </div>
      </div>

      <div class="media">
        <img class="media-image" src="runner.png">
        <div class="media-body">
          <h4>Focus on form</h4>
          <p>
            Run tall but relaxed. Your feet should hit
            the ground beneath your hips, not out in
            front of you.
          </p>
        </div>
      </div>

    </div>
  </main>
</div>
</body>
```

四个媒体对象对应四个灰色的盒子

4

以上代码清单给出了页面的结构：一个头部和一个包含网页主要内容的主元素。主元素内是网页标题，紧跟着一个**匿名的** div（即没有类或 ID 的 div）。这有助于对四个灰色的媒体元素进行分组，每个媒体元素包含一个图片和一个正文元素。

提示 通常，最简单的方式是先将网页的大块区域布局好，再逐级布局内部的小元素。

在开始浮动元素前，要先将网页的外层结构样式写好。将代码清单 4-2 添加到样式表中。

代码清单 4-2 页面的基础样式

```
:root {
  box-sizing: border-box;
}

*,
::before,
::after {
  box-sizing: inherit;
}
```

全局设置为 **border-box**（参见第 3 章）

```
body {
  background-color: #eee;
  font-family: Helvetica, Arial, sans-serif;
}

body * + * {
  margin-top: 1.5em;
}

header {
  padding: 1em 1.5em;
  color: #fff;
  background-color: #0072b0;
  border-radius: .5em;
  margin-bottom: 1.5em;
}

.main {
  padding: 0 1.5em;
  background-color: #fff;
  border-radius: .5em;
}
```

用猫头鹰选择器设置全局外边距（参见第 3 章）

头部的颜色和内边距

主元素（白色的容器）的颜色和内边距

以上代码设置了页面的基础样式，包括第 3 章中提到的一个全局设定的 box-sizing 和猫头鹰选择器。接下来需要设置页面内容的宽度，如图 4-4 所示。注意观察页面两侧相等的浅灰色页边距，以及头部和主容器里等宽对齐的内容。

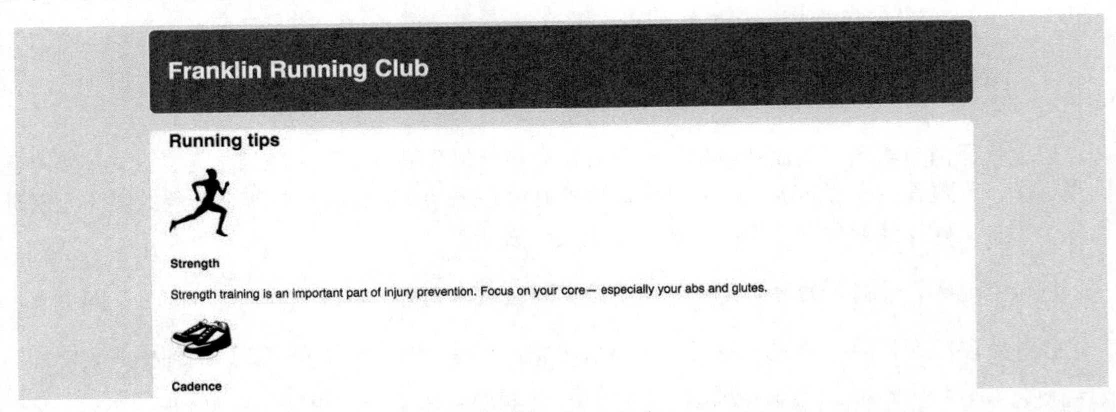

图 4-4　限定宽度的页面

这种布局常用于将网页内容居中。通过将内容放置到两个嵌套的容器中，然后给内层的容器设置外边距，让它在外层容器中居中（如图 4-5 所示）。Web 开发人员 Brad Westfall 把这种布局方式叫作**双容器模式**（double container pattern）。

图 4-5 双容器模式

在本例中，<body>就是外层容器。因为它默认是 100%的网页宽度，所以不用给它添加新的样式。在<body>内部，整个网页的内容放在了<div class="container">，也就是内层容器中。对于内层容器，需要设置一个 max-width，并将外边距设置为 auto，使内容居中。将代码清单 4-3 添加到你的样式表中。

代码清单 4-3 双容器模式的样式

```
.container {
  max-width: 1080px;
  margin: 0 auto;
}
```

- 设置最大宽度为 **1080px**（对应 max-width: 1080px;）
- 左右外边距设置为 **auto**，能够让内层容器自动填充可用空间，从而实现水平居中的效果（对应 margin: 0 auto;）

这里使用了 max-width 而不是 width，因此如果视口宽度小于 1080px 的话，内层容器就能缩小到 1080px 以下。换句话说，在小视口上，内层容器会填满屏幕，在大视口上，它会扩展到 1080px。这种方式能有效避免在小屏幕上出现水平滚动条。

是否还有必要学习浮动

Flexbox 正在迅速取代浮动在页面布局中的地位。对新手开发人员而言，Flexbox 的行为很直观，可预测性更好。你可能会问是否还有必要学习浮动，CSS 浮动的时代是不是结束了？

在现代浏览器中，不用浮动也能比过去更好地实现布局，甚至可以完全弃用浮动。但是如果要支持 IE 浏览器，现在放弃浮动还为时过早。只有 IE10 和 IE11 支持 Flexbox，而且还有一些 bug。如果不想碰到 bug，或者需要支持旧版浏览器，浮动也许是更好的选择。

另外，如果你在支持旧代码库，它很可能用到了浮动布局。为了维护旧代码，也需要了解浮动的工作原理。还有一点，浮动布局通常不需要那么多的标记，新的布局方法则需要添加额外的容器元素。如果你写样式时不允许修改标记，浮动更能满足你的需求。

此外，要实现将图片移动到网页一侧，并且让文字围绕图片的效果，浮动仍然是唯一的方法。

4.2 容器折叠和清除浮动

过去，浮动的行为经常受到浏览器 bug 的干扰，特别是在 IE6 和 IE7 中。幸亏这些浏览器几乎已经淡出市场了，我们不必再担心那些 bug 了。现在我们可以保证各种浏览器对浮动的处理是一致的。

但是浮动仍有一些行为会让你措手不及。这些并不是 bug，而是因为浮动严格遵循了标准。让我们来看看浮动如何工作，以及怎样调整浮动的行为来实现理想的布局。

4.2.1 理解容器折叠

在上述示例的基础上，将四个媒体盒子浮动到左侧，就能立刻看到容器折叠的问题（如图 4-6 所示）。

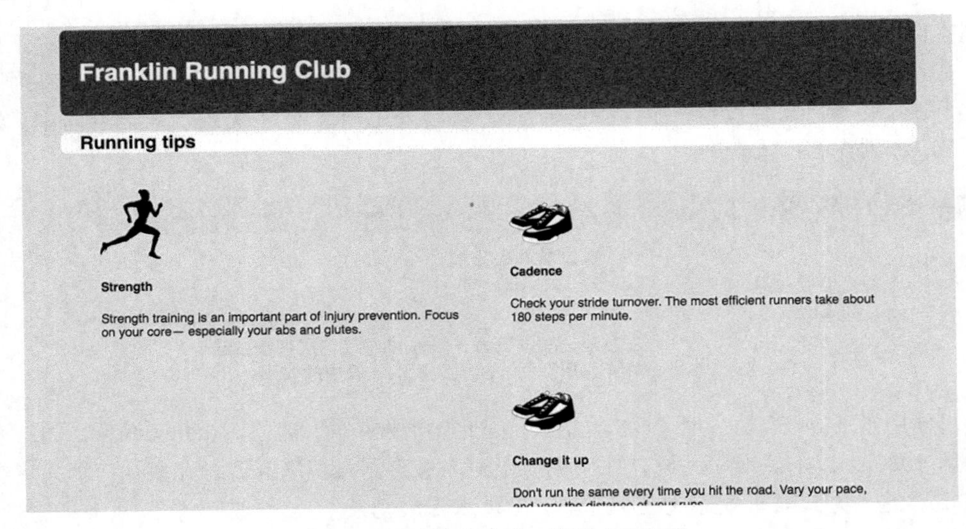

图 4-6　子元素浮动时，容器出现折叠

白色的背景区域是怎么回事？白色背景的确出现在了页面标题（“Running tips”）后面，但是并没有向下延伸，直到包含媒体盒子。为了观察这一现象，将代码清单 4-4 添加到你的样式表中。然后我们再解释问题的原因以及修复方法。

代码清单 4-4　让四个媒体盒子浮动到左侧

```
.media {
  float: left;             ← 让媒体盒子都浮动到左侧
  width: 50%;              ← 设置宽度，让页面在水平方向上能放下两个媒体盒子
  padding: 1.5em;
  background-color: #eee;
  border-radius: 0.5em;
}
```

给媒体盒子设置好浅灰色的背景后，你以为容器的白色背景会出现在媒体盒子的后面（或者周围）。然而白色背景延伸到第一排媒体盒子的上面就结束了。这是怎么回事？

这是因为浮动元素不同于普通文档流的元素，它们的高度不会加到父元素上。这可能看起来很奇怪，但是恰好体现了浮动的设计初衷。

本章开头已经说过，浮动是为了实现文字围绕浮动元素排列的效果。在段落里浮动图片时，段落的高度并不会增长到能够容纳该图片。也就是说，如果图片比段落文字高，下一段会直接从上一段的文字下面开始，两段文字都会围绕浮动的图片排列，如图 4-7 所示。

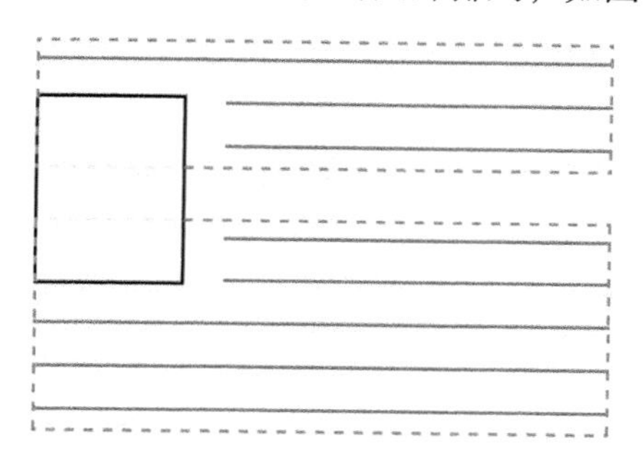

图 4-7 一个容器内的浮动元素会扩展到另一个容器，这样两个容器的文字就能围绕浮动元素排列（虚线高亮的部分是容器）

在主元素里，除了页面标题，其他元素都设置了浮动，所以容器的高度只包含页面标题的高度，浮动的媒体元素则扩展到主元素的白色背景下面。这种行为并不是我们想要的，主元素应该向下扩展到包含灰色的盒子（如图 4-8 所示）。让我们一起来解决这个问题吧。

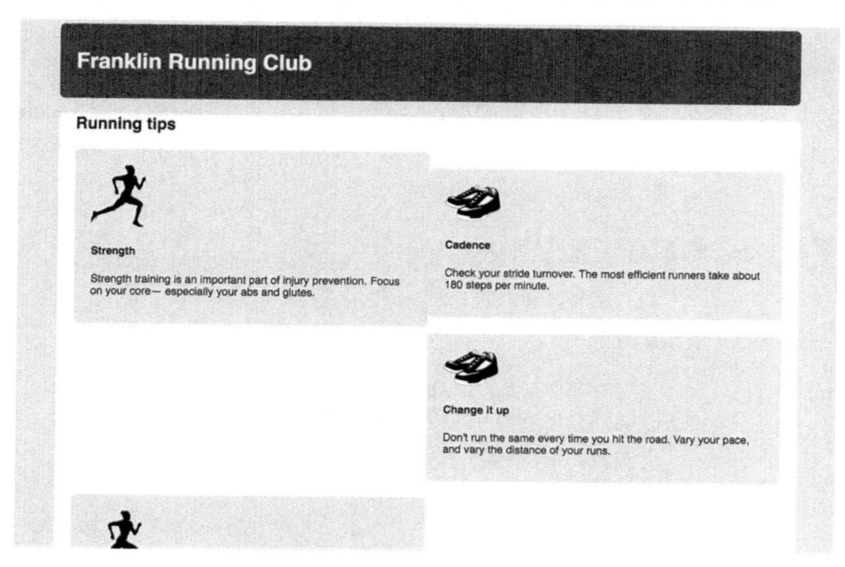

图 4-8 容器向下扩展，包围了浮动元素

一个解决办法是使用跟浮动配套的 clear 属性。将一个元素放在主容器的末尾，并对它使用 clear，这会让容器扩展到浮动元素下面。将代码清单 4-5 暂时添加到页面里，就能看到 clear 的效果。

代码清单 4-5　容器向下扩展，直到包含清除浮动的元素

```
<main class="main">
  ...
  <div style="clear: both"></div>
</main>
```

在 main 容器的末尾增加一个带有 clear 属性的空 div

clear: both 声明让该元素移动到浮动元素的下面，而不是侧面。clear 的值还可以设置为 left 或者 right，这样只会相应地清除向左或者向右浮动的元素。因为空 div 本身没有浮动，所以容器就会扩展，直到包含它，因此也会包含该 div 上面的浮动元素。

这种方法的确能实现预期的行为，但是不雅。要在 HTML 里添加不必要的标记，才能实现本应该由 CSS 实现的效果。因此我们要删掉上面的空 div 标签，用纯 CSS 方案来实现相同的效果。

4.2.2　理解清除浮动

不用额外的 div 标签，我们还可以用**伪元素**（pseudo-element）来实现。使用::after 伪元素选择器，就可以快速地在 DOM 中在容器末尾添加一个元素，而不用在 HTML 里添加标记。

伪元素——一种特殊的选择器，可以选中文档的特定部分。伪元素以双冒号（::）开头，大部分浏览器为了向后兼容也支持单冒号的形式。最常见的伪元素是::before 和::after，用来向元素的开始或者结束位置插入内容。详见附录 A。

代码清单 4-6 所示的是解决包含浮动问题的一种常见做法，叫作**清除浮动**（clearfix）。有些开发人员将其简称为 cf，正好还能表示“包含浮动”（contain float）。将代码清单 4-6 添加到你的样式表中。[①]

代码清单 4-6　用清除浮动来包含浮动元素

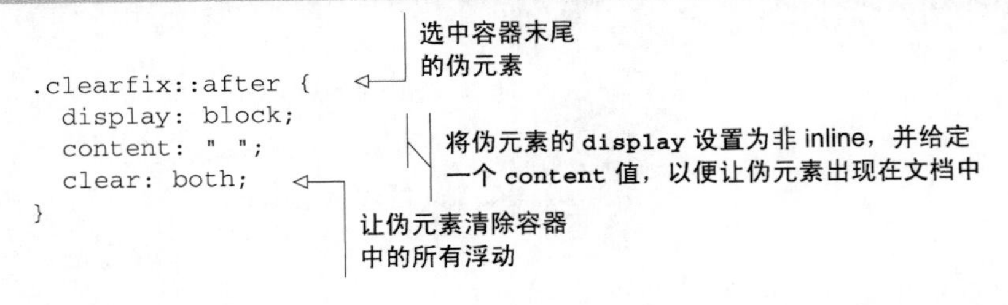

```
.clearfix::after {
  display: block;
  content: " ";
  clear: both;
}
```


① 还需要在 HTML 中为主元素添加一个 clearfix 类名。——译者注

请注意，要给包含浮动的元素清除浮动，而不是给别的元素，比如浮动元素本身，或包含浮动的元素后面的兄弟元素。

警告　这些年来，清除浮动经历了多个迭代版本，其中一些版本比其他版本更加复杂。很多版本为了修复不同浏览器的 bug 而存在细微差异。大多数的变通方法现在已经不必要了，但是上面给出的例子里还有一个变通处理：`content` 的值包含了空格。当然，空字符串（""）也能生效，但是在旧版的 Opera 浏览器中有个隐藏的 bug，需要添加一个空格字符才能解决。我倾向于保留这个空格，毕竟它也不容易被用户发现。

这个清除浮动还有个一致性问题没有解决：浮动元素的外边距不会折叠到清除浮动容器的外部，非浮动元素的外边距则会正常折叠。比如在前面的页面里，标题“Running tips”紧挨着白色的`<main>`元素的顶部（如图 4-8 所示），它的外边距在容器外面折叠了。

一些开发人员更喜欢使用清除浮动的一个修改版，它能包含所有的外边距，这样更符合预期。使用这个修改版，能防止标题顶部的外边距在 main 元素的外部折叠。如图 4-9 所示，在标题上面适当留白。

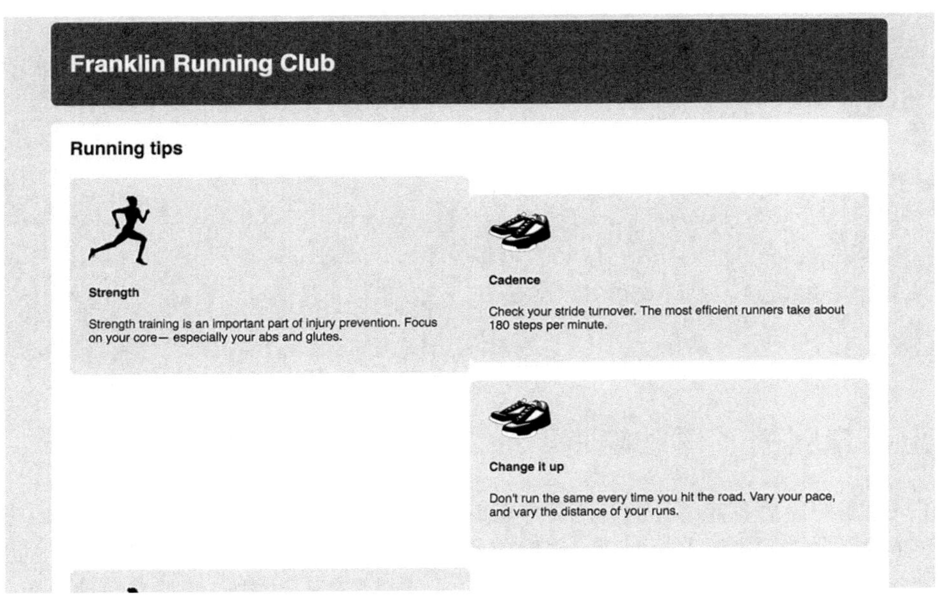

图 4-9　清除浮动的修改版包含了所有的浮动元素和外边距。标题“Running tips”顶部的外边距现在包含在白色的`<main>`元素内

如代码清单 4-7 所示，将这个修改版更新到清除浮动的样式表中。

代码清单 4-7　修改清除浮动的代码，让其包含所有的外边距

```
.clearfix::before,
.clearfix::after {
```

让`::before`和`::after`伪元素都显示出来

```
  display: table;
  content: " ";
}

.clearfix::after {
  clear: both;
}
```

防止伪元素的外边距折叠

只有::after 伪元素需要清除浮动

这个版本使用 display: table 而不是 display: block。给::before 和::after 伪元素都加上这一属性，所有子元素的外边距都会包含在容器的顶部和底部之间。下面的附加栏详细地解释了为什么用“清除浮动和 display: table”能够生效。

提示　当我们不想要外边距折叠时，这个版本的清除浮动非常有用。

用什么版本的清除浮动取决于你。有些开发人员认为外边距折叠是 CSS 里的基础特性，因此他们选择不包含外边距。不过以上两个版本的清除浮动都没有包含浮动元素的外边距，因此其他人会选择修改版以获得更一致的行为。两种观点都有自己的优势。

清除浮动和 display: table

在清除浮动时使用 display: table 能够包含外边距，是因为利用了 CSS 的一些特性。创建一个 display: table 元素（或者是本例的伪元素），也就在元素内隐式创建了一个表格行和一个单元格。因为外边距无法通过单元格元素折叠（参见第 3 章），所以也无法通过设置了 display: table 的伪元素折叠。

看起来似乎使用 display: table-cell 也能达到相同的效果，但是 clear 属性只能对块级元素生效。表格是块级元素，但是单元格并不是。因此，clear 属性无法跟 display: table-cell 一起使用。所以要用 display: table 来清除浮动，同时利用隐式创建单元格来包含外边距。

4.3　出乎意料的“浮动陷阱”

现在页面里的白色容器已经能够包含浮动的媒体元素了，但是出现了另一个问题：四个媒体盒子没有如预期那样均匀地占据两行。虽然前两个盒子（“Strength”和“Cadence”）符合预期，但是第三个盒子（“Change it up”）出现在了右边，也就是第二个盒子的下方，导致第一个盒子下面出现了一片非常大的空白。这是因为浏览器会将浮动元素尽可能地放在靠上的地方，如图 4-10 所示。

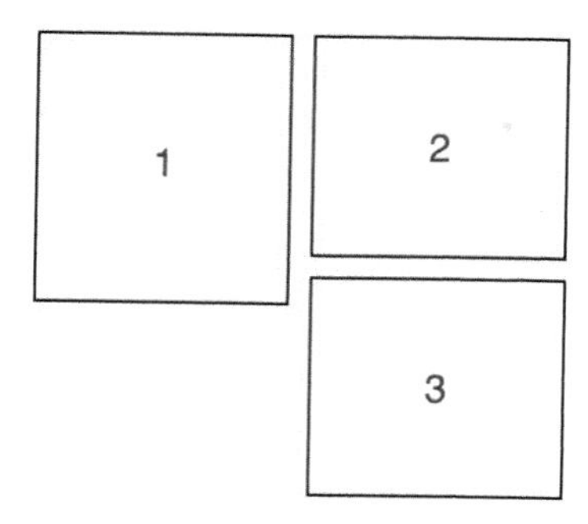

图 4-10 三个左浮动的盒子：如果盒子 1 比盒子 2 高，则盒子 3 不会浮动到最左边，而是浮动到盒子 1 的右边

因为盒子 2 比盒子 1 矮，所以它下面有多余的空间给盒子 3。盒子 3 会“抓住”盒子 1，而不是清除盒子 1 的浮动。因此盒子 3 不会浮动到最左边，而是浮动到盒子 1 的右下角。

这种行为本质上取决于每个浮动块的高度。即使高度相差 1px，也会导致这个问题。相反，如果盒子 1 比盒子 2 矮，盒子 3 就没法抓住盒子 1 的边缘。除非以后内容改变导致元素高度发生变化，否则就不会看到这种现象。

众多的元素浮动到同一侧，如果每个浮动盒子的高度不一样，最后的布局可能千变万化。同理，改变浏览器的宽度也会造成相同的结果，因为它会导致换行，从而改变元素高度。而我们真正想要的是每行有两个浮动盒子，如图 4-11 所示。

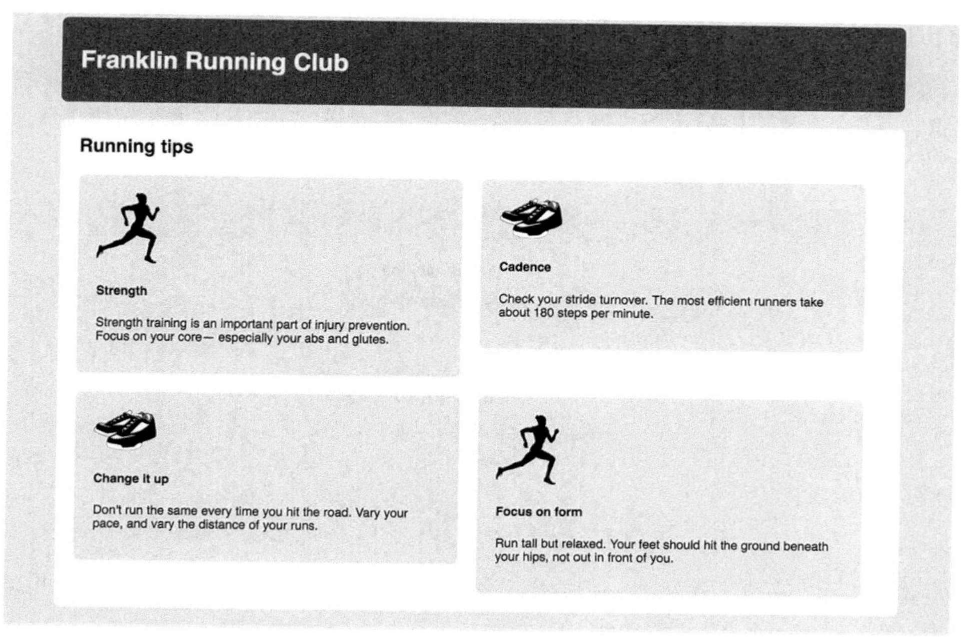

图 4-11 每行两个元素：第二行的媒体元素应该清除第一行元素的浮动

要想修复这个问题很简单：清除第三个浮动元素上面的浮动。更通用的做法是，清除每行的第一个元素上面的浮动。由于已知每行有两个盒子，因此只需要清除每行的第奇数个元素上面那行的浮动即可。你可以用`:nth-child()`伪类选择器选中这些目标元素。将代码清单 4-8 添加到你的样式表中。

代码清单 4-8　使用`:nth-child()`选择器选取第奇数个媒体元素

```
.media {
  float: left;
  width: 50%;
  padding: 1.5em;
  background-color: #eee;
  border-radius: 0.5em;
}

.media:nth-child(odd) {
  clear: left;
}
```

每个新行清除了上面一行的浮动

即使以后给页面添加更多元素，这段代码仍然有效。它作用于第一、第三、第五个元素，等等。如果每行需要三个元素，则可以通过`.media:nth-child(3n+1)`来每隔两个元素选一个元素。更多关于`:nth-child`选择器的用法参见附录 A。

说明　上面这种清除每行浮动的技术要求知道每行有几个元素。如果宽度不是通过百分比来定义的，那么随着视口宽度的改变，每行的元素个数可能会变化。这种情况下，最好使用别的布局方案，比如 Flexbox 或者 inline-block 元素。

接下来给媒体元素加上外边距来拉开距离。前面的猫头鹰选择器也会给第一个元素之外的每个元素加上顶部外边距，因为这会导致第一行的元素无法对齐，所以还需要重置媒体元素的顶部外边距。如代码清单 4-9 所示，更新样式表。

代码清单 4-9　给媒体元素添加外边距

```
.media {
  float: left;
  margin: 0 1.5em 1.5em 0;
  width: calc(50% - 1.5em);
  padding: 1.5em;
  background-color: #eee;
  border-radius: 0.5em;
}

.media:nth-child(odd) {
  clear: left;
}
```

给每个媒体元素加上右侧和底部的外边距

从宽度里减去外边距，防止出现不必要的换行

给媒体元素加上右外边距后，一行放不下两个元素，因此需要用`calc()`从宽度里减去右外边距的值。

4.4　媒体对象和 BFC

现在四个灰色盒子已经布局好了，接下来看看里面的内容。我们设想的是让图片在一侧，一段文字出现在图片的旁边（如图 4-12 所示）。这是一种很典型的网页布局，Web 开发人员 Nicole Sullivan 把这种布局称作“媒体对象”。

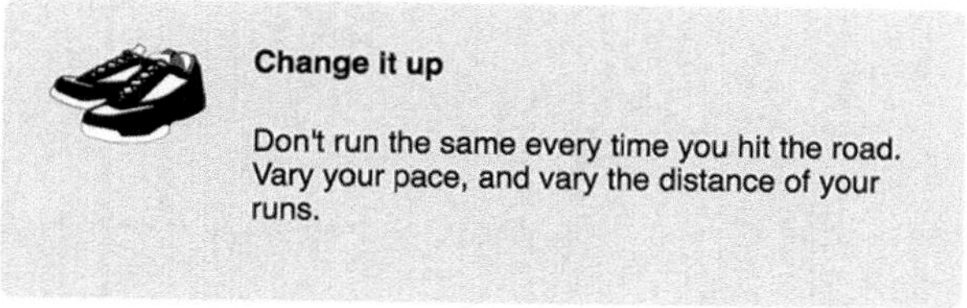

图 4-12　媒体对象模式：图片在左边，一段描述内容在右边

这种布局模式有好几种实现方案，包括 Flexbox 和表格布局，但这里我们用浮动。媒体对象的 HTML 标记如下所示。

```
<div class="media">
  <img class="media-image" src="shoes.png">
  <div class="media-body">
    <h4>Change it up</h4>
    <p>
      Don't run the same every time you hit the
      road. Vary your pace, and vary the distance
      of your runs.
    </p>
  </div>
</div>
```

我给媒体对象的左边和右边分别添加了 `media-image` 和 `media-body` 类，以便选中和定位元素。首先将图片浮动到左边。如图 4-13 所示，仅仅将图片浮动到左边还不够。如果文字很长，它会包围浮动元素。这是正常的浮动行为，但是不符合我们的需求。

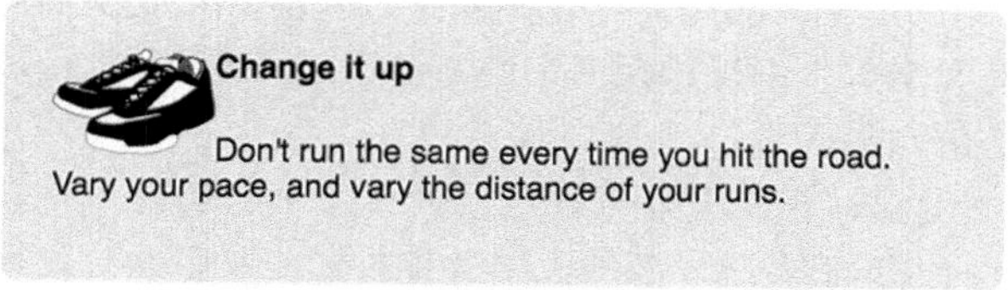

图 4-13　文本包围了浮动的图片，不符合我们的需求

将代码清单 4-10 添加到样式表中，网页的样式就会像图 4-13 那样，稍后我们会看看如何修复这个问题。另外，这段代码还删掉了媒体正文和标题的顶部外边距。

代码清单 4-10　将媒体对象的图片浮动到左边

```
.media-image {
  float: left;          将图片浮动到左侧
}

.media-body {
 margin-top: 0;         删除猫头鹰选择器所添加的顶部外边距
}

.media-body h4 {
  margin-top: 0;        覆盖用户代理样式所添加的顶部外边距
}
```

为了解决文字包围图片的问题，还要更加深入地了解浮动的工作原理。

4.4.1 BFC

如果在浏览器开发者工具里检查媒体正文（单击鼠标右键，选择检查或者检查元素），就会发现它的盒子扩展到了最左边，因此它会包围浮动的图片（如图 4-14 左边所示）。现在文字围绕着图片，但是只要清除了图片底部的浮动，正文就会立刻移动到媒体盒子的右边。而我们真正想要的是将正文的左侧靠着浮动图片的右侧排列（如图 4-14 右边所示）。

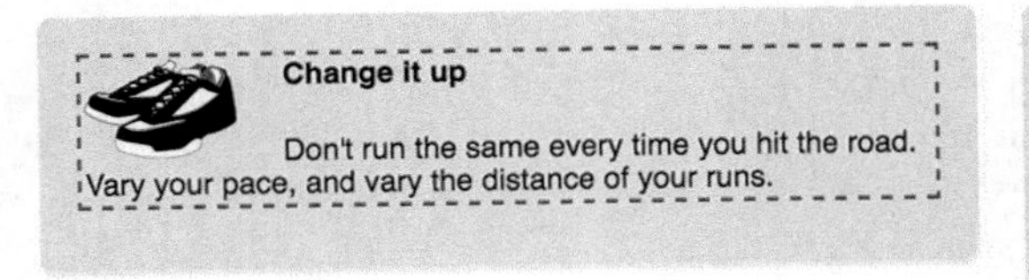

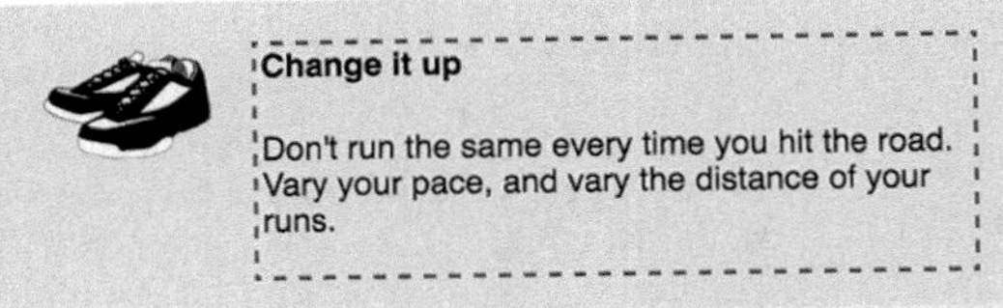

图 4-14　（左）媒体对象里的文字默认围绕浮动图片；（右）给媒体正文建立 BFC 之后，文字就不会跟浮动图片重叠

为了实现右边这种布局，需要为正文建立一个**块级格式化上下文**（block formatting context，BFC）。BFC 是网页的一块区域，元素基于这块区域布局。虽然 BFC 本身是环绕文档流的一部分，但它将内部的内容与外部的上下文隔离开。这种隔离为创建 BFC 的元素做出了以下 3 件事情。

(1) 包含了内部所有元素的上下外边距。它们不会跟 BFC 外面的元素产生外边距折叠。

(2) 包含了内部所有的浮动元素。

(3) 不会跟 BFC 外面的浮动元素重叠。

简而言之，BFC 里的内容不会跟外部的元素重叠或者相互影响。如果给元素增加 `clear` 属性，它只会清除自身所在 BFC 内的浮动。如果强制给一个元素生成一个新的 BFC，它不会跟其他 BFC 重叠。

给元素添加以下的任意属性值都会创建 BFC。

- `float: left` 或 `right`，不为 `none` 即可。
- `overflow: hidden`、`auto` 或 `scroll`，不为 `visible` 即可。

- display: inline-block、table-cell、table-caption、flex、inline-flex、grid 或 inline-grid。拥有这些属性的元素称为**块级容器**（block container）。
- position: absolute 或 position: fixed。

说明　网页的根元素也创建了一个顶级的 BFC。

4.4.2　使用 BFC 实现媒体对象布局

只要给媒体正文创建 BFC，网页的布局就会符合预期（如图 4-15 所示）。通常是给元素设置 overflow 值——hidden 或者 auto。

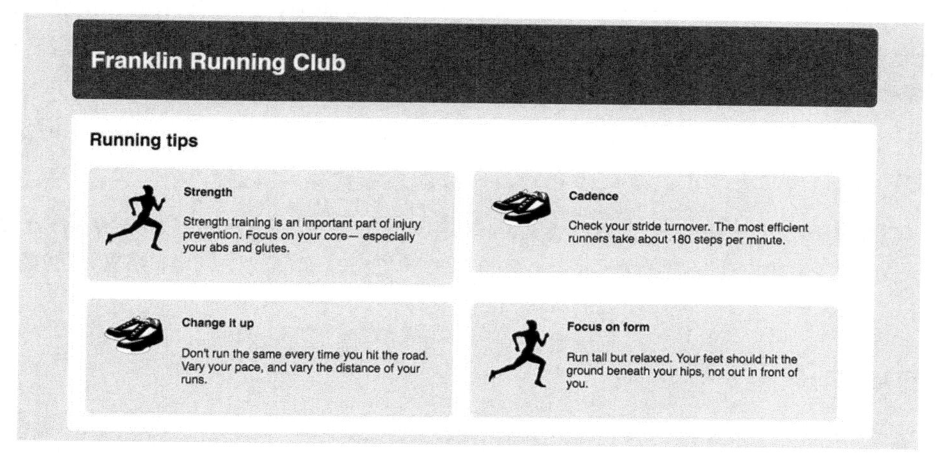

图 4-15　给所有媒体正文创建 BFC

接下来设置样式表里 overflow 的值。按照代码清单 4-11 更新你的样式表。

代码清单 4-11　添加 overflow: auto，创建一个新的 BFC

```
.media {
  float: left;
  margin: 0 1.5em 1.5em 0;
  width: calc(50% - 1.5em);
  padding: 1.5em;
  background-color: #eee;
  border-radius: 0.5em;
}

.media:nth-child(odd) {
  clear: left;
}

.media-image {
  float: left;
  margin-right: 1.5em;
```

给图片添加一个外边距，让它与正文中间出现间隔

```
}

.media-body {
  overflow: auto;
  margin-top: 0;
}

.media-body h4 {
  margin-top: 0;
}
```

创建一个新的 BFC，这样正文就不会跟浮动的图片重叠

使用 overflow: auto 通常是创建 BFC 最简单的一种方式。也可以使用前面提到的其他方式，但是有些问题需要注意，比如，使用浮动或者 inline-block 方式创建 BFC 的元素宽度会变成 100%，因此需要限制一下元素的宽度，防止因为过宽而换行，导致内容移动到浮动图片的下面。相反，使用 table-cell 方式显示的元素，其宽度只会刚好容纳其中的内容，因此需要设置一个较大的宽度，强制使其填满剩余空间。

说明　某些情况下，BFC 中的内容可能还会与别的 BFC 的内容重叠。比如，内容溢出了容器（比如内容太宽）或者因为负外边距导致内容被拉到容器外面。

关于媒体对象的更多信息，请阅读 Nicole Sullivan 的大作 *The Media Object Saves Hundreds of Lines of Code*。这篇文章探讨的术语——面向对象的 CSS（OOCSS）——将在本书第 9 章深入讲解。

4.5　网格系统

现在整个页面的布局已经创建好了，但是还存在一些不足。最主要的问题是，无法轻松地复用样式表中的内容。现在媒体对象的宽度是 50%，因此一行有两个元素。如果想要复用前面的设计，但需要一行放三个元素，那又该怎么办呢？

一种比较普遍的做法是借助**网格系统**提高代码的可复用性。网格系统提供了一系列的类名，可添加到标记中，将网页的一部分构造成行和列。它应该只给容器设置宽度和定位，不给网页提供视觉样式，比如颜色和边框。需要在每个容器内部添加新的元素来实现想要的视觉样式。

大部分流行的 **CSS 框架**包含了自己的网格系统。它们的实现细节各不相同，但是设计思想相同：在一个行容器里放置一个或多个列容器。列容器的类决定每列的宽度。接下来构建一个网格系统，这样你就能掌握它的工作原理，进而应用到网页中。

CSS 框架——一个预编译的 CSS 代码库，提供了 Web 开发中常见的样式模式。它能够帮助快速搭建原型或者提供一个稳定的样式基础，辅助构建新样式。常见的框架包括 Bootstrap、Foundation 以及 Pure。

4.5.1 理解网格系统

要构建一个网格系统，首先要定义它的行为。通常网格系统的每行被划分为特定数量的列，一般是 12 个，但也可以是其他数。每行子元素的宽度可能等于 1~12 个列的宽度。

图 4-16 展示了一个 12 列网格中不同的行。第一行有 6 个 1 列宽的子元素和 3 个 2 列宽的子元素。第二行有一个 4 列宽的子元素和一个 8 列宽的子元素。因为每行子元素的宽度加起来都等于 12 列的宽度，所以刚好填满整行。

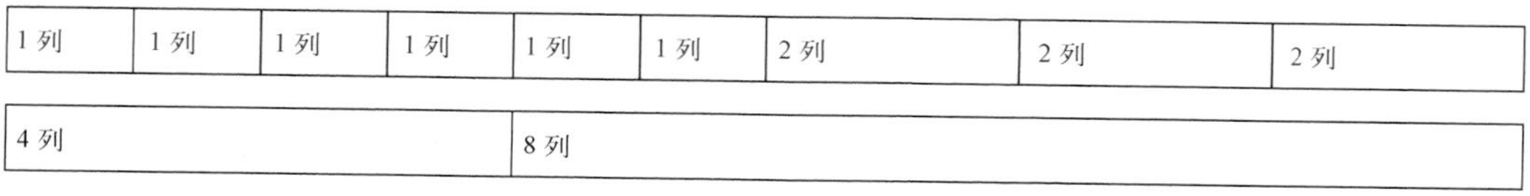

1 列	1 列	1 列	1 列	1 列	1 列	2 列	2 列	2 列

4 列	8 列

图 4-16 一个 12 列网格系统的两行，每行的子元素的宽度可能等于 1~12 个列的宽度

选取 12 作为列数是因为它能够被 2、3、4、6 整除，组合起来足够灵活。比如可以很容易地实现一个 3 列布局（3 个 4 列宽的元素）或者一个 4 列布局（4 个 3 列宽的元素）。还可以实现非对称的布局，比如一个 9 列宽的主元素和一个 3 列宽的侧边栏。在每个子元素里可以放置任意标记。

下面代码里的标记直观地展示了网格系统。每行有一个行容器 `div`，在其中用 `column-n` 类为每个列元素放置一个 `div`（*n* 是网格里的列数）。

```
<div class="row">
  <div class="column-4">4 column</div>
  <div class="column-8">8 column</div>
</div>
```

4.5.2 构建网格系统

用网格系统改造一下前面的网页。虽然这种做法比前面实现布局的方式烦琐，但是因为它能提高 CSS 的可复用性，所以还是值得的。按代码清单 4-12 编辑你的 HTML。

代码清单 4-12 改造 HTML，以便使用网格系统

```
<main class="main clearfix">
  <h2>Running tips</h2>

  <div class="row">
    <div class="column-6">
      <div class="media">
        <img class="media-image" src="runner.png">
        <div class="media-body">
          <h4>Strength</h4>
          <p>
            Strength training is an important part of
            injury prevention. Focus on your core&mdash;
            especially your abs and glutes.
```

把每两个媒体对象用一个行元素包起来

```
          </p>
        </div>
      </div>
    </div>

    <div class="column-6">
      <div class="media">
        <img class="media-image" src="shoes.png">
        <div class="media-body">
          <h4>Cadence</h4>
          <p>
            Check your stride turnover. The most efficient
            runners take about 180 steps per minute.
          </p>
        </div>
      </div>
    </div>
  </div>

  <div class="row">
    <div class="column-6">
      <div class="media">
        <img class="media-image" src="shoes.png">
        <div class="media-body">
          <h4>Change it up</h4>
          <p>
            Don't run the same every time you hit the
            road. Vary your pace, and vary the distance
            of your runs.
          </p>
        </div>
      </div>
    </div>

    <div class="column-6">
      <div class="media">
        <img class="media-image" src="runner.png">
        <div class="media-body">
          <h4>Focus on form</h4>
          <p>
            Run tall but relaxed. Your feet should hit
            the ground beneath your hips, not out in
            front of you.
          </p>
        </div>
      </div>
    </div>
  </div>
</main>
```

把每个媒体对象用一个类名为 column-6 的元素包起来，这样每个媒体对象都位于单独的列中

开始第二行之前先闭合第一行

把每个媒体对象用一个类名为 column-6 的元素包起来，这样每个媒体对象都位于单独的列中

以上代码清单将每两个媒体对象用一个行包起来，在行内把每个媒体对象都单独放在了一个6列宽的容器中。

接下来实现网格布局的样式。首先定义行元素的样式。将代码清单4-13添加到你的样式表里。

代码清单 4-13 网格行的 CSS

```
.row::after {
  content: " ";
  display: block;
  clear: both;
}
```

复制清除浮动规则，让行元素包含内部的浮动列

以上代码仅仅实现了清除浮动。这样写是为了避免每添加一个行元素就要给它加一个 clearfix 类。稍后会给上面的代码补充更多内容。不过基本上行元素的作用就是给列元素提供一个容器，将列元素包裹起来，而清除浮动恰好能起到这个作用。

接下来，给列元素添加初始样式。这才是“重头戏”，但是代码并不复杂。将所有的列都浮动到左边，给每种列元素指定宽度值。将代码清单 4-14 添加到样式表中。

代码清单 4-14 网格列的 CSS

```
[class*="column-"] {
  float: left;
}

.column-1 { width: 8.3333%; }
.column-2 { width: 16.6667%; }
.column-3 { width: 25%; }
.column-4 { width: 33.3333%; }
.column-5 { width: 41.6667%; }
.column-6 { width: 50%; }
.column-7 { width: 58.3333%; }
.column-8 { width: 66.6667%; }
.column-9 { width: 75%; }
.column-10 { width: 83.3333%; }
.column-11 { width: 91.6667% }
.column-12 { width: 100%; }
```

这个选择器匹配所有类包含“column-”的元素

1/12

2/12

3/12 等

你可能不熟悉第一个选择器，它是一个**属性选择器**，根据元素的 class 属性匹配元素。但是跟普通的类选择器相比，它能写出更复杂的匹配规则。*=比较符可以匹配任意包含指定字符串的值，比如本例中可以匹配在类属性的任意位置出现 column-的元素。这条规则既能匹配<div class="column-2">，也能匹配<div class="column-6">，总之能匹配所有列元素的类名。现在不管每列宽度是多少，所有的列都会向左浮动。想要进一步了解属性选择器，参见附录 A。

说明 属性选择器匹配的范围比预期的更广。比如除了匹配列元素，上面的属性选择器还能匹配<div class="column-header">这样的元素。写更多样式时，要牢记这一点。最好的方式是从现在起将类名里的“column”作为保留字，这样就不会跟以上样式规则冲突了。

给所有的列加上 float: left 后，要给每种列元素单独设置宽度。可能需要花点时间计算出不同列的宽度百分比：所需列数除以总列数（12）。要精确到小数点后几位，以免因为四舍五入而导致误差。

现在网格系统已经初具雏形。你的页面现在看起来应该如图 4-17 所示。看起来并不是理想的效果，因为媒体对象重复实现了网格系统的一些样式。

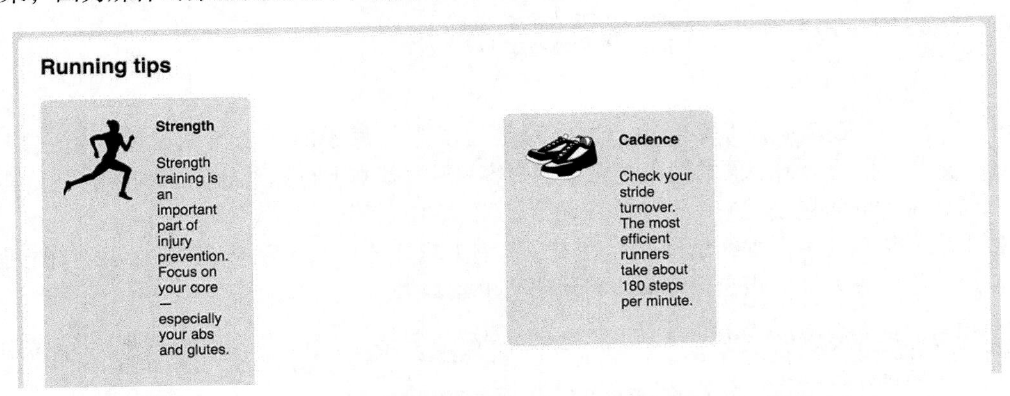

图 4-17　使用了网格系统后，就不需要媒体对象的一些样式了

现在简化一下媒体对象的样式。去掉左浮动，因为网格系统已经包含了这条规则。去掉宽度，这样它才能填满容器 100%的宽度。这里的容器是一个 6 列的元素，它的宽度恰好是我们想要的。去掉外边距和用来清除浮动的 `nth-child` 选择器。网页现在应该如图 4-18 所示。

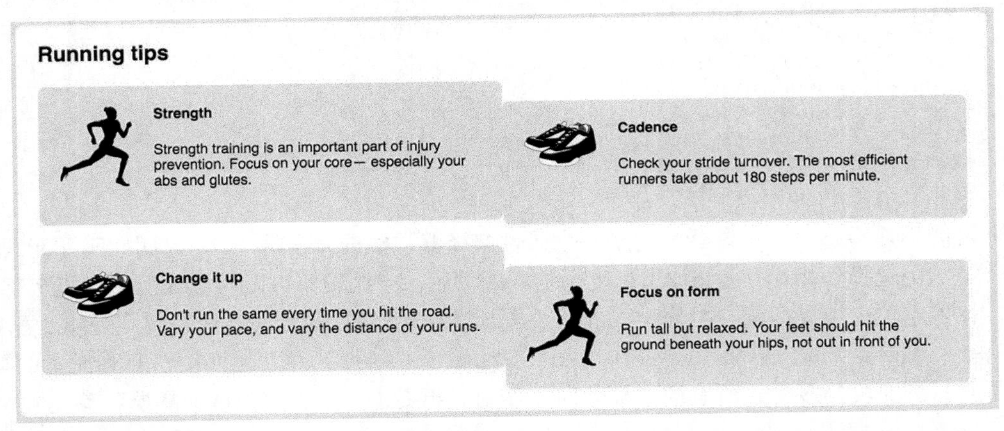

图 4-18　删除媒体对象中跟定位相关的属性，让网格系统给媒体对象定位和设定宽度

删除多余样式后，媒体对象的样式如代码清单 4-15 所示。

代码清单 4-15　删除媒体对象的定位和宽度声明

```
.media {
  padding: 1.5em;
  background-color: #eee;
  border-radius: 0.5em;
}
```

删除浮动、外边距和宽度声明

删除 `.media:nth-child(odd)` 规则集和 `clear: left` 声明

```
.media-image {
  float: left;
  margin-right: 1.5em;
}

.media-body {
  overflow: auto;
  margin-top: 0;
}

.media-body h4 {
  margin-top: 0;
}
```


因为删除了媒体对象的所有外边距，包括底部外边距，所以最后一行的媒体对象和容器底部之间的间隔丢失了。给容器加上底部内边距，以恢复间隔（如代码清单 4-16 所示）。

代码清单 4-16 给主容器添加底部内边距

```
.main {
  padding: 0 1.5em 1.5em;          <- 增加一个 1.5em 的底部内边距，
  background-color: #fff;             让它等于左右内边距
  border-radius: .5em;
}
```

现在已经离最终的设计不远了，不过还有几处细节需要处理一下。

4.5.3 添加间隔

现在网格系统还缺少每列之间的间隔。接下来就加上这些间隔，同时补充一些细节样式。完成后的页面看起来应该如图 4-19 所示。

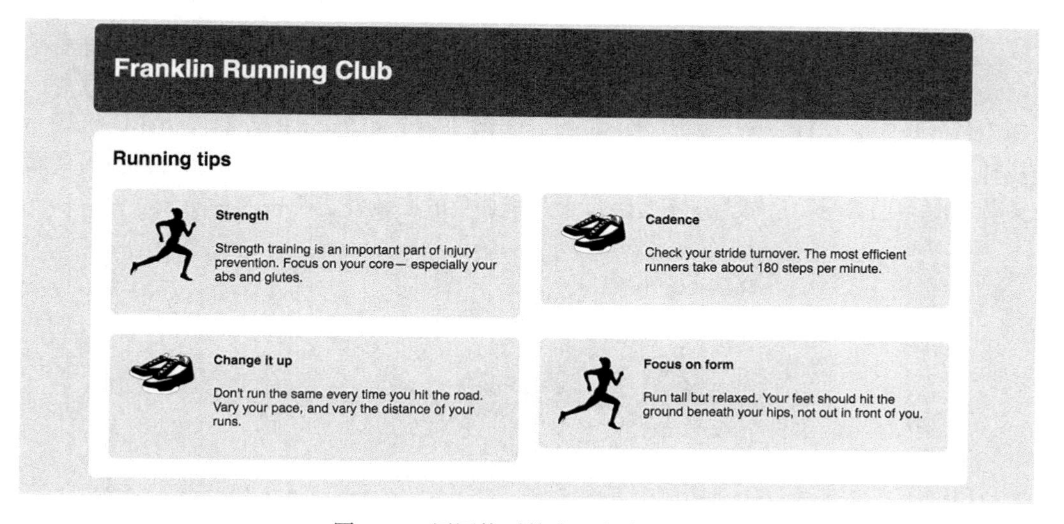

图 4-19 用网格系统实现的完整页面

给每个网格列添加左右内边距，创造间隔。把间隔交给网格系统实现，而不是让内部的组件（比如媒体对象）自己实现，这样就能够在其他页面复用这套网格系统，不用再费心去实现间隔。

因为需要列之间有 1.5em 的间隔，所以可以将其分成两半，给每个列元素左右各添加一半的内边距。按照代码清单 4-17 修改网格的样式。这里还去掉了所有列元素的顶部外边距，覆盖猫头鹰选择器里的样式规则。

代码清单 4-17　给网格系统添加间隔

```
[class*="column-"] {
  float: left;
  padding: 0 0.75em;     ← 给每个列元素的左右内边距各赋值 0.75em
  margin-top: 0;         ← 去掉列元素的顶部外边距
}
```

现在网格系统的每个列元素之间都有 1.5em 的间隔，看起来棒棒的。但是，这段代码导致了网格列和网格行外的内容出现轻微的错位。如图 4-20 所示，页面标题（“Running tips”）的左边缘本来应该跟第一列的媒体对象的边缘对齐，但是列的内边距让媒体对象所在的灰色盒子稍微往右移了一点。

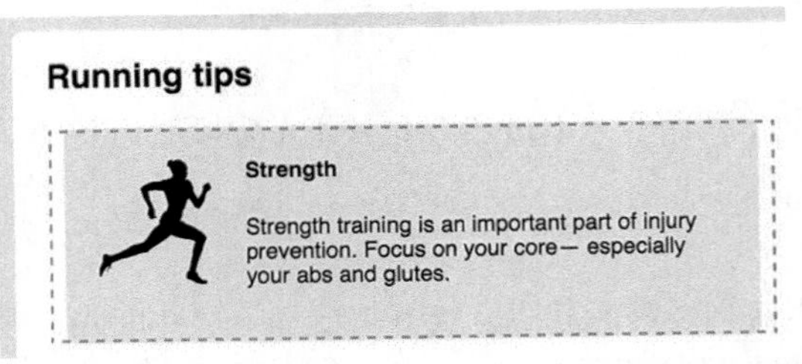

图 4-20　页面标题的左侧跟列元素（虚线区域）的左侧对齐了，但没有跟列里面的内容对齐

可以去掉每行第一列的左侧内边距和最后一列的右侧内边距来解决这个问题，但这需要添加一堆样式规则，其实只需要调整行的宽度即可。

使用负外边距来拉伸行元素的宽度。给行元素添加一个–0.75em 的左侧外边距，把行元素的左侧拉伸到容器外面。列元素的内边距会把里面的内容往右推 0.75em，第一列就会跟页面标题左对齐（如图 4-21 所示）。同理，还要给行元素添加负的右侧外边距，拉伸右侧。

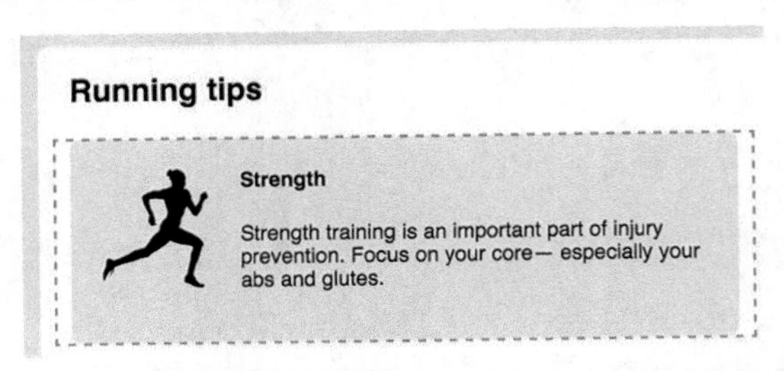

图 4-21　给行元素添加负的外边距，让其向左延伸，抵消列元素的内边距，这样列元素里的内容就能跟网页的标题对齐了

具体实现如代码清单 4-18 所示。现在不管将行元素放在哪里，它都会被拉伸，比它所在的容器宽 1.5em。列元素的内边距会将其内容往回移动，跟行元素外面的容器边缘对齐。这种方法也是双容器模式的一个不错的修改版。在双容器模式中，行元素对其所在容器而言就是内层容器。

代码清单 4-18 给网格行添加负的外边距

```
.row {
  margin-left: -0.75em;
  margin-right: -0.75em;
}
```


现在你已经借助浮动实现了一个完善的网格系统。不管用这个网格系统还是 CSS 框架里的网格系统，你现在都应该理解了它的工作原理。最终的样式表如代码清单 4-19 所示。

代码清单 4-19 完整的样式

```
:root {
  box-sizing: border-box;
}

*,
::before,
::after {
  box-sizing: inherit;
}

body {
  background-color: #eee;
  font-family: Helvetica, Arial, sans-serif;
}

body * + * {
  margin-top: 1.5em;
}

.row {
  margin-left: -0.75em;
  margin-right: -0.75em;
}

.row::after {
  content: " ";
  display: block;
  clear: both;
}

[class*="column-"] {
  float: left;
  padding: 0 0.75em;
  margin-top: 0;
}

.column-1 { width: 8.3333%; }
```

```
.column-2 { width: 16.6667%; }
.column-3 { width: 25%; }
.column-4 { width: 33.3333%; }
.column-5 { width: 41.6667%; }
.column-6 { width: 50%; }
.column-7 { width: 58.3333%; }
.column-8 { width: 66.6667%; }
.column-9 { width: 75%; }
.column-10 { width: 83.3333%; }
.column-11 { width: 91.6667% }
.column-12 { width: 100%; }

header {
  padding: 1em 1.5em;
  color: #fff;
  background-color: #0072b0;
  border-radius: .5em;
  margin-bottom: 1.5em;
}

.main {
  padding: 0 1.5em 1.5em;
  background-color: #fff;
  border-radius: .5em;
}

.container {
  max-width: 1080px;
  margin: 0 auto;
}

.media {
  padding: 1.5em;
  background-color: #eee;
  border-radius: 0.5em;
}

.media-image {
  float: left;
  margin-right: 1.5em;
}

.media-body {
  overflow: auto;
  margin-top: 0;
}

.media-body h4 {
  margin-top: 0;
}

.clearfix::before,
.clearfix::after {
  display: table;
```

```
  content: " ";
}
.clearfix::after {
  clear: both;
}
```

现在完全借助浮动实现了页面布局。虽然浮动有些怪异的行为，但它仍然能实现我们的需求。对浮动行为有了更深刻的理解后，希望你不会再对浮动犯怵。之前提到过，浮动布局有更好理解的替代方案，接下来两章会介绍。

4.6 总结

- 浮动的设计初衷是让文字围绕一个元素排列，但有时这种效果并不是我们想要的。
- 使用清除浮动来包含浮动元素。
- BFC 有 3 个好处：包含浮动元素，防止外边距折叠，防止文档流围绕浮动元素排列。
- 使用双容器模式让页面内容居中。
- 使用媒体对象模式将描述文字定位到图片旁边。
- 使用网格系统实现更丰富的网页布局。

第 5 章

Flexbox

本章概要

- 弹性容器和弹性元素
- 主轴和副轴
- Flexbox 里的元素大小
- Flexbox 里的元素对齐

如果你在过去的几年里一直在接触 CSS，那么肯定听过有人对 Flexbox 大加赞赏。Flexbox，全称弹性盒子布局（Flexible Box Layout），是一种新的布局方式。跟浮动布局相比，Flexbox 的可预测性更好，还能提供更精细的控制。它也能轻松解决困扰我们许久的垂直居中和等高列问题。

Flexbox 已经问世好几年了，面向高级浏览器编程的开发人员也用了一段时间。现在 Flexbox 已经得到主流浏览器的支持，在 IE10 中也得到了部分支持。实际上，Flexbox 比 `border-radius` 属性的支持范围更广（Opera Mini 不支持 `border-radius`）。现在正是学习它的好时机，快跟随本章认识 Flexbox 吧。

要说 Flexbox 有缺点的话，那一定是它那数不清的选项了。它给 CSS 引入了 12 个新属性，包括一些缩写属性。一次掌握所有的属性实在吃不消。当我第一次学习 Flexbox 时，有点像拿着高压水枪喝水，东西太多了，还很难将所有属性记住。这次我要用另一种方式来教大家学习 Flexbox——由浅入深地来。

本章将先介绍 Flexbox 的一些基本原则，接下来是一些实践案例。不用全学会 12 种属性也可以使用 Flexbox，其实只要几种属性就能解决绝大部分问题，因此本章将重点介绍这些属性。剩下的属性用于控制元素对齐和间距。本章最后将介绍剩下的属性，可以等有需要的时候再翻阅本章最后的内容。

5.1　Flexbox 的原则

一切要从我们熟悉的 `display` 属性开始。给元素添加 `display: flex`，该元素变成了一个**弹性容器**（flex container），它的直接子元素变成了**弹性子元素**（flex item）。弹性子元素默认是在同一行按照从左到右的顺序并排排列。弹性容器像块元素一样填满可用宽度，但是弹性子元素不一定填满其弹性容器的宽度。弹性子元素高度相等，该高度由它们的内容决定。

提示　还可以用 `display: inline-flex`。它创建了一个弹性容器，行为类似于 `inline-block` 元素。它会跟其他行内元素一起流式排列，但不会自动增长到 100%的宽度。内部的弹性子元素跟使用 `display: flex` 创建的 Flexbox 里的弹性子元素行为一样。在实际开发时，很少用到 `display: inline-flex`。

之前提到的 `display` 值，比如 `inline`、`inline-block` 等，只会影响到应用了该样式的元素，而 Flexbox 则不一样。一个弹性容器能控制内部元素的布局。弹性容器及其子元素可以用图 5-1 表示。

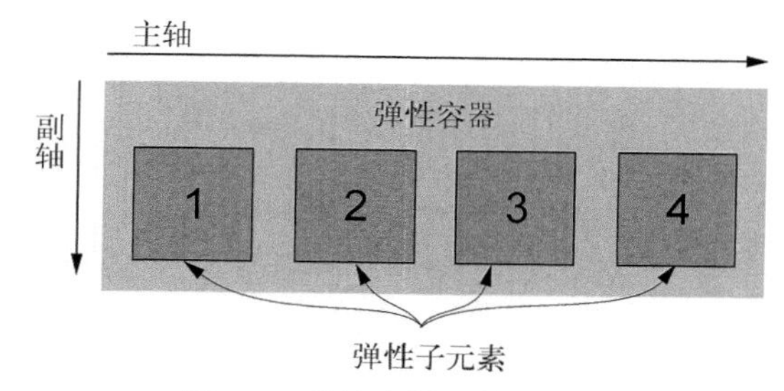

图 5-1　弹性容器及其子元素

子元素按照**主轴**线排列，主轴的方向为**主起点**（左）到**主终点**（右）。垂直于主轴的是**副轴**。方向从**副起点**（上）到**副终点**（下）。这些轴的方向可以改变，本章稍后会介绍。

说明　因为 Flexbox 布局是以主轴和副轴为基础来定义的，所以我会使用**起点**和**终点**来描述轴，而不是**左**和**右**，或者**上**和**下**。

这些概念（弹性容器、弹性子元素、两条轴）覆盖了 Flexbox 的大部分信息。在 12 种新属性发挥作用之前，仅仅使用 `display: flex` 就完成了很多工作。为了验证 Flexbox 的威力，接下来将构建如图 5-2 所示的网页。

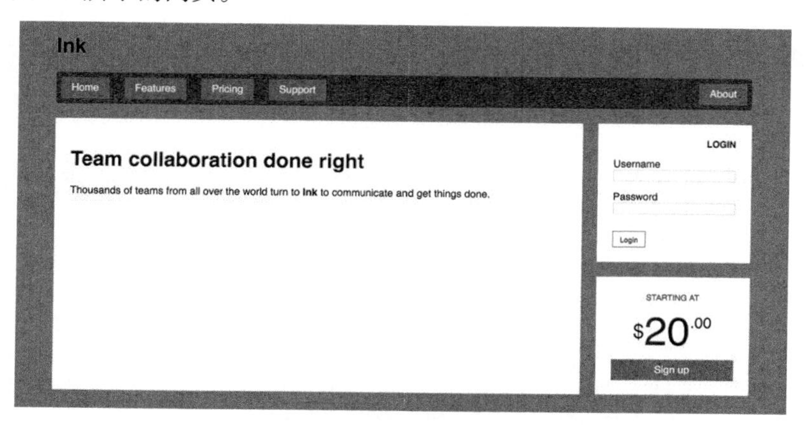

图 5-2　使用 Flexbox 布局实现的网页

我将通过这个网页的结构来介绍 Flexbox 的几种用法。顶部的导航菜单、三个白色盒子以及右下“$20.00”的样式都将用 Flexbox 实现。

创建一个新网页，给它链接一个新的样式表。将代码清单 5-1 中的标记添加到网页。

代码清单 5-1　网页的标记

```
<!doctype html>
<head>
  <title>Flexbox example page</title>
  <link href="styles.css" rel="stylesheet"
    type="text/css" />
</head>
<body>
  <div class="container">
    <header>
      <h1>Ink</h1>
    </header>
    <nav>
      <ul class="site-nav">
        <li><a href="/">Home</a></li>
        <li><a href="/features">Features</a></li>
        <li><a href="/pricing">Pricing</a></li>
        <li><a href="/support">Support</a></li>          导航菜单
        <li class="nav-right">
          <a href="/about">About</a>
        </li>
      </ul>
    </nav>

    <main class="flex">
      <div class="column-main tile">
        <h1>Team collaboration done right</h1>
        <p>Thousands of teams from all over the             大的主体板块
          world turn to <b>Ink</b> to communicate
          and get things done.</p>
      </div>

      <div class="column-sidebar">          侧边栏包含两个上下
        <div class="tile">                  叠放的小板块
          <form class="login-form">
            <h3>Login</h3>
            <p>
              <label for="username">Username</label>
              <input id="username" type="text"
                name="username"/>
            </p>
            <p>
              <label for="password">Password</label>
              <input id="password" type="password"
                name="password"/>
            </p>
            <button type="submit">Login</button>
          </form>
```

```
          </div>
          <div class="tile centered">
            <small>Starting at</small>
            <div class="cost">
              <span class="cost-currency">$</span>
              <span class="cost-dollars">20</span>
              <span class="cost-cents">.00</span>
            </div>
            <a class="cta-button" href="/pricing">
              Sign up
            </a>
          </div>
        </div>
      </main>
    </div>
  </body>
```


接着是样式表，将代码清单 5-2 加入到新建样式表。（相信你现在已经熟悉以下样式了。）

代码清单 5-2　网页的基础样式

```
:root {
  box-sizing: border-box;
}

*,
::before,
::after {
  box-sizing: inherit;
}

body {
  background-color: #709b90;
  font-family: Helvetica, Arial, sans-serif;
}

body * + * {
  margin-top: 1.5em;
}

.container {
  max-width: 1080px;
  margin: 0 auto;
}
```

全局 box-sizing 设置（参见第 3 章）

给网页设置绿色的背景和 sans-serif 的字体

全局外边距（参见第 3 章）

双容器，用于网页内容居中（参见第 4 章）

现在网页已经初具雏形，接下来用 Flexbox 布局。先从顶部的导航菜单入手。

5.1.1　创建一个基础的 Flexbox 菜单

本例要实现如图 5-3 所示的导航菜单。菜单里的大部分菜单项都居左对齐，只有一项居右对齐。

图 5-3　导航菜单，菜单项用 Flexbox 布局

要实现这个菜单，需要考虑让哪个元素做弹性容器，这个元素的子元素便会成为弹性子元素。在本例中，弹性容器应该是无序列表（<ul>）。它的子元素，即列表项（<li>）就是弹性子元素。代码如下所示。

```
<ul class="site-nav">
  <li><a href="/">Home</a></li>
  <li><a href="/features">Features</a></li>
  <li><a href="/pricing">Pricing</a></li>
  <li><a href="/support">Support</a></li>
  <li class="nav-right"><a href="/about">About</a></li>
</ul>
```

接下来分几步构建这个菜单。首先，给列表加上 dislay: flex。然后覆盖浏览器默认的列表样式和猫头鹰选择器设置的顶部外边距。同时添加颜色。效果如图 5-4 所示。

HomeFeaturesPricingSupportAbout

图 5-4　设置了颜色和 Flexbox 属性后的菜单

在 HTML 标记里，已经给<ul>指定了类 site-nav，可以在样式表中用该类作为选择器。添加代码清单 5-3 到你的样式表中。

代码清单 5-3　将菜单设置为 Flexbox 并添加颜色

```
.site-nav {
  display: flex;
  padding-left: 0;
  list-style-type: none;
  background-color: #5f4b44;
}

.site-nav > li {
  margin-top: 0;
}

.site-nav > li > a {
  background-color: #cc6b5a;
  color: white;
  text-decoration: none;
}
```

指定 **site-nav** 为弹性容器，让子元素成为弹性子元素

去掉浏览器默认的左侧内边距以及列表的项目符号

覆盖猫头鹰选择器的顶部外边距

覆盖浏览器默认的链接文字的下划线样式

注意，现在处理的是三个层级的元素：site-nav 列表（弹性容器）、列表项（弹性子元素）、内部的锚点标签（链接）。直接后代组合器（>）确保了只会选中直接子元素。虽然不是特别有必要，毕竟之后也不太可能会给导航菜单添加嵌套的列表，但是保险起见，还是加上。想要更多了

解这个组合器，参见附录 A。

浏览器前缀

如果在旧版浏览器中使用 Flexbox，比如 IE10 或者 Safari8，你会发现这个写法不管用，这是因为旧版浏览器要求给 Flexbox 属性加上浏览器前缀。在标准稳定前，浏览器一般是这样来支持 CSS 新特性的。比如，旧版 Safari 浏览器没实现 `display: flex`，而是实现了 `display: -webkit-flex`。要在 Safari8 中支持 Flexbox，就得在标准写法前面加上前缀。

```
.site-nav {
  display: -webkit-flex;
  display: flex;
}
```

因为浏览器会忽略不认识的声明，所以在 Safari8 中，层叠值应该写成`-webkit-flex`，跟更新版本里的 `flex` 表现一样。有时候属性名也需要加前缀，比如，需要像下面这样声明 `flex` 属性（本章稍后会介绍该属性）。

```
-webkit-flex: 1;
flex: 1;
```

在 IE10，情况更复杂。浏览器实现了一个更早版本的 Flexbox 标准。为了支持这个版本，需要了解一点更早版本的属性名（比如，`flexbox` 而不是 `flex`），然后给这些属性加上前缀。

```
display: -ms-flexbox;
display: -webkit-flex;
display: flex;
```

这样就需要记录更多内容，样式的重复代码会变多。强烈推荐使用 Autoprefixer 来自动化这一流程，可以通过 GitHub 网站下载该工具。它可以处理 CSS，然后输出新的文件，所有相关的前缀都会按需加好。如果需要的话，Autoprefixer 还能给 IE10 加上旧版的 Flexbox 写法。因为 Autoprefixer 可以跟众多构建工具一起使用，所以可以把它加入到自己日常的工作流。

简单起见，本章的例子省略了前缀。在所有现代浏览器里这些例子都没问题，但是在生产环境中，务必用 Autoprefixer 处理一下代码，这样才能在更多浏览器里生效。

还有，前缀的方式正在逐渐被弃用。所有的主流浏览器已经转向（或者正在转向）使用新的方式来支持新的不稳定的功能，在“实验功能”（experimental features）选项中即可开启。第 6 章会讨论这一话题。

5.1.2 添加内边距和间隔

现在菜单看起来比较“单薄”，加上内边距能让它变“饱满”一些。给容器和菜单链接都加上内边距后，菜单如图 5-5 所示。

图 5-5　添加了内边距和链接样式后的菜单

如果你还不太熟悉构建这样的菜单（不管用 Flexbox 还是其他布局方式），那么请注意一下如何实现。在这个例子里，应当把菜单项内边距加到内部的<a>元素上，而不是<li>元素上。因为整个点击区域的外观和行为应当都符合用户对一个菜单链接的预期，而链接的行为来自于<a>元素，所以如果把<li>做成一个好看的大按钮，里面只有很小的区域（<a>）可以点击，就不符合用户预期。

如代码清单 5-4 所示，更新样式表，给菜单填充内边距。

代码清单 5-4　给菜单和链接添加内边距

```
.site-nav {
  display: flex;
  padding: .5em;                    ← 给链接外的菜单容器添加内边距
  background-color: #5f4b44;
  list-style-type: none;
  border-radius: .2em;
}

.site-nav > li {
  margin-top: 0;
}
                                    让链接成为块级元素，这样就能撑开父元素的高度
.site-nav > li > a {
  display: block;                   ←
  padding: .5em 1em;                ← 给链接添加内边距
  background-color: #cc6b5a;
  color: white;
  text-decoration: none;
}
```

注意这里的链接被设置为块级元素。如果链接还是行内元素，那么它给父元素贡献的高度会根据行高计算，而不是根据内边距和内容，这样不符合预期。另外，这里给水平方向设置的内边距比垂直方向的要多一点，因为从美学上来讲这样更让人愉悦。

接下来，给菜单项添加间隔。常规的外边距就能做到这一点。更棒的是，Flexbox 允许使用 `margin: auto` 来填充弹性子元素之间的可用空间。Flexbox 还允许将最后的菜单项移动到右侧。加上外边距后，菜单就完成了（如图 5-6 所示）。

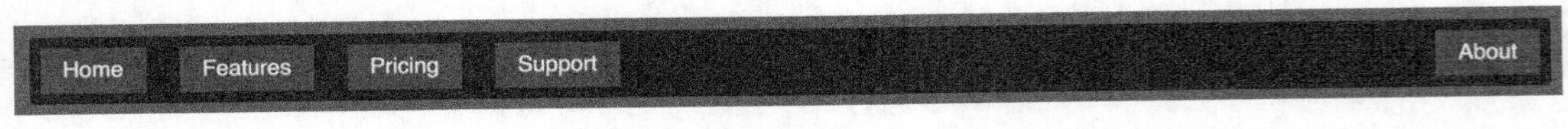

图 5-6　外边距给弹性子元素加上了间隔

代码清单 5-5 的样式给每个弹性子元素之间加上了外边距，最外侧的两个元素除外。为了实现这一效果，可以采用 `margin-left` 属性和一个相邻兄弟组合器，这个方法跟第 3 章的猫头鹰

选择器类似。同时给最后的按钮加上一个 auto 的左侧外边距，这样就会让这个外边距填充所有可用空间，如此一来，最后的按钮就会被推到最右侧。添加代码清单 5-5 到你的样式表。

代码清单 5-5 使用外边距给弹性子元素加上间隔

```
.site-nav > li + li {          ◁— 选中所有前面有列表项的列表项（也就是
  margin-left: 1.5em;              说除了第一项之外的所有列表项）
}

.site-nav > .nav-right {
  margin-left: auto;           ◁— 弹性盒子内的 auto 外边距会填
}                                  充所有可用空间
```

代码清单 5-5 只给一个元素（About）加了 auto 外边距。如果希望将 Support 菜单项和 About 菜单项都推到右侧，则可以把 auto 外边距加到 Support 菜单项上。

外边距非常适合现在的场景，因为我们需要菜单项之间的间距不同。如果希望菜单项等间距，那么 justify-content 属性会是更好的方式。稍后会介绍这个属性。

5.2 弹性子元素的大小

前面的代码使用外边距给弹性子元素设置了间距。你可以用 width 和 height 属性设置它们大小，但是比起 margin、width、height 这些常见属性，Flexbox 提供了更多更强大的选项。我们来看一个更有用的 Flexbox 属性：flex。

flex 属性控制弹性子元素在主轴方向上的大小（在这里指的元素的宽度）。代码清单 5-6 将给网页的主区域应用弹性布局，并使用 flex 属性控制每一列的大小。产生的主区域效果如图 5-7 所示。

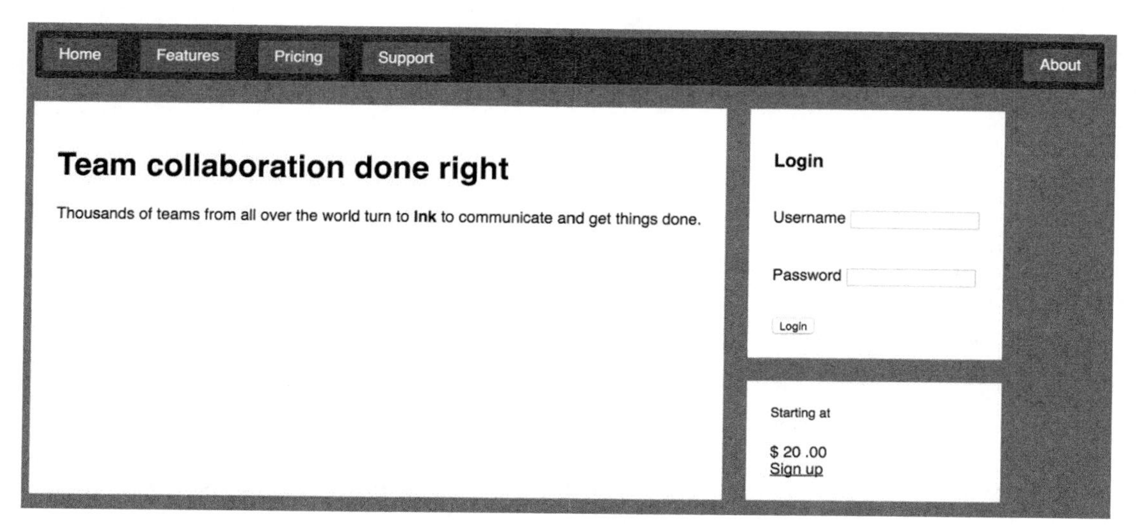

图 5-7 应用了弹性布局的主区域

将代码清单5-6的样式添加到样式表中。代码清单5-6通过tile类给三个板块加了白色背景，同时，通过flex类给<main>元素加了弹性布局。

代码清单5-6 将主容器设置为Flexbox

```
.tile {
  padding: 1.5em;
  background-color: #fff;
}

.flex {
  display: flex;
}

.flex > * + * {
  margin-top: 0;
  margin-left: 1.5em;
}
```

给三个板块加上白色背景和内边距

将主容器设置为Flexbox

去掉顶部外边距，给每个弹性子元素之间加上间隔

现在内容已经分为了两列：左侧较大的区域是网页的主要内容，右侧是登录表单和一个小的价格盒子。因为目前还没有特别设置两列的宽度，所以是根据内容自适应的宽度。在我的屏幕上（如图5-7所示），它们没有完全填满可用空间，尽管在更小的窗口下可能不会出现这种状况。

> **说明** 在CSS里，不仅要考虑当前网页的内容，还要考虑内容变化后的情况，或者是相同的样式表作用到相似网页上的情况。要考虑清楚在不同情况下，页面元素（比如这两列）的表现是什么样的。

弹性子元素的flex属性其实包含了好几个选项。我们先通过最基础的用例熟悉一下这个属性。这里用column-main和column-sidebar类来指定两列，使用flex属性给两列分别赋以2/3和1/3的宽度。将代码清单5-7添加到样式表中。

代码清单5-7 使用flex属性设置列宽

```
.column-main {
  flex: 2;
}

.column-sidebar {
  flex: 1;
}
```

现在两列扩展宽度填满空间，它们的宽度加起来等于nav导航条的宽度，同时左侧主区域的宽度是侧边栏宽度的两倍。Flexbox已贴心地完成了所有数学计算。来看一下它的具体计算过程。

flex属性是三个不同大小属性的简写：flex-grow、flex-shrink和flex-basis。在代码清单5-7里，只提供了flex-grow的值，剩下的两个属性是默认值（分别是1和0%），因此flex: 2等价于flex: 2 1 0%。通常首选简写属性，但也可以分别声明三个属性。

```
flex-grow: 2;
flex-shrink: 1;
flex-basis: 0%;
```

接下来看看三个属性分别表示什么。先从 flex-basis 开始，因为其余两个属性都基于 flex-basis。

5.2.1 使用 flex-basis 属性

flex-basis 定义了元素大小的基准值，即一个初始的“主尺寸”。flex-basis 属性可以设置为任意的 width 值，包括 px、em、百分比。它的初始值是 auto，此时浏览器会检查元素是否设置了 width 属性值。如果有，则使用 width 的值作为 flex-basis 的值；如果没有，则用元素内容自身的大小。如果 flex-basis 的值不是 auto，width 属性会被忽略。如图 5-8 所示。

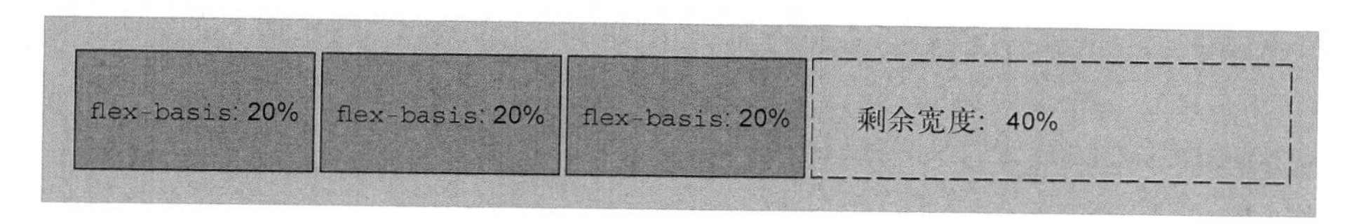

图 5-8　三个弹性子元素的弹性基准是 20%，每一个元素初始主尺寸（宽度）为 20%

每个弹性子元素的初始主尺寸确定后，它们可能需要在主轴方向扩大或者缩小来适应（或者填充）弹性容器的大小。这时候就需要 flex-grow 和 flex-shrink 来决定缩放的规则。

5.2.2 使用 flex-grow 属性

每个弹性子元素的 flex-basis 值计算出来后，它们（加上子元素之间的外边距）加起来会占据一定的宽度。加起来的宽度不一定正好填满弹性容器的宽度，可能会有留白（如图 5-8 所示）。

多出来的留白（或剩余宽度）会按照 flex-grow（增长因子）的值分配给每个弹性子元素，flex-grow 的值为非负整数。如果一个弹性子元素的 flex-grow 值为 0，那么它的宽度不会超过 flex-basis 的值；如果某个弹性子元素的增长因子非 0，那么这些元素会增长到所有的剩余空间被分配完，也就意味着弹性子元素会填满容器的宽度（如图 5-9 所示）。

图 5-9　拥有相同的 flex-grow 值的子元素会分配相同比例的剩余宽度

flex-grow 的值越大，元素的“权重”越高，也就会占据更大的剩余宽度。一个 flex-grow: 2 的子元素增长的宽度为 flex-grow: 1 的子元素的两倍（如图 5-10 所示）。

图 5-10　`flex-grow` 值越大，子元素能分配剩余可用宽度的比例越大

还记得前面的三个板块吗？简写声明 `flex: 2` 和 `flex: 1` 设置了一个弹性基准值为 0%，因此容器宽度的 100%都是剩余宽度（减去两列之间 1.5em 的外边距）。剩余宽度会分配给两列：第一列得到 2/3 的宽度，第二列得到 1/3 的宽度（如图 5-11 所示）。

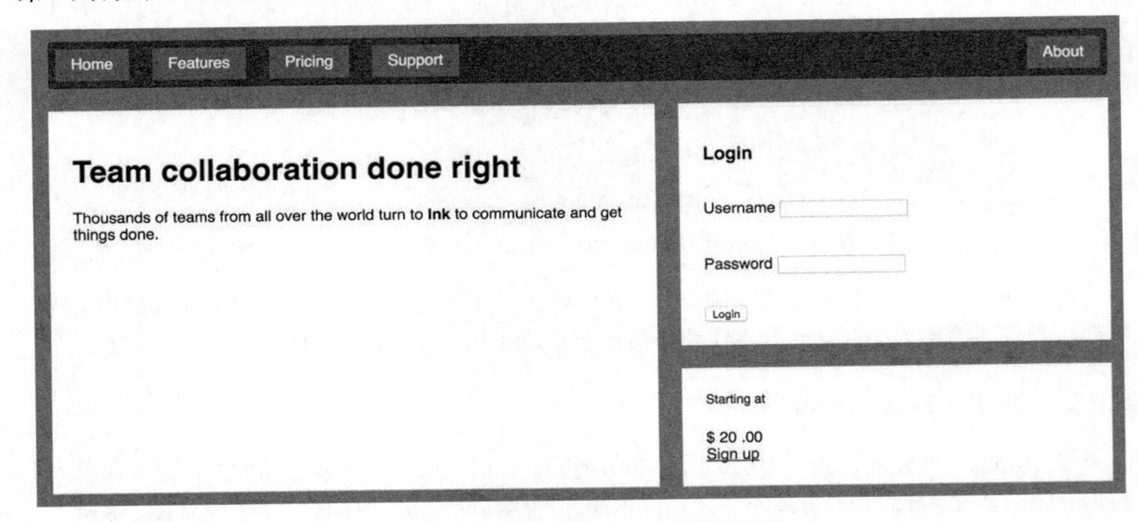

图 5-11　这两列填充了弹性容器的宽度

提示　推荐使用简写属性 `flex`，而不是分别声明 `flex-grow`、`flex-shrink`、`flex-basis`。与大部分简写属性不一样，如果在 `flex` 中忽略某个子属性，那么子属性的值并不会被置为初始值。相反，如果某个子属性被省略，那么 `flex` 简写属性会给出有用的默认值：`flex-grow` 为 1、`flex-shrink` 为 1、`flex-basis` 为 0%。这些默认值正是大多数情况下所需要的值。

5.2.3　使用 `flex-shrink` 属性

`flex-shrink` 属性与 `flex-grow` 遵循相似的原则。计算出弹性子元素的初始主尺寸后，它们的累加值可能会超出弹性容器的可用宽度。如果不用 `flex-shrink`，就会导致溢出（如图 5-12 所示）。

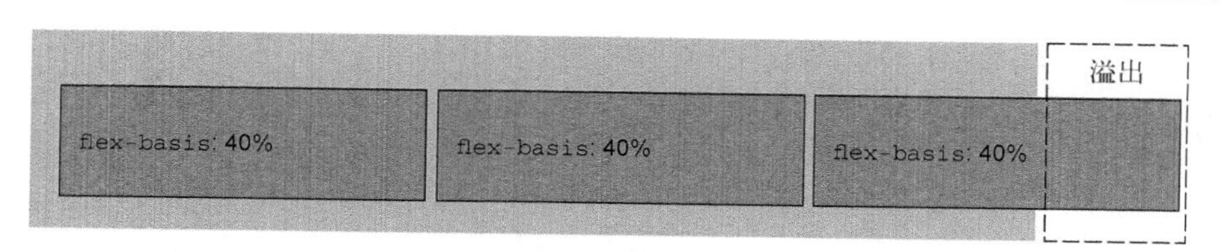

图 5-12 弹性子元素的初始大小可能超出弹性容器

每个子元素的 flex-shrink 值代表了它是否应该收缩以防止溢出。如果某个子元素为 flex-shrink: 0，则不会收缩；如果值大于 0，则会收缩至不再溢出。按照 flex-shrink 值的比例，值越大的元素收缩得越多。

用 flex-shrink 也能实现上述页面中两列的宽度。首先将两列的 flex-basis 指定为理想的比例（66.67%和 33.33%）。它们的宽度之和加上 1.5em 的间隔就会比容器宽度多出 1.5em。然后将两列的 flex-shrink 设置为 1，这样就会从每列的宽度减掉 0.75em，于是容器就能容纳两列了。代码如代码清单 5-8 所示。

代码清单 5-8 使用 flex 属性设置宽度

```
.column-main {
  flex: 66.67%;        <- 等价于 flex: 1 1 66.67%
}

.column-sidebar {
  flex: 33.33%;        <- 等价于 flex: 1 1 33.33%
}
```

这种解决方案跟前面（代码清单 5-7）得到的结果一样，两者都能满足该页面的需求。

说明 如果看一下这两种方式的细节，就会发现代码清单 5-7 和代码清单 5-8 之间有细微的差别。原因很复杂，但简单来讲，是因为 column-main 有内边距，而 column-sidebar 没有。当 flex-basis 为 0%时，内边距会改变弹性子元素的初始主宽度计算的方式。因此代码清单 5-7 的 column-main 比代码清单 5-8 的要宽 3em，即左右内边距的大小。如果想要精确的结果，那么要么保证两列有相同的内边距，要么用代码清单 5-8 的方式设置弹性基准值。

5.2.4 实际应用

flex 属性有很多用法。可以像前面的网页那样，用 flex-grow 值或者 flex-basis 百分比定义每列的比例。也可以用于定义固定宽度的列和随着视口缩放的“流动”列。还可以用 Flexbox 而不是浮动构建第 4 章那样的网格系统。图 5-13 展示了可以用 Flexbox 实现的几种布局。

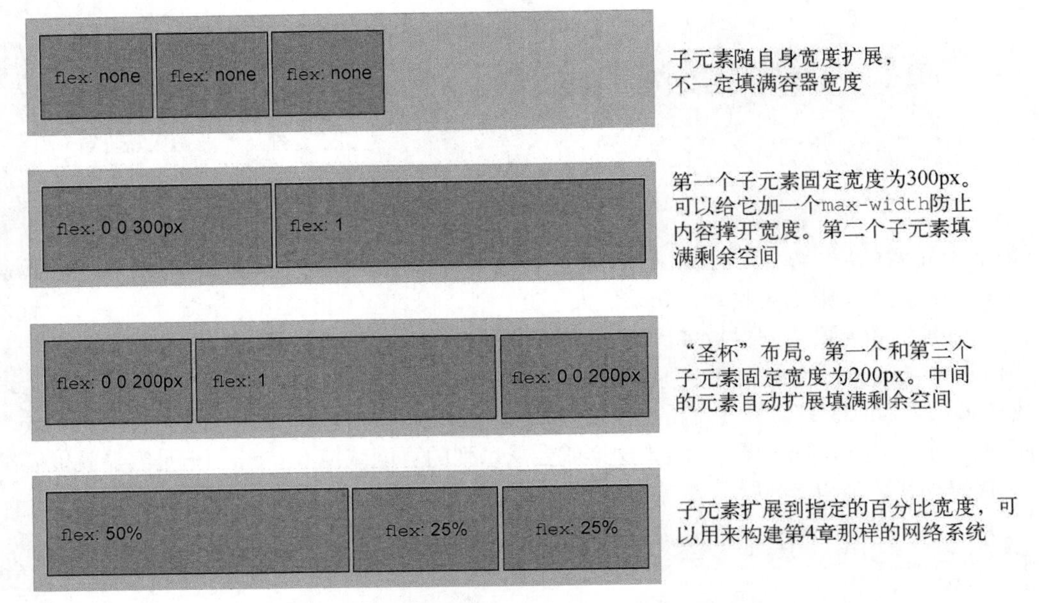

图 5-13　用弹性盒子定义元素大小的几种方式

其中第 3 个例子展示的是“圣杯”布局。众所周知，用 CSS 实现这种布局非常困难。该布局中，两个侧边栏宽度固定，而中间的列是“流动的”，即它会自动填充可用空间。重点是，三列的高度相等，该高度取决于它们的内容。尽管浮动也能实现这种布局，但需要用一些既晦涩又脆弱的技巧。你可以使用不同的弹性子元素，想出很多不同的方式来组合以上的布局。

5.3 弹性方向

Flexbox 的另一个重要功能是能够切换主副轴方向，用弹性容器的 `flex-direction` 属性控制。如前面的例子所示，它的初始值（`row`）控制子元素按从左到右的方向排列；指定 `flex-direction: column` 能控制弹性子元素沿垂直方向排列（从上到下）。Flexbox 还支持 `row-reverse` 让元素从右到左排列，`column-reverse` 让元素从下到上排列（如图 5-14 所示）。

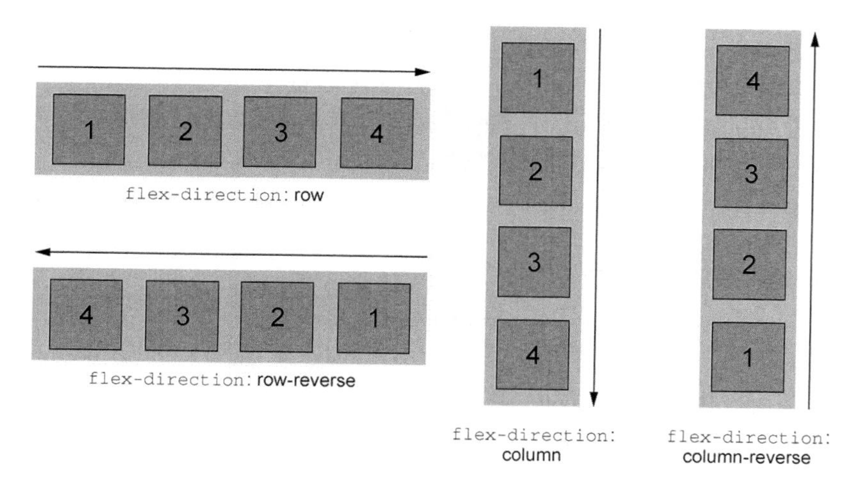

图 5-14 改变弹性方向就改变了主轴方向，副轴因为要与主轴垂直，所以方向也随之改变

在本章的示例网页里，右侧的列将用到 `flex-direction` 属性让右侧的两个板块按从上到下的顺序排列。这样做似乎多此一举，毕竟右侧的两个板块已经是这样的顺序了。普通的块级元素本来就会这样排列，但是这种布局有一个隐藏的缺陷，给主板块添加更多内容就能看到问题，如图 5-15 所示。

给 `column-main` 添加一些标题和段落，就会发现主板块超出了右边板块的底部。Flexbox 应该能让两列的高度相等，为什么不起作用了呢？

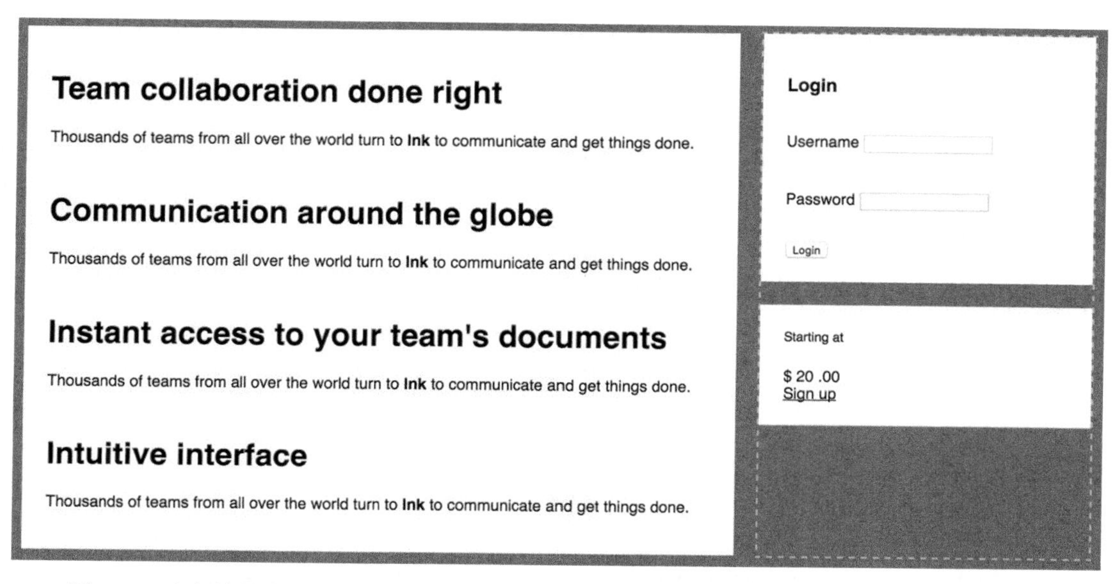

图 5-15 主板块的高度超过了右侧两个板块的高度（虚线标出了 `column-sidebar` 的大小）

如图 5-15（虚线区域）所示，其实左右两个弹性子元素是等高的。问题是右边栏内部的两个板块没有扩展到填满右边栏区域。

理想的布局应该如图 5-16 所示。右侧两个板块会扩展高度填满右边栏，尽管左边的内容更长。在 Flexbox 之前，纯 CSS 是无法实现的（需要稍微借助 JavaScript）。

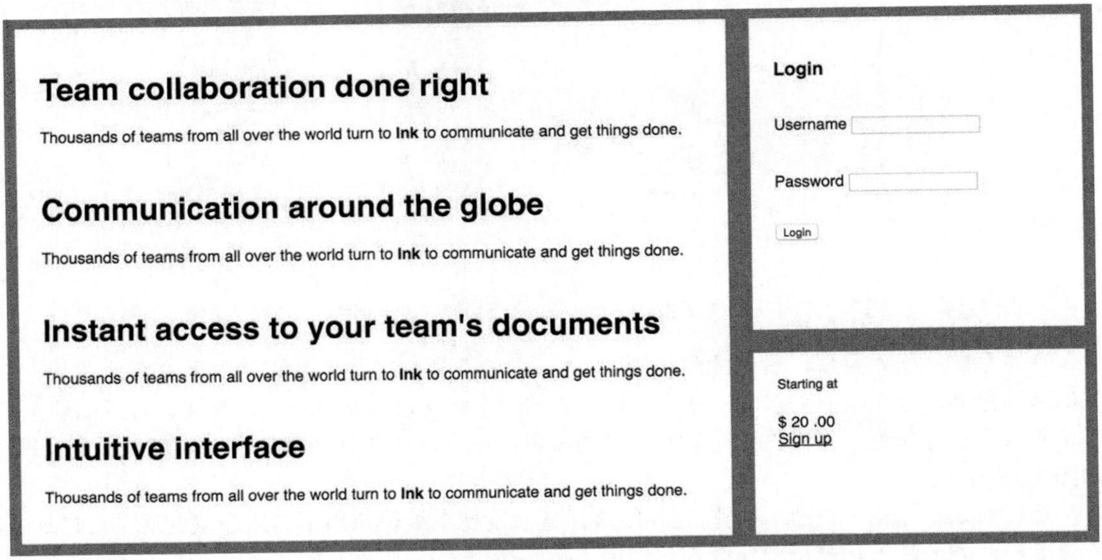

图 5-16　理想的布局：右边栏的板块跟左边的大板块对齐

5.3.1　改变弹性方向

上述场景的真正需求是让两列扩展到填满容器的高度。因此要将右边栏（`column-sidebar`）改为弹性容器，并设置 `flex-direction: column`。然后给里面的两个板块设置非 0 的 `flex-grow` 值。按代码清单 5-9 所示，更新你的样式表。

代码清单 5-9　在右侧创建一个弹性列

```css
.column-sidebar {
  flex: 1;
  display: flex;
  flex-direction: column;
}

.column-sidebar > .tile {
  flex: 1;
}
```

对外面的弹性盒子来说是弹性子元素，对内部的元素而言是弹性容器

给内部子元素加上 **flex-grow**

以上代码创建了一个**嵌套的弹性盒子**。对外层的弹性盒子来说，`<div class="column-sidebar">`是弹性子元素，对内部的弹性盒子来说，它就是弹性容器。整体结构如下所示（简洁

起见，省略了文字）。

```
<main class="flex">
  <div class="column-main tile">
    ...
  </div>
  <div class="column-sidebar">
    <div class="tile">...</div>
    <div class="tile">...</div>
  </div>
</div>
```

内部的弹性盒子的弹性方向为 column，因此主轴发生了旋转，现在变成了从上到下（副轴变成了从左到右）。也就是对于弹性子元素而言，flex-basis、flex-grow 和 flex-shrink 现在作用于元素的高度而不是宽度。由于指定了 flex: 1，因此在必要的时候子元素的高度会扩展到填满容器。无论哪边更高，主板块的底部和右边第二个小板块的底部都会对齐。

水平弹性盒子的大部分概念同样适用于垂直的弹性盒子（column 或 column-reverse），但是有一点不同：在 CSS 中处理高度的方式与处理宽度的方式在本质上不一样。弹性容器会占据 100%的可用宽度，而高度则由自身的内容来决定。即使改变主轴方向，也不会影响这一本质。

弹性容器的高度由弹性子元素决定，它们会正好填满容器。在垂直的弹性盒子里，子元素的 flex-grow 和 flex-shrink 不会起作用，除非有“外力”强行改变弹性容器的高度。在本章的网页里，“外力”就是从外层弹性盒子计算出来的高度。

5.3.2 登录表单的样式

网页的整体布局已经完成了。剩下的工作是给右侧两个板块里的较小的元素添加样式，主要是登录表单和注册链接。登录表单不需要使用弹性盒子了，但是为了示例的完整性，我简单说明一下。最终完成的样式会如图 5-17 所示。

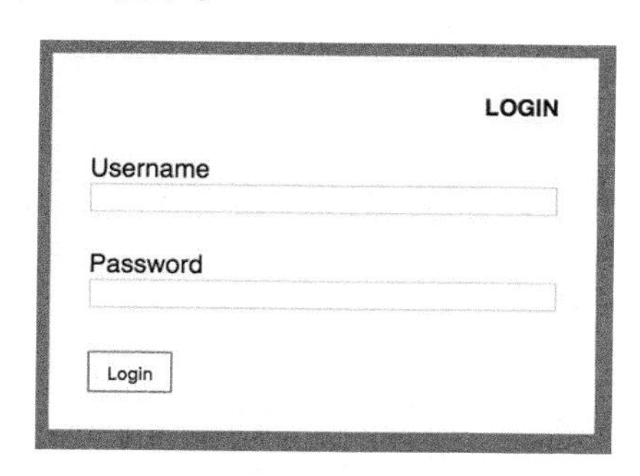

图 5-17 登录表单

<form>的类名为 login-form，在 CSS 中用作表单的选择器。将代码清单 5-10 添加到你的样式表里。分别给登录表单的标题、输入区域、按钮布局。

代码清单 5-10　登录表单的样式

```
.login-form h3 {
  margin: 0;
  font-size: .9em;
  font-weight: bold;
  text-align: right;
  text-transform: uppercase;
}

.login-form input:not([type=checkbox]):not([type=radio]) {
  display: block;
  width: 100%;
  margin-top: 0;
}

.login-form button {
  margin-top: 1em;
  border: 1px solid #cc6b5a;
  background-color: white;
  padding: .5em 1em;
  cursor: pointer;
}
```

标题设置为加粗、右对齐、全大写

给文本类型的输入框（不包含复选框和单选按钮）添加样式

给按钮添加样式

标题使用了一些我们熟知的字体属性。text-align 将文字放到右侧，text-transform 让文字全大写。注意，在 HTML 里面并没有全大写。当大写仅仅是一种样式时，正常的做法是在 HTML 中按标准的语法规则书写，再用 CSS 实现大写。这样将来不用重新输入 HTML 中的文字就可以改变大小写格式。

第二组规则给输入框加上了样式。这里的选择器比较特殊，主要是因为<input>元素很特殊。<input>元素可以是文本和密码输入框以及很多类似的 HTML5 输入框，比如数字、邮箱、日期输入框。它还可以是看起来完全不一样的输入元素，即单选按钮和复选框。

这里结合了:not()伪类和属性选择器[type=checkbox]以及[type=radio]（参见附录 A），可以选中除了复选框和单选按钮以外的所有<input>元素。这是一个黑名单方式：把不想选中的元素排除掉。你也可以采用白名单方式：使用多个属性选择器将想要选中的所有<input>类型都列出来，但这样一来代码就很长了。

> **说明**　虽然该网页的表单只使用了文本和密码输入框，但是我们需要考虑到这段 CSS 在未来可能影响的其他标记，并尽量照顾到那些标记。

在这组规则里，给输入框设置了 display: block，让它们单独占据一行，还要将其宽度设置为 100%。通常情况下，块级元素会自动填满可用宽度，但是<input>比较特殊，其宽度由 size 属性决定，而它表示不出滚动条的情况下大致能容纳的字符数量。如果不指定的话，该属性就会恢复为默认值。可以用 CSS 的 width 属性强制指定宽度。

第三组规则设置了 Login 按钮的样式。这些样式大多数很简单，只有 cursor 属性相对比较陌生，它控制鼠标指针移到元素上时显示的样式。它的值为 pointer 时，鼠标指针会变成带一个指示手指的手型，鼠标悬停到链接元素的默认鼠标指针就是这个形状。这种形状告诉用户元素是可以点击的。这个细节能够让按钮更完美。

5.4 对齐、间距等细节

现在你已牢牢掌握了 Flexbox 最核心的属性，不过前面提到过，还有很多选项可以偶尔派上用场。这些选项大多数跟弹性容器内弹性子元素的对齐或者间距相关。还有一些选项可以设置换行、重新给子元素单独排序。这些控制属性都列在了接下来的几页里：表 5-1 列出了弹性容器的所有属性，表 5-2 列出了弹性子元素的所有属性。

通常情况下，创建一个弹性盒子需要用到前面提及的这些方法。

- 选择一个容器及其子元素，给容器设置 `display: flex`
- 如有必要，给容器设置 `flex-direction`
- 给弹性子元素设置外边距和/或 `flex` 值，用来控制它们的大小

将元素大致摆放到合适的位置后，就可以按需添加其他的 Flexbox 属性了。我建议先熟悉到目前为止介绍的概念，然后继续读完本章剩下的内容，了解其他属性，等用得着的时候再记住这些属性。当你发现自己需要用到这些属性时，再回头参考这一节。虽然剩下的大部分属性相当简单，但是使用频率不高。

5

5.4.1 理解弹性容器的属性

弹性容器上有好几个属性可以控制弹性子元素的布局。首先是 5.3 节介绍过的 `flex-direction`，下面来看看其他属性。

表 5-1 弹性容器的属性

属　性	值（加粗的为初始值）

`flex-direction`
指定了主轴方向，副轴垂直于主轴
	`row`
	`row-reverse`
	`column`
	`column-reverse` 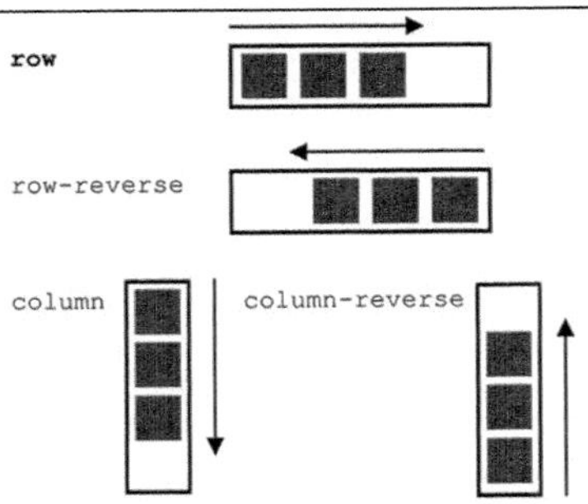

`flex-wrap` 指定了弹性子元素是否会在弹性容器内折行显示（如果 `flex-direction` 为 `column` 或 `colimn-reverse`时，则折“列”显示）	**`nowrap`** `wrap` `wrap-reverse` 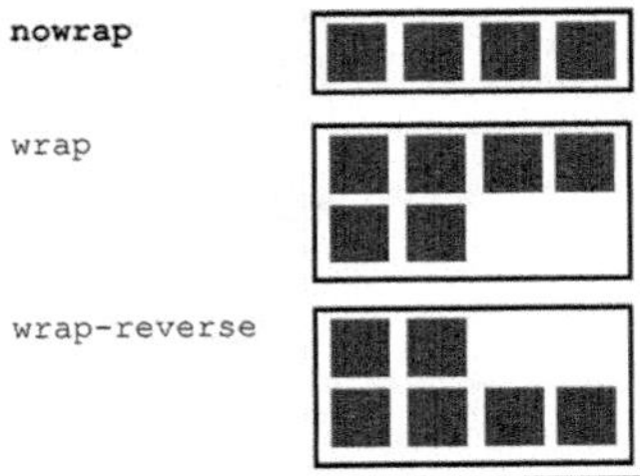

（续）

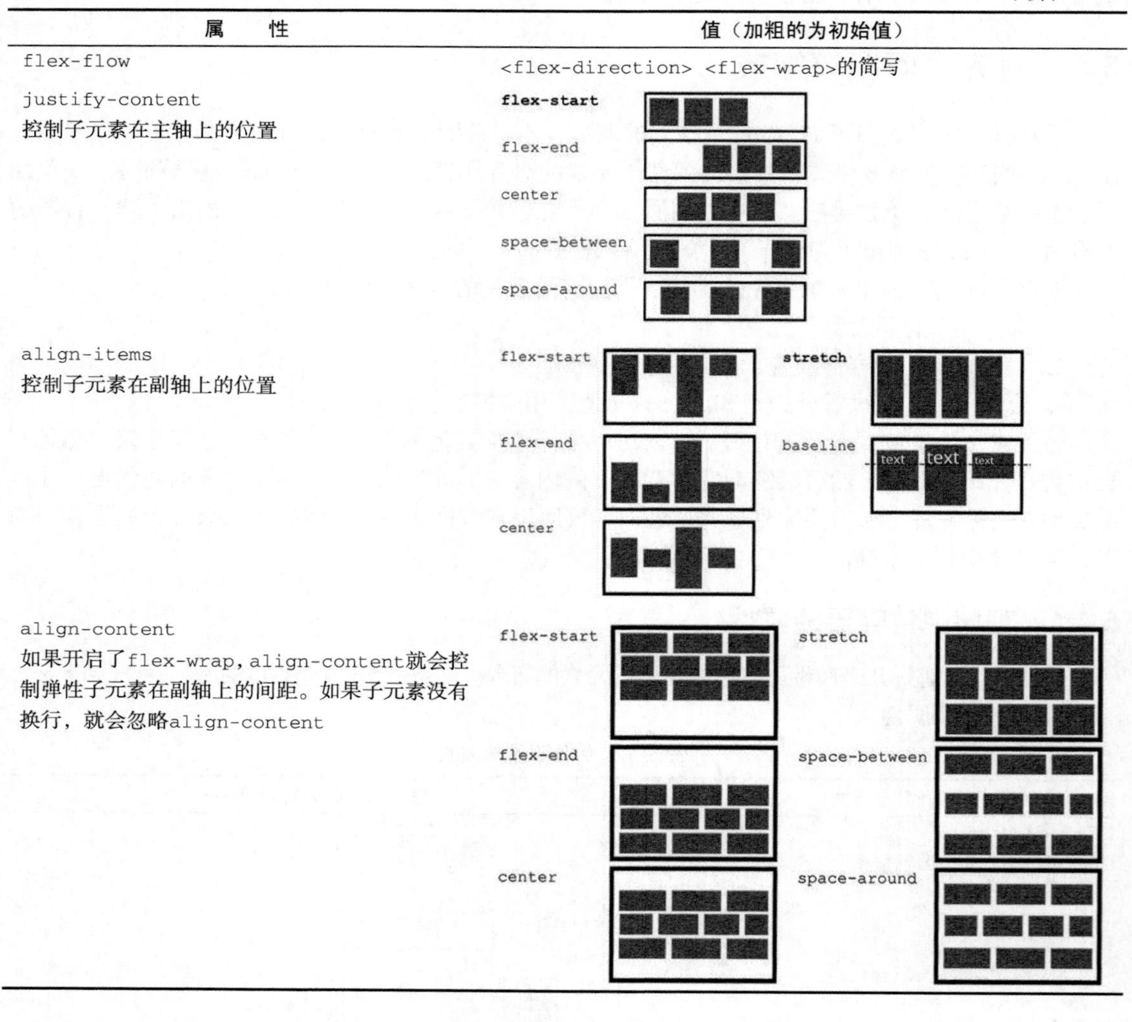

属　性	值（加粗的为初始值）
flex-flow	<flex-direction> <flex-wrap>的简写
justify-content 控制子元素在主轴上的位置	**flex-start** flex-end center space-between space-around
align-items 控制子元素在副轴上的位置	flex-start **stretch** flex-end baseline center
align-content 如果开启了flex-wrap，align-content就会控制弹性子元素在副轴上的间距。如果子元素没有换行，就会忽略align-content	flex-start stretch flex-end space-between center space-around

表 5-2　弹性子元素的属性

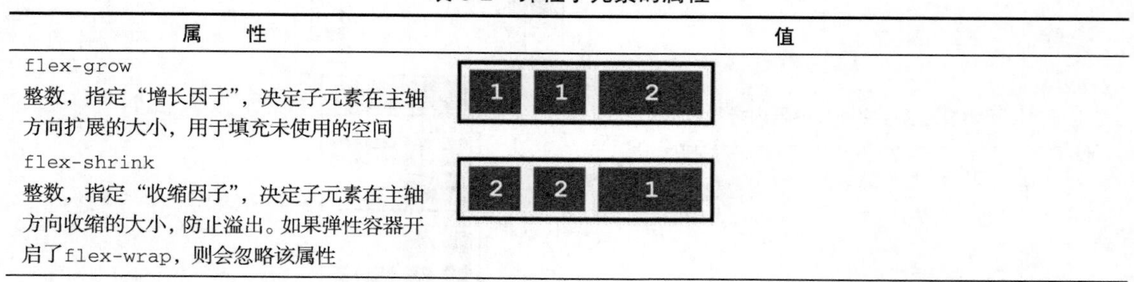

属　性	值
flex-grow 整数，指定“增长因子”，决定子元素在主轴方向扩展的大小，用于填充未使用的空间	1　1　2
flex-shrink 整数，指定“收缩因子”，决定子元素在主轴方向收缩的大小，防止溢出。如果弹性容器开启了flex-wrap，则会忽略该属性	2　2　1

（续）

属　性	值
flex-basis 指定子元素未受flex-grow或flex-shrink影响时的初始大小	<length>或<percent>
flex	<flex-grow> <flex-shrink> <flex-basis>的简写
align-self 控制单独的子元素在副轴上的对齐方式。它会覆盖容器上的align-items值。如果子元素副轴方向上的外边距为auto，则会忽略该属性	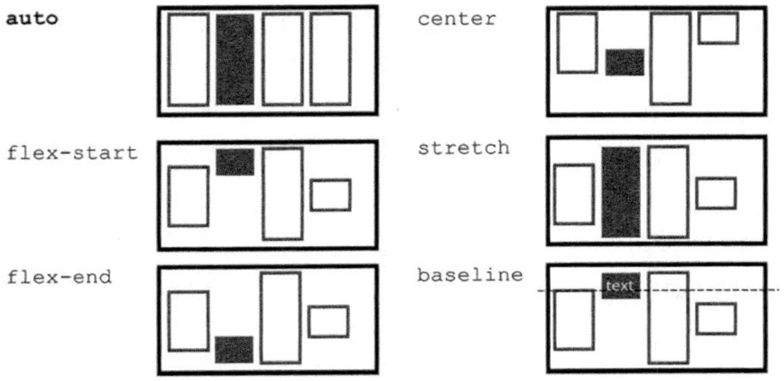 **auto**　center flex-start　stretch flex-end　baseline（text）
Order 整数，将弹性子元素从兄弟节点中移动到指定位置，覆盖源码顺序	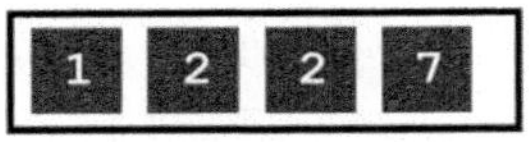 1　2　2　7

1. `flex-wrap` 属性

flex-wrap 属性允许弹性子元素换到新的一行或多行显示。它可以设置为 nowrap（初始值）、wrap 或者 wrap-reverse。启用换行后，子元素不再根据 flex-shrink 值收缩，任何超过弹性容器的子元素都会换行显示。

如果弹性方向是 column 或 column-reverse，那么 flex-wrap 会允许弹性子元素换到新的一列显示，不过这只在限制了容器高度的情况下才会发生，否则容器会扩展高度以包含全部弹性子元素。

2. `flex-flow` 属性

flex-flow 属性是 flex-direction 和 flex-wrap 的简写。例如，flex-frow: column wrap 指定弹性子元素按照从上到下的方式排列，必要时换到新的一列。

3. `justify-content` 属性

当子元素未填满容器时，justify-content 属性控制子元素沿主轴方向的间距。它的值包括几个关键字：flex-start、flex-end、center、space-between 以及 space-around。默认值 flex-start 让子元素从主轴的开始位置顺序排列，比如主轴方向为从左到右的话，开始位置就是左边。如果不设置外边距，那么子元素之间不会产生间距。如果值为 flex-end，子元素就从主轴的结束位置开始排列，center 的话则让子元素居中。

值 space-between 将第一个弹性子元素放在主轴开始的地方，最后一个子元素放在主轴结束的地方，剩下的子元素间隔均匀地放在这两者之间的区域。值 space-around 类似，只不过给第一个子元素的前面和最后一个子元素的后面也加上了相同的间距。

间距是在元素的外边距之后进行计算的，而且 `flex-grow` 的值要考虑进来。也就是说，如果任意子元素的 `flex-grow` 的值不为 0，或者任意子元素在主轴方向的外边距值为 `auto`，`justify-content` 就失效了。

4. `align-items` 属性

`justify-content` 控制子元素在主轴方向的对齐方式，`align-items` 则控制子元素在副轴方向的对齐方式。`align-items` 的初始值为 `stretch`，在水平排列的情况下让所有子元素填充容器的高度，在垂直排列的情况下让子元素填充容器的宽度，因此它能实现等高列。

其他的值让弹性子元素可以保留自身的大小，而不是填充容器的大小。（类似的概念有 `vertical-align` 属性。）

- `flex-start` 和 `flex-end` 让子元素与副轴的开始或结束位置对齐。（如果是水平布局的话，则与容器的顶部或者底部分别对齐。）
- `center` 让元素居中。
- `baseline` 让元素根据每个弹性子元素的第一行文字的基线对齐。

当你想要一个弹性子元素里大字号标题的基线与其他弹性子元素里较小文字的基线对齐时，`baseline` 就能派上用场。

提示 `justify-content` 和 `align-items` 属性的名称很容易弄混。我是参考文字样式来记的：我们可以“调整”（justify）文字，让其在水平方向的两端之间均匀分布；而 `align-items` 更像 `vertical-align`，让行内元素在垂直方向“对齐”（align）。

5. `align-content` 属性

如果开启了换行（用 `flex-wrap`），`align-content` 属性就可以控制弹性容器内沿副轴方向每行之间的间距。它支持的值有 `flex-start`、`flex-end`、`center`、`stretch`（初始值）、`space-between` 以及 `space-around`。这些值对间距的处理类似上面的 `justify-content`。

5.4.2 理解弹性子元素的属性

前面已经介绍了弹性子元素的 `flex-grow`、`flex-shrink`、`flex-basis` 以及它们的简写属性 `flex`（参见 5.2 节）。接下来再介绍两个弹性子元素的属性：`align-self` 和 `order`。

1. `align-self` 属性

该属性控制弹性子元素沿着容器副轴方向的对齐方式。它跟弹性容器的 `align-items` 属性效果相同，但是它能单独给弹性子元素设定不同的对齐方式。`auto` 为初始值，会以容器的 `align-items` 值为准。其他值会覆盖容器的设置。`align-self` 属性支持的关键字与 `align-items` 一样：`flex-start`、`flex-end`、`center`、`stretch` 以及 `baseline`。

2. order 属性

正常情况下，弹性子元素按照在 HTML 源码中出现的顺序排列。它们沿着主轴方向，从主轴的起点开始排列。使用 order 属性能改变子元素排列的顺序。还可以将其指定为任意正负整数。如果多个弹性子元素有一样的值，它们就会按照源码顺序出现。

初始状态下，所有的弹性子元素的 order 都为 0。指定一个元素的值为-1，它会移动到列表的最前面；指定为 1，则会移动到最后。可以按照需要给每个子元素指定 order 以便重新编排它们。这些值不一定要连续。

警告 谨慎使用 order。让屏幕上的视觉布局顺序和源码顺序差别太大会影响网站的可访问性。在大多数浏览器里使用 Tab 键浏览元素的顺序与源码保持一致，如果视觉上差别太大就会令人困惑。视力受损的用户使用的大部分屏幕阅读器也是根据源码的顺序来的。

5

5.4.3 使用对齐属性

我们使用以上介绍的一些属性来完成本章的网页。最后一个板块有一个带样式的价格和一个行动召唤（call-to-action，CTA）按钮。完成后的效果如图 5-18 所示。

图 5-18 使用 Flexbox 实现的文字样式

这一块的 HTML 标记已在网页里写好了，如下所示。

```
<div class="tile centered">
  <small>Starting at</small>
  <div class="cost">
    <span class="cost-currency">$</span>
    <span class="cost-dollars">20</span>
    <span class="cost-cents">.00</span>
  </div>
  <a class="cta-button" href="/pricing">
    Sign up
  </a>
</div>
```

文字$20.00 包在<div class="cost">中，该元素将作为弹性容器。它有三个弹性子元素，放置三个需要对齐的文字部分（$、20、.00）。这里用 span 而不是 div 来放置文字，因为 span 默认就是行内元素。如果因为某些原因 CSS 加载失败，或者浏览器不支持 Flexbox，那么$20.00 仍然会在一行显示。

下面的代码清单里，使用 `justify-content` 让弹性子元素在弹性容器里水平居中，然后用 `align-items` 和 `align-self` 控制文字的垂直对齐。将代码清单 5-11 添加到样式表。

代码清单 5-11　给价格板块设置样式

```
.centered {
  text-align: center;
}

.cost {
  display: flex;
  justify-content: center;     让弹性子元素在主轴和
  align-items: center;         副轴方向上均居中
  line-height: .7;
}

.cost > span {                 覆盖猫头鹰选择器设置
  margin-top: 0;          <—   的外边距
}

.cost-currency {
  font-size: 2rem;        <—
}
.cost-dollars {                给价格的各个部分设置
  font-size: 4rem;        <—   不同的字号
}
.cost-cents {
  font-size: 1.5rem;      <—
  align-self: flex-start;   <—
}
                               覆盖这个子元素的 align-items，
.cta-button {                  将其与容器顶部而不是中间对齐
  display: block;
  background-color: #cc6b5a;
  color: white;
  padding: .5em 1em;
  text-decoration: none;
}
```

以上代码清单给带样式的$20.00 设置了 Flexbox 布局，同时定义了 `centered` 类让剩下的文字居中，还给 CTA 按钮定义了 `cta-button` 类实现按钮样式。

代码清单里有一个比较特殊的声明：`line-height: .7`，这是因为每个弹性子元素的文字行高决定了每个子元素的高度，也就是说元素的高度比文字本身的高度多一些。因为 1em 的高度包含了下伸部，而这里的文字刚好没有，所以字符实际上比 1em 要矮。我反复试验，直到 20 的顶部和.00 在视觉上对齐，才得到这个值。想要了解更多文本相关的内容，参见第 13 章。

5.5　值得注意的地方

Flexbox 的实现是 CSS 的一大进步。一旦你熟悉了它，你可能想要在页面的每个地方都开始使用，不过你应该依靠正常的文档流，只在必要的时候才使用 Flexbox。这么说并不是让你不用它，而是希望你不要拿着锤子满世界找钉子。

5.5.1 Flexbugs

并不是所有浏览器都完美地实现了 Flexbox，尤其是 IE10 和 IE11。Flexbox 在大多数情况下可以正常工作，但是可能会在一些环境下遇到 bug。一定要确保在你想要支持的旧版浏览器上充分测试它。

与其花费时间讨论你可能或者永远不会遇到的 bug，我更愿意推荐一个特别棒的资源，叫 Flexbugs。它的 GitHub 页面维护了所有已知的 Flexbox 的浏览器 bug（本书写作时总共有 14 个），解释了哪些环境下会导致这些 bug，并大部分情况下给出了解决方案。如果你发现在某个浏览器下 Flexbox 布局表现得不太一样，请访问这个页面看看是不是遇到了其中的浏览器 bug。

5.5.2 整页布局

Flexbox 的一个有趣之处在于如何基于弹性子元素的数量和其中的内容量（及大小）来计算容器的大小。因为如果网页很大，或者加载很慢时可能会产生奇怪的行为。

当浏览器加载内容时，它渐进渲染到了屏幕，即使此时网页的剩余内容还在加载。假设有一个使用弹性盒子（`flex-direction: row`）实现的三列布局。如果其中两列的内容加载了，浏览器可能会在加载完第三列之前就渲染这两列。然后等到剩余内容加载完，浏览器会重新计算每个弹性子元素的大小，重新渲染网页。用户会短暂地看到两列布局，然后列的大小改变（可能改变特别大），并出现第三列。

Jake Archibald 是 Google Chrome 的技术推广工程师，他写过一篇文章 *Don't use flexbox for overall page layout* 讨论这个问题 。你可以在这篇文章里看到前面所说的情况。他给出的一个建议是对整页布局的时候使用网格布局（第 6 章会介绍）

说明 只有一行多列的布局才会产生这个问题。如果主页面布局采用的是一列多行（`flex-direction: column`），就不会出现以上问题。

5.6 总结

- 使用 Flexbox 实现灵活易操作的网页内容布局。
- Autoprefixer 可以简化 Flexbox 对旧版浏览器的支持。
- 使用 `flex` 指定任何能想到的弹性子元素大小的组合。
- 使用嵌套的弹性盒子来组成复杂的布局，以及填满自适应大小的盒子的高度。
- Flexbox 自动地创建等高的列。
- 使用 `align-items` 和 `align-self` 让一个弹性子元素在弹性容器中垂直居中。

第6章

网格布局

本章概要

- ❑ 使用CSS首个真正的布局系统——网格
- ❑ 理解网格布局的选项
- ❑ 在网格内布局子元素
- ❑ 结合Flexbox和网格构建连贯的网页布局

Flexbox彻底改变了网页布局方式，但这只是开始。它还有一个大哥：另一个称作网格布局模块（Grid Layout Module）的新规范。这两个规范提供了一种前所未有的全功能布局引擎。

本章将介绍目前应该如何开始学习网格布局。本章首先会概括介绍网格布局的工作原理，然后会用几个例子展示网格布局的各种能力。它既可以实现基础布局，也提供了强大的功能用于实现复杂布局，但是后者需要掌握额外的新属性和关键字。本章将从简到繁逐一介绍。

CSS网格可以定义由行和列组成的二维布局，然后将元素放置到网格中。有些元素可能只占据网格的一个单元，另一些元素则可能占据多行或多列。网格的大小既可以精确定义，也可以根据自身内容自动计算。你既可以将元素精确地放置到网格某个位置，也可以让其在网格内自动定位，填充划分好的区域。使用网格能构建出如图6-1所示的复杂布局。

图6-1　基础网格布局中的盒子

6.1　网页布局开启新纪元

网格布局的诞生不像其他CSS特性，比如Flexbox。浏览器实现Flexbox的早期版本时，加浏览器前缀就能使用。浏览器前缀的本意是为了让开发人员对某项技术进行试验，并不是直接用于生产环境，然而实际情况并非如此。

Flexbox 规范发展了好几年才达到稳定状态。与此同时，开发人员对这个新特性感到非常兴奋，很早就以前缀方式使用起来。随着规范的演变，浏览器更新了实现方式。开发人员也必须相应地更新自己的代码，但是还要将以前的代码保留以支持旧版的浏览器。这导致 Flexbox 问世的经历十分坎坷。

为了防止历史重演，浏览器厂商采用了全新的方式处理网格布局。它们不再用浏览器前缀方式，用户必须明确地开启这项特性才能使用。开发人员可以对网格布局进行试验，研究它的工作方式，也可以提交 bug。在普通用户看来，浏览器对网格布局的支持程度为 0，但实际上，浏览器几乎完全实现了网格布局。

主流浏览器摒弃了过去那种漫长的开发迭代方式，几乎一夜间推出了功能齐全的、成熟的网格布局。2017 年 3 月，各大厂商启用了网格布局特性。3 周的时间内，Firefox、Chrome、Opera 以及 Safari 全都发布了新版本，启用网格布局。2017 年 6 月，微软的 Edge 紧跟步伐。短短 3 个月，浏览器支持的用户量从 0%一跃到近 70%。这在 CSS 世界里可谓史无前例。

网格规范的 Level1 版本已经稳定，所有现代浏览器都遵守该规范。这意味着现在网格布局已具备在生产环境使用的条件，我们只需要稍微做一些工作以便合理回退。本章最后会谈到这个话题。

说明 微软实现网格布局的早期版本时使用了浏览器前缀，也就是 IE10 和 IE11 使用 `-ms-` 前缀支持了部分网格布局特性。为了支持这些浏览器，建议使用第 5 章提及的 Autoprefixer（参见第 5 章附加栏“浏览器前缀”）。

开启试验特性

在浏览器默认支持网格布局之前，开发人员可以开启这项特性。虽然现在网格布局已经默认支持，但还是需要知道如何访问其他试验特性，以便将来学习它们。

在 Chrome 和 Opera 浏览器中，可以在浏览器设置里打开相应的开关来访问试验特性。在 Chrome 中，在地址栏输入 chrome://flags，按下 Enter 键。在 Opera 浏览器中，把网址换成 opera://flags。然后滚动到“Experimental Web Platform features”（或者使用浏览器的搜索功能），然后点击开启（Enabled）。

在 Firefox 中，需要下载和安装 Firefox Developer Edition 或者 Firefox Nightly。在 Safari 中，需要安装 Safari Technology Preview 或者 Webkit Nightly Builds 版。

构建基础网格

现在，我们先创建一个简单的网格布局，以确认浏览器支持该特性。你需要将六个盒子放在三列中，如图 6-2 所示。相应的标记如代码清单 6-1 所示。

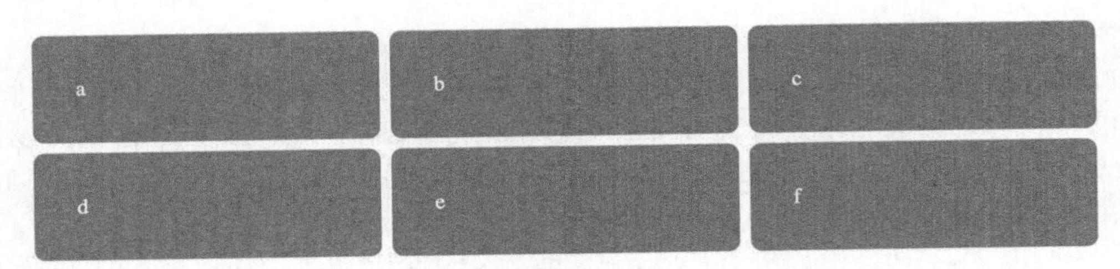

图 6-2　由三列两行构成的简单网格

创建一个新网页，给它外链一个新的样式表。将代码清单 6-1 复制到网页中。在下面的代码里，我给子元素加上了从 a 到 f 的字母，这样能清楚地看到网格里面每个元素的位置。

代码清单 6-1　包含六个元素的网格

```
<div class="grid">                          ← 网格容器
  <div class="a">a</div>
  <div class="b">b</div>
  <div class="c">c</div>                    容器内的子元素成
  <div class="d">d</div>                    为了网格元素
  <div class="e">e</div>
  <div class="f">f</div>
</div>
```

跟 Flexbox 类似，网格布局也是作用于两级的 DOM 结构。设置为 `display: grid` 的元素成为一个**网格容器**（grid container）。它的子元素则变成**网格元素**（grid items）。

接下来，要用一些新的属性来定义网格的细节。将代码清单 6-2 中的样式添加到样式表。

代码清单 6-2　基础网格布局

```
.grid {
  display: grid;                            ← 将元素设为网格容器
  grid-template-columns: 1fr 1fr 1fr;       ← 定义等宽的三列
  grid-template-rows: 1fr 1fr;              ← 定义等高的两行
  grid-gap: 0.5em;                          ← 给每个网格的单元格之间加上间隔
}

.grid > * {
  background-color: darkgray;
  color: white;
  padding: 2em;
  border-radius: 0.5em;
}
```

在支持网格布局的浏览器中，这段代码会渲染三列，共六个大小相等的盒子（如图 6-2 所示）。这里发生了一些新的布局行为。下面将详细介绍。

首先，使用 `display: grid` 定义一个网格容器。容器会表现得像一个块级元素，100%填充可用宽度。也可以使用 `inline-grid`（尽管这段代码没写），这样元素就会在行内流动，且宽度只能够包含子元素，不过 `inline-grid` 的使用频率不高。

接下来是新属性：`grid-template-columns` 和 `grid-template-rows`。这两个属性定义了网格每行每列的大小。本例使用了一种新单位 `fr`，代表每一列（或每一行）的**分数单位**（fraction unit）。这个单位跟 Flexbox 中 `flex-grow` 因子的表现一样。`grid-template-columns: 1fr 1fr 1fr` 表示三列等宽。

不一定非得用分数单位，可以使用其他的单位，比如 px、em 或百分数。也可以混搭这几种单位，例如，`grid-template-columns: 300px 1fr` 定义了一个固定宽度为 300px 的列，后面跟着一个会填满剩余可用空间的列。2fr 的列宽是 1fr 的两倍。

最后，`grid-gap` 属性定义了每个网格单元之间的间距。也可以用两个值分别指定垂直和水平方向的间距（比如 `grid-gap: 0.5em 1em`）。

可以试试改一下这些值，看会对最终布局产生什么影响。试试添加新的列或者改变宽度，添加或删除网格元素。在本章的其他布局里也要继续这样试验，这是掌握新东西最好的方法。

6.2 网格剖析

理解网格的各个部分很重要。前面已经提及网格容器和网格元素，这些是网格布局的基本元素。另外四个重要的概念如图 6-3 所示。

- **网格线**（grid line）——网格线构成了网格的框架。一条网格线可以水平或垂直，并且位于一行或一列的任意一侧。如果指定了 `grid-gap` 的话，它就位于网格线上。
- **网格轨道**（grid track）——一个网格轨道是两条相邻网格线之间的空间。网格有水平轨道（行）和垂直轨道（列）。
- **网格单元**（grid cell）——网格上的单个空间，水平和垂直的网格轨道交叉重叠的部分。
- **网格区域**（grid area）——网格上的矩形区域，由一个到多个网格单元组成。该区域位于两条垂直网格线和两条水平网格线之间。

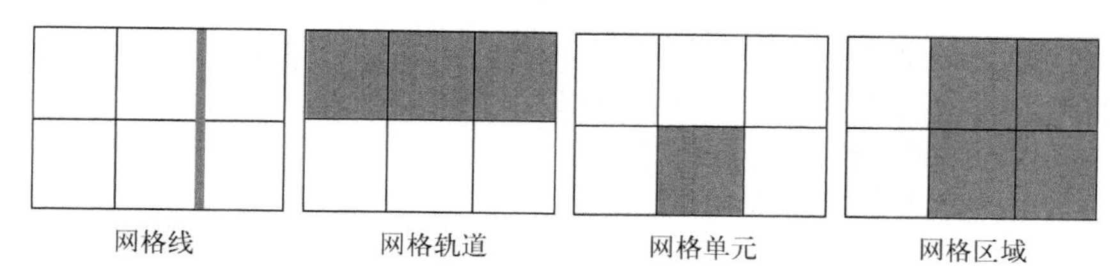

图 6-3 网格的组成部分

构建网格布局时会涉及这些组成部分。比如声明 `grid-template-columns: 1fr 1fr 1fr` 就会定义三个等宽且垂直的**网格轨道**，同时还定义了四条垂直的**网格线**：一条在网格最左边，两条在每个网格轨道之间，还有一条在最右边。

第 5 章用 Flexbox 构建了一个网页。现在请回头看看当时的设计，考虑如何用网格来实现。设计如图 6-4 所示，虚线标出了每个网格单元的位置。注意，某些部分跨越了好几个网格单元，也就是填充了更大的**网格区域**。

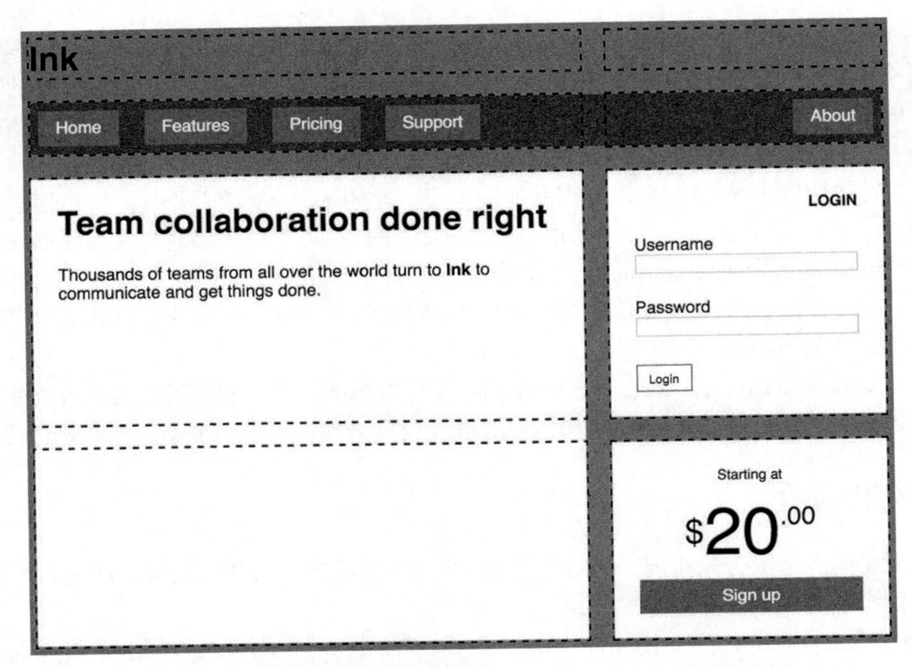

图 6-4　用网格创建的网页布局。虚线标出了每个网格单元的位置

这个网格有两列和四行。前两个水平网格轨道分别是网页标题（Ink）和主导航菜单。主区域填满了第一个垂直轨道剩下的两个网格单元，两个侧边栏的板块分别放在第二个垂直轨道剩下的两个网格单元里。

说明　设计不必填满每个网格单元。在想留白的地方让网格单元为空即可。

有一点值得注意的是，使用网格并不会让 Flexbox 失去用武之地。在这个网页的布局里面 Flexbox 仍然是重要部分。我会把应当使用 Flexbox 的地方指出来。

使用 Flexbox 布局时，需要按照一定方式嵌套元素。第 5 章用 Flexbox 定义了列，然后将另一个 Flexbox 嵌套在里面定义行（参见代码清单 5-1）。用网格实现同样的布局需要改一下 HTML 结构：将嵌套的 HTML 拉平。放在网格里的每个元素都必须是主要网格容器的子元素。新的标记如代码清单 6-3 所示，按该代码清单所示创建一个新的网页（或者修改第 5 章里的代码）。

代码清单 6-3　一个网格布局的 HTML 结构

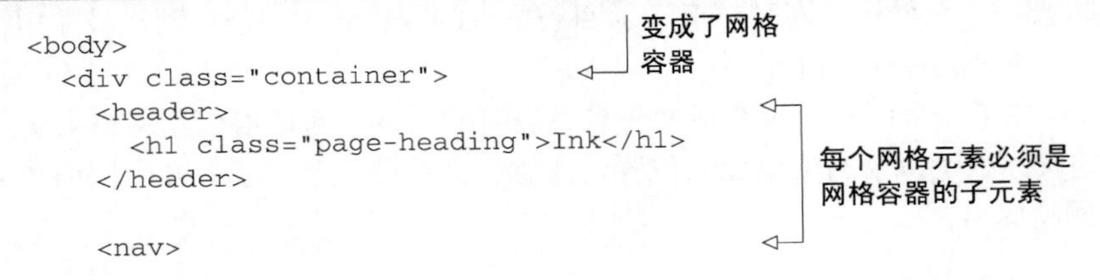

```
<body>
  <div class="container">
    <header>
      <h1 class="page-heading">Ink</h1>
    </header>

    <nav>
```

```
        <ul class="site-nav">
          <li><a href="/">Home</a></li>
          <li><a href="/features">Features</a></li>
          <li><a href="/pricing">Pricing</a></li>
          <li><a href="/support">Support</a></li>
          <li class="nav-right">
            <a href="/about">About</a>
          </li>
        </ul>
      </nav>

      <main class="main tile">                                  ◁┐
        <h1>Team collaboration done right</h1>                   │
        <p>Thousands of teams from all over the                  │
          world turn to <b>Ink</b> to communicate                │
          and get things done.</p>                               │
      </main>                                                    │
                                                                 │
      <div class="sidebar-top tile">                            ◁┤
        <form class="login-form">                                │
          <h3>Login</h3>                                         │
          <p>                                                    │ 每个网格元素必须是
            <label for="username">Username</label>               │ 网格容器的子元素
            <input id="username" type="text"                     │
              name="username"/>                                  │
          </p>                                                   │
          <p>                                                    │
            <label for="password">Password</label>               │
            <input id="password" type="password"                 │
              name="password"/>                                  │
          </p>                                                   │
          <button type="submit">Login</button>                   │
        </form>                                                  │
      </div>                                                     │
                                                                 │
      <div class="sidebar-bottom tile centered">                ◁┘
        <small>Starting at</small>
        <div class="cost">
          <span class="cost-currency">$</span>
          <span class="cost-dollars">20</span>
          <span class="cost-cents">.00</span>
        </div>
        <a class="cta-button" href="/pricing">
          Sign up
        </a>
      </div>
    </div>
  </body>
```

这个版本的 HTML 将网页的所有部分都变成了网格元素：头部、菜单（nav）、主区域，还有两个侧边栏。主区域和两个侧边栏都加上了类 tile，用来指定元素共有的白色背景和内边距。

接下来给网页加上网格布局，并将每个部分放到相应的位置。我们暂时将从第 5 章的代码里引入很多样式，不过可以先看一下加上网格后网页大致的形状。（我发现从外到内构建网页更简单。）构建完基础网格，网页会如图 6-5 所示。

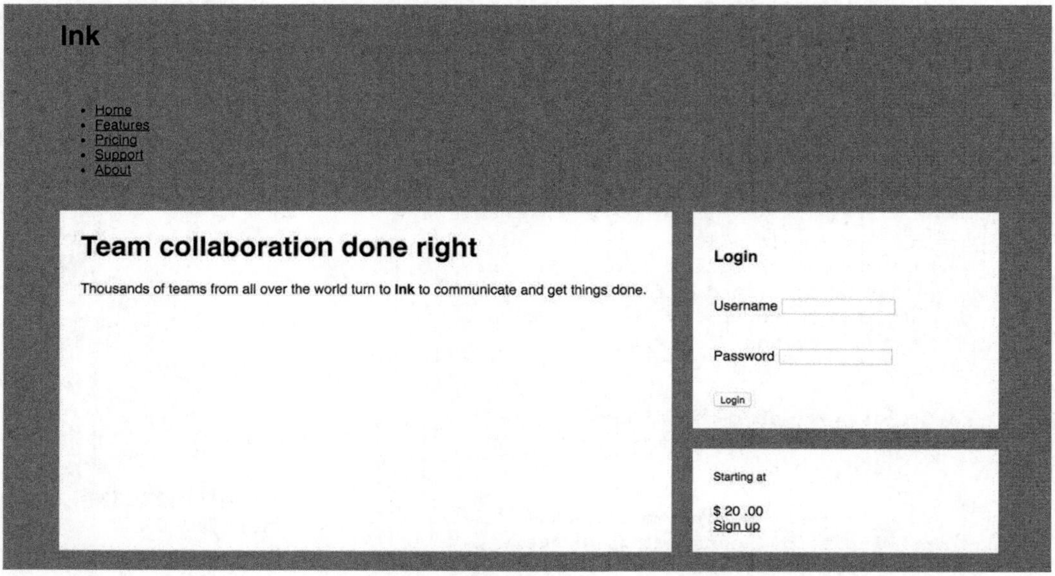

图 6-5　用基础网格构建出来的网页

创建一个空的样式表，在网页里外链该样式表，并添加代码清单 6-4。这段代码引入了几个新概念，我稍后会逐一介绍。

代码清单 6-4　使用网格添加最外层的网页布局

```
:root {
  box-sizing: border-box;
}

*,
::before,
::after {
  box-sizing: inherit;
}

body {
  background-color: #709b90;
  font-family: Helvetica, Arial, sans-serif;
}

.container {
  display: grid;
  grid-template-columns: 2fr 1fr;
  grid-template-rows: repeat(4, auto);
  grid-gap: 1.5em;
  max-width: 1080px;
```

定义两个垂直的网格轨道

定义四个水平轨道，大小为 auto

```
    margin: 0 auto;
  }

  header,
  nav {
    grid-column: 1 / 3;       从1号垂直网格线跨越到3号垂直网格线
    grid-row: span 1;         刚好占据一条水平网格轨道
  }

  .main {
    grid-column: 1 / 2;
    grid-row: 3 / 5;
  }

  .sidebar-top {
    grid-column: 2 / 3;       将其他网格元素定位到不同的网格线之间
    grid-row: 3 / 4;
  }

  .sidebar-bottom {
    grid-column: 2 / 3;
    grid-row: 4 / 5;
  }

  .tile {
    padding: 1.5em;
    background-color: #fff;
  }

  .tile > :first-child {
    margin-top: 0;
  }

  .tile * + * {
    margin-top: 1.5em;
  }
```

这段代码引入了很多新概念。下面将逐一介绍。

代码首先设置了网格容器，并用 `grid-template-columns` 和 `grid-template-rows` 定义了网格轨道。因为列的分数单位分别是 2fr 和 1fr，所以第一列的宽度是第二列的两倍。定义行的时候用到了一个新方法：`repeat()`函数。它在声明多个网格轨道的时候提供了简写方式。

`grid-template-rows: repeat(4, auto);`定义了四个水平网格轨道，高度为 `auto`，这等价于 `grid-template-rows: auto auto auto auto`。轨道大小设置为 `auto`，轨道会根据自身内容扩展。

用 `repeat()`符号还可以定义不同的重复模式，比如 `repeat(3, 2fr 1fr)`会重复三遍这个模式，从而定义六个网格轨道，重复的结果是 `2fr 1fr 2fr 1fr 2fr 1fr`。图 6-6 展示了最终结果。

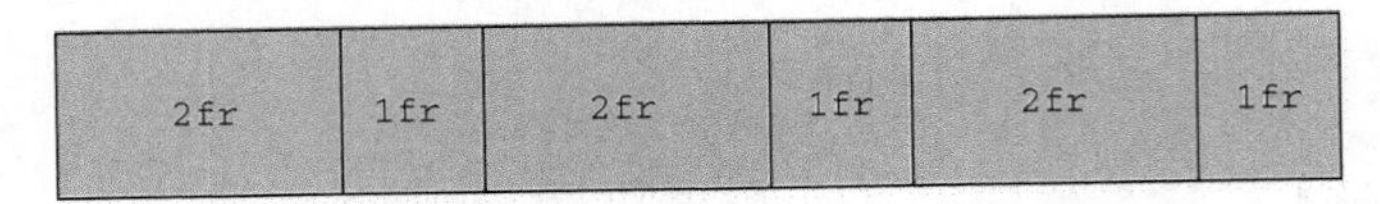

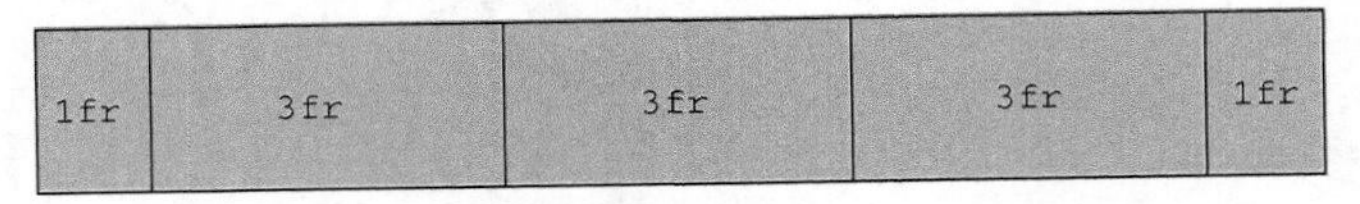

图 6-6　在模板定义里使用 `repeat()`方法定义重复模式

还可以将 `repeat()`作为一个更长的模式的一部分。比如 `grid-template-columns: 1fr repeat(3, 3fr) 1fr` 定义了一个 1fr 的列，接着是三个 3fr 的列，最后还有一个 1fr 的列（可以用 `1fr 3fr 3fr 3fr 1fr` 表示）。可以看出来因为展开的写法无法一目了然，所以才产生了 `repeat()`这种简写方式。

6.2.1　网格线的编号

网格轨道定义好之后，要将每个网格元素放到特定的位置上。浏览器给网格里的每个网格线都赋予了编号，如图 6-7 所示。CSS 用这些编号指出每个元素应该摆放的位置。

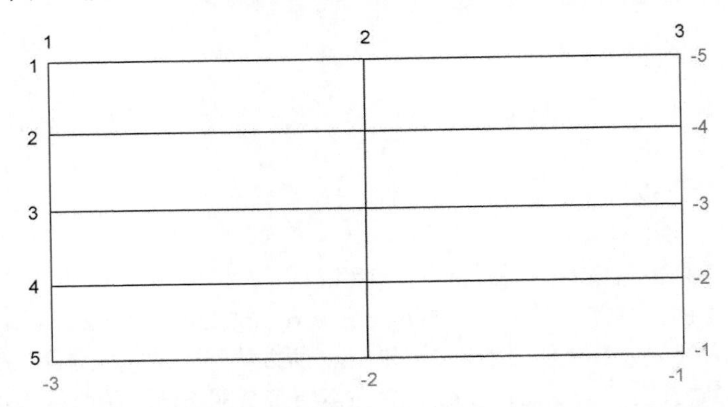

图 6-7　网格线编号从左上角为 1 开始递增，负数则指向从右下角开始的位置

可以在 `grid-column` 和 `grid-row` 属性中用网格线的编号指定网格元素的位置。如果想要一个网格元素在垂直方向上跨越 1 号网格线到 3 号网格线，就需要给元素设置 `grid-column: 1 / 3`。或者设置 `grid-row: 3 / 5` 让元素在水平方向上跨越 3 号网格线到 5 号网格线。这两个属性一起就能指定一个元素应该放置的网格区域。

在本章的网页里，这些网格元素是按以下代码片段定位的。

```
.main {
  grid-column: 1 / 2;
  grid-row: 3 / 5;
}

.sidebar-top {
  grid-column: 2 / 3;
  grid-row: 3 / 4;
}

.sidebar-bottom {
  grid-column: 2 / 3;
  grid-row: 4 / 5;
}
```

这段代码将 main 元素放在第一列（1 号到 2 号网格线之间），跨越第三行到第四行（3 号到 5 号网格线）的位置。侧边栏的两个板块放在右列（2 号到 3 号网格线之间），并且在第三行和第四行上下排列。

6

说明 这些属性实际上是简写属性：grid-column 是 grid-column-start 和 grid-column-end 的简写；grid-row 是 grid-row-start 和 grid-row-end 的简写。中间的斜线只在简写属性里用于区分两个值，斜线前后的空格不作要求。

定位 header 和 nav 的规则集稍有变化。以下代码片段用相同的规则集同时布局这两者。

```
header,
nav {
  grid-column: 1 / 3;
  grid-row: span 1;
}
```

代码里使用之前介绍的 grid-column 写法，让网格元素占满网格的宽度。其实还可以用一个特别的关键字 span 来指定 grid-row 和 grid-column 的值（这里用在了 grid-row 上）。这个关键字告诉浏览器元素需要占据一个网格轨道。因为这里没有指出具体是哪一行，所以会根据网格元素的**布局算法**（placement algorithm）自动将其放到合适的位置。布局算法会将元素放在网格上可以容纳该元素的第一处可用空间，本例中是第一行和第二行。本章稍后会详细解释该算法。

6.2.2 与 Flexbox 配合

学了网格之后，开发人员经常会问到 Flexbox，特别是会问这两种布局方式是否互斥。当然不会，它们是互补的。二者几乎是一起开发出来的，虽然它们的功能有一些重叠的地方，但是它们各自擅长的场景不一样。在一个设计场景里，要根据特定的需求来做出选择。这两种布局方式有以下两个重要区别。

- ❑ Flexbox 本质上是一维的，而网格是二维的。

❑ Flexbox 是以内容为切入点由内向外工作的，而网格是以布局为切入点从外向内工作的。

因为 Flexbox 是一维的，所以它很适合用在相似的元素组成的行（或列）上。它支持用 `flex-wrap` 换行，但是没法让上一行元素跟下一行元素对齐。相反，网格是二维的，旨在解决一个轨道的元素跟另一个轨道的元素对齐的问题。它们的区别如图 6-8 所示。

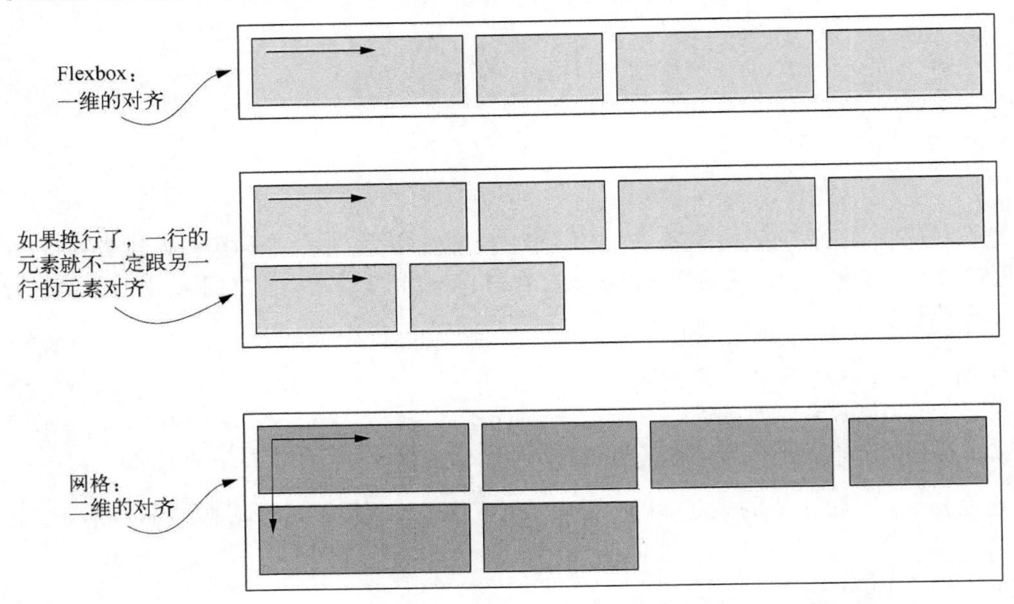

图 6-8　Flexbox 在一个方向上对齐元素，而网格在两个方向上对齐元素

按照 CSS WG 的成员 Rachel Andrew 的说法，它们的第二个区别在于，Flexbox 以内容为切入点由内向外工作，而网格以布局为切入点由外向内工作。Flexbox 让你在一行或一列中安排一系列元素，但是它们的大小不需要明确指定，每个元素占据的大小根据自身的内容决定。

而在网格中，首先要描述布局，然后将元素放在布局结构中去。虽然每个网格元素的内容都能影响其网格轨道的大小，但是这同时也会影响整个轨道的大小，进而影响这个轨道里的其他网格元素的大小。

用网格给网页的主区域定位是因为我们希望内容能限制在它所在的网格内，但是对于网页上的其他元素，比如导航菜单，则允许内容对布局有更大的影响。也就是说，文字多的元素可以宽一些，文字少的元素则可以窄一些。同时这还是一个水平（一维）布局。因此，用 Flexbox 来处理这些元素更合适。接下来用 Flexbox 给这些元素布局，完成整个页面。

如图 6-9 所示，顶部导航菜单里的链接是水平对齐的。同时用 Flexbox 实现右下角的价格的样式。加上这些布局和少量其他样式后，网页的最终样式就完成了。

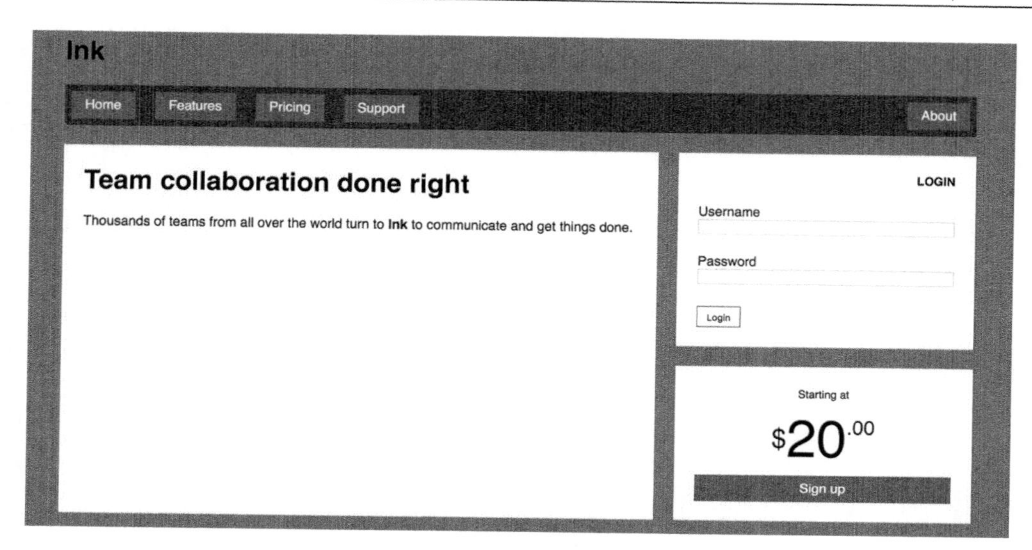

图 6-9　完成的网页样式

除了整体的布局是用网格实现的（如代码清单 6-4 所示），余下的这些样式规则跟第 5 章一样。代码清单 6-5 的代码与第 5 章重复，将它们加入到样式表中。

代码清单 6-5　剩余的网页样式

```
.page-heading {
  margin: 0;
}

.site-nav {
  display: flex;                    ← 用 Flexbox 实现菜单
  margin: 0;
  padding: .5em;
  background-color: #5f4b44;
  list-style-type: none;
  border-radius: .2em;
}

.site-nav > li {
  margin-top: 0;
}

.site-nav > li > a {
  display: block;
  padding: .5em 1em;
  background-color: #cc6b5a;
  color: white;
  text-decoration: none;
}

.site-nav > li + li {
```

```
  margin-left: 1.5em;
}

.site-nav > .nav-right {
  margin-left: auto;
}

.login-form h3 {
  margin: 0;
  font-size: .9em;
  font-weight: bold;
  text-align: right;
  text-transform: uppercase;
}

.login-form input:not([type=checkbox]):not([type=radio]) {
  display: block;
  margin-top: 0;
  width: 100%;
}

.login-form button {
  margin-top: 1em;
  border: 1px solid #cc6b5a;
  background-color: white;
  padding: .5em 1em;
  cursor: pointer;
}

.centered {
  text-align: center;
}

.cost {
  display: flex;                    <—— 用 Flexbox 实现价格
  justify-content: center;               的样式
  align-items: center;
  line-height: .7;
}

.cost > span {
  margin-top: 0;
}

.cost-currency {
  font-size: 2rem;
}
.cost-dollars {
  font-size: 4rem;
}
.cost-cents {
  font-size: 1.5rem;
  align-self: flex-start;
}
```

```
.cta-button {
  display: block;
  background-color: #cc6b5a;
  color: white;
  padding: .5em 1em;
  text-decoration: none;
}
```

当设计要求元素在两个维度上都对齐时，使用网格。当只关心一维的元素排列时，使用Flexbox。在实践中，这通常（并非总是）意味着网格更适合用于整体的网页布局，而Flexbox更适合对网格区域内的特定元素布局。继续用网格和 Flexbox，你就会对不同情况下该用哪种布局方式得心应手。

6.3 替代语法

布局网格元素还有另外两个替代语法：命名的网格线和命名的网格区域。至于选择哪个纯属个人偏好。在某些设计中，一种语法会比另一种语法更好理解。下面分别介绍这两个语法。

6.3.1 命名的网格线

有时候记录所有网格线的编号实在太麻烦了，尤其是在处理很多网格轨道时。为了能简单点，可以给网格线命名，并在布局时使用网格线的名称而不是编号。声明网格轨道时，可以在中括号内写上网格线的名称，如下代码片段所示。

```
grid-template-columns: [start] 2fr [center] 1fr [end];
```

这条声明定义了两列的网格，三条垂直的网格线分别叫作 start、center 和 end。之后定义网格元素在网格中的位置时，可以不用编号而是用这些名称来声明，如下代码所示。

```
grid-column: start / center;
```

这条声明将网格元素放在 1 号网格线（start）到 2 号网格线（center）之间的区域。还可以给同一个网格线提供多个名称，比如下面的声明（为了可读性，这里将代码换行了）。

```
grid-template-columns: [left-start] 2fr
                       [left-end right-start] 1fr
                       [right-end];
```

在这条声明里，2 号网格线既叫作 left-end 也叫作 right-start，之后可以任选一个名称使用。这里还有一个彩蛋：将网格线命名为 left-start 和 left-end，就定义了一个叫作 left 的区域，这个区域覆盖两个网格线之间的区域。`-start` 和`-end` 后缀作为关键字，定义了两者之间的区域。如果给元素设置 `grid-column: left`，它就会跨越从 `left-start` 到 `left-end` 的区域。

代码清单 6-6 使用命名的网格实现网页布局。它的效果跟代码清单 6-4 一样。用代码清单 6-6 更新样式表。

代码清单 6-6　用命名的网格线实现网格布局

```
.container {
  display: grid;
  grid-template-columns: [left-start] 2fr
                         [left-end right-start] 1fr
                         [right-end];
  grid-template-rows: repeat(4, [row] auto);
  grid-gap: 1.5em;
  max-width: 1080px;
  margin: 0 auto;
}

header,
nav {
  grid-column: left-start / right-end;
  grid-row: span 1;
}

.main {
  grid-column: left;
  grid-row: row 3 / span 2;
}

.sidebar-top {
  grid-column: right;
  grid-row: 3 / 4;
}

.sidebar-bottom {
  grid-column: right;
  grid-row: 4 / 5;
}
```

给每个垂直的网格线命名

将水平网格线命名为“row”

跨越 **left-start** 到 **left-end** 之间的区域

从第三行网格线开始放置元素，跨越两个网格轨道

跨越 **right-start** 到 **right-end** 的区域

这个例子用命名的网格线将每个元素放在的相应网格列上，并且在 `repeat()` 里声明了一条命名的水平网格线，于是每条水平网格线被命名为 row（除了最后一条）。这看起来很不可思议，但是重复使用同一个名称完全合法。然后将 `main` 元素放在从 row 3（第三个叫 row 的网格线）开始的地方，并跨越两个网格轨道。

可以以各种方式命名的网格线。它们在网格里的用法也是五花八门，这取决于每个网格特定的结构，比如可以实现如图 6-10 所示的布局。

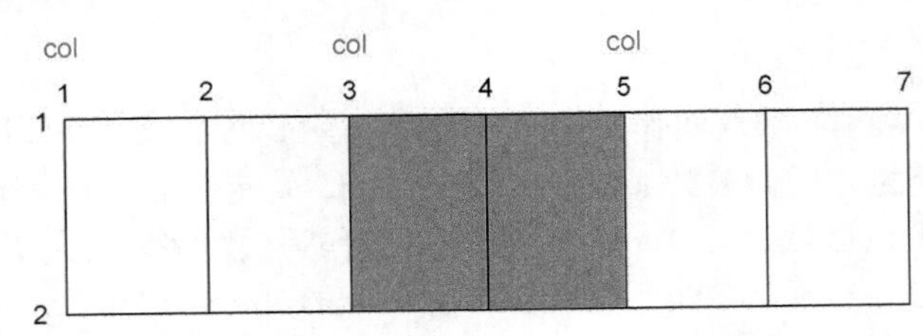

图 6-10　将网格元素放在第二个“col”网格线处，跨越两个轨道（col 2 / span 2）

这个场景展示了一种重复模式：每两个网格列为一组，在每组的两个网格轨道之前命名一条网格线（`grid-template-columns: repeat(3, [col] 1fr 1fr)`）。然后就可以借助命名的网格线将一个元素定位到第二组网格列上（`grid-column: col 2 / span 2`）。

6.3.2 命名网格区域

另一个方式是命名网格区域。不用计算或者命名网格线，直接用命名的网格区域将元素定位到网格中。实现这一方法需要借助网格容器的 `grid-template-areas` 属性和网格元素的 `grid-area` 属性。

代码清单 6-7 展示了该方法。这段代码的效果还是跟前面的布局（代码清单 6-4 和代码清单 6-6）完全一样。它是一个替代语法。按照代码清单 6-7 更新样式表。

代码清单 6-7 使用命名的网格区域

```
.container {
  display: grid;
  grid-template-areas: "title title"
                       "nav   nav"
                       "main  aside1"
                       "main  aside2";
  grid-template-columns: 2fr 1fr;
  grid-template-rows: repeat(4, auto);
  grid-gap: 1.5em;
  max-width: 1080px;
  margin: 0 auto;
}

header {
  grid-area: title;
}

nav {
  grid-area: nav;
}

.main {
  grid-area: main;
}

.sidebar-top {
  grid-area: aside1;
}

.sidebar-bottom {
  grid-area: aside2;
}
```

将每个网格单元分配到一个命名的网格区域中

跟之前一样定义网格轨道的大小

将每个网格元素放到一个命名的网格区域

`grid-template-areas` 属性使用了一种 `ASCII art` 的语法，可以直接在 CSS 中画一个可视化的网格形象。该声明给出了一系列加引号字符串，每一个字符串代表网格的一行，字符串内用空格区分每一列。

在这个例子中，第一行完全分配给了网格区域 `title`，第二行则分配给了 `nav`。接下来两行的左列分配给了 `main`，侧边栏的板块分别分配给了 `aside1` 和 `aside2`。用 `grid-area` 属性将每个网格元素放在这些命名区域中。

警告　每个命名的网格区域必须组成一个矩形。不能创造更复杂的形状，比如 L 或者 U 型。

还可以用句点（.）作为名称，这样便能空出一个网格单元。比如，以下代码定义了四个网格区域，中间围绕着一个空的网格单元。

```
grid-template-areas: "top  top    right"
                     "left .      right"
                     "left bottom bottom";
```

当你构建一个网格时，选择一种舒适的语法即可。网格布局共设计了三种语法：编号的网格线、命名的网格线、命名的网格区域。最后一个可能更受广大开发人员喜爱，尤其是明确知道每个网格元素的位置时，这种方式用起来更舒服。

6.4　显式和隐式网格

在某些场景下，你可能不清楚该把元素放在网格的哪个位置上。当处理大量的网格元素时，挨个指定元素的位置未免太不方便。当元素是从数据库获取时，元素的个数可能是未知的。在这些情况下，以一种宽松的方式定义网格可能更合理，剩下的交给布局算法来放置网格元素。

这时需要用到**隐式网格**（implicit grid）。使用 `grid-template-*` 属性定义网格轨道时，创建的是**显式网格**（explicit grid），但是有些网格元素仍然可以放在显式轨道外面，此时会自动创建隐式轨道以扩展网格，从而包含这些元素。

图 6-11 里的网格只在每个方向上指定了一个网格轨道。当把网格元素放在第二个轨道（2 号和 3 号网格线之间）时，就会自动创建轨道来包含该元素。

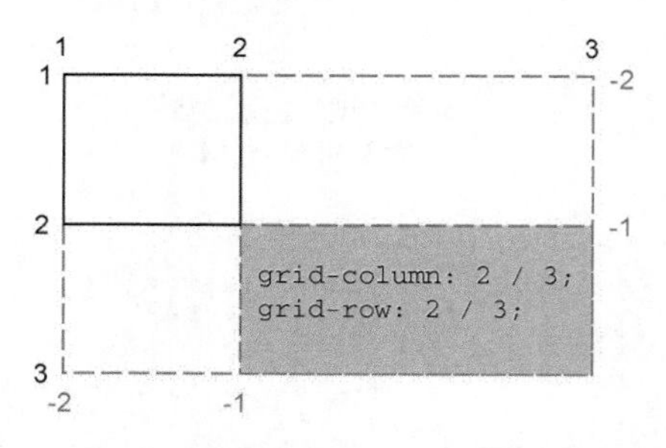

图 6-11　如果网格元素放在声明的网格轨道之外，就会创建隐式轨道，直到包含该元素

隐式网格轨道默认大小为 `auto`，也就是它们会扩展到能容纳网格元素内容。可以给网格容器设置 `grid-auto-columns` 和 `grid-auto-rows`，为隐式网格轨道指定一个大小（比如，

grid-auto-columns: 1fr)。

说明 在指定网格线的时候，隐式网格轨道不会改变负数的含义。负的网格线编号仍然是从显式网格的右下开始的。

接下来用隐式网格实现另一个网页布局。这个网页是一个照片墙，如图 6-12 所示。在这个布局中，将设置列的网格轨道，但是网格行是隐式创建的。这样网页不必关心照片的数量，它能适应任意数量的网格元素。只要照片需要换行显示，就会隐式创建新的一行。

图 6-12 用隐式网格行布局照片的网格

这个布局很有意思，因为它用 Flexbox 或者浮动很难实现。这个例子充分展示了网格特有的能力。

要实现上述布局，需要一个新页面。创建一个空白页面和一个新的样式表，并链接它们。网页的标记如代码清单 6-8 所示。将它添加到网页中。

代码清单 6-8 照片墙的标记

```
<div class="portfolio">
  <figure class="featured">
    <img src="images/monkey.jpg" alt="monkey" />
    <figcaption>Monkey</figcaption>
```

每个<figure>都是一个网格元素

```
  </figure>
  <figure>
    <img src="images/eagle.jpg" alt="eagle" />
    <figcaption>Eagle</figcaption>
  </figure>
  <figure class="featured">
    <img src="images/bird.jpg" alt="bird" />
    <figcaption>Bird</figcaption>
  </figure>
  <figure>
    <img src="images/bear.jpg" alt="bear" />
    <figcaption>Bear</figcaption>
  </figure>
  <figure class="featured">
    <img src="images/swan.jpg" alt="swan" />
    <figcaption>Swan</figcaption>
  </figure>
  <figure>
    <img src="images/elephants.jpg" alt="elephants" />
    <figcaption>Elephants</figcaption>
  </figure>
  <figure>
    <img src="images/owl.jpg" alt="owl" />
    <figcaption>Owl</figcaption>
  </figure>
</div>
```

将图片和标题封装在 <figure>元素中

featured 类让某些图片更大

这段标记包括一个 portfolio 元素（作为网格容器）以及一系列 figure 元素（网格元素）。每个 figure 包含一张图片和一个标题。其中某些元素加上了 featured 类，之后会让这些元素比其他图片大。

我会分几个阶段介绍该布局的实现过程。首先，创建网格轨道，让图片以基础网格形式展现（如图 6-13 所示）。之后，放大 featured 图片，添加一些别的样式完成布局。

图 6-13　基础网格里的图片布局

该布局的样式如代码清单 6-9 所示。它使用 grid-auto-rows 为所有的隐式网格行指定一个 1fr 的大小，每一行拥有相同的高度。该布局还引入了两个新概念：`auto-fill` 和 `minmax()` 函数，我稍后会解释。将代码清单 6-9 添加到样式表。

代码清单 6-9 拥有隐式网格行的网格

```
body {
  background-color: #709b90;
  font-family: Helvetica, Arial, sans-serif;
}

.portfolio {
  display: grid;
  grid-template-columns: repeat(auto-fill, minmax(200px, 1fr));  ◁ 将最小列宽设置为 200px，自动填充网格
  grid-auto-rows: 1fr;  ◁ 将隐式水平网格轨道的大小设置为 1fr
  grid-gap: 1em;
}

.portfolio > figure {
  margin: 0;  ◁ 覆盖浏览器默认的外边距
}

.portfolio img {
  max-width: 100%;
}

.portfolio figcaption {
  padding: 0.3em 0.8em;
  background-color: rgba(0, 0, 0, 0.5);
  color: #fff;
  text-align: right;
}
```

有时候我们不想给一个网格轨道设置固定尺寸，但是又希望限制它的最小值和最大值。这时候需要用到 `minmax()` 函数。它指定两个值：最小尺寸和最大尺寸。浏览器会确保网格轨道的大小介于这两者之间。（如果最大尺寸小于最小尺寸，最大尺寸就会被忽略。）通过指定 `minmax(200px, 1fr)`，浏览器确保了所有的轨道至少宽 200px。

`repeat()` 函数里的 `auto-fill` 关键字是一个特殊值。设置了之后，只要网格放得下，浏览器就会尽可能多地生成轨道，并且不会跟指定大小（`minmax()` 值）的限制产生冲突。

`auto-fill` 和 `minmax(200px, 1fr)` 加在一起，就会让网格在可用的空间内尽可能多地产生网格列，并且每个列的宽度不会小于 200px。因为所有轨道的大小上限都为 1fr（最大值），所以所有的网格轨道都等宽。

在图 6-13 中，视口能容纳四个 200px 宽的列，因此一行有四个网格轨道。如果屏幕变宽，就能放下更多轨道。如果屏幕变窄，产生的轨道数也会变少。

如果网格元素不够填满所有网格轨道，`auto-fill` 就会导致一些空的网格轨道。如果不希望出现空的网格轨道，可以使用 `auto-fit` 关键字代替 `auto-fill`。它会让非空的网格轨道扩展，填满可用空间。访问 Grid by Example 网站的文章 *auto-fill vs. auto-fit* 可以看到两者区别的示例。

具体选择 auto-fill 还是 auto-fit 取决于你是想要确保网格轨道的大小，还是希望整个网格容器都被填满。我一般倾向于 auto-fit。

6.4.1　添加变化

接下来，我们让特定图片（本例里的鸟、天鹅等）变大，增加一些视觉上的趣味性。现在每个网格元素都占据了 1×1 的区域，将特定图片的尺寸增加到 2×2 的网格区域。可以用 featured 类选择这些元素，让它们在水平和垂直方向上都占据两个网格轨道。

问题来了，由于元素按顺序排列，增加某些网格元素的大小会导致网格中出现空白区域，如图 6-14 所示。鸟所在的是第三个网格元素，但是因为它的尺寸较大，所以第二张老鹰图的右侧空间容纳不下它。因此，它下降到了下一个网格轨道。

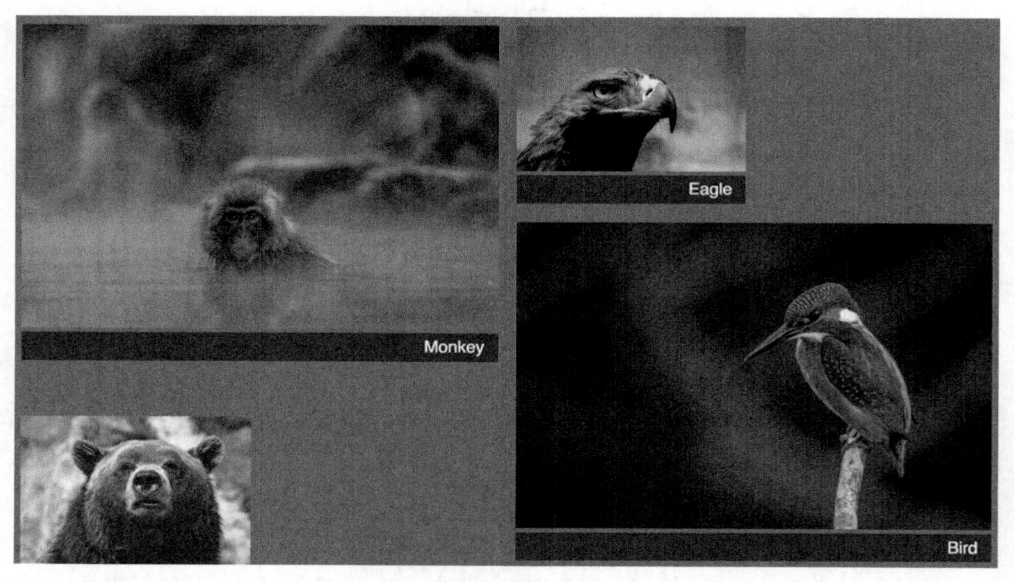

图 6-14　增加一些网格元素的大小会导致布局中出现无法容纳大元素的空白区域

当不指定网格上元素的位置时，元素会按照其布局算法自动放置。默认情况下，布局算法会按元素在标记中的顺序将其逐列逐行摆放。当一个元素无法在某一行容纳（也就是说该元素占据了太多网格轨道）时，算法会将它移动到下一行，寻找足够大的空间容纳它。在本例中，鸟被挪到了第二行，放在老鹰下面。

网格布局模块规范提供了另一个属性 grid-auto-flow，它可以控制布局算法的行为。它的初始值是 row，上一段描述的就是这个值的行为。如果值为 column，它就会将元素优先放在网格列中，只有当一列填满了，才会移动到下一行。

还可以额外加一个关键字 dense（比如，grid-auto-flow: column dense）。它让算法紧凑地填满网格里的空白，尽管这会改变某些网格元素的顺序。加上这个关键字，小元素就会“回填”大元素造成的空白区域。效果如图 6-15 所示。

图 6-15 使用紧凑的 auto-flow 选项，小网格元素会回填网格的空白区域

加上紧凑的 auto-flow 选项 dense，小网格元素会填满大的元素造成的空白区域。源码顺序仍然是猴子、老鹰、鸟、熊，但是熊被挪到了鸟之前，填满了空白。

将代码清单 6-10 添加到样式表。它放大了特定图片，让其在水平和垂直方向上均占据两个网格轨道，并且使用了紧凑的 auto-flow。

代码清单 6-10 放大特定图片

```
.portfolio {
  display: grid;
  grid-template-columns: repeat(auto-fill, minmax(200px, 1fr));
  grid-auto-rows: 1fr;
  grid-gap: 1em;
  grid-auto-flow: dense;        ⊲ 开启紧凑的网格布局算法
}
```

```
.portfolio .featured {
  grid-row: span 2;
  grid-column: span 2;
}
```
将特定图片放大，在水平和垂直方向上各占据两个网格轨道

这段代码使用了 grid-auto-flow: dense，等价于 grid-auto-flow: row dense。（前面的写法里隐含了 row，因为初始值就是 row。）然后选择特定的图片，将其设置为在水平和垂直方向上各占据两个网格轨道。注意，本例只用了 span 关键字，没有明确地将任何一个网格元素放到某个网格轨道上。这样布局算法就会将网格元素放到它觉得合适的地方。

在你的屏幕上看到的效果可能跟图 6-12 不完全一致，这取决于视口的大小。因为这里用 auto-fill 决定垂直的网格轨道的数量，所以大屏幕可以容纳更多的轨道，小屏幕则容纳得较少。我截图的时候视口宽度是 1000px，有四个网格轨道。调整浏览器宽度到不同的大小，看看网格自动生成多少轨道来填充可用空间。

需要注意的是，紧凑的 auto-flow 方式会导致元素出现的顺序跟 HTML 里不一致。当使用键盘（Tab 键）或者使用以源码顺序而非以显示顺序为准的屏幕阅读器来浏览网页时，用户可能会感到困惑。

子网格

网格有一个限制是要求用特定的 DOM 结构，也就是说，所有的网格元素必须是网格容器的直接子节点。因此，不能将深层嵌套的元素在网格上对齐。

可以给网格元素加上 display: grid，在外层网格里创建一个内部网格，但是内部网格的元素不一定会跟外层网格的轨道对齐。一个网格里的子元素的大小也不能影响到另一个网格的网格轨道大小。

将来可以使用**子网格**（subgrid）来解决这个问题。通过给一个网格元素设置 display: subgrid，将其变成自己的内部网格容器，网格轨道跟外部网格的轨道对齐。不幸的是，这个特性还没有被任何浏览器实现，因此它被推迟到网格规范的 Level2 版本中。

这个特性备受期待。敬请关注。

6.4.2　让网格元素填满网格轨道

现在你已经实现了相当复杂的布局。你没有做很多工作指定每个元素的精确位置，而是让浏览器计算。

还有最后一个问题：较大的图片没有完全填满网格单元，在图片下面留了一片小小的空白。理想情况下，每个元素的顶部和底部都应该跟同一网格轨道上的元素对齐。现在顶部对齐了，底部却没有像图 6-16 那样对齐。

图 6-16 图片没有完全填满网格单元，留下了多余的空间

接下来修复这个问题。回想一下，每个网格元素都是一个<figure>，包含了两个子元素——一个图片和一个标题（如下代码所示）。

```
<figure class="featured">
  <img src="images/monkey.jpg" alt="monkey" />
  <figcaption>Monkey</figcaption>
</figure>
```

默认情况下，每个网格元素都会扩展并填满整个网格区域，但是子元素不会，因此网格区域出现了多余的高度。一个简单的解决办法是用 Flexbox。在代码清单 6-11 里，设置每个<figure>为弹性容器，方向为 `column`，元素会从上到下垂直排列。然后给图片标签加上 `flex-grow`，强制拉伸图片填充空白区域。

但是拉伸图片并不可取，因为这会改变图片的宽高比，导致图片变形。好在 CSS 为控制这一行为提供了一个特殊属性 `object-fit`。默认情况下，一个<img>的 `object-fit` 属性值为 `fill`，也就是说整个图片会缩放，以填满<img>元素。你也可以设置其他值改变默认行为。

比如，`object-fit` 属性的值还可以是 `cover` 和 `contain`（如图 6-17 所示）。这些值告诉浏览器，在渲染盒子里改变图片的大小，但是不要让图片变形。

- `cover`：扩展图片，让它填满盒子（导致图片一部分被裁剪）。
- `contain`：缩放图片，让它完整地填充盒子（导致盒子里出现空白）。

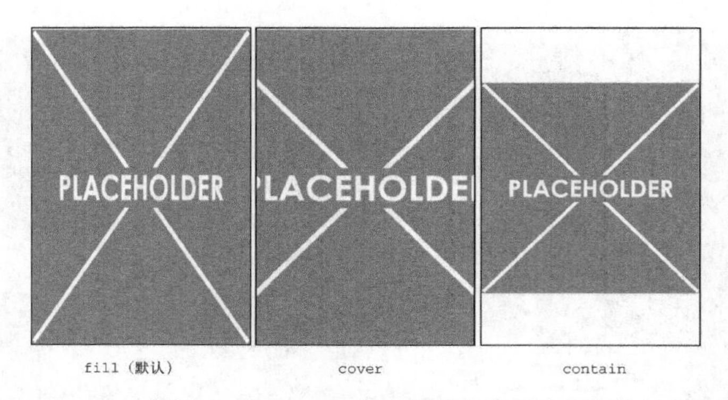

图 6-17　使用 `object-fit` 控制图片在盒子内渲染的方式

这里有两个概念要区分清楚：盒子（由`<img>`元素的宽和高决定）和渲染的图片。默认情况下，这二者大小相等。`object-fit` 属性让我们能在盒子内部控制渲染图片的大小，同时保持盒子的大小不变。

因为用 `flex-grow` 属性拉伸了图片，所以应该给它加上 `object-fit: cover` 防止渲染的图片变形。作为妥协，图片的边缘会被裁掉一部分。

最终效果如图 6-18 所示。有关这个属性的更多详细信息，请查看 css-tricks 网站的文章 *A Quick Overiew of* `object-fit` *and* `object-position`。

图 6-18　所有的图片现在都填满了网格区域，并且完美对齐

现在所有图片和标题的上下边缘都跟网格轨道对齐了。代码如代码清单 6-11 所示，将其添加到你的样式表。

代码清单 6-11　使用垂直的 Flexbox，拉伸图片，填充网格区域

```
.portfolio > figure {
  display: flex;                 ┃ 让每个网格元素都成为
  flex-direction: column;        ┃ 垂直的 Flexbox
  margin: 0;
}

.portfolio img {
  flex: 1;                <-- 用弹性拉伸，让图片填充弹性容器的可用空间
  object-fit: cover;      <-- 让渲染的图片填充盒子并且不被拉伸（而是裁掉边缘）
  max-width: 100%;
}
```

照片墙大功告成。所有元素都整整齐齐地排列在网格里，浏览器决定了垂直的网格轨道的数量和大小。我们还用紧凑的 auto-flow 让浏览器填满了所有空白区域。

6

6.5　特性查询

现在你已经大体上掌握了网格布局，你可能会问：难道要等到所有的浏览器都支持网格了才能使用它吗？不。只要你想用，现在就可以，但是要考虑如果浏览器不支持网格时应该如何布局，并给出回退的样式。

CSS 最近添加了一个叫作**特性查询**（feature query）的功能，该功能有助于解决这个问题，如下代码片段所示。

```
@supports (display: grid) {
  ...
}
```

`@supports` 规则后面跟着一个小括号包围的声明。如果浏览器理解这个声明（在本例中，浏览器支持网格），它就会使用大括号里面的所有样式规则。如果它不理解小括号里的声明，就不会使用这些样式规则。

也就是说可以提供一份样式规则，它使用较旧的布局技术，比如浮动。这些样式不一定完美（需要做出妥协），但是能实现基本的布局。然后在特性查询中，用网格补全剩下的样式。

以照片墙为例。可以用 inline-block 元素给旧版的浏览器提供一个较基础的布局。然后将所有网格布局相关的代码放到特性查询里，不支持网格的浏览器就会渲染成图 6-19 所示的样子。

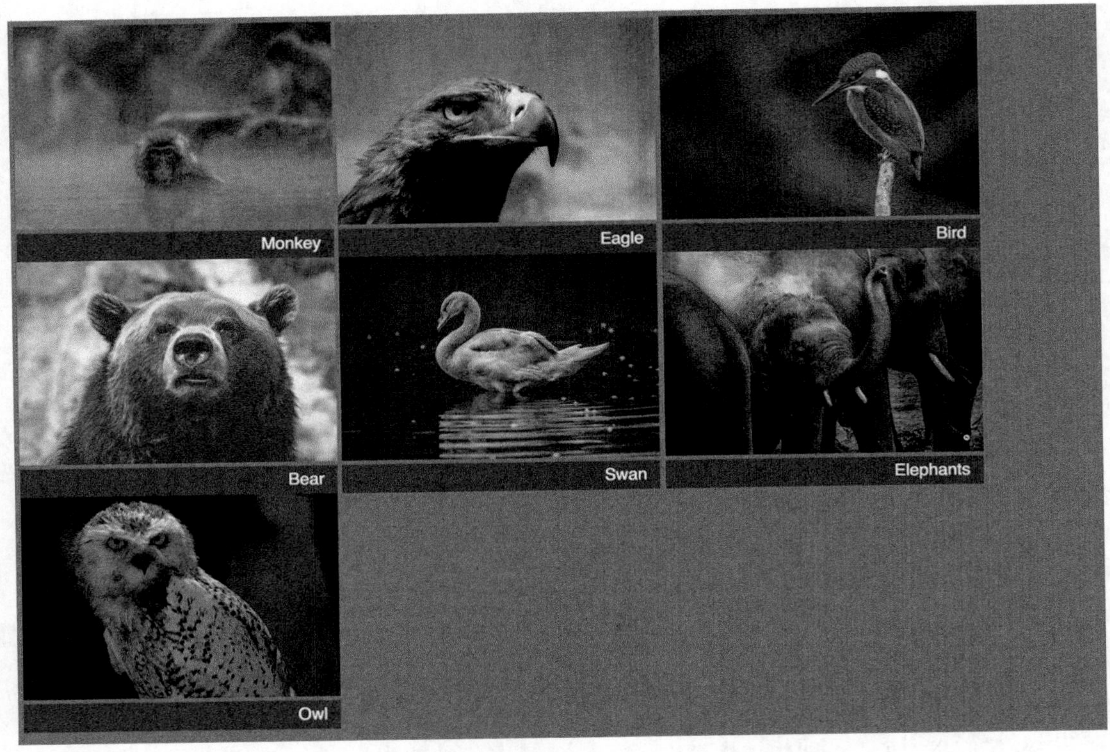

图 6-19　对不支持网格的浏览器，布局做了回退处理

这个布局做了一些妥协：特定图片没有更大的尺寸，每列的宽度固定为 300px，而不是拉伸到填满可用的屏幕宽度。因为 `figure` 元素展示为 `inline-block`，所以会正常换行，而且当屏幕够大的时候，一行就能放下更多的图片。

将你的样式表更新为代码清单 6-12（包含了特性查询）。

代码清单 6-12　用特性查询实现渐进增强

```
.portfolio > figure {
  display: inline-block;      使用 inline-block 作为回
  max-width: 300px;           退的布局
  margin: 0;
}

.portfolio img {
  max-width: 100%;
  object-fit: cover;
}

.portfolio figcaption {
  padding: 0.3em 0.8em;
  background-color: rgba(0, 0, 0, 0.5);
```

```
    color: #fff;
    text-align: right;
  }

  @supports (display: grid) {      <-- 特性查询是否支持网格
    .portfolio {
    display: grid;
    grid-template-columns: repeat(auto-fill, minmax(200px, 1fr));
    grid-auto-rows: 1fr;
    grid-gap: 1em;
    grid-auto-flow: dense;
  }                                 <-- 将所有的网格布局样式放在特性查询里

  .portfolio > figure {
    display: flex;
    flex-direction: column;
    max-width: initial;            <-- 覆盖回退样式
  }

  .portfolio img {
    flex: 1;
  }

  .portfolio .featured {
    grid-row: span 2;
    grid-column: span 2;
  }
}
```

回退代码和其他基础样式（比如颜色）放在了特性查询外面，因此它们始终适用。如果用不支持网格的浏览器打开这个网页，就会看到如图 6-19 所示的回退布局。所有跟网格相关的布局样式都在特性查询里，只有当浏览器支持网格时它们才会生效。

`@supports` 规则可以用来查询所有的 CSS 特性。比如，用`@supports (display: flex)`来查询是否支持 Flexbox，用`@supports (mix-blend-mode: overlay)`来查询是否支持混合模式（参见第 11 章）。

> **警告** IE 不支持`@supports` 规则。它忽略了特性查询里的任何规则，不管是否真的支持该特性。通常情况下这是可以接受的，因为让旧版的浏览器渲染回退布局也是情理之中的事情。

特性查询还有以下几种写法。

- `@supports not(<declaration>)`——只有当不支持查询声明里的特性时才使用里面的样式规则。
- `@supports (<declaration>) or (<declaration>)`——查询声明里的两个特性只要有一个支持就使用里面的样式规则。
- `@supports (<declaration>) and (<declaration>)`——查询声明里的两个特性都支持才使用里面的样式规则。

这些写法还可以结合起来查询更复杂的情况。关键字 or 适合查询带浏览器前缀的属性（如下声明所示）。

```
@supports (display: grid) or (display: -ms-grid)
```

这句声明既指定了支持非前缀版本属性的浏览器，也指定了要求用-ms-前缀的旧版 Edge 浏览器。需要注意的是，旧版 Edge 对网格的部分支持不如现代浏览器稳健。在旧版 Edge 中用特性查询来支持网格布局，可能麻烦比收益更大。因此最好是忽略它，让旧版 Edge 渲染为回退布局。

6.6 对齐

网格布局模块规范里的对齐属性有一些跟 Flexbox 相同，还有一些是新属性。第 5 章已经介绍了其中的大部分，现在我们看看如何在网格里面使用这些属性。如果我们想要对网格布局有更多的控制，这些属性可能会很方便。

CSS 给网格布局提供了三个调整属性：justify-content、justify-items、justify-self。这些属性控制了网格元素在水平方向上的位置。我是这样记的：就像在文字处理器里调整文字位置，让它们在水平方向上分布。

还有三个对齐属性：align-content、align-items、align-self。这些属性控制网格元素在垂直方向上的位置。我是这样记的：就像表格布局里的 vertical-align 属性。这些属性如图 6-20 所示。

属　　性	作　用　于	对　　齐
justify-items align-items	网格容器	网格区域内的所有元素 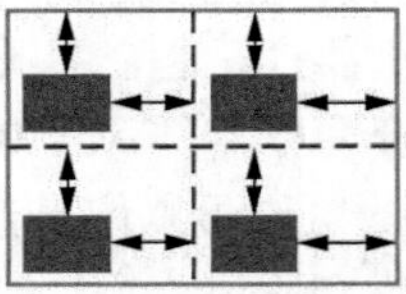
justify-self align-self	网格元素	网格区域内的单个元素 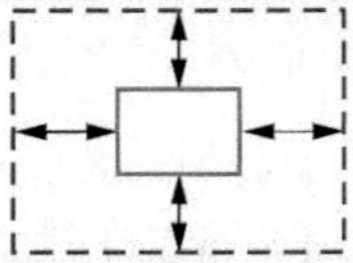
justify-content align-content	网格容器	网格容器内的网格轨道 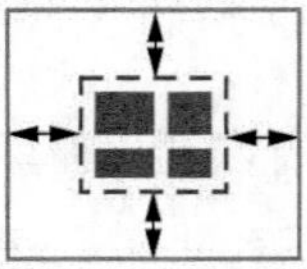

图 6-20　网格内的对齐属性

可以用 justify-content 和 align-content 设置网格容器内的网格轨道在水平方向和垂直方向上的位置，特别是当网格元素的大小无法填满网格容器时。参考以下代码。

```
.grid {
  display: grid;
  height: 1200px;
  grid-template-rows: repeat(4, 200px);
}
```

它明确指定了网格容器的高度为 1200px，但是只定义了高 800px 的有效水平网格轨道。align-content 属性指定了网格轨道如何在剩下的 400px 空间内分布。它可以设为以下值。

- start——将网格轨道放到网格容器的上/左（Flexbox 里则是 flex-start）。
- end——将网格轨道放在网格容器的下/右（Flexbox 里则是 flex-end）。
- center——将网格轨道放在网格容器的中间。
- stretch——将网格轨道拉伸至填满网格容器。
- space-between——将剩余空间平均分配到每个网格轨道之间（它能覆盖任何 grid-gap 值）。
- space-around——将空间分配到每个网格轨道之间，且在两端各加上一半的间距。
- space-evenly——将空间分配到每个网格轨道之间，且在两端各加上同等大小的间距（Flexbox 规范不支持）。

想了解更多调整/对齐属性的例子，请访问 Grid by Example 网站。这个网站非常棒，里面囊括了大量的网格示例，是由 W3C 成员及开发人员 Rachel Andrew 收集的。

因为网格布局的内容非常多，所以我所介绍的都是网格里面必须掌握的核心概念。建议你对网格做更多试验。网格有很多种组合方式，无法在一章穷尽，因此你需要挑战一下自己，尝试新事物。当你遇到一个有趣的网页布局时，看看能不能用网格实现它。

6.7 总结

- 网格特别适合做网页整体布局（但不局限于此）。
- 网格可以与 Flexbox 配合实现完整的布局系统。
- 可以根据自己的喜好和特定场景，随意使用不同的语法（编号的网格线、命名的网格线、命名的网格区域）。
- 可以用 auto-fill/auto-fit 以及隐式网格，对大量或者数量未知的网格元素进行布局。
- 可以用特性查询实现渐进增强。

第 7 章 定位和层叠上下文

本章概要

- 元素的定位类型：固定定位、相对定位以及绝对定位
- 构建模态框和下拉菜单
- CSS 三角形
- 理解 `z-index` 和层叠上下文
- 新的定位类型：粘性定位

前几章已介绍了好几种控制网页布局的方式，包括表格显示、Flexbox 以及浮动。本章将介绍另一项重要的技术：`position` 属性。它可以用来构建下拉菜单、模态框以及现代 Web 应用程序的一些基本效果。

定位可能变得很复杂。许多开发人员对它只有粗略的理解。如果不完全了解定位以及它可能带来的后果，就很容易给自己挖坑。有时候你可能会把错误的元素放在其他元素前面，要解决这个问题却没有那么简单。

当看完各种类型的定位后，你肯定能准确地理解每种类型的行为。另外本章会介绍层叠上下文，它属于定位的一个隐藏的副作用。理解层叠上下文能帮你避免不必要的麻烦，当你被一个页面布局绕进去了，它还能帮你找到问题的突破口。

`position` 属性的初始值是 `static`。前面的章节里用的都是这个静态定位。如果把它改成其他值，我们就说元素就被**定位**了。而如果元素使用了静态定位，那么就说它**未被定位**。

前面几章介绍的布局方法是用各种操作来控制文档流的行为。定位则不同：它将元素彻底从文档流中移走。它允许你将元素放在屏幕的任意位置。还可以将一个元素放在另一个元素的前面或后面，彼此重叠。

7.1 固定定位

固定定位不如其他定位类型用得普遍，但它是最好理解的一种定位类型，因此我先从它开始介绍。给一个元素设置 `position: fixed` 就能将元素放在视口的任意位置。这需要搭配四种属性一起使用：`top`、`right`、`bottom` 和 `left`。这些属性的值决定了固定定位的元素与浏览器视

口边缘的距离。比如，`top: 3em` 表示元素的上边缘距离视口顶部 3em。

设置这四个值还隐式地定义了元素的宽高。比如指定 `left: 2em; right: 2em` 表示元素的左边缘距离视口左边 2em，右边缘距离视口右边 2em。因此元素的宽度等于视口总宽度减去 4em。`top`、`bottom` 和视口高度也是这样的关系。

7.1.1　用固定定位创建一个模态框

我们要用这些属性创建一个如图 7-1 所示的模态框。该模态框会在网页内容前弹出来，它会挡住网页内容，直到关闭该弹窗。

通常情况下，模态框用于要求用户阅读一些内容或者在下一步操作之前输入一些内容。比如，图 7-1 的模态框展示了一个表单，用户可以注册一个时事通讯。初始状态下用 `display: none` 隐藏弹窗，然后用 JavaScript 将 `display` 改成 `block` 以显示弹窗。

图 7-1　一个模态框盒子

创建一个新的页面，将代码清单 7-1 加到`<body>`元素中。这段代码将所有内容放在两个容器元素中，同时用一个`<script>`标签放置 JavaScript 代码提供基础功能。

代码清单 7-1　创建一个模态框盒子

```
<header class="top-banner">
  <div class="top-banner-inner">
    <p>Find out what's going on at Wombat Coffee each
      month. Sign up for our newsletter:
      <button id="open">Sign up</button>
    </p>
  </div>
</header>
<div class="modal" id="modal">
  <div class="modal-backdrop"></div>
  <div class="modal-body">
    <button class="modal-close" id="close">close</button>
    <h2>Wombat Newsletter</h2>
    <p>Sign up for our monthly newsletter. No spam.
      We promise!</p>
    <form>
      <p>
        <label for="email">Email address:</label>
        <input type="text" name="email"/>
      </p>
      <p><button type="submit">Submit</button></p>
    </form>
  </div>
</div>

<script type="text/javascript">
  var button = document.getElementById('open');
  var close = document.getElementById('close');
  var modal = document.getElementById('modal');

  button.addEventListener('click', function (event) {
    event.preventDefault();
    modal.style.display = 'block';
  });

  close.addEventListener('click', function (event) {
    event.preventDefault();
    modal.style.display = 'none';
  });
</script>
```

触发弹窗的按钮

模态框容器

模态框后面遮挡网页内容的“蒙层”

模态框内容

当用户点击 Sign up 按钮时打开模态框

当用户点击 Close 按钮时关闭模态框

代码清单 7-1 里的第一个元素是顶部条。它包含了触发模态框的按钮。第二个元素是模态框。它包括一个空的 `modal-backdrop`，用来遮住页面剩余部分，将用户的注意力集中到弹窗的内容。弹窗内容在 `modal-body` 里。

CSS 如代码清单 7-2 所示，将其添加到你的样式表。它包含了顶部条和模态框的样式。

代码清单 7-2　添加模态框样式

```
body {
  font-family: Helvetica, Arial, sans-serif;
```

```
  min-height: 200vh;
  margin: 0;
}

button {
  padding: 0.5em 0.7em;
  border: 1px solid #8d8d8d;
  background-color: white;
  font-size: 1em;
}

.top-banner {
  padding: 1em 0;
  background-color: #ffd698;
}

.top-banner-inner {
  width: 80%;
  max-width: 1000px;
  margin: 0 auto;
}

.modal {
  display: none;
}

.modal-backdrop {
  position: fixed;
  top: 0;
  right: 0;
  bottom: 0;
  left: 0;
  background-color: rgba(0, 0, 0, 0.5);
}

.modal-body {
  position: fixed;
  top: 3em;
  bottom: 3em;
  right: 20%;
  left: 20%;
  padding: 2em 3em;
  background-color: white;
  overflow: auto;
}

.modal-close {
  cursor: pointer;
}
```

设置网页高度，让页面出现滚动条（只是为了演示）

默认隐藏模态框。当要打开模态框的时候，JavaScript 会设置 **display: block**

当打开模态框时，用半透明的蒙层遮挡网页剩余内容

给模态框的主体定位

允许模态框主体在需要时滚动

在这段 CSS 里，我们使用了两次固定定位。第一次是 `modal-backdrop`，四个方向都设置为 0。这让蒙层填满整个视口。它还有一个背景色 `rgba(0, 0, 0, 0.5)`。这个颜色符号指定了红、绿、蓝的值均为 0，算出来是黑色。第四个值是“alpha”通道，它指定透明度：0 是完全透明，1 是完全不透明。`0.5` 是半透明，因此该元素下面所有的网页内容就会变暗。

7

第二次固定定位了 modal-body。它的四条边都在视口内：顶边和底边到视口对应的边缘为 3em，左边和右边距离视口对应的边缘为 20%。因为它的背景色为白色，所以模态框呈现为一个在屏幕居中的白色盒子。虽然可以随意滚动网页，但是背景和模态框主体都不会动。

打开页面，我们看到屏幕上方有一个带按钮的淡黄色顶部条。点击按钮打开定位的模态框。因为是固定定位，所以即使滚动页面，模态框的位置也不会变（为了演示，我们特地将 body 上的 min-height 值设得很大，撑出了滚动条）。

点击模态框顶部的 Close 按钮，关闭弹窗。这个按钮现在的位置不太对，我们稍后会调整它的位置。

7.1.2　控制定位元素的大小

定位一个元素时，不要求指定四个方向的值，可以只指定需要的方向值，然后用 width 和/或 height 来决定它的大小，也可以让元素本身来决定大小。请看如下声明。

```
position: fixed;
top: 1em;
right: 1em;
width: 20%
```

这段代码会将元素放在距离视口顶部和右边 1em 的位置，宽度为视口宽度的 20%。它省略了 bottom 和 height 属性，元素的高度由自身的内容决定。例如，这可以用于将一个导航菜单固定到屏幕上。即使用户滚动网页内容，该元素的位置也不会改变。

因为固定元素从文档流中移除了，所以它不再影响页面其他元素的位置。别的元素会跟随正常文档流，就像固定元素不存在一样。也就是说它们通常会在固定元素下面排列，视觉上被遮挡。这对于模态框来说没问题，因为我们希望模态框出现在最前面的中间位置，直到用户关闭它。

而对于其他固定元素，比如侧边导航栏，就需要注意不要让其他内容出现在它下面。通常给其他内容加一个外边距就能解决该问题。比如，将所有内容放在容器里，容器设置 margin-right: 20%。外边距会流到固定元素下面，内容就不会跟导航栏重叠。

7.2　绝对定位

固定定位让元素相对视口定位，此时视口被称作元素的**包含块**（containing block）。声明 left: 2em 则将定位元素的左边放在距包含块左侧 2em 处。

绝对定位的行为也是如此，只是它的包含块不一样。绝对定位不是相对视口，而是相对最近的祖先定位元素。跟固定元素一样，属性 top、right、bottom 和 left 决定了元素的边缘在包含块里的位置。

7.2.1　让 Close 按钮绝对定位

为了演示绝对定位，我们重新设置 Close 按钮的位置，将其放在模态框的右上角，如图 7-2 所示。

图 7-2 Close 按钮位于模态框的右上角

我们需要将 Close 按钮设置为绝对定位。因为它的父元素 modal-body 是固定定位的，所以会成为 Close 按钮的包含块。根据代码清单 7-3，编辑按钮的样式。

代码清单 7-3 绝对定位的 Close 按钮

```
.modal-close {
  position: absolute;
  top: 0.3em;
  right: 0.3em;
  padding: 0.3em;
  cursor: pointer;
}
```

这段代码将按钮放在距离 modal-body 顶部 0.3em、右侧 0.3em 的位置。通常情况下，就像本例一样，包含块是元素的父元素。如果父元素未被定位，那么浏览器会沿着 DOM 树往上找它的祖父、曾祖父，直到找到一个定位元素，用它作为包含块。

说明 如果祖先元素都没有定位，那么绝对定位的元素会基于**初始包含块**（initial containing block）来定位。初始包含块跟视口一样大，固定在网页的顶部。

7.2.2 定位伪元素

Close 按钮已经定位好了，只是过于简陋。对于这种 Close 按钮，用户通常期望看到一个类似于 x 的图形化显示，如图 7-3 所示。

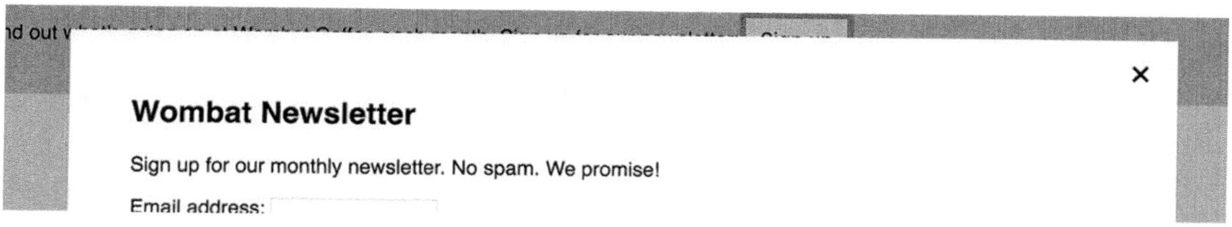

图 7-3 将 Close 按钮改成 x

你可能首先想到将按钮里的文字 close 换成 x，但是这会导致可访问性的问题：辅助的屏幕阅读器会读按钮里的文字。因此要给这个按钮一些有意义的提示。在使用 CSS 之前，HTML 本身必须有意义。

相反，你可以用 CSS 隐藏 close，并显示 x。总共需要两步。首先将按钮的文字挤到外面，并隐藏溢出内容。然后将按钮的`::after`伪元素的`content`属性设置为`x`，并让伪元素绝对定位到按钮中间。按照代码清单 7-4 更新按钮样式。

> **提示** 相比字母 x，我更推荐用乘法符号的 Unicode 字符。它更对称，也更好看。HTML 字符`×`可以显示为这个字符，但在 CSS 的`content`属性里，必须写成转义的 Unicode 数字：`\00D7`。

代码清单 7-4 用一个×替换 Close 按钮

```
.modal-close {
  position: absolute;
  top: 0.3em;
  right: 0.3em;
  padding: 0.3em;
  cursor: pointer;
  font-size: 2em;
  height: 1em;           ← 让按钮变成一个小方形
  width: 1em;
  text-indent: 10em;     ← 让元素里的文字溢出并隐藏
  overflow: hidden;
  border: 0;
}

.modal-close::after {
  position: absolute;
  line-height: 0.5;
  top: 0.2em;
  left: 0.1em;
  text-indent: 0;
  content: "\00D7";      ← 添加 Unicode 字符 U+00D7（乘法符号）
}
```

以上代码清单明确指定按钮为 1em 大小的方形。`text-indent`属性将文字推到右边，溢出元素。它的确切值不重要，只要大于按钮宽度即可。由于`text-indent`是继承属性，需要在伪类元素选择器上设为 0，因此 x 便不会缩进。

伪类元素现在是绝对定位。因为它表现得像按钮的子元素一样，所以定位的按钮就成为其伪元素的包含块。设置一个较小的`line-height`让伪元素不要太高，用`top`和`left`属性让它在按钮中间定位。这里的精确值是我反复试出来的，建议你在自己的浏览器开发者工具里试试，看看它们如何影响定位。

绝对定位是定位类型里的重量级选手。它经常跟 JavaScript 配合，用于弹出菜单、工具提示以及消息盒子。我们将用绝对定位来构建一个下拉菜单，但在此之前，我们需要先看看它的搭档：相对定位。

7.3 相对定位

相对定位可能是最不被理解的定位类型。当第一次给元素加上 `position: relative` 的时候，你通常看不到页面上有任何视觉改变。相对定位的元素以及它周围的所有元素，都还保持着原来的位置（尽管你可能会看到某些元素跑到另一些元素前面，我后面会解释这个问题）。

如果加上 `top`、`right`、`bottom` 和 `left` 属性，元素就会从原来的位置移走，但是不会改变它周围任何元素的位置。如图 7-4 所示，四个 inline-block 元素，给第二个元素加上三个额外的属性：`position: relative`、`top: 1em`、`left: 2em`，将其从初始位置移走，但是其他元素没有受到影响。它们还是围绕着被移走元素的初始位置，跟随着正常的文档流。

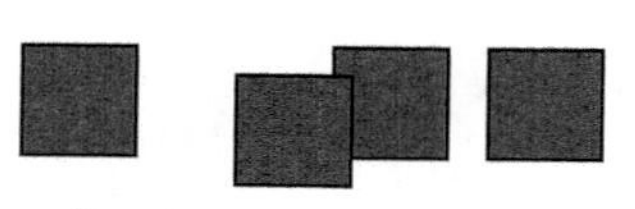

图 7-4 使用相对定位将第二个元素移走

设置 `top: 1em` 将元素从原来的顶部边缘向下移动了 1em；设置 `left: 2em` 将元素从它来的左侧边缘向右移动了 2em。这可能导致元素跟它下面或者旁边的元素重叠。在定位中，也可以使用负值，比如 `bottom: -1em` 也可以像 `top: 1em` 那样将元素向下移动 1em。

说明 跟固定或者绝对定位不一样，不能用 `top`、`right`、`bottom` 和 `left` 改变相对定位元素的大小。这些值只能让元素在上、下、左、右方向移动。可以用 `top` 或者 `bottom`，但它们不能一起用（`bottom` 会被忽略）。同理，可以用 `left` 或 `right`，但它们也不能一起用（`right` 会被忽略）。

有时可以用这些属性调整相对元素的位置，把它挤到某个位置，但这只是相对定位的一个冷门用法。更常见的用法是使用 `position: relative` 给它里面的绝对定位元素创建一个包含块。

7.3.1 创建一个下拉菜单

接下来我们用相对和绝对定位创建一个下拉菜单。它的初始状态是一个简单的矩形，当用户鼠标悬停到上面时，会弹出一个链接列表，如图 7-5 所示。

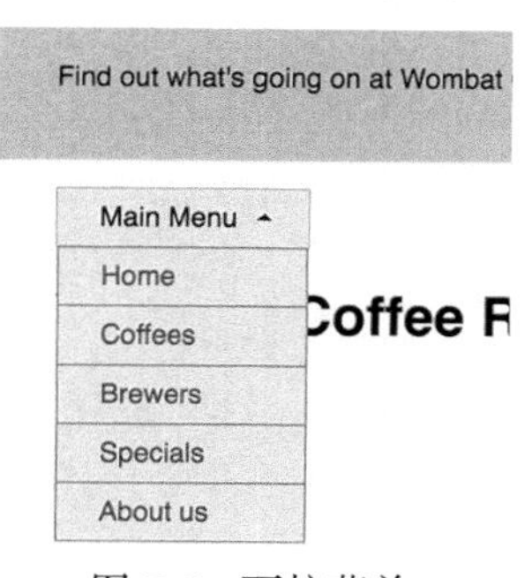

图 7-5 下拉菜单

代码清单 7-5 是该菜单的标记。将它添加到 HTML 中，放在`<div class="modal">`的结束标签`</div>`后面。这段代码包含了一个容器元素，之后我们会将它的内容居中，并让它跟顶部条的内容对齐。我还在弹出列表下面放了一个`<h1>`标签，以展示弹出列表如何出现在其他网页内容前面。

代码清单 7-5　添加下拉菜单的 HTML

```
<div class="container">
  <nav>
    <div class="dropdown">                                    ← 下拉菜单的容器
      <div class="dropdown-label">Main Menu</div>              ← 标签始终可见
      <div class="dropdown-menu">
        <ul class="submenu">
          <li><a href="/">Home</a></li>
          <li><a href="/coffees">Coffees</a></li>
          <li><a href="/brewers">Brewers</a></li>
          <li><a href="/specials">Specials</a></li>
          <li><a href="/about">About us</a></li>
        </ul>
      </div>                                                   ← div 的显示和隐藏对应着菜单的展开和收起
    </div>
  </nav>

  <h1>Wombat Coffee Roasters</h1>
</div>
```

下拉菜单容器包含两个子元素：一个始终显示的灰色矩形标签以及一个下拉菜单。下拉菜单用显示和隐藏表示菜单展开和收起。因为它会是绝对定位的，所以当下拉菜单显示时不会改变网页的布局，这意味着它显示时会出现在其他内容前面。

接下来，给下拉菜单容器加上相对定位。这样会给绝对定位的菜单创建一个包含块。将代码清单 7-6 添加到样式表。

代码清单 7-6　鼠标悬停时打开下拉菜单

```
.container {
  width: 80%;
  max-width: 1000px;
  margin: 1em auto
}

.dropdown {
  display: inline-block;
  position: relative;            ← 创建包含块
}

.dropdown-label {
  padding: .5em 1.5em;
  border: 1px solid #ccc;
  background-color: #eee;
}
```

```
.dropdown-menu {
  display: none;                    最初隐藏菜单
  position: absolute;
  left: 0;
  top: 2.1em;                       将菜单移动到下拉
  min-width: 100%;                  菜单下面
  background-color: #eee;
}
.dropdown:hover .dropdown-menu {
  display: block;                   鼠标悬停时
}                                   显示菜单

.submenu {
  padding-left: 0;
  margin: 0;
  list-style-type: none;
  border: 1px solid #999;
}

.submenu > li + li {
  border-top: 1px solid #999;
}

.submenu > li > a {
  display: block;
  padding: .5em 1.5em;
  background-color: #eee;
  color: #369;
  text-decoration: none;
}

.submenu > li > a:hover {
  background-color: #fff;
}
```

当移动鼠标指针到主菜单标签时，下拉菜单就会从下面弹出。请注意，这里是在整个容器上设置`:hover`状态来打开菜单。也就是说只要鼠标停在它的任何内容上，无论是`dropdown-label`还是`dropdown-menu`，菜单都会保持打开状态。

绝对定位的`dropdown-menu`设置了`left: 0`，让其左边和整个容器的左侧对齐。然后它使用`top: 2.1em`将其顶部边缘放在标签下面（算上内边距和边框，标签高2.1em）。`min-width`为100%，保证它至少等于容器的宽度（容器宽度由`dropdown-label`决定）。之后用`submenu`类给下拉菜单内的菜单加上样式。（如果现在打开模态框，你就会发现它以一种奇怪的方式位于下拉菜单后面。没关系，我们很快就会解决这个问题。）

使用下拉菜单的几个重点

简单起见，代码清单7-6的例子在用户鼠标悬停的时候用了一个`:hover`伪类打开菜单。这个例子不完整。通常情况下，更稳健的方式是使用JavaScript添加和移除一个控制菜单开关的类名。这样就能在打开和关闭菜单之前添加适当的延迟，防止用户在鼠标快速滑过时无意间触发:hover。

另外，虽然这个例子用鼠标能正常生效，但在触屏设备上会无效（只有一部分触屏设备会在轻触的时候触发:hover 状态）。该例子也没有解决用屏幕阅读器或者用键盘切换时的可访问性问题。更严谨的做法是增强下拉菜单的功能，确保能用触屏控制，并且当用户使用 Tab 键切换菜单项的时候保持菜单打开。

实现这些功能的 JavaScript 代码不在本书的讨论范围内，但是如果你很擅长 JavaScript，就可以写代码解决以上问题。你也可以借助实现了下拉功能的第三方库，然后用 CSS 来定制菜单的样式。

7.3.2　创建一个 CSS 三角形

下拉菜单距离完美还差一步。现在它已能正常工作，但用户无法一眼察觉到主菜单标签下面还有更多内容。我们来给标签加上一个小的向下箭头，告诉用户还有更多内容。

我们可以用边框画一个三角形当作向下箭头。这里用标签的::after 伪元素来画三角形，然后使用绝对定位将它放到标签的右边。

大多数情况下，我们会给一个元素加上较细的边框，通常 1px 或者 2px 就够了，但如果把边框变得像图 7-6 那样粗呢？图中给每条边都加了独特的颜色，用来标出每条边的起始位置。

图 7-6　带粗边框的元素

注意观察角上两条边的边缘接触的地方：它们形成了一个对角边。再观察一下将元素的宽和高缩小到 0 时会发生什么（如图 7-7 所示）。所有的边都汇聚到一起最后在中间连接起来了。

图 7-7　元素没有宽和高时，每条边都变成了一个三角形

元素四周的边都变成了三角形。顶部的边箭头指向下边，右边的边指向左边，以此类推。基于这个现象，可以用一条边作为三角形，然后将剩下的边设置为透明。元素的左右边都透明，而顶部边可见，就会如图 7-8 所示，形成一个简单的三角形。

图 7-8 用元素的上边框做的三角形

我们给 `dropdown-label::after` 伪元素加上样式，做一个三角形，并让它绝对定位。将代码清单 7-7 添加到样式表。

代码清单 7-7 在下拉标签里绝对定位一个三角形

```
.dropdown-label {
  padding: 0.5em 2em 0.5em 1.5em;     ← 增加右侧内边距，给箭头留出空间
  border: 1px solid #ccc;
  background-color: #eee;
}

.dropdown-label::after {
  content: "";
  position: absolute;
  right: 1em;                          在标签的右边定位元素
  top: 1em;
  border: 0.3em solid;
  border-color: black transparent transparent;     用上边框做一个向下的箭头
}

.dropdown:hover .dropdown-label::after {
  top: 0.7em;
  border-color: transparent transparent black;     ← 鼠标悬停时，让箭头向上
}
```

伪元素因为没有内容，所以没有宽或高。然后用 `border-color` 简写属性设置上边框为黑色，左右和下面的边框为透明，构造一个向下的箭头。`dropdown-label` 右边用内边距留出了空间，用来放三角形。最后的效果如图 7-9 所示。

Main Menu ▾

图 7-9 带向下箭头的下拉菜单标签

打开菜单，箭头方向反转，朝向上面，表示菜单可以被关闭。微调 `top` 值（从 1em 到 0.7em），让向上的箭头看起来跟向下的箭头处于相同的位置。

另外你也可以用一个图片或者背景图来实现箭头，但是用短短几行 CSS 代码就可以为用户免去不必要的网络请求。加上这个小小的箭头，能给网站或应用程序增色不少。

这项技术还可以用来构建其他复杂形状，比如梯形、六边形和星形。查看用 CSS 构建的各种形状，可以访问 css-tricks 网站上的文章 *The Shapes of CSS*。

7.4　层叠上下文和 `z-index`

定位非常有用，但也需要弄清楚它会带来什么后果。当把一个元素从文档流中移除时，我们就需要管理之前由文档流处理的所有事情了。

首先要确保元素不会不小心跑到浏览器视口之外，导致用户会看不到元素。其次要保证元素不会不小心挡住重要内容。

最后还有层叠的问题。在同一页面定位多个元素时，可能会遇到两个不同定位的元素重叠的现象。有时我们会发现“错误”的元素出现在其他元素之前。事实上，本章已经故意设置了这样的场景来演示这个问题。

在前面构建的网页里，通过点击网页头部的 Sign up 按钮打开模态框。如果在 HTML 里下拉菜单的标记位于模态框之后，页面看起来就如图 7-10 所示。注意下拉菜单现在出现在模态框前面。

图 7-10　模态框错误地出现在下拉菜单下面

有很多方法可以解决这个问题。在此之前，要了解浏览器如何决定元素层叠顺序，首先需要知道浏览器是如何渲染页面的。

7.4.1　理解渲染过程和层叠顺序

浏览器将 HTML 解析为 DOM 的同时还创建了另一个树形结构，叫作**渲染树**（render tree）。它代表了每个元素的视觉样式和位置。同时还决定浏览器**绘制**元素的顺序。顺序很重要，因为如果元素刚好重叠，后绘制的元素就会出现在先绘制的元素前面。

通常情况下（使用定位之前），元素在 HTML 里出现的顺序决定了绘制的顺序。考虑以下代码里的三个元素：

```
<div>one</div>
<div>two</div>
<div>three</div>
```

它们的层叠行为如图 7-11 所示。这里使用了负的外边距让元素重叠，但并未使用任何定位。后出现在标记里的元素会绘制在先出现的元素前面。

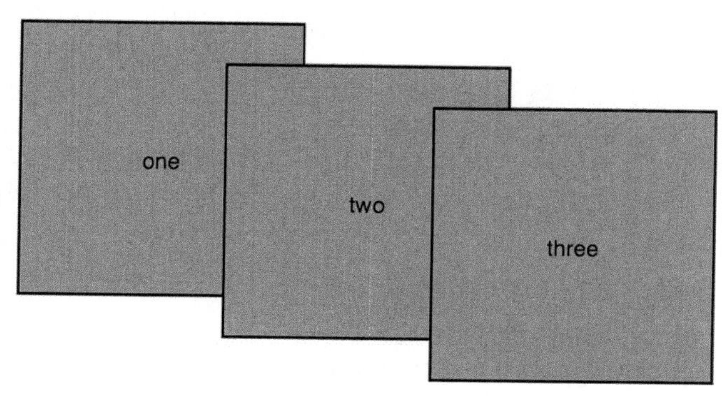

图 7-11 三个元素正常层叠：HTML 里面后出现的元素在先出现的元素前面

定位元素时，这种行为会改变。浏览器会先绘制所有非定位的元素，然后绘制定位元素。默认情况下，所有的定位元素会出现在非定位元素前面。如图 7-12 所示，给前两个元素加了 `position: relative`，它们就绘制到了前面，覆盖了静态定位的第三个元素，尽管元素在 HTML 里的顺序并未改变。

注意，在定位元素里，第二个定位元素还是出现在第一个定位元素前面。定位元素会被放到前面，但是基于源码的层叠关系并没有改变。

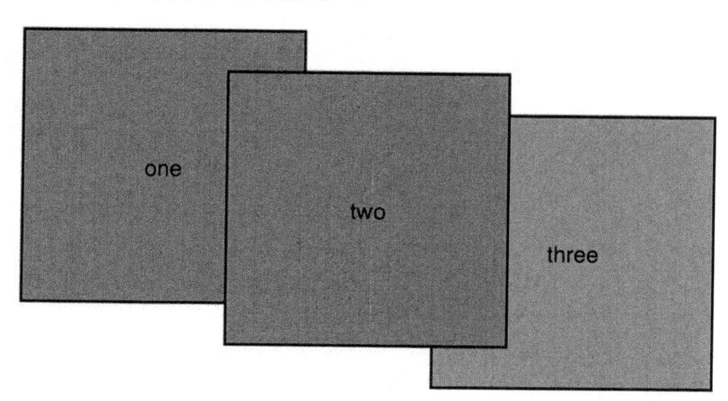

图 7-12 定位元素绘制在静态元素之前

也就是说在上述网页里，模态框和下拉菜单都会出现在静态内容之前（符合预期），但是源码里后出现的元素会绘制到先出现的元素之前。解决这个问题的一个办法是在源码里将`<div class="modal">`及其内容移到下拉菜单后面。

通常情况下，模态框要放在网页内容的最后，`</body>`关闭标签之前。大多数构建模态框的 JavaScript 库会自动这样做。因为模态框使用固定定位，所以不必关心它的标记出现在哪里，它会一直定位到屏幕中间。

改变固定定位元素的标记位置不会产生不好的影响，但是对相对定位或绝对定位的元素来说，通常无法用改变标记位置的方法解决层叠问题。相对定位依赖于文档流，绝对定位元素依赖于它的定位祖先节点。这时候需要用 z-index 属性来控制它们的层叠行为。

7.4.2　用 z-index 控制层叠顺序

z-index 属性的值可以是任意整数（正负都行）。*z* 表示的是笛卡儿 *x-y-z* 坐标系里的深度方向。拥有较高 z-index 的元素出现在拥有较低 z-index 的元素前面。拥有负数 z-index 的元素出现在静态元素后面。

使用 z-index 是解决网页层叠问题的第二个方法。该方法不要求修改 HTML 的结构。将 modal-backdrop 的 z-index 设置为 1，将 modal-body 的 z-index 设置为 2（确保模态框的主体在蒙层前面）。按照代码清单 7-8 更新样式表。

代码清单 7-8　给模态框加上 z-index，使其出现在下拉菜单之前

```
.modal-backdrop {
  position: fixed;
  top: 0;
  right: 0;
  bottom: 0;
  left: 0;
  background-color: rgba(0, 0, 0, 0.5);
  z-index: 1;      ← 将模态框的蒙层拉到没有设置 z-index 的元素前面
}

.modal-body {
  position: fixed;
  top: 3em;
  bottom: 3em;
  right: 20%;
  left: 20%;
  padding: 2em 3em;
  background-color: white;
  overflow: auto;
  z-index: 2;      ← 将模态框主体拉到蒙层前面
}
```

z-index 的行为很好理解，但是使用它时要注意两个小陷阱。第一，z-index 只在定位元素上生效，不能用它控制静态元素。第二，给一个定位元素加上 z-index 可以创建层叠上下文。

7.4.3　理解层叠上下文

一个**层叠上下文**包含一个元素或者由浏览器一起绘制的一组元素。其中一个元素会作为层叠上下文的根，比如给一个定位元素加上 z-index 的时候，它就变成了一个新的层叠上下文的根。所有后代元素就是这个层叠上下文的一部分。

不要将层叠上下文跟第 4 章的 BFC 弄混了，它们是两个独立的概念，尽管不一定互斥。层叠上下文负责决定哪些元素出现在另一些元素前面，而 BFC 负责处理文档流，以及元素是否会重叠。

实际上将层叠上下文里的所有元素一起绘制会造成严重的后果：层叠上下文之外的元素无法叠放在层叠上下文内的两个元素之间。换句话说，如果一个元素叠放在一个层叠上下文前面，那么层叠上下文里没有元素可以被拉到该元素前面。同理，如果一个元素被放在层叠上下文后面，层叠上下文里没有元素能出现在该元素后面。

这么说比较绕，下面用一个例子来演示。新建一个 HTML 页面，添加代码清单 7-9 里的标记。

代码清单 7-9　层叠上下文的例子

```
<div class="box one positioned">
  one
  <div class="absolute">nested</div>
</div>
<div class="box two positioned">two</div>
<div class="box three">three</div>
```

这段代码包含了三个盒子，其中两个被定位，并且 z-index 为 1，第一个盒子里面有一个绝对定位的元素，它的 z-index 为 100。虽然第一个盒子的 z-index 很高，但还是出现在第二个盒子后面，因为它的父元素，即第一个盒子形成的层叠上下文在第二个盒子后面（如图 7-13 所示）。

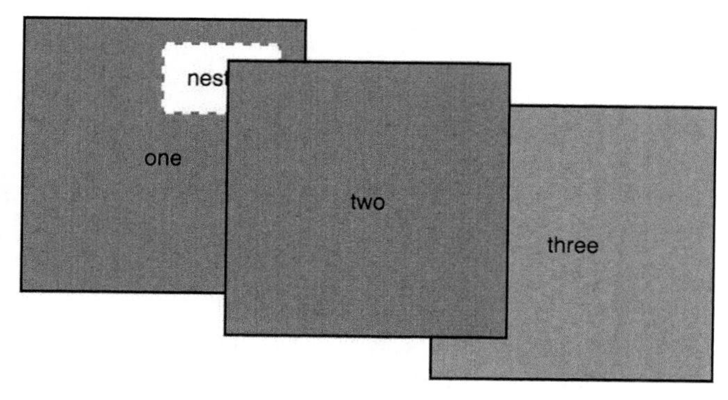

图 7-13　整个层叠上下文相对于页面上其他元素叠放

代码清单 7-10 是这个场景的样式，将其添加到网页里。这里面大部分代码是给盒子添加大小和颜色，以便看清层叠顺序。另外用负的外边距让元素重叠。而最核心的代码是给每个元素加上 position 和 z-index。

代码清单 7-10　创建层叠上下文

```
body {
  margin: 40px;
}

.box {
```

```
  display: inline-block;
  width: 200px;
  line-height: 200px;
  text-align: center;
  border: 2px solid black;
  background-color: #ea5;
  margin-left: -60px;
  vertical-align: top;
}

.one { margin-left: 0; }
.two { margin-top: 30px; }
.three { margin-top: 60px; }

.positioned {
  position: relative;
  background-color: #5ae;
  z-index: 1;
}

.absolute {
  position: absolute;
  top: 1em;
  right: 1em;
  height: 2em;
  background-color: #fff;
  border: 2px dashed #888;
  z-index: 100;
  line-height: initial;
  padding: 1em;
}
```

每个定位的盒子都创建了一个层叠上下文，**z-index** 为 1

z-index 只控制元素在它所处层叠上下文内的层叠顺序

叠放在第二个盒子后面的第一个盒子是一个层叠上下文的根。因此，虽然它的 z-index 值很高，但是它内部的绝对定位元素不会跑到第二个盒子前面。在浏览器开发者工具里试验一下，感受这种关系，改变每个元素的 z-index 看看会发生什么。

说明　给一个定位元素加上 z-index 是创建层叠上下文最主要的方式，但还有别的属性也能创建，比如小于 1 的 opacity 属性，还有 transform、filter 属性。由于这些属性主要会影响元素及其子元素渲染的方式，因此一起绘制父子元素。文档根节点（<html>）也会给整个页面创建一个顶级的层叠上下文。

所有层叠上下文内的元素会按照以下顺序，从后到前叠放：

- 层叠上下文的根
- z-index 为负的定位元素（及其子元素）
- 非定位元素
- z-index 为 auto 的定位元素（及其子元素）
- z-index 为正的定位元素（及其子元素）

用变量记录 z-index

如果不根据组件的优先级定义清晰的层叠顺序，那么一个样式表很容易演变成一场 z-index 大战。如果没有清晰的说明，开发人员在给一个模态框之类的元素添加样式时，为了不被其他元素遮挡，就会设置一个高得离谱的 z-index，比如 999 999。这样的事情重复几次后，大家就只能凭感觉给一个新的组件设置 z-index。

如果你使用预处理器，比如 LESS 或 SASS（参见附录 B），或者你支持的所有浏览器都支持自定义属性（参见第 2 章），就能很方便地处理这个问题。将所有的 z-index 都定义为变量放到同一个地方，如下代码片段所示。这样就能清晰地看到哪些元素在前哪些元素在后。

```
--z-loading-indicator: 100;
--z-nav-menu:          200;
--z-dropdown-menu:     300;
--z-modal-backdrop:    400;
--z-modal-body:        410;
```

将增量设为 10 或者 100，这样就能在需要的时候往中间插入新值。

如果发现 z-index 没有按照预期表现，就在 DOM 树里往上找到元素的祖先节点，直到发现层叠上下文的根。然后给它设置 z-idnex，将整个层叠上下文向前或者向后放。还要注意多个层叠上下文嵌套的情况。

网页很复杂时，很难判断是哪个层叠上下文导致的问题。因此，在创建层叠上下文的时候就一定要多加小心，没有特殊理由的话不要随意创建，尤其是当一个元素包含了网页很大一部分内容的时候。尽可能将独立的定位元素（比如模态框）放到 DOM 的顶层，结束标签</body>之前，这样就没有外部的层叠上下文能束缚它们了。

有些开发人员会忍不住给页面的大量元素使用定位。一定要克制这种冲动。定位用得越多，网页就越复杂，也就越难调试。如果你定位了大量元素，就回头评估一下现在的情况，尤其是当你发现很难调试出自己想要的布局时，一定要反思。如果可以用别的方法实现某个布局，应该优先用那些方法。

如果能够依靠文档流，而不是靠明确指定定位的方式实现布局，那么浏览器会帮我们处理好很多边缘情况。记住，定位会将元素拉出文档流。一般来说，只有在需要将元素叠放到别的元素之前时，才应该用定位。

7.5 粘性定位

人们已经用四种主要的定位类型（静态、固定、绝对以及相对）很长时间了，不过现在浏览器还提供了一种新的定位类型：**粘性定位**（sticky positioning）。它是相对定位和固定定位的结合体：正常情况下，元素会随着页面滚动，当到达屏幕的特定位置时，如果用户继续滚动，它就会“锁定”在这个位置。最常见的用例是侧边栏导航。

曾经只有 Firefox 浏览器支持粘性定位，但是在写本书的时候，Chrome 和 Edge 浏览器都支持了该特性。Safari 则需要加上浏览器前缀（`position: -webkit-sticky`）才支持。记得在 Can I Use 网站中检索 CSS position:sticky 查看最新的支持情况。如果不支持，通常要用固定定位或者绝对定位来回退处理。

你的网页已经有了模态框和下拉菜单，现在升级一下网页，将其改成两栏布局，右边栏是一个粘性定位的侧边栏，效果如图 7-14 所示。

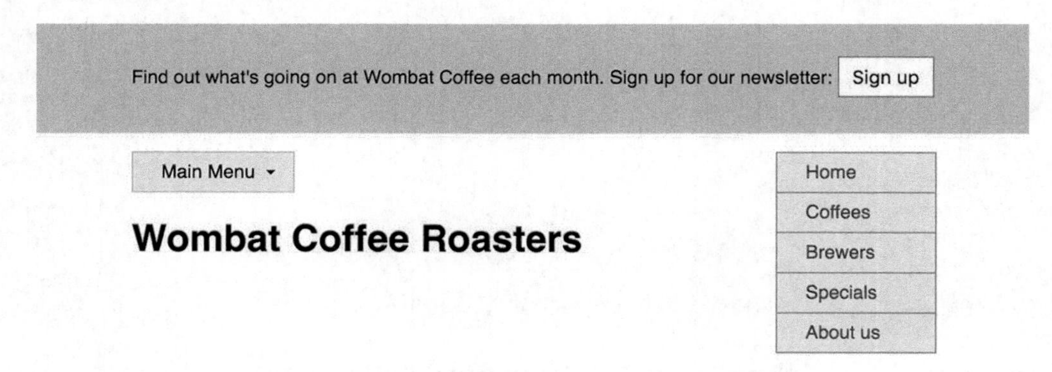

图 7-14　粘性定位的侧边栏在初始状态下位置正常

网页刚加载的时候，侧边栏的位置一切正常。网页滚动，它也跟着滚动直到滚到快要离开视口的时候，它会锁定在那个位置。当网页的剩余部分继续滚动时，它却好像固定定位的元素一样停留在屏幕上，效果如图 7-15 所示。

Wombat Coffee Roasters

图 7-15　侧边栏固定在一个位置

接下来修改网页结构，定义两栏。在 HTML 里将容器改成如代码清单 7-11 所示的代码。把之前的内容（下拉菜单和网页标题）放在左边栏，再添加一个右边栏放“affix”菜单。

代码清单 7-11　将网页改为带侧边栏的两栏布局

```
<div class="container">
  <main class="col-main">
    <nav>
      <div class="dropdown">
        <div class="dropdown-label">Main Menu</div>
        <div class="dropdown-menu">
          <ul class="submenu">
            <li><a href="/">Home</a></li>
```

将现有的内容用 `col-main` 包起来，作为主体栏

```
            <li><a href="/coffees">Coffees</a></li>
            <li><a href="/brewers">Brewers</a></li>
            <li><a href="/specials">Specials</a></li>
            <li><a href="/about">About us</a></li>
          </ul>
        </div>
      </div>
    </nav>
    <h1>Wombat Coffee Roasters</h1>
  </main>

  <aside class="col-sidebar">
    <div class="affix">
      <ul class="submenu">
        <li><a href="/">Home</a></li>
        <li><a href="/coffees">Coffees</a></li>
        <li><a href="/brewers">Brewers</a></li>
        <li><a href="/specials">Specials</a></li>
        <li><a href="/about">About us</a></li>
      </ul>
    </div>
  </aside>
</div>
```

加一个侧边栏，里面放一个 **affix** 元素

接下来更新 CSS，将容器设为弹性容器，设置两栏的宽度。本例复用了下拉菜单的子菜单的样式，当然你也可以给侧边栏添加其他的元素和样式。将代码清单 7-12 加到样式表里。

代码清单 7-12 创建一个两栏布局以及粘性定位的侧边栏

```
.container {
  display: flex;
  width: 80%;
  max-width: 1000px;
  margin: 1em auto;
  min-height: 100vh;
}

.col-main {
  flex: 1 80%;
}

.col-sidebar {
  flex: 20%;
}

.affix {
  position: sticky;
  top: 1em;
}
```

将容器设置为弹性容器，实现两栏布局

特意给容器设置高度

给两栏布局

给侧边栏的菜单添加粘滞定位。它会停在距离视口顶部 1em 的位置

以上代码主要用来设置两栏布局。最后只用了两句声明来给 `affix` 元素定位。`top` 值设置了元素最终固定的位置：距离视口的顶部 1em。

因为粘性元素永远不会超出父元素的范围，所以本例中 affix 不会超出 col-sidebar 的范围。当滚动页面的时候，col-sidebar 会一直正常滚动，但是 affix 会在滚动到特定位置时停下来。如果继续滚动得足够远，粘性元素还会恢复滚动。这种情况只在父元素的底边到达粘性元素的底边时发生。注意，只有当父元素的高度大于粘性元素时才会让粘性元素固定，因此这里我特意给弹性容器加上 min-height，以便让父元素足够高。

7.6 总结

- 模态框使用固定定位。
- 下拉菜单、工具提示及其他动态交互使用绝对定位。
- 实现这些功能时还要考虑可访问性。
- 关于 z-index 有两个地方要注意：它只对定位元素有效；它会创建一个层叠上下文。
- 在一个页面创建多个层叠上下文时一定要当心潜在的陷阱。
- 使用粘性定位时注意浏览器的兼容性。

第 8 章

响应式设计

本章概要

- ❑ 基于多种设备和屏幕尺寸构建网页
- ❑ 使用媒体查询，根据视口大小来改变设计
- ❑ 采用“移动优先”的方式
- ❑ 响应式图片

如今我们随时随地都能上网。上班用台式计算机上网，回家躺在床上用平板上网，在客厅里甚至还可以用电视屏幕上网，更不要说随身携带的智能手机了。从未有任何一样东西像承载了HTML、CSS 和 JavaScript 的 Web 平台那样，成为了一个如此普遍存在的生态系统。

这也给 Web 开发人员带来了一个颇具挑战性的问题：应该如何设计网站，才能让用户在任何设备上访问时，网站都既实用又美观？最初开发人员通过创建两个网站来解决这个问题：桌面版和移动版。例如，针对移动设备，服务器会将 http://www.wombatcoffee.com 重定向到 http://m.wombatcoffee. com。移动版网站通常对小屏幕用户提供的体验较少，设计得更精简。

随着市场上出现越来越丰富的设备，这种方法便开始捉襟见肘了。平板设备该用移动版还是桌面版呢？大屏的“平板手机”呢？iPad Mini 呢？如果移动端用户想要执行桌面版的功能呢？最终，这种将桌面版和移动版强制分开的方案所带来的麻烦比它解决的问题还多。除此之外，还需要同时维护多个网站。

更好的方式是给所有用户提供同一份 HTML 和 CSS。通过使用几个关键技术，根据用户浏览器视口的大小（或者屏幕分辨率）让内容有不一样的渲染结果。这种方式不需要分别维护两个网站。只需要创建一个网站，就可以在智能手机、平板，或者其他任何设备上运行。网页设计师 Ethan Marcotte 称这种方式为**响应式设计**（responsive design）。

浏览网页的时候，留意一下你遇到的响应式设计。看看网站是如何响应不同的浏览器宽度的。新闻类网站尤其有趣，因为它们需要将很多内容挤到一个页面。在写作本书的时候，一些新闻网站就提供了一个很好的示范，它根据浏览器窗口的宽度分别提供了一列、两列、三列布局。通常我们缩放浏览器窗口的宽度就可以直接查看网页布局的响应。这就是响应式设计的工作方式。

响应式设计的三大原则如下。

(1) **移动优先**。这意味着在实现桌面布局之前先构建移动版的布局。

(2) **`@media` 规则**。使用这个样式规则，可以为不同大小的视口定制样式。用这一语法，通常叫作**媒体查询**（media queries），写的样式只在特定条件下才会生效。

(3) **流式布局**。这种方式允许容器根据视口宽度缩放尺寸。

本章将介绍这三种原则。首先我们会构建一个响应式网页，然后在构建过程中逐步介绍三大原则。最后会专门介绍图片，因为在响应式网站中对图片的处理比较特殊。

8.1 移动优先

响应式设计的第一原则就是**移动优先**（mobile first），顾名思义就是构建桌面版之前要先构建移动端布局。这样才能确保两个版本都生效。

开发移动版网页有很多限制：屏幕空间受限、网络更慢。用户跟网页交互的方式也不一样：可以打字，但是用着很别扭，不能将鼠标移动到元素上触发效果等。如果一开始就设计一个包含全部交互的网站，然后再根据移动设备的限制来制约网站的功能，那么一般会以失败告终。

而移动优先的方式则会让你设计网站的时候就一直想着这些限制。一旦移动版的体验做好了（或者设计好了），就可以用“渐进增强”（progressive enhancement）的方式为大屏用户增加体验。

图 8-1 是我们要构建的网页。你猜对了，这是移动版的设计。

图 8-1　移动版的页面设计

网页有三个主要组件：头部、覆盖了一些文字的主图、主内容。还有点击右上角图标后会出现的隐藏菜单（如图 8-2 所示）。这个由三条横线组成的图标通常被叫作**汉堡包**图标，因为它们就像汉堡包的面包和肉饼。

WOMBAT COFFEE ROASTERS

We love coffee

About

Shop

Menu

Brew

We have built partnerships with small farms around the world to hand-select beans at the peak of season. We then carefully roast in **small batches** to maximize their potential.

BLENDS

Our tasters have put together a selection of carefully balanced blends. Our famous **house blend** is available year round.

BREWING EQUIPMENT

We offer our favorite kettles, French presses, and pour-over cones. Come to one of our **brewing classes** to learn how to brew the perfect pour-over cup.

图 8-2 在移动版页面上点击或者轻触汉堡包图标，打开菜单

移动端布局一般是很朴素的设计。除了前面提到的交互菜单，移动版设计主要关注的是内容。在大屏上，可以把页面的大块区域拿来做头部、主图和菜单。然而在移动设备上，用户通常有更明确的目标。他们可能正在外面和朋友们玩，想要快速查到商店的营业时间或者其他具体的信息，比如商品价格或者目的地址。

移动版设计就是内容的设计。想想看，在桌面版网页里，一边是文章，另一边是侧边栏，侧边栏里有链接和不太重要的内容。然而在移动端，我们希望文章先出现。换句话说，我们希望最重要的内容先出现在 HTML 里。这一点恰好跟可访问性的关注点不谋而合：一个屏幕阅读器优先读到“重要的内容”，或者用户使用键盘浏览时先获取到文章里的链接，然后才是侧边栏里的链接。

话虽如此，这也不是一条铁律。比如在上面的示例里，主图虽然没有底下的内容重要，但是它是设计中最出彩的部分，因此应当放在页面顶部。它还包含了少量内容，浏览起来也不费工夫。

重点 做响应式设计时，一定要确保 HTML 包含了各种屏幕尺寸所需的全部内容。你可以对每个屏幕尺寸应用不同的 CSS，但是它们必须共享同一份 HTML。

现在，需要思考较大的视口该如何设计。虽然要先给移动端写布局，但是心里装着整体的设计，才能帮助我们在实现过程中做出合适的决定。比如在本章的示例里需要添加一个中等屏幕的和大屏幕的**断点**（breakpoint）。图 8-3 显示的是中等屏幕的布局。

断点——一个特殊的临界值。屏幕尺寸达到这个值时，网页的样式会发生改变，以便给当前屏幕尺寸提供最佳的布局。

图 8-3　中等屏幕视口下的网页

这个视口尺寸比移动端稍微多了一些发挥空间。头部和主图可以设置更大的内边距。菜单元素刚好可以在一行排开，这样就无须隐藏了。汉堡包图标去掉了，因为无须用它来打开菜单。现在主内容可以分布到三个等宽的列。大部分元素填充在距离视口边缘 1em 的范围内。

更大的视口跟上面一样，但是可以增加网页的外边距，增加主图尺寸，如图 8-4 所示。

图 8-4　大屏幕视口下的网页

因为要先实现移动版设计，所以更应该了解在更大的视口下网页长什么样，这样才能在一开始就写出合适的 HTML 结构。新建一个网页和样式表，给页面添加样式表，同时给 HTML 的<body>元素添加代码清单 8-1 所示的内容。

以下代码看起来跟非响应式设计的代码一样，但是有几处考虑了移动版设计，这稍后会解释。

代码清单 8-1　响应式设计的网页标记

```
<header id="header" class="page-header">
  <div class="title">
    <h1>Wombat Coffee Roasters</h1>
    <div class="slogan">We love coffee</div>
  </div>
</header>

<nav class="menu" id="main-menu">
  <button class="menu-toggle" id="toggle-menu">      ← 给移动版菜单加汉堡包图标
    toggle menu
  </button>
  <div class="menu-dropdown">                         ← 在移动设备上主菜单默认隐藏
    <ul class="nav-menu">
      <li><a href="/about.html">About</a></li>
      <li><a href="/shop.html">Shop</a></li>
      <li><a href="/menu.html">Menu</a></li>
      <li><a href="/brew.html">Brew</a></li>
    </ul>
  </div>
</nav>

<aside id="hero" class="hero">
  Welcome to Wombat Coffee Roasters! We are
  passionate about our craft, striving to bring you
  the best hand-crafted coffee in the city.
</aside>

<main id="main">
  <div class="row">
    <section class="column">
      <h2 class="subtitle">Single-origin</h2>
      <p>We have built partnerships with small farms
        around the world to hand-select beans at the
        peak of season. We then carefully roast in
        <a href="/batch-size.html">small batches</a>
        to maximize their potential.</p>
    </section>
    <section class="column">                          ← 给中等屏幕和大屏幕的视口加上行和列
      <h2 class="subtitle">Blends</h2>
      <p>Our tasters have put together a selection of
        carefully balanced blends. Our famous
        <a href="/house-blend.html">house blend</a>
        is available year round.</p>
    </section>
    <section class="column">
```

```
      <h2 class="subtitle">Brewing Equipment</h2>
      <p>We offer our favorite kettles, French
        presses, and pour-over cones. Come to one of
        our <a href="/classes.html">brewing
        classes</a> to learn how to brew the perfect
        pour-over cup.</p>
    </section>
  </div>
</main>
```

在这段标记里，切换移动版菜单的图标放在 nav 元素里。nav-menu 放置的位置能够同时满足移动和桌面设计的需求。row 和 column 类是为了桌面设计而添加的。（你可能从上面的代码看不出来，没关系，稍后会解释。）

接下来给页面添加样式。首先，添加简单的样式设置页面的字体、标题和颜色，如图 8-5 所示。因为目前关注的是移动端样式，所以要将浏览器的宽度缩小，模拟一个移动设备的大小。这样就能看到小屏幕上的页面是什么样的了。

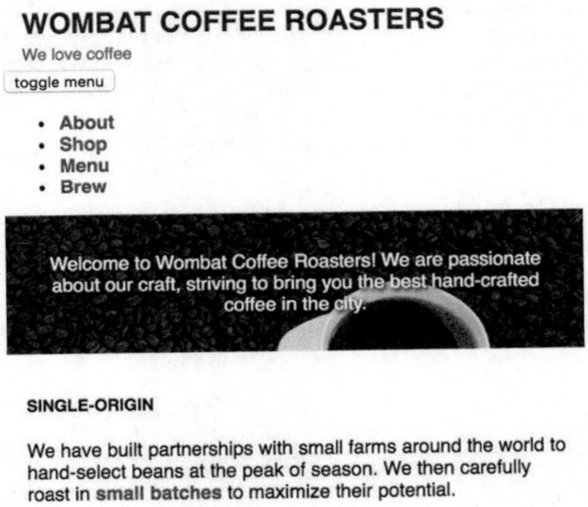

图 8-5　加上简单样式后的网页

样式如代码清单 8-2 所示。将它们添加到样式表，创建 border-box，为其添加大小、字体和链接颜色。代码清单 8-2 用到了第 2 章（2.4.1 节）介绍的基于视口的响应式字号，并且定义了页面头部和主体的样式。

代码清单 8-2　给页面加上初始样式

```
:root {
  box-sizing: border-box;
  font-size: calc(1vw + 0.6em);
}

*,
```

基础字号会根据视口大小适当缩放

```
*::before,
*::after {
  box-sizing: inherit;
}

body {
  margin: 0;
  font-family: Helvetica, Arial, sans-serif;
}

a:link {
  color: #1476b8;
  font-weight: bold;
  text-decoration: none;
}
a:visited {
  color: #1430b8;
}
a:hover {
  text-decoration: underline;
}
a:active {
  color: #b81414;
}

.page-header {
  padding: 0.4em 1em;
  background-color: #fff;
}

.title > h1 {
  color: #333;
  text-transform: uppercase;
  font-size: 1.5rem;
  margin: 0.2em 0;
}

.slogan {
  color: #888;
  font-size: 0.875em;
  margin: 0;
}

.hero {
  padding: 2em 1em;
  text-align: center;
  background-image: url(coffee-beans.jpg);
  background-size: 100%;
  color: #fff;
  text-shadow: 0.1em 0.1em 0.3em #000;
}

main {
  padding: 1em;
```

网页头部和标题

给页面加上主图

深色的文字投影确保浅色文字在复杂背景中可读

主体内容

8

```
}

.subtitle {
  margin-top: 1.5em;
  margin-bottom: 1.5em;
  font-size: 0.875rem;
  text-transform: uppercase;
}
```

以上代码比较简单。它将网页标题和副标题设置为全大写，还给页面上各种组件加上了外边距和内边距，并调整了字号。

主图里的 `text-shadow` 属性你可能没见过。它里面的几个值最终会构成文字下面的投影。前两个值是笛卡儿坐标，表明了投影相对于文字位置的偏移量。`0.1em 0.1em` 表示投影相对于文字稍微往右下偏移。第三个值（`0.3em`）表示投影模糊的程度。最后`#000` 定义了投影的颜色。

8.1.1　创建移动版的菜单

目前页面还剩最复杂的部分等待实现：菜单。现在开始构建。完成后的效果如图 8-6 所示。

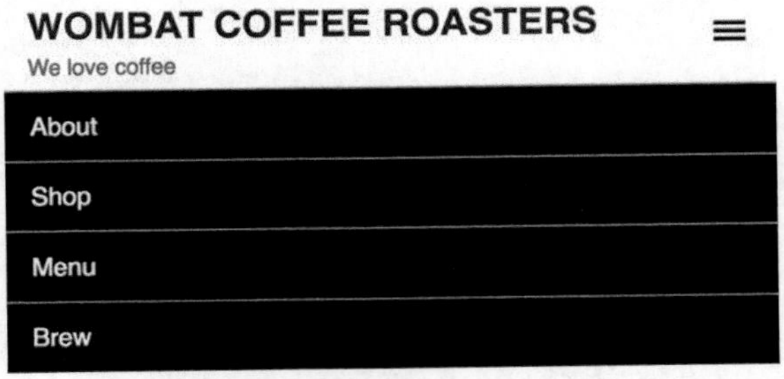

图 8-6　在移动设备上打开的导航菜单

不管用什么语言写代码都是一个迭代过程，CSS 也不例外。在这个页面里，菜单需要特殊考虑。我原本是将`<nav>`放在`<header>`中，希望汉堡包图标出现在`<header>`里。然而在写 CSS 的过程中，我发现需要将两个元素作为兄弟节点，这样它们才能在桌面设备中自然地上下排列。有时候需要反复调试 HTML 里的代码才能实现。

从功能上讲，这个菜单很像第 7 章（代码清单 7-6）里的下拉菜单。初始状态下，我们将 `menu-dropdown` 隐藏起来。然后添加一些 JavaScript 实现菜单显示隐藏的功能，而不是像第 7 章那样用鼠标悬停实现。当用户点击（或者轻触）`menu-toggle` 时，出现下拉菜单；第二次点击时，隐藏下拉菜单。

> **提示**　屏幕阅读器将某些 HTML5 元素，比如`<form>`、`<main>`、`<nav>`以及`<aside>`作为里程碑，帮助弱视用户快速浏览网页。因此，要将控制菜单显示的汉堡包按钮放在`<nav>`元素里，以便用户浏览到这里的时候快速发现它。否则，用户跳到`<nav>`的时候只会发现它是空的（屏幕阅读器忽略了 `display: none` 的下拉菜单）。

矛盾的汉堡包菜单

汉堡包菜单最近几年很流行。它解决了在小屏幕里显示更多内容的问题，但是也有弊端。将重要元素（比如主要的导航菜单）隐藏起来会减少用户跟它们交互的机会。

这些需要你跟你的团队或设计师评估。有时候用汉堡包菜单很合适，有时候则不是。无论怎样，掌握构建汉堡包菜单所需要的技术还是很重要的。

在代码清单 8-1 里，`<nav>`作为一个兄弟元素出现在`<header>`后面。这意味着它会流动到头部下面的空间。为了实现设计效果，这里需要进行一项不常用的操作：使用绝对定位将菜单切换按钮拉到上面，让它出现在头部元素里面。将代码清单 8-3 的菜单样式代码添加到样式表。

代码清单 8-3 移动菜单样式

```
.menu {
  position: relative;        ◁ 给两个绝对定位的子元素创建包含块
}

.menu-toggle {
  position: absolute;
  top: -1.2em;               ◁ 负的 top 值将按钮拉到了包含块的上面
  right: 0.1em;

  border: 0;
  background-color: transparent;   ◁ 覆盖浏览器的按钮样式

  font-size: 3em;
  width: 1em;
  height: 1em;
  line-height: 0.4;
  text-indent: 5em;          ◁ 隐藏按钮的文本内容，将它的大小固定成 1em
  white-space: nowrap;
  overflow: hidden;
}

.menu-toggle::after {
  position: absolute;
  top: 0.2em;
  left: 0.2em;
  display: block;
  content: "\2261";          ◁ 用一个表示汉堡包图标的 Unicode 符号将按钮覆盖
  text-indent: 0;
}

.menu-dropdown {
  display: none;
  position: absolute;
  right: 0;
  left: 0;
  margin: 0;
}

.menu.is-open .menu-dropdown {
  display: block;            ◁ 当给菜单加上类 is-open 的时候，显示下拉菜单
}
```

以上代码实现了很多样式，但是大部分是已经介绍过的技术。相对定位的菜单容器为它的两个子元素——切换按钮和下拉菜单——创建了包含块。负的 top 值将切换按钮向上拉了一段，right 属性将它定位在屏幕右侧。最后切换按钮就位于网页标题右侧的头部区域了。

然后在按钮上用一些替换的“小把戏”：限制它的宽度，加上较大的文字缩进，并且将 overflow 设置成 hidden，从而隐藏了按钮本身的文字（“toggle menu”）。然后给按钮的::after 伪元素加上一个 Unicode 字符（\2261）作为内容。这个字符是一个数学符号，由三条横线组成，即汉堡包菜单。如果想要自定义按钮的图标，可以给伪元素使用背景图片。

如果你不确定每个样式的作用是什么，可以将它们注释掉，看看在网页上的效果。这个网页在大屏下看起来会有点不合适。将浏览器窗口缩小，就更像在移动端看到的样子了。

使用类 is-open 是另一个“小把戏”。使用这个类时，最后的选择器（.menu.is-open.menu-dropdown）就会选中下拉菜单。没有这个类时，就不会选中下拉菜单。这样就实现了菜单下拉的功能。如图 8-7 所示，还未添加其他样式的下拉菜单（注意左侧主图上面的四个链接）。

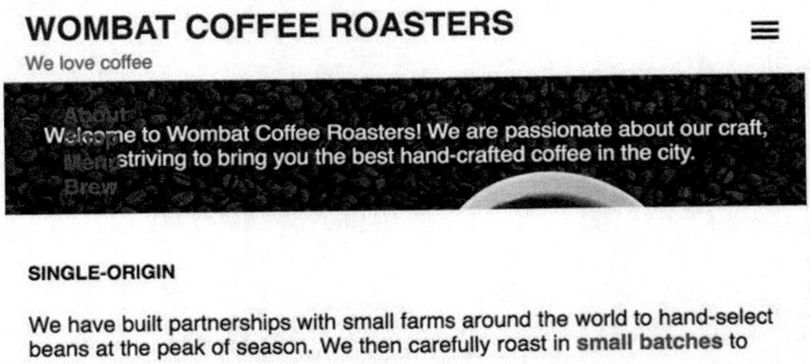

图 8-7　汉堡包按钮

代码清单 8-4 的 JavaScript 会在按下切换按钮的时候添加和删除类 is-open。将以下代码放到</body>标签之前。

代码清单 8-4　实现下拉功能的 JavaScript

```
<script type="text/javascript">
(function () {
  var button = document.getElementById('toggle-menu');
  button.addEventListener('click', function(event) {
    event.preventDefault();
    var menu = document.getElementById('main-menu');
    menu.classList.toggle('is-open');
  });
})();
</script>
```

监听器点击事件（也包括触屏设备的轻触事件）

在菜单上切换类 **is-open**

当点击汉堡包图标的时候，会打开下拉菜单，可以看到菜单的文字出现在网页内容前面。再次点击汉堡包图标就会关闭菜单。这种方式下，CSS 会负责显示和隐藏指定元素，JavaScript 只需要负责改变一个类。

现在下拉菜单可以工作了。还需要给 nav-menu 添加一些样式。将代码清单 8-5 添加到样式表。

代码清单 8-5 导航菜单的样式

```
.nav-menu {
  margin: 0;
  padding-left: 0;
  border: 1px solid #ccc;
  list-style: none;
  background-color: #000;
  color: #fff;
}

.nav-menu > li + li {          <-- 给每个菜单元素加上边框
  border-top: 1px solid #ccc;
}

.nav-menu > li > a {
  display: block;
  padding: 0.8em 1em;          <-- 使用适当的内边距确保有足够大的点击区域
  color: #fff;
  font-weight: normal;
}
```

以上代码也都已经介绍过。由于菜单是一个列表（<ul>），因此需要覆盖浏览器的左内边距，同时删掉列表图标。相邻的兄弟选择器会选中除了第一个元素之外的所有菜单项，给每个菜单项之间加上边框。

有个地方值得注意：菜单项链接周围的内边距。因为是给移动设备设计，通常是触屏设备，所以关键的点击区域应该足够大，并很容易用一个手指点击。

提示 当设计移动触屏设备的时候，确保所有的关键动作元素都足够大，能够用一个手指轻松点击。千万不要让用户放大页面，才能点中一个小小的按钮或者链接。

8.1.2 给视口添加 meta 标签

现在移动版设计已经完成，但是还差一个重要细节：视口的 **meta** 标签。这个 HTML 标签告诉移动设备，你已经特意将网页适配了小屏设备。如果不加这个标签，移动浏览器会假定网页不是响应式的，并且会尝试模拟桌面浏览器，那之前的移动端设计就白做了。为了避免这种情况，按照代码清单 8-6 更新 HTML 里的<head>，将 meta 标签包含进去。

代码清单 8-6 为移动端的响应式设计添加视口 meta 标签

```
<head>
  <meta charset="UTF-8">
  <meta name="viewport"
    content="width=device-width, initial-scale=1">     视口 meta 标签
  <title>Wombat Coffee Roasters</title>
  <link href="styles.css" />
</head>
```

meta 标签的 content 属性里包含两个选项。首先，它告诉浏览器当解析 CSS 时将设备的宽度作为假定宽度，而不是一个全屏的桌面浏览器的宽度。其次当页面加载时，它使用 initial-scale 将缩放比设置为 100%。

> **提示**　现代浏览器的开发者工具提供了模拟移动浏览器的功能，包括较小的视口尺寸和视口 meta 标签的行为。这些工具能帮助我们测试响应式设计。更多信息请参考 https://developers.google.com/web/tools/chrome-devtools/device-mode/（Chrome）或者 https://developer.mozilla.org/en-US/docs/Tools/Responsive_Design_Mode（Firefox）。

这些选项还可以设置为其他值，但是以上配置应该最能满足实际需求。例如，你可以明确设置 width=320 让浏览器假定视口宽度为 320px，但是通常不建议这样，因为移动设备的尺寸范围很广。通过使用 device-width，可以用最合适的尺寸渲染内容。

此外 content 属性还有第三个选项 user-scalable=no，阻止用户在移动设备上用两个手指缩放。通常这个设置在实践中并不友好，不推荐使用。当链接太小不好点击，或者用户想要把某个图片看得更清楚时，这个设置会阻止他们缩放页面。

有关视口 meta 标签的更多信息，请查看 MDN 文档：*Using the Viewport Meta Tag to Control Layout on Mobile Browsers*。

8.2　媒体查询

响应式设计的第二个原则是使用媒体查询。**媒体查询**（media queries）允许某些样式只在页面满足特定条件时才生效。这样就可以根据屏幕大小定制样式。可以针对小屏设备定义一套样式，针对中等屏幕设备定义另一套样式，针对大屏设备再定义一套样式，这样就可以让页面的内容拥有多种布局。

媒体查询使用@media 规则选择满足特定条件的设备。一条简单的媒体查询如下代码所示。

```
@media (min-width: 560px) {
  .title > h1 {
    font-size: 2.25rem;
  }
}
```

在最外层的大括号内可以定义任意的样式规则。@media 规则会进行条件检查，只有满足所有的条件时，才会将这些样式应用到页面上。本例中浏览器会检查 min-width: 560px。只有当设备的视口宽度大于等于 560px 的时候，才会给标题设置 2.25rem 的字号。如果视口宽度小于 560px，那么里面的所有规则都会被忽略。

媒体查询里面的规则仍然遵循常规的层叠顺序。它们可以覆盖媒体查询外部的样式规则（根据选择器的优先级或者源码顺序，同理，也可能被其他样式覆盖。媒体查询本身不会影响到它里面选择器的优先级。

警告 在媒体查询断点中推荐使用 em 单位。在各大主流浏览器中，当用户缩放页面或者改变默认的字号时，只有 em 单位表现一致。以 px 或者 rem 单位为断点在 Safari 浏览器里不太可靠。同时当用户默认字号改变的时候，em 还能相应地缩放，因此它更适合当断点。

在前面的例子里用的是 px，但是在媒体查询里更适合用 em，em 是基于浏览器默认字号的（通常是 16px）。下面将 560px 改成 35em(560 / 16)。

找到样式表中`.title`的样式，将媒体查询加入代码清单 8-7 中，让网页头部拥有响应式行为。

代码清单 8-7 给网页标题样式增加断点

```
.title > h1 {
  color: #333;
  text-transform: uppercase;
  font-size: 1.5rem;
  margin: .2em 0;
}

@media (min-width: 35em) {      ◁ 命中 35em 以上的断点
  .title > h1 {
    font-size: 2.25rem;         ◁ 用更大的字体覆盖移动端字体（1.5rem）
  }
}
```

现在根据视口大小，网页标题有两种不同的字号。当视口小于 35em 的时候是 1.5rem，大于 35em 的时候是 2.25rem。

通过缩放浏览器窗口就能测试标题样式。当窗口很窄的时候，标题是适应移动端的小字号。慢慢放大浏览器窗口，字号会平滑地改变，因为网页被设置了响应式（`calc()`）字号（参见代码清单 8-2）。只要网页宽度达到 35em（或者 560px），标题的字号马上就会变成 2.25rem。

在这里，560px 这个临界值被称为**断点**。大多数情况下，整个样式表里的媒体查询只会复用少数几个断点。本章稍后会介绍如何挑选合适的断点。

8.2.1 媒体查询的类型

还可以进一步将两个条件用`and`关键字联合起来组成一个媒体查询，如下代码所示。

```
@media (min-width: 20em) and (max-width: 35em) { ... }
```

这种联合媒体查询只在设备同时满足这两个条件时才生效。如果设备只需要满足多个条件之一，可以用逗号分隔，如下代码所示。

```
@media (max-width: 20em), (min-width: 35em) { ... }
```

这句媒体查询匹配小于等于 20em 的视口，以及大于等于 35em 的视口。

1. min-width、max-width 等

在前面代码里，min-width 匹配视口大于特定宽度的设备，max-width 匹配视口小于特定宽度的设备。它们被统称为**媒体特征**（media feature）。

min-width 和 max-width 是目前用得最广泛的媒体特征，但还有一些别的媒体特征，如下所示。

- (min-height: 20em)——匹配高度大于等于 20em 的视口。
- (max-height: 20em)——匹配高度小于等于 20em 的视口。
- (orientation: landscape)——匹配宽度大于高度的视口。
- (orientation: portrait)——匹配高度大于宽度的视口。
- (min-resolution: 2dppx)——匹配屏幕分辨率大于等于 2dppx（dppx 指每个 CSS 像素里包含的物理像素点数）的设备，比如视网膜屏幕。
- (max-resolution: 2dppx)——匹配屏幕分辨率小于等于 2dppx 的设备。

完整的媒体特征列表请访问 MDN 文档：*@media*。

基于分辨率的媒体查询比较棘手，因为该特征比较新，浏览器支持得不太好。一些浏览器支持有限或者要求用前缀语法。比如 IE9~11 和 Opera Mini 不支持 dppx 单位，因此需要使用 dpi（每英寸的像素点数）单位代替（比如用 192dpi 代替 2dpx）。Safari 和 iOS 的 Safari 支持前缀版的媒体特征-webkit-min-device-pixel-ratio。总之，最好的方式是用两种方式结合起来匹配高分辨率（视网膜屏）的显示器。

```
@media (-webkit-min-device-pixel-ratio: 2),
       (min-resolution: 192dpi) { ... }
```

这种方式兼容了所有现代浏览器。当你想在高分辨率的屏幕上提供更高清的图片或者图标时，可以用这种方法。这样低分辨率的屏幕就不会浪费带宽去加载大图，因为在这些屏幕上看不出区别。本章稍后会详细介绍响应式图片。

> **提示** 媒体查询还可以放在<link>标签中。在网页里加入<link rel="stylesheet" media="(min-width: 45em)" href="large-screen.css" />，只有当 min-width 媒体查询条件满足的时候才会将 large-screen.css 文件的样式应用到页面。然而不管视口宽度如何，样式表都会被下载。这种方式只是为了更好地组织代码，并不会节省网络流量。

2. 媒体类型

最后一个媒体查询的选项是**媒体类型**（media type）。常见的两种媒体类型是 screen 和 print。使用 print 媒体查询可以控制打印时的网页布局，这样就能在打印时去掉背景图（节省墨水），隐藏不必要的导航栏。当用户打印网页时，他们通常只想打印主体内容。

针对打印样式，使用@media print 查询语句。不需要像 min-width 或者其他媒体特征那样加小括号。同理，针对屏幕样式，使用@media screen。

考虑打印样式

开发 CSS 的时候，通常在事后才会处理打印样式，而且只在需要的时候才会去考虑，但还是有必要思考用户是否想要打印网页的。为了帮助用户打印网页，需要采取一些通用步骤。大多数情况下，需要将基础打印样式放在`@media print {...}`媒体查询内。

使用`display: none`隐藏不重要的内容，比如导航菜单和页脚。当用户打印网页时，他们绝大多数情况下只关心网页的主体内容。

还可以将整体的字体颜色设置成黑色，去掉文字后面的背景图片和背景色。大多数情况下，用通用选择器就能实现。下面的代码使用了`!important`，这样就不必担心被后面的代码覆盖。

```
@media print {
  * {
    color: black !important;
    background: none !important;
  }
}
```

花一点时间实现打印样式就能给用户提供很棒的服务。如果你的网站有很多打印需求（比如食谱网站），那就应该花更多时间确保所有的打印样式正常。

8.2.2 给网页添加断点

通常来说，移动优先的开发方式意味着最常用的媒体查询类型应该是 `min-width`。在任何媒体查询之前，最先写的是移动端样式，然后设置越来越大的断点。整体结构如代码清单 8-8 所示。（先别急着将下面的代码加入网页。）

代码清单 8-8 响应式 CSS 的整体结构

```
.title {            <-- 移动端样式，对所有
  ...                   的断点都生效
}

@media (min-width: 35em) {     <-- 中等屏幕的断点：覆盖
  .title {                         对应的移动端样式
    ...
  }
}

@media (min-width: 50em) {     <-- 大屏幕断点：覆盖对应的小屏幕
  .title {                         和中等屏幕断点的样式
    ...
  }
}
```

最优先的是移动端样式，因为它们不在媒体查询里，所以这些样式对所有断点都有效。然后是针对中等屏幕的媒体查询，其中的规则基于移动端样式构建并且会覆盖移动端样式。最后是针对大屏幕的媒体查询，在这里添加网页最后的布局。

有的设计可能只需要一个断点，有的设计可能需要多个断点。对网页上有很多元素来讲，无须给每个断点都添加样式，因为在小屏幕或者中等屏幕的断点下添加的样式规则在大屏幕的断点下也完全有效。

有时候移动端的样式可能很复杂，在较大的断点里面需要花费较大篇幅去覆盖样式。此时需要将这些样式放在 `max-width` 媒体查询中，这样就只对较小的断点生效，但是用太多的 `max-width` 媒体查询也很有可能是没有遵循移动优先原则所致。`max-width` 是用来排除某些规则的方式，而不是一个常规手段。

接下来给中等屏幕断点添加样式。在较大的屏幕上，可用空间较多，布局可以较宽松一些。在代码清单 8-9 中，给头部和主元素添加更大的内边距，然后单独给主图加大内边距，使它更加明显，同时给页面增加了更多的视觉趣味。导航菜单不必隐藏了，要隐藏汉堡包图标，并让菜单项一直显示（参见代码清单 8-10）。最终可以将主内容变成三列布局（参见代码清单 8-11），页面将如图 8-8 所示。

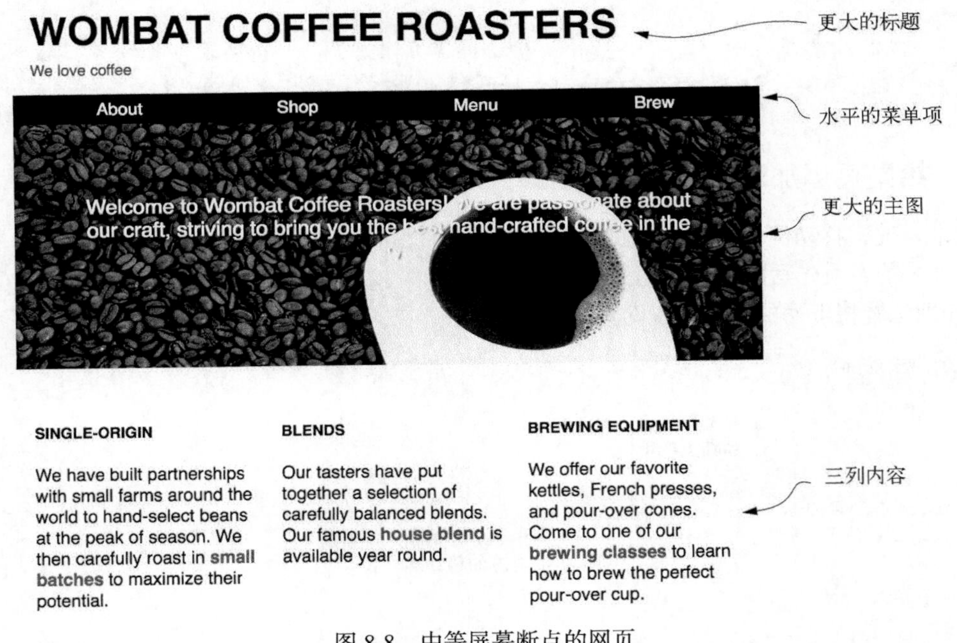

图 8-8　中等屏幕断点的网页

有些改变显而易见，比如适当增加了内边距和字号。通常，最好每次按照相关选择器的规则立即对应修改。简单起见，我在代码清单 8-9 中将代码合并了。将以下代码加入到你的样式表。

代码清单 8-9　中等屏幕断点下的内边距和字体调整

```
.page-header {
  padding: 0.4em 1em;
  background-color: #fff;
}
```

```
@media (min-width: 35em) {
  .page-header {
    padding: 1em;              ◁ 增加头部内边距
  }
}

.hero {
  padding: 2em 1em;
  text-align: center;
  background-image: url(coffee-beans.jpg);
  background-size: 100%;
  color: #fff;
  text-shadow: 0.1em 0.1em 0.3em #000;
}

@media (min-width: 35em) {
  .hero {
    padding: 5em 3em;          ◁ 增加主图的内边距和字号
    font-size: 1.2rem;
  }
}

main {
  padding: 1em;
}

@media (min-width: 35em) {
  main {
    padding: 2em 1em;          ◁ 增加主元素的内边距
  }
}
```

总是确保每个媒体查询都位于它要覆盖的样式之后，这样媒体查询内的样式就会有更高的优先级。将浏览器从窄变宽，看看网页宽度大于 35em 的时候发生的变化。

接下来处理菜单样式。菜单将涉及两处变化：首先，要将下拉菜单的打开和关闭行为去掉，这样才能始终保持可；其次，要将菜单从垂直排列改为水平排列布局。这两处改变将一起实现。将代码清单 8-10 中的媒体查询代码块添加到之前写的 `.menu` 和 `.nav-menu` 样式之后。

代码清单 8-10　为中等屏幕断点重构导航菜单

```
@media (min-width: 35em) {
  .menu-toggle {
    display: none;             ◁ 将菜单的切换按钮隐藏，让下拉菜单的内容显示出来
  }

  .menu-dropdown {
    display: block;            ◁
    position: static;          ◁ 覆盖绝对定位
  }
}
```

8

```
@media (min-width: 35em) {
  .nav-menu {
    display: flex;
    border: 0;
    padding: 0 1em;
  }

  .nav-menu > li {
    flex: 1;
  }
  .nav-menu > li + li {
    border: 0;
  }

  .nav-menu > li > a {
    padding: 0.3em;
    text-align: center;
  }
}
```

将菜单改为弹性容器，让菜单子元素扩展，填满屏幕宽度

虽然前面为了适配移动端布局，给菜单添加了很多复杂样式，但我们能够轻松地覆盖样式让布局恢复到静态的块级元素。不需要覆盖移动样式里的 `top`、`left`、`right` 属性，因为它们对静态定位的元素不起作用。

用 Flexbox 处理列表项是一个很棒的方法，它能够让列表项增长到填满可用空间。菜单元素的内边距也像其他元素一样所调整，不过这次是减小了内边距。在中等屏幕断点下，可以确定用户不是在小手机上访问，因此不需要将点击区域设置得那么大。

8.2.3　添加响应式的列

最后一步是要为中等屏幕断点引入多列布局。和前面几章构建多列布局的方式一样，只需要将这些样式封装在一个媒体查询里，这样就不会影响到小于这个断点的屏幕设备。

写标记的时候，给想要加上三列布局的地方加上 `row` 和 `column` 类。接下来定义相关样式。将代码清单 8-11 添加到样式表。

代码清单 8-11　在媒体查询内的三列布局

```
@media (min-width: 35em) {
  .row {
    display: flex;
    margin-left: -.75em;
    margin-right: -.75em;
  }

  .column {
    flex: 1;
    margin-right: 0.75em;
    margin-left: 0.75em;
  }
}
```

用 Flexbox 实现等宽的列

使用负的外边距将行容器扩大，补偿列的外边距（参见第 4 章，4.5.2 节）

添加列间距

现在缩放浏览器，到达断点时三列布局就会出现。在小于该断点时，这些元素没有任何样式，因此它们会按照自然文档流的顺序自上而下排列。当大于断点时，这些元素就会变成弹性容器加弹性元素。

许多响应式设计遵循这种方法：当设计要求元素并排摆放时，只在大屏上将它们摆放在一行。在小屏下，允许每个元素单独一行，填满屏幕宽度。这种方法适用于列、媒体对象，以及任意在小屏下容易拥挤的元素。你可能会好奇为什么在代码清单 8-7 中要将断点设置为 35em，因为在这个宽度时，三列布局就开始显得拥挤了。本例中小于 35em 时，每列就太窄了。

Web 设计师 Brad Frost 列举了一系列响应模式，可以访问 https://bradfrost.github.io/this-is-responsive/patterns.html 查看。响应式设计中的列非常灵活多变，比如一宽一窄的列、等宽的列、两列、三列。最终，这些列的布局都会使用类似于本章的方式实现，可能会组合多个列或者更改列宽。

有时候，甚至不需要媒体查询，自然地折行就能实现响应式的列。可以通过在 Flexbox 布局中使用 `flex-wrap: wrap` 并设置合适的 `flex-basis` 来实现。还可以在网格布局中使用 `auto-fit` 或者 `auto-fill` 的网格列，在折行之前就可以决定一行放几个元素。用 inline-block 的元素也行，只不过它们无法扩展到填满容器。

断点的选择

本章开头介绍了如何实现简单的响应式元素，便于你熟悉媒体查询的用法。大多数时候，你会先使用断点处理多列的设计。多试几次，直到找到适合页面布局的断点。要确保在所选的断点处，列不会太窄了。

有时候会忍不住想要根据设备选择断点。这个 iPhone 7 宽多少像素，那个平板设备宽多少像素，等等。不要总想着设备。市面上有成百上千中设备和屏幕分辨率，无法逐一测试。相反，应该选择适合设计的断点，这样不管在什么设备上，都能有很好的表现。

期待：容器查询

媒体查询基于视口大小实现响应式设计，但是开发人员和浏览器厂商已经花了好几年时间来寻找更好的解决办法。很多开发人员希望得到的特性是**容器查询**（container queries），起初叫作**元素查询**（element queries）。

这种查询不是响应视口，而是响应一个元素的容器的大小。想想第 4 章里创建的媒体对象。

Change it up

Don't run the same every time you hit the road. Vary your pace, and vary the distance of your runs.

图文并排的媒体对象

在大屏上因为有足够的空间让图片和文字并排摆放，所以没问题。但是在移动端设计时，需要改变这个模式，让图片在文字的上方。

媒体对象的堆叠版本，更适合水平空间有限的情况

有时候，在大屏幕断点上也想要这种移动端布局。比如当这个媒体对象位于一个很窄的列（如代码清单 8-11 所示）：容器太窄，不适合元素并排摆放，即使此时视口的宽度大于移动端的断点。如果可以根据容器的宽度而不是视口宽度来定义媒体对象的响应式行为，就会更合适。不幸的是，现在还不能直接使用这种查询方式。目前要想实现这种布局，只能小心翼翼地构造后代选择器来匹配这种场景（比如`.column .media > .media-image`），但是这种方式非常脆弱。

想要解决以上问题，请继续关注容器查询的进展。浏览器要实现容器查询很难，这也是它迟迟未问世的原因，但是人们对它的呼声很高。希望容器查询或者其他替代方案能够早日为浏览器所支持。

8.3　流式布局

响应式设计的第三个也是最后一个原则是**流式布局**（fluid layout）。流式布局，有时被称作**液体布局**（liquid layout），指的是使用的容器随视口宽度而变化。它跟固定布局相反，固定布局的列都是用 px 或者 em 单位定义。固定容器（比如，设定了 `width: 800px` 的元素）在小屏上会超出视口范围，导致需要水平滚动条，而流式容器会自动缩小以适应视口。

在流式布局中，主页面容器通常不会有明确宽度，也不会给百分比宽度，但可能会设置左右内边距，或者设置左右外边距为 `auto`，让其与视口边缘之间产生留白。也就是说容器可能比视口略窄，但永远不会比视口宽。

在主容器中，任何列都用百分比来定义宽度（比如，主列宽 70%，侧边栏宽 30%）。这样无论屏幕宽度是多少都能放得下主容器。用 Flexbox 布局也可以，设置弹性元素的 `flex-grow` 和 `flex-shrink`（更重要），让元素能够始终填满屏幕。要习惯将容器宽度设置为百分比，而不是任何固定的值。

说明 流式容器在本书其他章节的例子中已经出现过，实际上，整本书中几乎只用了流式布局。现在你应该已经或多或少熟悉这种布局方式了。

网页默认就是响应式的。没添加 CSS 的时候，块级元素不会比视口宽，行内元素会折行，从而避免出现水平滚动条。加上 CSS 样式后，就需要你来维护网页的响应式特性了。这个道理说着容易做着难，而意识到每次都是从一个好的默认状态开始，有助于我们更好地实现响应式布局。

8.3.1 给大视口添加样式

接下来要为下一个屏幕断点加上媒体查询。一边实现一边观察的过程中，就会发现在每个断点处都没有给容器固定宽度。容器可以自然地伸展到 100%（减去一些内边距和/或外边距）。在三列布局的时候使用了 Flexbox，让每一列占据视口宽度的三分之一。

大视口下的网页布局最终效果如图 8-9 所示。类似于中等屏幕视口，只是可用空间更多了。现在可以随意使用内边距，这正是接下来要做的事情。

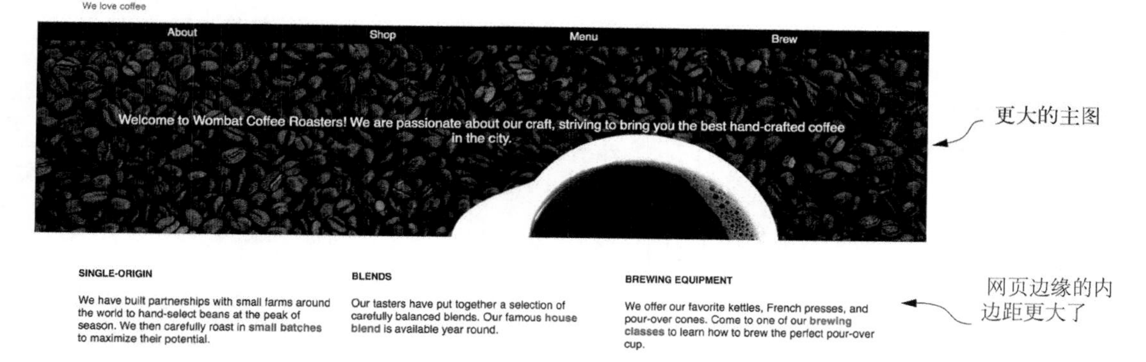

图 8-9 大视口下的网页布局

左右内边距从 1em 加到了 4em。主图上的文字周围的内边距也增加了，这样图片可以更大。新增样式如代码清单 8-12 所示。

将所有的（`min-width: 50em`）媒体查询代码放到样式表中。请再次确认将相同的规则放到较小的断点后面（如`.page-header`、`.hero`、`main`），这样媒体查询内的这些样式才能覆盖前面断点内的样式。

代码清单 8-12 在大屏的断点处增加内边距

```
@media (min-width: 50em) {
  .page-header {
```

```
    padding: 1em 4em;
  }
}

@media (min-width: 50em) {
  .hero {
    padding: 7em 6em;
  }
}

@media (min-width: 50em) {
  main {
    padding: 2em 4em;
  }
}

@media (min-width: 50em) {
  .nav-menu {
    padding: 0 4em;
  }
}
```

网页左右内边距增加到 4em

更大的主图，更大的主图内边距

还需要最后一点调整。现在根元素的响应式字号为 font-size: calc(1vm + 0.6em)，在大屏上就显得太大了，可以在最大的断点处给字号加一个上限。如代码清单 8-13 所示更新样式表。

代码清单 8-13　设置响应式字号的上限

```
:root {
  box-sizing: border-box;
  font-size: calc(1vw + 0.6em);
}

@media (min-width: 50em) {
  :root {
    font-size: 1.125em;
  }
}
```

超过最大断点时，字号不再增长

现在你已经实现了一个拥有三个断点的响应式网页。继续在上面试验，改变断点的宽度，看看浏览体验会发生什么变化。

8.3.2　处理表格

在移动设备的流式布局里，表格的问题特别多。如果表格的列太多，很容易超过屏幕宽度（如图 8-10 所示）。

Country	Region/Farm	Tasting notes	Pri
Nicaragua	Matagulpa	Dark chocolate, almond	$13.
Ethiopia	Yirgacheffe	Sweet tea, blueberry	$15.
Ethiopia	Nano Challa	Tangerine, jasmine	$14.

图 8-10　表格的右边在移动设备上被裁掉了

如果可以的话，建议在移动设备上用别的方式组织数据。比如将每一行数据单独用一块区域展示，让每块区域顺序叠放，或者用更适合小屏的可视化图形或者图表展示。但是，有时候就是需要用表格。

有一个办法是将表格强制显示为一个普通的块级元素，如图 8-11 所示。

Nicaragua
Matagulpa
Dark chocolate, almond
$13.95

Ethiopia
Yirgacheffe
Sweet tea, blueberry
$15.95

Ethiopia
Nano Challa
Tangerine, jasmine
$14.95

图 8-11　表格式的数据，但对每一行和单元格都使用了 `display: block`

这个布局由`<table>`、`<tr>`、`<td>`元素组成，但是我们对它们使用了 `display: block` 声明，覆盖了正常的 table、table-row、table-cell 的显示值。可以用 `max-width` 媒体查询限制在小屏下才改变表格元素的显示。CSS 代码如代码清单 8-14 所示。（可以将代码应用到任意`<table>`标签查看效果。）

代码清单 8-14　在移动设备上实现表格的响应式布局

```
table {
  width: 100%;
}
```

```
@media (max-width: 30em) {
  table, thead, tbody, tr, th, td {
    display: block;
  }

  thead tr {
    position: absolute;
    top: -9999px;
    left: -9999px;
  }

  tr {
    margin-bottom: 1em;
  }
}
```

让表格的所有元素都显示为块级

将表头移到屏幕外，将其隐藏

在表格数据的每一个集合之间加上间隔

以上样式让每个单元格从上到下排列，并且在每个`<tr>`之间添加了外边距，但是这样会让`<thead>`行不再跟下面的每一列对齐，因此要用绝对定位将头部移出视口。出于可访问性的缘故，我们没有用`display: none`，这样屏幕阅读器能够读到表头。虽然不是完美的解决办法，但是当其他方式失效的时候，这就是最好的方式。

8.4　响应式图片

在响应式设计中，图片需要特别关注。不仅要让图片适应屏幕，还要考虑移动端用户的带宽限制。图片通常是网页上最大的资源。首先要保证图片充分压缩。在图片编辑器中选择"Save for Web"选项能够极大地减小图片体积，或者用别的图片压缩工具压缩图片，比如 tinypng 网站。

还要避免不必要的高分辨率图片，而是否必要则取决于视口大小。也没有必要为小屏幕提供大图，因为大图最终会被缩小。

8.4.1　不同视口大小使用不同的图片

响应式图片的最佳实践是为一个图片创建不同分辨率的副本。如果用媒体查询能够知道屏幕的大小，就不必发送过大的图片，不然浏览器为了适配图片也会将其缩小。

使用响应式技术给不同屏幕尺寸提供最合适的图片。比如，处理网页主图的 CSS，如代码清单 8-15 所示。将这段代码添加到样式表。

代码清单 8-15　添加响应式的背景图

```
.hero {
  padding: 2em 1em;
  text-align: center;
  background-image: url(coffee-beans-small.jpg);
  background-size: 100%;
  color: #fff;
  text-shadow: 0.1em 0.1em 0.3em #000;
}
```

给移动设备提供最小的图

```
@media (min-width: 35em) {
  .hero {
    padding: 5em 3em;
    font-size: 1.2rem;
    background-image: url(coffee-beans-medium.jpg);   ◁ 给中等屏幕提供稍大的图
  }
}

@media (min-width: 50em) {
  .hero {
    padding: 7em 6em;
    background-image: url(coffee-beans.jpg);   ◁ 给大屏幕提供完整分辨率的图
  }
}
```

在不同屏幕的浏览器上加载这样的网页，根本看不出有什么区别。这就是关键所在。在小断点下，屏幕尺寸不够宽，反正显示不了完整分辨率的图，但是能节省几百 KB 的流量。在图片较多的网页上，累计节省的流量就能够显著提升网页加载速度。

8.4.2 使用 `srcset` 提供对应的图片

媒体查询能够解决用 CSS 加载图片的问题，但是 HTML 里的`<img>`标签怎么办呢？对于这种行内图片，有另一个重要的解决方法：`srcset` 属性（“source set”的缩写）。

这个属性是 HTML 的一个较新的特性。它可以为一个`<img>`标签指定不同的图片 URL，并指定相应的分辨率。浏览器会根据自身需要决定加载哪一个图片（如代码清单 8-16 所示）。

代码清单 8-16 响应式 srcset 图片

```
<img alt="A white coffee mug on a bed of coffee beans"
     src="coffee-beans-small.jpg"                 ◁ 给不支持 srcset 的浏览器提供常规的 src 属性（比如 IE 和 Opera Mini）
     srcset="coffee-beans-small.jpg 560w,
             coffee-beans-medium.jpg 800w,       每个图片的 URL 和它的宽度
             coffee-beans.jpg 1280w"
/>
```

现在大多数浏览器支持 `srcset`。不支持的浏览器会根据 `src` 属性加载相应的 URL。这种方式允许针对不同的屏幕尺寸优化图片。更棒的是，浏览器会针对高分辨率的屏幕做出调整。如果设备的屏幕像素密度是 2 倍，浏览器就会相应地加载更高分辨率的图片。

有关响应式图片的更多内容，请访问 jakearchibald 网站上的文章 *The Anatomy of Responsive Images*。这篇文章还介绍了其他有用的选项，例如根据加载的图片调整显示的大小。

提示 图片作为流式布局的一部分，请始终确保它不会超过容器的宽度。为了避免这种情况发生，一劳永逸的办法是在样式表加入规则 `img { max-width: 100%; }`。

网页响应式设计的结构实现方式千变万化。最终这些方式都会归纳为三大原则：移动优先、媒体查询、流式布局。

8.5　总结

- 优先实现移动端设计。
- 使用媒体查询，按照视口从小到大的顺序渐进增强网页。
- 使用流式布局适应任意浏览器尺寸。
- 使用响应式图片适应移动设备的带宽限制。
- 不要忘记给视口添加 meta 标签。

第三部分

大型应用程序中的 CSS

代码不仅是与计算机的交流，而且还是与使用该代码的其他开发人员的交流。掌握浏览器如何渲染 CSS 很重要，了解如何在项目中编写和组织 CSS 也很重要。这一部分（第 9 章和第 10 章）将展示如何组织 CSS 代码，使其更易于理解和维护。

第 9 章

模块化 CSS

本章概要

- ❑ 项目规模持续增长时出现的问题
- ❑ 使用模块组织 CSS 代码
- ❑ 避免提升选择器的优先级
- ❑ 调研流行的CSS方法论

在第一部分和第二部分，我们明白了 CSS 的一些晦涩难懂的概念，掌握了 CSS 提供的控制网页元素布局的工具。我们也了解了盒模型、外边距折叠、层叠上下文、浮动和 Flexbox。这些技术对于新建项目尤其重要。然而，在实际的软件开发过程中，我们的时间和精力不仅花在写新代码上，还要用于持续更新和维护现有代码。对于 CSS 来说，这就带来了一堆新问题。

修改现有样式的时候，受影响的页面和元素是不确定的。有个老笑话是这么说的：两个 CSS 属性走进了一间酒吧，结果另一间酒吧里的高脚凳摔倒了。那么问题来了：要怎么确保修改的影响范围和预期一致呢？怎样才能不影响我们不想修改的那些元素？

本部分将讨论这些问题。我们会谈到 CSS 架构，但不会过多涉及具体样式的书写，而是更多地关注 CSS 选择器和匹配的 HTML 元素。如何组织代码结构，决定了后续能否安全地修改代码，而不会有副作用。我们从理解模块化 CSS 开始，这是本章的重点。

模块化 CSS（Modular CSS）是指把页面分割成不同的组成部分，这些组成部分可以在多种上下文中重复使用，并且互相之间没有依赖关系。最终目的是，当我们修改其中一部分 CSS 时，不会对其他部分产生意料之外的影响。

这跟组合家具的原理类似。例如，宜家厨房不是建造一个大型的橱柜单元，而是设计成各种独立的小件，让顾客可以任选购买。这些小件看上去风格一致，组合起来也会很和谐。这样一来，顾客就可以在布置的时候把这些小件随意摆放到自己喜欢的位置。模块化 CSS 也是这样，它不是直接编写一个大型网页，而是编写页面的每个部分，然后按照你需要的效果组合在一起。

在计算机科学中，编写模块化代码并不是什么新潮的做法，但开发人员近几年才开始将其引入 CSS。随着现代网站和 Web 应用程序体量越来越大、越来越复杂，我们不得不寻找一些方法来管理日益庞大且繁杂的样式表。

之前的样式表可以使用选择器在页面上随意修改，模块化的样式则允许开发人员添加一些限制。我们把样式表的每个组成部分称为**模块**（module），每个模块独立负责自己的样式，不会影响其他模块内的样式。也就是说，在 CSS 里引入了软件封装的原则。

> **封装**（encapsulation）——相关的函数和数据集合在一起组成对象，通常用来隐藏结构化对象内部的状态或值，从而使外部因素不能操作对象内部。

CSS 中没有数据和传统函数的概念，但是有选择器及其命中的页面元素。为了达到封装的目的，这些会成为模块的组成部分，并且每个模块都只负责少量的 DOM 元素的样式。

有了封装的思想，我们就可以为页面上那些彼此分立的组件定义模块了，像导航菜单、对话框、进度条、缩略图，等等。可以通过为 DOM 元素设置一个独一无二的的类名来识别每个模块。同时，每个模块包含一系列子元素，构建成页面上的组件。模块内部可以嵌套其他模块，最终构成完整的页面。

9.1 基础样式：打好基础

开始写模块化样式之前，需要先配置好环境。每个样式表的开头都要写一些给整个页面使用的通用规则，模块化 CSS 也不例外。这些规则通常被称为**基础样式**，其他的样式是构建在这些基础样式之上的。基础样式本身并不是模块化的，但它会为后面编写模块化样式打好基础。

新建一个网页和一个样式表，把代码清单 9-1 中的基础样式粘贴到 CSS 中。这里只是列举了你可能用到的一些基础样式。

代码清单 9-1 添加基础样式

```
:root {
  box-sizing: border-box;
}

*,
*::before,
*::after {
  box-sizing: inherit;
}

body {
  font-family: Helvetica, Arial, sans-serif;
}
```

重置盒模型大小（参见第 3 章）

设置页面默认使用的字号

其他常用的基础样式还包括链接的颜色、标题的样式、外边距等。<body>标签默认的外边距很小，你可能会考虑将它的外边距去掉。根据项目的实际情况，你也可能想为表单字段、表格和列表等添加一些样式。

提示 这里推荐一个叫作 normalize.css 的库，这个小样式表可以协助消除不同的客户端浏览器渲染上的不一致。可以从 https://necolas.github.io/normalize.css/下载该库，然后添加到自己的样式表前面作为基础样式的一部分。

基础样式应该是通用的，只添加那些影响页面上大部分或者全部内容的样式。选择器不应该使用类名或者 ID 来匹配元素，应只用标签类型或者偶尔用用伪类选择器。核心思想是这些基础样式提供了一些默认的渲染效果，但是之后可以很方便地根据需要覆盖基础样式。

基础样式配置完成以后，很少会再修改。我们会在基础样式的稳定表现之上，构建模块化 CSS。在样式表中，基础样式后面的内容将主要由各种模块组成。

9.2　一个简单的模块

下面来创建一个短消息通知的模块。每个模块都需要一个独一无二的名称，我们把这个模块叫作"message"。为了吸引用户的注意，可以加上一些颜色和边框效果（如图 9-1 所示）。

Save successful

图 9-1　消息模块

这个模块使用一个类名为 `message` 的 `div` 作为标记。将代码清单 9-2 添加到网页中。

代码清单 9-2　为消息模块添加标记

```
<div class="message">
  Save successful
</div>
```

模块的 CSS 是一个规则集，通过类名指向模块。CSS 中设置了内边距、边框、边框圆角和颜色。把代码清单 9-3 添加到样式表中，放在基础样式后面，就可以把这些样式应用到消息模块了。

代码清单 9-3　实现消息模块

```
.message {                          <—— 通过类名指向消息模块
  padding: 0.8em 1.2em;
  border-radius: 0.2em;
  border: 1px solid #265559;
  color: #265559;
  background-color: #e0f0f2;
}
```

你应该很熟悉这些属性，至少现在看上去没什么特别之处，就跟你在本书里看到的其他 CSS 代码差不多。实际上，我们写过的代码里有很多是符合模块化 CSS 的原则的，只是之前没有注意罢了。下面来分析一下这些 CSS 是如何模块化的。

模块的选择器由单个类名构成，这非常重要。选择器里没有其他规则来约束这些样式仅作用在页面上的某个地方。对比一下，如果使用一个类似于`#sidebar .message`的选择器，就意味着这个模块只能用在`#sidebar`元素内部。没有这些约束，模块就可以在任意上下文中重复使用。

通过给元素添加类名，就可以把这些样式复用到很多场景，比如针对表单输入给用户反馈，提供醒目的帮助文字，或者提醒用户注意免责声明条款等。使用相同的组件，就产生了一套风格一致的 UI。所有用到组件的地方将看上去一样，不会出现有的地方蓝绿色有色差、有的地方内边距偏大等问题。

我曾经在 CSS 没有模块化的项目里工作过。其中有一个项目中出现了好几个相似的按钮：`.save-form button`、`.login-form button` 和 `.toolbar .options button`。样式表里多次出现相同的代码，尽管并不是完全的复制。重复是为了获得一致的体验，但是随着时间的推移，不同的按钮之间还是发生了一些不一样的改变。因此，有的按钮内边距稍有不同，有的按钮红得更鲜艳。

解决办法就是把按钮重构成一个可复用的模块，不受页面位置的限制。创建模块不但可以精简代码（减少重复），还可以保证视觉一致性。这样看上去更专业，不会给人仓促堆砌的感觉。用户在潜意识里也会更容易相信我们的应用程序。

9.2.1 模块的变体

保持一致性确实不错，但有时候需要特意避免一致。上面的消息模块很好用，但某些情况下我们需要它看起来有些不同。比如，我们需要显示一条报错的消息，这时候应该使用红色而不是之前的蓝绿色。再比如，我们可能想要区分传递信息的消息和表示操作成功的通知（比如保存成功）。这可以通过定义**修饰符**（modifiers）来实现。

通过定义一个以模块名称开头的新类名来创建一个修饰符。例如，消息模块的 `error` 修饰符应该叫作 `message-error`。通过包含模块名称，可以清楚地表明这个类属于消息模块。

说明 常用的写法是使用两个连字符来表示修饰符，比如 `message--error`。

下面我们为模块创建三个修饰符：成功、警告和错误。将代码清单 9-4 添加到样式表中。

代码清单 9-4 带修饰符类名的消息模块

```
.message {                                  <-- 基础消息模块
  padding: 0.8em 1.2em;
  border-radius: 0.2em;
  border: 1px solid #265559;
  color: #265559;
  background-color: #e0f0f2;
}

.message--success {                         <-- 成功修饰符变成了绿色
  color: #2f5926;
  border-color: #2f5926;
  background-color:  #cfe8c9;
}

.message--warning {                         <-- 警告修饰符变成了黄色
  color: #594826;
  border-color: #594826;
  background-color:  #e8dec9;
}
```

```
.message--error {
  color: #59262f;
  border-color: #59262f;
  background-color:  #e8c9cf;
}
```

错误修饰符变成了红色

修饰符的样式不需要重新定义整个模块，只需覆盖要改变的部分。在本例中，这意味着只需要修改文本、边框和背景的颜色。

如代码清单 9-5 所示，把主模块类名和修饰符类名同时添加到元素上，就可以使用修饰符了。这样既应用了模块的默认样式，又可以在有需要的时候利用修饰符重写部分样式。

代码清单 9-5　使用了错误修饰符的消息模块的示例

```
<div class="message message--error">
  Invalid password
</div>
```

把模块和修饰符的类名都添加到元素上

同样，有需要时也可以使用成功或警告修饰符。这些修饰符只是改变了模块的颜色，但其他的修饰符可能会改变模块的大小甚至布局。

1. 按钮模块的变体

下面创建另一个带有一些变体的模块。我们将实现一个按钮模块，其中包含大小和颜色选项的变体（如图 9-2 所示）。我们可以用不同的颜色为按钮添加视觉意义。绿色代表积极的行为，比如保存和提交表单；红色意味着警告，有利于防止用户不小心点击取消按钮。

图 9-2　使用了不同的尺寸和颜色修饰符的按钮

代码清单 9-6 给出了这些按钮的样式，包括基础按钮模块和四个修饰符类：两个尺寸修饰符和两个颜色修饰符。将这些代码添加到样式表中。

代码清单 9-6　按钮模块和修饰符

```
.button {
  padding: 0.5em 0.8em;
  border: 1px solid #265559;
  border-radius: 0.2em;
  background-color: transparent;
  font-size: 1rem;
}

.button--success {
  border-color: #cfe8c9;
  color: #fff;
  background-color: #2f5926;
}
```

基础按钮样式

绿色的成功颜色变体

```
.button--danger {
  border-color: #e8c9c9;
  color: #fff;
  background-color: #a92323;
}

.button--small {
  font-size: 0.8rem;
}

.button--large {
  font-size: 1.2rem;
}
```

红色的危险颜色变体

小号变体

大号变体

尺寸修饰符能够设置字体的大小。在第 2 章我们使用过这个技巧：通过更改字号来调整元素相对单位 em 的大小，进而改变内边距和边框圆角的大小，而不需要重写已经定义好的值。

提示　要把一个模块所有的代码集中放在同一个地方，这样一个接一个的模块就会组成我们最终的样式表。

有了这些修饰符，写 HTML 的时候就有了多种选择。我们可以根据按钮的重要程度来添加修饰符类，修改按钮的大小，也可以选择用不同的颜色来为用户提供语境意义。

代码清单 9-7 里的 HTML 组合使用修饰符来创建多个按钮。将这些代码添加到页面，并查看实际效果。

代码清单 9-7　使用修饰符创建多种类型的按钮

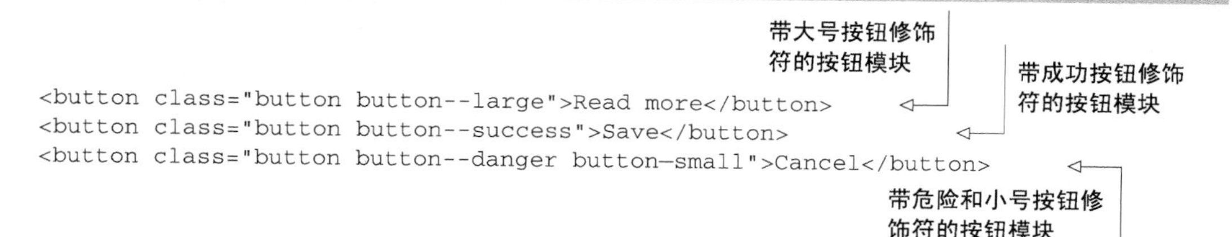

这里的第一个按钮是大号的。第二个按钮是绿色，代表操作成功的颜色。第三个按钮有两个修饰符：一个是改变颜色（危险修饰符），一个改变大小（小号修饰符）。最终效果如图 9-2 所示。

双连字符的写法可能看起来有点儿多余，但当我们开始创建名称很长的模块的时候，比如导航菜单或者文章摘要，好处就显现出来了。为这些模块添加修饰符后，类名将如 `nav-menu--horizontal` 或者 `pull-quote--dark`。

双连字符的写法很容易区分哪部分是模块名称，哪部分是修饰符。`nav-menu--horizontal` 和 `nav--menu-horizontal` 分别代表了不同的含义。这样一来，即使项目里有很多名称相似的模块，也很容易分辨它们。

说明　这种双连字符的写法是从一个叫 BEM 的 CSS 命名规范流行起来的。本章快结束的时候，会介绍 BEM 和其他一些类似的方法论。

2. 不要使用依赖语境的选择器

假设我们正在维护一个网站，里面有浅色调的下拉菜单。有一天老板说，网页头部的下拉菜单需要改成带白色文本的深色调。

如果没有模块化 CSS，我们可能会使用类似于`.page-header .dropdown`的选择器，先选中要修改的下拉菜单，然后通过选择器写一些样式，覆盖`dropdown`类提供的默认颜色。现在要写模块化 CSS，这样的选择器是严格禁用的。虽然使用后代选择器可以满足当下的需要，但接下来可能会带来很多问题。下面我们来分析一下。

第一，我们必须考虑把这段代码放在哪里，是和网页头部的样式放在一起，还是跟下拉菜单的样式放在一起？如果我们添加太多类似的单一目的的规则，样式之间毫无关联，到最后样式表会变得杂乱无章。并且，如果后面需要修改样式，你还能想起来它们放在哪里吗？

第二，这种做法提升了选择器优先级。当下次需要修改代码的时候，我们需要满足或者继续提升优先级。

第三，后面我们可能需要在其他场景用到深色的下拉列表。刚才创建的这个下拉列表是限定在网页头部使用的。如果侧边栏也需要同样的下拉列表，我们就得为该规则集添加新的选择器来匹配两个场景，或者完整地复制一遍样式。

第四，重复使用这种写法会产生越来越长的选择器，将 CSS 跟特定的 HTML 结构绑定在一起。例如，如果有个`#products-page .sidebar .social-media div:first-child h3`这样的选择器，样式集就会和指定页面的指定位置紧紧耦合。

这些问题是开发人员处理 CSS 的时候遭受挫折的根源。使用和维护的样式表越长，情况越糟。新样式需要覆盖旧样式时，选择器优先级会持续提升。到后面不知不觉地就会发现，我们写了一个选择器，其中包含两个 ID 和五个类名，只是为了匹配一个复选框。

在样式表中，元素被各种彼此不相关的选择器匹配，这样很难找到它使用的样式。理解整个样式表的组织方式变得越来越困难，你搞不明白它是怎样把页面渲染成这样的。搞不懂代码就意味着 bug 变得常见，可能很小的改动就会弄乱大片的样式。删除旧代码也不安全，因为你不了解这段代码是干什么的，是否还在用。样式表越长，问题就愈发严重。模块化 CSS 就是要尝试解决这些问题。

当模块需要有不同的外观或者表现的时候，就创建一个可以直接应用到指定元素的修饰符类。比如，写`.dropdown--dark`，而不是写成`.page-header .dropdown`。通过这种方式，模块本身，并且只能是它本身，可以决定自己的样式表现。其他模块不能进入别的模块内部去修改它。这样一来，深色下拉列表并没有绑定到深层嵌套的 HTML 结构上，也就可以在页面上需要的地方随意使用。

千万不要使用基于页面位置的后代选择器来修改模块。坚决遵守这个原则，就可以有效防止样式表变成一堆难以维护的代码。

9.2.2　多元素模块

我们已经创建了消息和按钮两个模块，简单又好用，它们都由单个元素组成，但是有很多模块需要多个元素。我们不可能只靠一个元素就实现下拉菜单或者模态框。

下面来创建一个更复杂的模块。这是一个媒体对象（如图 9-3 所示），就跟第 4 章（4.5.1 节）我们做的那个差不多。

图 9-3　由四个元素组成的媒体模块

这个模块由四个元素组成：div 容器、容器包含的一张图片和正文、正文里的标题。跟其他模块一样，我们会给主容器添加 media 类名来匹配模块名称。对于图片和正文，可以使用类名 media__image 和 media__body。这些类名以模块名称开头，后跟双下划线，然后是子元素的名称。（这是 BEM 命名规范里的另一种约定。）就跟双连字符代表的修饰符一样，这样的类名可以清楚地告诉我们这个元素扮演了什么角色、属于哪个模块。

媒体模块的样式如代码清单 9-8 所示，将其添加到样式表中。

代码清单 9-8　包含子元素的媒体模块

```
.media {                              ← 主容器
  padding: 1.5em;
  background-color: #eee;
  border-radius: 0.5em;
}

.media::after {                       ← 清除浮动
  content: "";
  display: block;
  clear: both;
}

.media__image {                       ← 图片和正文子元素
  float: left;
  margin-right: 1.5em;
}

.media__body {                        ← 图片和正文子元素
  overflow: auto;
  margin-top: 0;
}

.media__body > h4 {                   ← 正文里的标题
  margin-top: 0;
}
```

你会发现并不需要使用很多后代选择器。图片是媒体模块的一个子元素，所以可以使用选择器 .media > .media__image，但这不是必要的。因为 media__image 类名包含了模块的名称，所以已经确保模块名称是独一无二的了。

正文标题确实直接使用了后代选择器。其实也可以用 `media__title` 类（或者 `media__body__title`，这样可以完整地表示出在整个层级中的位置），但是大部分时候没必要。在本例中，<h4>标签已经足够语义化，能够表明这是媒体模块的标题。不过这样一来，标题就不能使用其他的 HTML 标签（<h3>或者<h5>）了。如果你不太喜欢这么严格的限制，可以改成使用类名来匹配元素。

将代码清单 9-9 中的模块标记添加到页面中。

代码清单 9-9　媒体模块的标记

```
<div class="media">
  <img class="media__image" src="runner.png">
  <div class="media__body">
    <h4>Strength</h4>
    <p>
      Strength training is an important part of
      injury prevention. Focus on your core&mdash;
      especially your abs and glutes.
    </p>
  </div>
</div>
```

图片子元素

正文子元素

标题子元素

这是个多功能的模块，可以工作在各种尺寸的容器内部，随着容器宽度自适应调整。正文可以包含多个段落，也可以使用不同尺寸的图片（可以考虑为图片添加 `max-width` 属性，防止图片挤出正文区域）。

1. 同时使用变体和子元素

我们也可以创建模块的变体。现在可以很轻松地把图片从左浮动改成右浮动（如图 9-4 所示）。

图 9-4　把媒体模块的图片改到右侧

变体 `media--right` 可以实现这样的效果。我们把变体的类名添加到模块的主 div 上（`<div class="media media--right">`），然后通过类名匹配图片并设置为右浮动。

将修饰符类名添加到 HTML 里的元素上，然后把代码清单 9-10 添加到样式表里查看效果。

代码清单 9-10　为媒体模块定义一个右浮动变体

```
.media--right > .media__image {
  float: right;
}
```

把右浮动添加到图片子元素，但是只在 **media--right** 修饰符中生效这条规则覆盖了媒体图片之前的 `float: left`。由于浮动的工作原理，我们不需要改变 HTML 中元素的排列顺序。

2. 避免在模块选择器中使用通用标签名

我们在媒体模块中使用了选择器 `.media__body > h4` 来匹配标题元素。这么做是允许的，因为 `<h4>` 标签就是用来标识一个次要标题的。同样的方式也可以用在带列表的模块上。相比为列表里的每个项目都添加 `menu__item` 类名，使用 `.menu > li` 匹配菜单项简单多了，尽管这种写法有些争议。

我们应该避免使用基于通用标签类型的匹配，比如 `div` 和 `span`。类似于 `.page-header > span` 的选择器太宽泛了。最初建立模块的时候，可能只是用 `span` 标签做一件事，但谁也说不准以后会不会出于其他目的再添加第二个 `span`。后面再为 `span` 追加类名就比较麻烦了，因为我们需要在 HTML 标记中找到所有用到模块的地方，全部改一遍。

9.3　把模块组合成更大的结构

Robert C. Martin 在《代码整洁之道》一书中说过，“关于类的第一条规则是类应该短小，第二条规则是还要更短小”。他当时指的是面向对象编程里面的类，但是这些规则也同样适用于 CSS 里的模块。

每个模块应该只做一件事情。消息模块的职责是使消息提示醒目；媒体模块的职责是在一段文本中配置一张图片。我们可以简洁明了地概括出它们的目标。有的模块是为了版面布局，有的是为了编写体例。当模块想要完成不止一件事的时候，我们应该考虑把它拆分成更小的模块。

我们做一个下拉菜单来演示一下（如图 9-5 所示），跟第 7 章（7.3.1 节）里创建的那个有点像。

图 9-5　下拉菜单

创建模块之前应该先自问一下：“从更高的层面上看，这个模块的职责是什么？”对于本例，你的回答可能是这样的：“用按钮触发下拉菜单并展示上下堆叠排列的菜单项。”

就这个场景来说，这还算是个比较恰当的描述。但是我有一条经验：“如果你不得不使用**并**（或者**和**）这个词来表述模块的职责，那你可能正在描述多项职责。”因此，模块究竟是要触发菜单，还是展示堆叠菜单项呢？

当我们需要使用**并**（或者**和**）来描述模块职责的时候，思考一下是不是在描述两种（甚至更多的）职责。有可能不是，我的经验也不是金科玉律。但如果是的话，我们就需要为每个职责分别定义模块。这是模块封装的一个非常重要的原则，我们把它叫作**单一职责原则**（Single Responsibility Principle）。尽可能把多种功能分散到不同的模块中，这样每个模块就可以保持精炼、聚焦，并且容易理解。

9.3.1　拆分不同模块的职责

下面我们用两个不同的模块来创建下拉菜单。第一个模块可以叫作**下拉**（dropdown），其中包含一个控制容器可见性的按钮。换句话说，这个模块负责展示和隐藏容器。我们也可以描述按钮的外观和代表行为的小三角。阐述模块的细节虽然需要用到**并**（或者和），但是这些细节都是从属于首要职责的，因此这么做没问题。

第二个模块叫作菜单，是放置链接的列表。把菜单模块的一个实例放入下拉模块的容器内，就可以构成完整的界面了。

把代码清单 9-11 中的代码加入到页面中。这段代码主体是一个下拉模块，下拉模块内部包含了菜单模块。代码中还有一小段 JavaScript，当触发器被点击时用来实现开关的功能。

代码清单 9-11　用两个模块构造一个下拉菜单

```
<div class="dropdown">
  <button class="dropdown__toggle">Main Menu</button>     ← 下拉的触发按钮
  <div class="dropdown__drawer">                          ← 用作菜单容器的抽屉子元素
    <ul class="menu">                                     ← 放在抽屉内部的菜单模块
      <li><a href="/">Home</a></li>
      <li><a href="/coffees">Coffees</a></li>
      <li><a href="/brewers">Brewers</a></li>
      <li><a href="/specials">Specials</a></li>
      <li><a href="/about">About us</a></li>
    </ul>
  </div>
</div>

<script type="text/javascript">
(function () {
  var toggle =
    document.querySelector('.dropdown__toggle');
  toggle.addEventListener('click', function (event) {     ← 点击触发按钮的时候切换 is-open 类
      event.preventDefault();
      var dropdown = event.target.parentNode;
      dropdown.classList.toggle('is-open');
    }
  );
}());
</script>
```

这里使用了双下划线标记，表示触发器和抽屉是下拉模块的子元素。点击触发器可以显示或者隐藏抽屉元素。JavaScript 代码为下拉模块的主元素添加或者移除 `is-open` 类，以此来实现这个功能。

下拉模块的样式如代码清单 9-12 所示，将其添加到样式表中。这些样式跟第 7 章里演示的差不多，只是为了符合双下划线标记法修改了一下类名。这样就实现了下拉的功能，不过里面的菜单目前还没有样式。

代码清单 9-12 定义下拉模块

```
.dropdown {
  display: inline-block;
  position: relative;          /* 为绝对定位的抽屉元素建立一个包含块 */
}

.dropdown__toggle {
  padding: 0.5em 2em 0.5em 1.5em;
  border: 1px solid #ccc;
  font-size: 1rem;
  background-color: #eee;
}

.dropdown__toggle::after {
  content: "";
  position: absolute;
  right: 1em;
  top: 1em;
  border: 0.3em solid;
  border-color: black transparent transparent;   /* 使用边框绘制三角形（参见第 7 章） */
}

.dropdown__drawer {            /* 初始时隐藏抽屉元素，触发 is-open 类的时候再显示 */
  display: none;
  position: absolute;
  left: 0;
  top: 2.1em;
  min-width: 100%;
  background-color: #eee;
}

.dropdown.is-open .dropdown__toggle::after {
  top: 0.7em;
  border-color: transparent transparent black;   /* 下拉框打开的时候翻转三角形 */
}
.dropdown.is-open .dropdown__drawer {
  display: block;
}
```

在代码清单 9-12 里，主元素使用了相对定位，这样就创建了一个包含块，抽屉元素在包含块内使用绝对定位。代码也为触发按钮提供了一些样式，包括::after 伪元素里的三角形。在添加了 is-open 类之后，它会显示抽屉元素并翻转三角形。

一共大约 35 行代码，涉及了不少东西，但不至于在使用模块的时候毫无头绪。接下来，当我们需要回过头修改某个模块时，就会发现模块越小越好，这有助于迅速理解。

1. 在模块里使用定位

这是我们第一个使用定位的模块，其中创建了模块自己的包含块（主元素的 position: relative）。绝对定位的元素（抽屉元素和::after 伪元素）就是基于同一个模块内的位置来定位的。

应该尽量让需要定位的元素关联到同一个模块内的其他元素。只有这样，我们把模块放在另一个有定位的容器里的时候，才不会弄乱样式。

2. 状态类

is-open 类在下拉模块中有特定的用途。我们在模块里使用 JavaScript 动态地添加或移除它。它也是**状态类**（state class）的一个示例，因为它代表着模块在当前状态下的表现。

按照惯例，状态类一般以 is-或者 has-开头。这样状态类的目的就会比较明显，它们表示模块当前状态下的一些特征或者即将发生的变化。再举一些状态类的示例，比如 is-expanded、is-loading 或者 has-error 等。这些状态类具体会表现成什么样子取决于使用它们的模块。

重点　状态类的代码要和模块的其他代码放在一起。使用 JavaScript 动态更改模块表现的时候，要使用状态类去触发改变。

预处理器和模块化 CSS

所有的预处理器（比如 Sass 或者 LESS）都提供了把分散的 CSS 文件合并成一个文件的功能。我们可以用多个文件和多个目录来组织样式，最后提供一个文件给浏览器。这样可以减少浏览器发起的网络请求数，开发者也可以把代码文件拆分成易于维护的大小。我认为这是预处理器提供的最有价值的特性之一。

如果你正好在使用某种预处理器，那我强烈建议你把 CSS 里的每个模块都放在各自对应命名的文件里，并按实际需要将这些文件组织到不同目录中。然后创建一个主样式表，引入所有的模块。这样一来，你想修改某个模块时就不必到一个冗长的样式表里面搜索了，因为很清楚去哪儿找它。

你可以创建一个 main.scss 文件，里面只包含@import 语句，如下所示。

```
@import 'base';
@import 'message';
@import 'button';
@import 'media';
@import 'dropdown';
```

预处理器会从 base.scss 中引入基础样式，从每个模块文件引入相应的模块样式，然后输出一个包含所有样式的样式表文件。这样每个模块都单独拥有一个便于维护的文件。

查看附录 B 可以获取更多关于预处理器的信息，或者参考预处理器的文档学习如何使用 import 指令。

3. 菜单模块

下拉模块已经搞定了，下面开始实现菜单模块。我们不需要关心下拉动作的开和关，这已经在下拉模块里实现了。菜单模块只需要实现链接列表的观感。

样式如代码清单 9-13 所示，将其添加到样式表中。

代码清单 9-13　菜单模块的样式

```
.menu {
  margin: 0;
  padding-left: 0;
  list-style-type: none;        ◁ 覆盖浏览器默认样式，移除列表的项目符号
  border: 1px solid #999;
}

.menu > li + li {
  border-top: 1px solid #999;   ◁ 每个链接之间添加一条边框
}

.menu > li > a {                ◁ 增大链接的可点击区域
  display: block;
  padding: 0.5em 1.5em;
  background-color: #eee;
  color: #369;
  text-decoration: none;
}

.menu > li > a:hover {          ◁ 给鼠标悬停添加高亮效果
  background-color: #fff;
}
```

这里使用了和第 7 章的下拉菜单相同的声明。每个`<li>`都是模块的子元素，所以我认为没必要为每个元素添加双下划线类，直接使用后代选择器`.menu > li`已经足够明确了。

菜单模块是完全独立的，并不依赖于下拉模块。这使得代码更简单，因为我们不需要理解在这个模块之前先搞懂另一个，也有助于更加灵活地复用模块。

我们可以根据不同需要创建其他样式的菜单（变体或者完全不同的模块都可以），用在下拉模块的内部。也可以把菜单模块用在下拉模块以外的任意地方。我们无法预知后面的页面需要什么，但有了可复用的模块，可以一定程度上确保提供前后一致的观感。

9.3.2　模块命名

为模块命名是个很伤脑筋的事情。开发模块的时候我们可以用个临时的名称，但是最终完成之前，一定要注意命名。这可能算是模块化 CSS 开发里最难的部分了。

回想一下前面章节里的媒体模块，如图 9-6 所示，我们用它来展示一张跑步者的图片和跑步小提示。

图 9-6　包含图片和跑步小提示的媒体模块

假设我们还没有为该模块命名，现在有个页面需要用到它，我们可能会叫它跑步提示模块。这个名称很贴切，看上去也比较合适，但是我们可能会用这个模块里的样式去做其他事情。如果使用同样的 UI 元素做别的事情，该怎么办呢？比如延续跑步主题网站的主题，我们可能会使用一连串的模块列出即将举办的赛事信息，这时候还以跑步提示来命名模块就不合适了。

模块的命名应该有意义，无论使用场景是什么。同时也要避免使用简单地描述视觉效果的名称。把这个模块叫作“带图片的灰盒子”看上去比较通用一些，但是如果之后要改成浅蓝色背景呢？或者重新设计网站呢？这样的名称就不能用了，你还得重新命名，再替换掉 HTML 里所有用到它的地方。

我们应该换一种思路，思考模块代表什么含义。这一般并不容易。“媒体模块”这个名称就很恰当，它代表了一种图文混排的版式。它给人以强烈的印象，并没有将模块局限于任何特定用法或者视觉实现。

模块要适用于各种不同场景，而其名称应该简单易记。当网站有很多页面的时候，我们可能会多次用到某个模块。到时候你和团队里其他成员沟通，可能会进行这种对话：“这里用个‘媒体’”“这些‘板块’太挤了”。

目前，我们已经实现了消息模块、媒体模块、下拉模块和菜单模块。一些比较好的模块名称包括面板（panel）、警告（alert）、可折叠的部分（collapsible-section）、表单控制项（form-control）等。如果你从一开始就对网站的整体设计有全面的了解，会有助于命名。例如，你可能觉得有两个 UI 元素都可以叫作板块（tile），然而它们毫不相关，这时候就应该更明确地命名它们（比如媒体板块和标题板块）。

有些人强制使用两个词来命名每个模块，这样就可以避免模块指代不明确，因为你也不知道什么时候会需要另一个新的板块模块。如果现有的板块模块命名比较明确，新的板块模块出现的时候，再取名就会比较容易，不至于跟前一个混淆。

为模块的变体类命名的时候，应该遵守同样的原则。例如，如果已经有按钮模块了，就不应该使用 `button--red` 和 `button--blue` 命名红色和蓝色变体子类。网站设计在将来有可能会改变，你不知道这些按钮的颜色会不会也跟着变化。应该使用一些更有意义的名称，比如 `button--danger` 和 `button--success`。

使用大或小这样具有相对意义的词语来命名修饰符不是最佳方式，但也可以接受。没人说过网站重构的时候不能更改 `button--large` 的尺寸，只要它还是比标准按钮大一些就可以。一定要牢记，不要使用像 `button--20px` 这样特别精确的修饰符。

9.4 工具类

有时候，我们需要用一个类来对元素做一件简单明确的事，比如让文字居中、让元素左浮动，或者清除浮动。这样的类被称为**工具类**（utility class）。

从某种意义上讲，工具类有点像小号的模块。工具类应该专注于某种功能，一般只声明一次。我通常把这些工具类放在样式表的底部，模块代码的下面。

代码清单 9-14 展示了四个工具类，它们分别实现了特定的功能：文字居中、左浮动、清除浮动（包裹浮动）、隐藏元素。

代码清单 9-14 工具类示例

```
.text-center {                                  ◁ 让容器内的
  text-align: center !important;                  文字居中
}

.float-left {                    ◁ 为元素设置
  float: left;                     左浮动
}

.clearfix::before,
.clearfix::after {                ◁ 清除浮动
    content: " ";
    display: table;
}
.clearfix::after {
    clear: both;
}
                                           隐藏页面上某
.hidden {                               ◁  个元素
  display: none !important;
}
```

这里用到了两次`!important`。工具类是唯一应该使用 important 注释的地方。事实上，工具类应该优先使用它。这样的话，不管在哪里用到工具类，都可以生效。我敢肯定，任何时候为元素添加`text-center`类，都是想让文本居中，不想让其他样式覆盖它。用了 important 注释就可以确保这一点。

可以把这些类添加到页面元素里看看实际效果。`<div class="text-center">`可以使其中的文本居中。将`float-right`添加到`<img>`标签可以使其浮动，把`clearfix`添加到`<img>`的容器元素上可以使其包裹浮动。

工具类的作用立竿见影。在页面上做点小事儿的时候不需要创建一个完整的模块，这种情况下可以用一个工具类来实现。但是不要滥用工具类。对于大部分网站，最多十几个工具类就够用了。

9.5 CSS 方法论

模块化 CSS 的概念几年前就出现了。有些开发者在大型项目中经历了 CSS 体积过大导致的问题，开始制定一些规则来确保代码复用和减少 bug。近几年，在此基础上发展建立了一些新的方法论。这些方法论并不是以任何库或者技术的形式出现的，但确实为开发者组织 CSS 代码提供了一些引导。

本章里很多的点子是之前做出尝试的那些开发者的智慧结晶。你如果你遵循本章给出的建议，那么在遵循大部分方法论方面你还有很长的路要走。

这些实践对于 CSS 领域具有里程碑意义。我们值得花时间研究一下其中比较重大的几个。有的比较简单，只提供了一些编码指导；有的比较严格，硬性规定了样式代码的组织形式。每种方法论都有自己的术语和命名规范，但最终都是为了实现 CSS 模块化。

- OOCSS——面向对象的 CSS，由 Nicole Sullivan 创建。
- SMACSS——可扩展的、模块化 CSS 架构，由 Jonathan Snook 创建。
- BEM——块（Block）、元素（Element）和修饰符（Modifier），由 Yandex 公司提出。
- ITCSS——倒三角形 CSS，由 Harry Roberts 创建。

这个列表大体上是按时间顺序排列的，同时针对代码组织的约束也在增强。OOCSS 仅是基于一些引导原则，ITCSS 对类的命名和样式归类有明确的规则，SMACSS 和 BEM 则介于两者之间。

本章中已经介绍了样式表的三个主要组成部分：基础样式、模块样式和工具类。SMACSS 增加了布局样式的部分，用来处理页面主要区域的布局（侧边栏、页脚、网格系统等）。ITCSS 则进一步将类别分为七个层。

如果你对这些方法论感兴趣，我建议你深入研究一下。它们有不同的术语，但在很多方面又是互补的。选择其中你最喜欢的一种去实践，或者总结出自己想要的模块化 CSS 写法。如果你在团队里工作，就尝试寻求一种大家都认可的方式。如果你不喜欢之前我介绍的 BEM 命名语法，可以用别的，或者创建满足你需求的全新写法。

JavaScript 替代方案

在大型团队里书写模块化样式，需要一些苛刻的约束条件来确保每个人遵守相同的约定。同时也需要采取一些措施来防止大家新建的模块名称出现冲突。为了解决这些问题，一些 Web 开发社区开始尝试模块化 CSS 的替代方案。一番探索后，他们转向了 JavaScript，最终发明了一种解决方案，被称为**内联样式**（inline styles）或者 **CSS in JS**。

这种方案不再依赖类命名的口头约定，而是使用 JavaScript 来控制，要么生成独一无二的类名，要么使用 HTML 的 `style` 属性引入所有的样式。已经出现了不少具备这种功能的 JavaScript 库，其中比较流行的有 Aphrodite、Styled Components 和一个叫作 CSS Modules（容易引起误解）的库。绝大部分库绑定了一个 JavaScript 框架或者工具集，比如 WebPack。

这种解决方案目前仍处于试验阶段（甚至有一些争议性），但是值得去了解一下，特别是如果你正在做单页应用程序（SPA）开发。它只能在完全由 JavaScript 框架渲染的项目里使用，比如 ReactJS。采用这种方案需要做一些权衡，并且会限制使用特定的工具集。虽然这并非完美的解决方案，但已经在一些场景验证过是成功的。

9.6　总结

- 把 CSS 拆解成可复用的模块。
- 不要书写可能影响其他模块或者改变其他模块外观的样式。
- 使用变体类，提供同一模块的不同版本。
- 把较大的结构拆解成较小的模块，然后把多个模块组合在一起构建页面。
- 在样式表中，把所有用于同一个模块的样式放在一起。
- 使用一种命名约定，比如双连字符和双下划线，以便一眼就可以看清楚模块的结构。

第 10 章 模式库

本章概要

- 创建模式库，收录模块
- 开发过程中引入模式库
- 使用 CSS 优先的方案书写样式
- 安全地编辑和删除 CSS
- 使用 Bootstrap 之类的 CSS 框架

在我们开始用模块化的方式书写 CSS 后，处理 Web 页面和 Web 应用程序的方式也会随之改变。起初，我们编写页面时可能感觉不出什么不同。但是一段时间之后，在我们组建某个页面的时候就会发现，这个页面所需的很多模块我们已经写完了。例如，如果需要一个媒体对象，或者下拉或导航菜单，我们已经创建过它们了，有了一些现成的样式。接下来只需要按照恰当的方式组装元素并添加正确的类名即可。

因为模块是可复用的，所以我们在编写页面里相关部分的时候，就不需要向样式表里添加新样式了。不同于以往的先写 HTML 再写样式，只需要使用这些已经存在的模块，组装在一起，就可以生成一个新页面。项目进行得越深入，我们需要写的新 CSS 就越少。这时候我们需要关注的就不是新 CSS，而是样式表里所有可用的模块清单了。

把模块清单整合成一组文档，在大型项目中已经成为通用做法。这组文档被称为**模式库**（pattern library）或者**样式指南**（style guide）。模式库不是网站或者应用程序的一部分，它是单独的一组 HTML 页面，用来展示每个 CSS 模块。模式库是你和你的团队在建站的时候使用的一个开发工具。

本章将展示如何创建一个模式库。有非常多的工具可以辅助我们创建模式库（当然，如果你想挑战一下，也可以完全不使用工具）。下面我会介绍一款这样的工具，名为 KSS，但关注点不会只局限于这款工具，也会讲到一些工具之外的通用概念。

在模式库启动后，我会重点介绍模式库带来的主要好处和它是如何提升开发体验的，特别是对大型项目来说。本章是第 9 章的延伸，如果你跳过了前面，建议你退回去先阅读一下第 9 章。

> **模式库与样式指南**
>
> 有些模式库经常被称为样式指南（或者“在线样式指南”）。实际上样式指南可能更通用，当然了，还是有点区别的。
>
> **样式指南**（style guide）这个名称，不但意味着关于如何使用模块的技术层面上的说明，而且包含了何时何故是否应该使用它们这样偏主观的引导。比较典型的引导是要求开发者遵守一些产品品牌相关的规定。
>
> 如果这种品牌相关的规定对于你的项目有意义，那么可以随意将其添加到模式库。不过这些就属于市场营销领域而非开发领域。由于本章主要关注技术文档相关的方面，因此我就用**模式库**（pattern library）这个名称代替了。

10.1 KSS 简介

在整本书中，我一直强调不要过多地讨论工具。对 CSS 里最重要的概念的理解和应用无关乎所使用的工具集，而且我觉得应该重点关注这些概念，而不是关注使用哪个预处理器或者构建工具。

虽然创建模式库的时候不使用任何工具也可以，但有了工具的帮助会容易很多。有不少相关功能的工具库可以使用，在搜索引擎里搜索“style guide generator”，就可以找到大量结果。无法确定这些工具里最好的是哪个，但是 KSS 确实是其中的佼佼者。KSS 是 Knyle Style Sheets 的简写（“Knyle” 来源于作者的名字 Kyle Neath）。

接下来演示一下如何设置和运行 KSS。配置完成后，KSS 扫描样式表，找到包含 `Styleguide` 的注释块。开发者可以使用注释块来描述每个模块的功能和用法，KSS 正是借此创建 HTML 文档的。注释块里也可以包含 HTML 片段，用来说明创建这个模块需要的标记。通过这种方式，KSS 在文档中生成了类似于截图图 10-1 所示的在线演示。

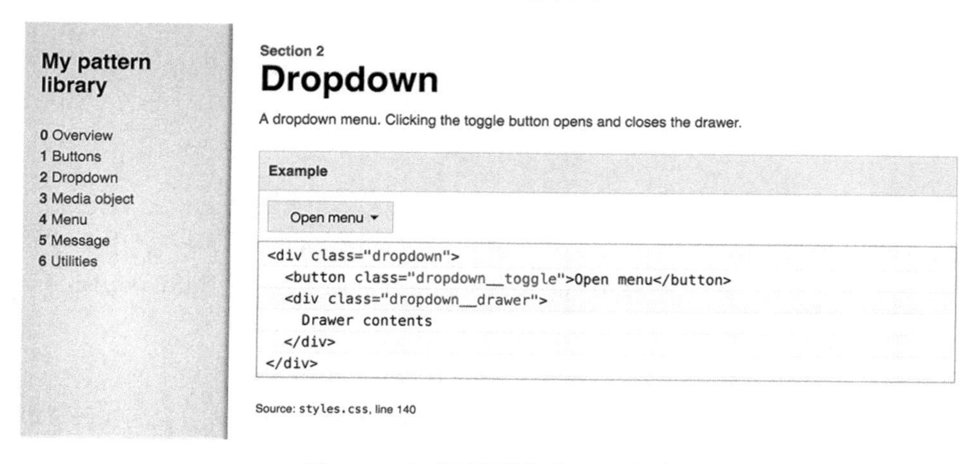

图 10-1 生成下拉模块的 KSS 文档

在该截图中，左侧是一个菜单，列出了模式库中的各个组成部分。右侧是下拉模块的说明文档（就像第 9 章我们实现的那个下拉模块一样）。文档中既包含了渲染好的下拉菜单，也展示了需要用到的 HTML 标记。通过查看文档，任何熟悉 HTML 的开发者都可以轻松地复制这些标记到页面里，然后在样式表的作用下生成相应的效果。

10.1.1 配置 KSS

KSS 最初是一个 Ruby 应用程序。我们现在在基于前端开发的领域探讨，你对 JavaScript 可能更熟悉一点，因此接下来我会演示如何安装 KSS 的 Node.js 工具。

如果你还没有安装 Node.js，可以访问 Node.js 网站免费获取，然后按照指导下载安装。Node 自带了一个包管理器（叫作 npm），我们可以通过它来安装 KSS。我会把安装过程中用到的命令给你，但如果你想要了解更多关于 npm 的信息，或者遇到问题寻求帮助，可以参考 npm 文档。

1. 初始化项目

Node 和 npm 安装好以后，可以在文件系统的任意地方为项目创建目录。在终端界面访问目录，运行 `npm init -y` 来初始化一个新项目。`-y` 选项会为项目名称、许可和其他配置自动设置默认值（如果没有使用 `-y` 选项，npm 就会提醒你输入这些值）。

初始化项目之后，npm 会创建一个 package.json 文件，以 JSON 格式展示项目的 npm 元数据（如代码清单 10-1 所示）。

代码清单 10-1 生成 package.json 文件

```
{
  "name": "pattern-library",
  "version": "1.0.0",
  "description": "",
  "main": "index.js",
  "scripts": {
    "test": "echo \"Error: no test specified\" && exit 1"
  },
  "keywords": [],
  "author": "Keith J. Grant",
  "license": "ISC"
}
```

简明扼要的 npm 项目名称

版本号

关于项目的大段描述可以放在这里

接下来，我们可以安装 KSS 作为一个**依赖**（dependency）。在终端里输入 `npm install --save-dev kss`，这做了两件事情：一是在项目中创建了一个 node_modules 目录，其中安装了 KSS 和它的依赖；二是把“kss”写入 package.json 文件中描述开发依赖的列表（`devDependencies`）。

2. 添加 KSS 配置

KSS 需要一个配置文件。这个文件为 KSS 提供访问目录和文件的路径，然后 KSS 使用目录和文件来创建模式库。在项目目录下新建一个名为 kss-config.json 的文件，复制代码清单 10-2 到文件中。

代码清单 10-2 KSS 配置文件（kss-config.json）

```
{
  "title": "My pattern library",
  "source": [
    "./css"                          <-- CSS 源文件的目录路径（KSS 将要扫描的）
  ],
  "destination": "docs/",            <-- 生成的模式库文件将写入的路径
  "css": [
    "../css/styles.css"              <-- 样式表文件路径（相对于 destination 目录）
  ],
  "js": [
    "../js/docs.js"                  <-- 一些 JavaScript 文件路径（相对于 destination 目录）
  ]
}
```

Source 路径告诉 KSS 去哪里寻找 CSS 源文件，然后 KSS 才可以扫描源文件里面的文档注释。KSS 根据这些注释在目标目录里生成模式库的页面。

`css` 和 `js` 字段里列出的每个文件都会被添加到模式库页面。我们已经为它们各自配置了一个 css 和 js 目录，现在就可以去创建这两个目录和里面的源文件（css/styles.css 和 js/docs.js）。文件目前是空的，很快就会向里面添加内容。

> **说明** 在我们这个例子中，`css` 字段列出的样式表文件和源文件在同一个目录下。如果使用了预处理器，比如 SASS 或者 Less，源文件目录应该指向 SASS 或者 Less 文件，但是 `css` 字段应该指向编译生成的 CSS 样式表。

在配置过程的最后，我们将为 package.json 添加一条命令，用来通知 KSS 构建模式库。在 package.json 文件的 scripts 部分添加一条记录，如代码清单 10-3 所示。

代码清单 10-3 在 package.json 中添加构建脚本

```
"scripts": {
  "build": "kss --config kss-config.json",                 <-- 定义构建命令
  "test": "echo \"Error: no test specified\" && exit 1"
},
```

这样就添加了一条构建命令。在终端里运行 `npm run build`，就可以通知 NPM 启动 KSS（在 node_modules 目录中），加载传递过来的 KSS 配置文件了。然而运行以后我们发现报错了："Error: No KSS documentation discovered in source files."。这是因为 KSS 找不到文档，我们现在就开始编写文档。

10.1.2 编写 KSS 文档

现在要添加第 9 章里的一些模块到模式库。首先添加媒体对象，效果如图 10-2 所示。KSS 构建页面完成以后，左侧的目录里会添加媒体项，右侧会渲染文档。

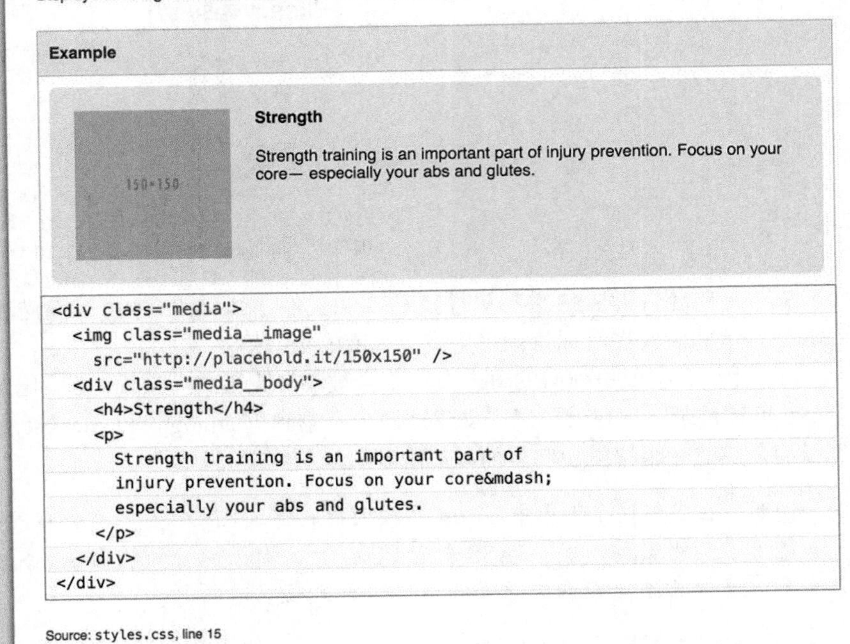

图 10-2　媒体模块的文档

KSS 会按照特定的方式在样式表中搜寻注释。注释中包含了标题（通常是模块名称）、描述信息、示例 HTML 代码和用来表示该模块在目录中位置的 `Styleguide` 注释。这几个部分之间通过空白行彼此间隔，便于 KSS 区分它们。严格来讲，只有最后的 `Styleguide` 注释是 KSS 必需的，但是通常我们也应该好好编写其余部分。

把代码清单 10-4 中的代码添加到 css/styles.css 样式表中，其中包含了一些基础样式和媒体模块。模块样式代码的上面就是为 KSS 提供的 CSS 注释块。

代码清单 10-4　包含 KSS 文档注释的媒体对象

```
:root {
  box-sizing: border-box;
}

*,
*::before,
*::after {
  box-sizing: inherit;
}
```

```
body {
  font-family: Helvetica, Arial, sans-serif;
}

/*
Media                    ◁— 标题（模块名称）

Displays an image on the left and body content
on the right.                                        ◁— 描述模块及其用途

Markup:                                         ◁— 模块使用方法示例
<div class="media">
  <img class="media__image"
    src="http://placehold.it/150x150" />
  <div class="media__body">
    <h4>Strength</h4>
    <p>
      Strength training is an important part of
      injury prevention. Focus on your core&mdash;
      especially your abs and glutes.
    </p>
  </div>
</div>

Styleguide Media           ◁— Styleguide 注释，以 Media 命名把模块添加到目录
*/
.media {
  padding: 1.5em;
  background-color: #eee;
  border-radius: 0.5em;
}
.media::after {
  content: "";
  display: block;
  clear: both;
}

.media__image {
  float: left;
  margin-right: 1.5em;
}

.media__body {
  overflow: auto;
  margin-top: 0;
}

.media__body > h4 {
  margin-top: 0;
}
```

在终端里重新运行 `npm run build`，KSS 会生成 docs 目录，其中包含一个 section-media.html 文件。在浏览器中打开这个文件就可以看到模式库了。KSS 同时也输出了一条警告 “No homepage

10

content found in homepage.md”，后面会讲解如何解决这一问题。现在我们来看看文档注释的部分，前面的几行如下所示。

```
/*
Media

Displays an image on the left and body content
on the right.
```

注释的第一行定义了这部分文档的 Media，后面的一段文本用来描述模块用途。这段描述文本可以使用 markdown 格式，因此可以根据个人意愿添加一些样式，描述也可以是多段的。

markdown——一种通用的文本格式，通过添加标记来生成基础样式。星号包裹的文字生成斜体；反引号（`）包裹的文字标记为代码。可以访问 GitHub 网站的页面 *Markdown Cheatsheet* 获取完整资料。

我们新建了一个模块，可以通过描述文本向其他开发者介绍使用模块时需要了解的东西。有时候简单的一句话就够了，但有时候我们可能需要说明模块依赖于 JavaScript，或者需要结合其他模块一起使用。这是与样式表使用相关的文档部分。

描述后面是一个 `Markup:`注释。后面紧跟一大段 HTML 代码，用来举例说明模块的用法。KSS 把这些 HTML 转化成模式库，以便读者预览效果。接下来，HTML 代码展示为可读性良好的格式，读者可以复制如下代码。

```
Markup:
<div class="media">
  <img class="media__image"
    src="http://placehold.it/150x150" />
  <div class="media__body">
    <h4>Strength</h4>
    <p>
      Strength training is an important part of
      injury prevention. Focus on your core&mdash;
      especially your abs and glutes.
    </p>
  </div>
</div>
```

示例中具体使用哪些文字和图片不重要，只要用来向开发者展示如何使用模块就行。在这里例子里，我们使用了 Placeholder 网站提供的通用占位图片。开发者使用该模块的时候，他们可以替换为自己需要的内容。

警告 要牢记 HTML 片段中不能有空白行，因为对 KSS 来讲，空白行就意味着 markup 这部分结束了。

KSS 注释的最后一行需要包含 `Styleguide` 注释，后面跟着目录标签（本例中是 Media），如下注释所示。

```
Styleguide Media
*/
```

这必须是注释块的最后一行。如果没有这一行，KSS 就会忽略整个注释块。

当更新样式表的时候，也需要相应地修改注释文档。把文档放在源代码里，这个过程就会很顺利。新增一个模块的时候，同时新增一个文档注释块。每次修改后，都要重新运行 `npm run build` 命令，生成模式库的全新副本。

> **警告** KSS 生成新页面的时候不会主动删除旧页面。如果重命名或者移动源码中的一部分文档，docs 目录下的相应文件还在原地，与新文件共存。我们刷新浏览器的时候，要确保不是在重新加载旧页面。

因为模式库和它展示的样式“住”在一起，所以任何有权限访问样式表的开发者都可以访问它的文档。而你可能希望把模式库放在网上，这样整个开发团队都可以访问了。

10.1.3 记录模块变体

下面我们来记录另一类模块（如代码清单 10-5 所示）。首先从上一章引入按钮模块。这个模块提供了几种变体：两种不同的颜色和两种不同的大小。KSS 提供了阐述多重变体的方法，可以在模式库里把每个都渲染出来。最终的效果如图 10-3 所示。

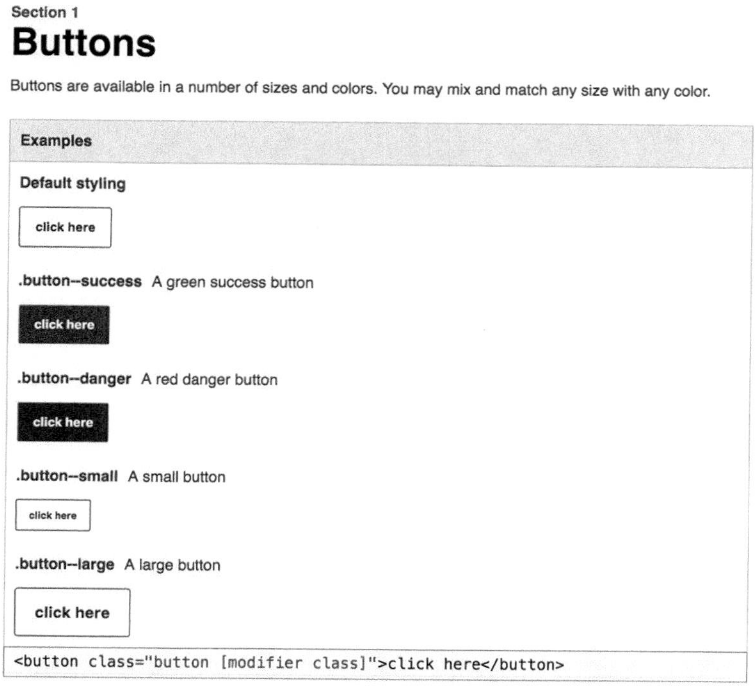

Section 1

Buttons

Buttons are available in a number of sizes and colors. You may mix and match any size with any color.

Examples

Default styling

click here

.button--success A green success button

click here

.button--danger A red danger button

click here

.button--small A small button

click here

.button--large A large button

click here

```
<button class="button [modifier class]">click here</button>
```

图 10-3 带变体的按钮模块

按钮模块的文档注释跟之前的类似，但我们需要在标记后面添加一段新内容来描述每个修饰符（如代码清单 10-5 所示）。这是一组修饰符类的列表，每个列表项后面跟着一个连字符和相关描述。我们也可以添加`{{modifier_class}}`注释到示例标记上，指明修饰符类所属的位置。

代码清单 10-5　按钮模块及其文档

```
/*
Buttons

Buttons are available in a number of sizes and
colors. You may mix and match any size with any
color.

Markup:
<button class="button {{modifier_class}}">      ◁ 代表修饰符类使用的位置
  click here
</button>

.button--success  - A green success button      ┐
.button--danger   - A red danger button         │ 列出可用的修
.button--small    - A small button              │ 饰符类
.button--large    - A large button              ┘

Styleguide Buttons
*/
.button {
  padding: 1em 1.25em;
  border: 1px solid #265559;
  border-radius: 0.2em;
  background-color: transparent;
  font-size: 0.8rem;
  color: #333;
  font-weight: bold;
}

.button--success {
  border-color: #cfe8c9;
  color: #fff;
  background-color: #2f5926;
}

.button--danger {
  border-color: #e8c9c9;
  color: #fff;
  background-color: #a92323;
}

.button--small {
  font-size: 0.8rem;
}

.button--large {
  font-size: 1.2rem;
}
```

KSS 扫描已定义的修饰符类列表，把每一个都展示到模式库中。`{{modifier_class}}`指明放置修饰符类的位置。（如果你熟悉 handlebars 模板，这种语法看上去有点类似，KSS 就是使用这种语法在后台处理模块的。）运行 `npm run build` 重新构建模式库，然后在浏览器里查看文档。

> **提示** 每次修改完再重新运行 KSS 也是一件很烦的事情。如果你的项目里使用了类似于 Gulp 的任务管理工具，那么建议你配置一个监测更新的任务，自动重新运行 KSS。大部分的任务管理器有插件或者其他机制来实现这样的功能。

模式库目录（docs/index.html）里现在应该已经有 3 项了：Overview、Buttons 和 Media，其中后两个分别链接到我们之前写的对应的文档。Overview 的链接是损坏的，因为我们还没有创建主页。这也是之前为什么会出现“No homepage content”的警告。

10.1.4 创建概览页面

下面为模式库添加主页。在 css 目录下面新建一个名为 homepage.md 的文件。这是一个 markdown 格式的文件，用来整体介绍模式库。复制代码清单 10-6 到文件中。

代码清单 10-6 主页 markdown

```
# Pattern library                    ◁── 页面标题

This is a collection of all the modules in our
stylesheet. You may use any of these modules when
constructing a page.
```

现在运行 `npm run build` 命令，主页内容找不到的警告应该已经消失了。如果在浏览器里打开 docs/index.html，可以看到生成的内容。

在实际项目中，使用 index.html 页面作为模式库的介绍。我们可以为用户提供使用说明，如何在页面中引入一个或多个样式表，如何正确引入 Web 字体（参见第 13 章），或者其他任何可以帮助开发者熟悉我们样式表的说明。

你可能会注意到目录中 Overview 链接仍然不能工作，因为现在是在磁盘上直接打开模式库文件，KSS 把 Overview 链接指向了`./`而不是 index.html。要解决这个问题，我们需要通过 HTTP 服务器访问模式库，这样`./`在浏览器里会链接到 index.html。这个就留给你自己解决吧，用你最熟悉的工具。如果你不确定从哪儿下手，可以试试 http-server 的 npm 包。

10.1.5 记录需要 JavaScript 的模块

有些模块需要 JavaScript 配合一起工作。这时候，要为页面添加一些简单的 JavaScript 来演示模块的行为。没必要在模式库里引入一个功能齐全的 JavaScript 库。大多数情况下，切换不同的状态类就够了。我们之前已经在 kss-config.json 的配置里为页面添加了一个 JavaScript 文件。

```
"js": [
  "../js/docs.js"
]
```

KSS 会把 js 数组里列出的所有脚本文件都添加到页面上。我们可以把代码写到这些脚本文件中，为模块提供最基本的功能。下面演示一下，我们将在样式表里新增下拉模块（参见第 9 章）以及对应的注释文档（如代码清单 10-7 所示）。为了实现点击按钮时打开和关闭下拉框，我们要加入一些 JavaScript。然后就可以在模式库中查看模块，实现我们想要的功能（如图 10-4 所示）。

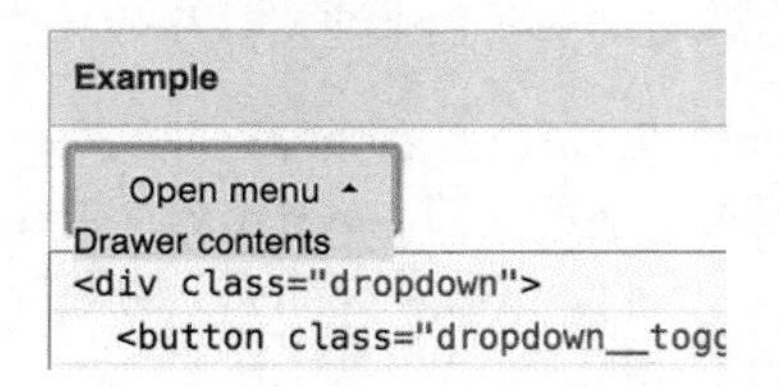

图 10-4　模式库中的下拉菜单（注意：下拉框的内容没有写样式，因为我们希望有其他独立的模块来渲染菜单）

把代码清单 10-7 中的样式和注释文档添加到样式表。关于 JavaScript 如何工作，也有必要给出一些说明。开发者据此来了解如何在网站或者 Web 应用程序中使用模块，他们需要足够的信息才能正确实现它。

代码清单 10-7　下拉模块及其文档

```
/*
Dropdown

A dropdown menu. Clicking the toggle button opens
and closes the drawer.

Use JavaScript to toggle the `is-open` class in     <- 提供说明，引导开发者如何使用 JavaScript 操作该模块
order to open and close the dropdown.

Markup:
<div class="dropdown">                              <- 标记示例
  <button class="dropdown__toggle">Open menu</button>
  <div class="dropdown__drawer">
    Drawer contents
  </div>
</div>

Styleguide Dropdown
*/
.dropdown {                                         <- 下拉模块样式规则（从第 9 章复制）
  display: inline-block;
  position: relative;
}

.dropdown__toggle {
  padding: 0.5em 2em 0.5em 1.5em;
```

```
    border: 1px solid #ccc;
    font-size: 1rem;
    background-color: #eee;
  }

  .dropdown__toggle::after {
    content: "";
    position: absolute;
    right: 1em;
    top: 1em;
    border: 0.3em solid;
    border-color: black transparent transparent;
  }

  .dropdown__drawer {
    display: none;
    position: absolute;
    left: 0;
    top: 2.1em;
    min-width: 100%;
    background-color: #eee;
  }

  .dropdown.is-open .dropdown__toggle::after {
    top: 0.7em;
    border-color: transparent transparent black;
  }
  .dropdown.is-open .dropdown__drawer {
    display: block;
  }
```

运行 npm run build 构建文档，但是此刻页面还是静态的。我们把 JavaScript 加到 js/docs.js 中，让页面动起来。将代码清单 10-8 添加到该文件中。

10

代码清单 10-8　演示模块功能的简短 JavaScript

```
(function () {
  var dropdowns = document.querySelectorAll('.dropdown__toggle');
  Array.prototype.forEach.call(dropdowns, function(dropdown) {
    dropdown.addEventListener('click', function (event) {
      event.target.parentNode.classList.toggle('is-open');
    });
  });
}());
```

获取所有 dropdown__toggle 按钮的实例

为每个实例添加一个单击事件监听器

在 dropdown 元素上切换 is-open 类

单击触发器按钮时，脚本会切换 dropdown 元素上的 is-open 类。实际项目中的完整实现需要更多的代码，需要考虑延时展现或者点击页面其他地方时关闭菜单。这里重申一下，在模式库中，JavaScript 代码应该是最少的，但是要确保打开和关闭状态的样式正确。做完了这些，你（或者其他开发者）就可以专注于处理 JavaScript 的那些细节问题，这属于模式库之外的工作了。

10.1.6　为模式库分组

你可以继续添加第 9 章的模块到样式表，必要的时候插入注释文档。因为你现在已经对整个流程有了基本了解，所以我不会手把手带你完成每个模块了。

组织模式库是需要完成的最后一件事。图 10-4 里面的菜单现在看上去还可以，因为只有几项，但是随着项目规模越来越大，就有必要为模块进行分类，以便查找。

下面为工具类添加注释文档。每个工具类都需要单独解释和展示，现在把它们归到一组。在代码清单 10-9 中，我们新增了一个文档叫 Utilities，把每个工具类作为子项添加进去，最终实现的效果如图 10-5 所示。

图 10-5　Utilities 文档中的三个分组

在 `Styleguide` 注释中使用圆点来创建子项，类似于 `Styleguide Utilities.clearfix`。这样文档注释块就生成了 Utilities 项的一个 Clearfix 子项。

说明　KSS 最多支持条目层级深度为三级（例如 `Utilities.alignment.text-center`）。

添加代码清单 10-9 到样式表，其中包含了三个工具类（`text-center`、`float-left` 和 `clearfix`）及其文档注释。注意新增了 `Weight` 注释，用来控制文档排列顺序。

代码清单 10-9　为相同类型的文档分组

```
/*
Text center

Center text within a block by applying `text-center`

Markup:
<p class="text-center">Centered text</p>
```

```
Weight: 1

Styleguide Utilities.text-center
*/
.text-center {
  text-align: center !important;
}

/*
Float left

Float an element to the left with `float-left`

Weight: 3

Styleguide Utilities.float-left
*/
.float-left {
  float: left;
}

/*
Clearfix

Add the class `clearfix` to an element to force it to
contain its floated contents

Markup:
<div class="clearfix">
  <span class="float-left">floated</span>
</div>

Weight: 2

Styleguide Utilities.clearfix
*/
.clearfix::before,
.clearfix::after {
    content: " ";
    display: table;
}

.clearfix::after {
  clear: both;
}
```

使用圆点符号把每个文档块归为同一组

使用 **Weight** 注释来控制文档排列顺序

使用圆点符号把每个文档块归为同一组

使用 **Weight** 注释来控制文档排列顺序

把所有的这些工具类都归类到一个主类中，它们就会形成一个分组。现在重新构建模式库，就会发现工具类都在目录里的 Utilities 项下面，点击子项就可以查看相应的页面。

警告 Styleguide 注释区分大小写。如果想把多个子项放入同一个分组目录，要确保分组名称始终首字母大写，否则 KSS 会创建不同的分组（例如，一个叫“Utilities”，另一个叫“utilities”）。

默认情况下，KSS 模式库的目录是按字母顺序排序的，分组内的子项也是这样。我们使用 `Weight` 标识来改变排序。KSS 会根据 `Weight` 的值来重新排序，值越大越靠后。你可以通过调整 `Weight` 值来更改某个一级目录项在整个目录中的位置，或者（就像示例中那样）控制某个分组内子项的排列顺序。

我们现在已经介绍了 KSS 的所有基本特性，如果你想要更深入地研究一下，可以尝试在模式库本身的观感上实现更多的控制，比如自定义模式库内部的样式表，或者定制模式库页面构建的模板。可以查看 GitHub 网站里的相关文档获取更多信息。

10.2　改变编写 CSS 的方式

模式库对于小项目来说可有可无，但是实践证明它在大项目中非常有用。你如果正在开发一个有着成百上千张页面的网站，就不可能每次写的样式都一样。然而一旦建立了可复用的模块并且专门写了文档，那就为后面要写的大量的网页提供了工具。

如果你和很多开发者一起合作开发大型 Web 应用程序，难免会出现组件类名冲突和大量相同 UI 的重复实现。如果有了模式库，开发者可以很方便地找到和复用别人的样式，系统化地命名，不再出现类名冲突。

内容编辑和开发者使用你的模式库时，甚至都不需要学习 CSS，只需要对 HTML 有基本的了解即可。他们使用的时候可以直接复制模式库里的源码，放到页面里需要的地方。模块化 CSS 是编写大规模 CSS 的核心，模式库是保证这些模块条理清晰、使用方便的手段。

10.2.1　CSS 优先的工作流程

使用模式库是从传统的 CSS 开发方式转变而来的一种解决方案。不同于之前的先写 HTML 页面再写样式，我们实现了模块化的样式，然后使用这些模块拼装成 Web 页面。我把这种解决方案称为 **CSS 优先**（CSS First）开发方式，先写 CSS，而不是 HTML。你可以（并且应该）按照模式库的方式开发 CSS，然后在项目中使用这些 CSS。开发流程大概是下面这样。

(1) 页面开发时，先有一个草图或者原型图或者其他可以展示页面的设计方式。

(2) 看看模式库。找找现有模块，如果有满足页面需求的模块就直接使用。然后从页面的外层（主页面布局和容器）开始，按自己熟悉的方式编写 CSS。如果使用现有模块可以构建整个页面，就不需要写新的 CSS 了。

(3) 你会发现有时候需要用到一些模式库提供不了的功能。项目开发早期这种情况很常见，到后面就会少很多。这时候就需要开发一个或几个新模块，或者现有模块的新变体。暂停正在编写的页面开发，先在模式库中实现这个模块。为新模块书写文档，确保它的外观和行为跟需求一致。

(4) 回到页面开发，使用刚写的新样式并且添加新模块到页面上。

这种开发方式有几个好处。第一，为网站提供一致性更好的界面。模式库鼓励开发者复用已有的样式，而不是重新开发。比如说，不应该为网站上 10 个不同的页面编写 10 套不同的列表样式，我们更倾向于复用仅有的几套列表。这种开发方式会强迫你停下来思考，是否需要新的样式，现有的模块是否可以满足需求。

第二，当你按照模式库的方式开发模块的时候，你可以孤立地看待问题。你会从一个特定的 Web 页面中脱离出来，聚焦在为一个模块写样式这样的单一任务上。不同于解决某个页面上的某个特定问题，思考新模块可能会用在什么地方会比较容易一些。你会创建一个更通用、可复用性更好的方案。

第三，这种开发方式允许团队里一部分成员专注于开发 CSS。对 CSS 不太熟悉的开发者可以把一部分工作移交给经验更丰富的人。擅长 CSS 的开发者每完成一个模块，就可以向其他人发送一个链接，指向模式库里的模块位置。

第四，这种开发方式可以确保文档是最新的。模式库的页面是你测试 CSS 修改结果的地方，这意味着这些页面会一直呈现出最新的正确行为。修改 CSS 的时候，文档恰好就在旁边的注释块里，这样很容易保持文档也是最新的（后面会谈到如何修改现有的模块）。

经常有开发者问到，如何编写 HTML 才能更容易匹配样式。我认为这种提法本身就是有问题的。相反，应该问如何编写样式才能更好地复用到任意页面上。我们应该先写好 CSS，结构良好的 HTML 自然就有了。

10.2.2 像 API 一样使用模式库

当你使用模式库开发的时候，相当于你正在维护一组与 CSS 交互的 API。每个模块会附带一些类名和少量的 DOM 结构。只要相关的 HTML 部分遵照这种结构来编写，样式表就会正确地渲染样式（如图 10-6 所示）。

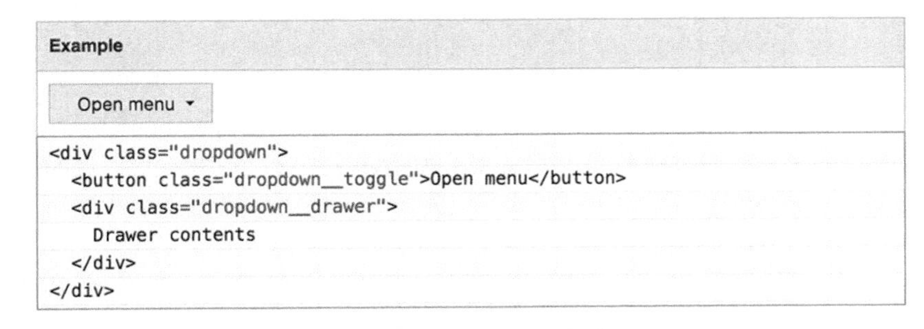

图 10-6 类名和 HTML 结构就是 API

API——应用程序接口，是指一组预先定义好的子程序，可以用来调用系统功能或与系统交互。API 一般包含方法名和参数（在编程语言中），或者包含 URL 和查询参数（在 HTTP API 中）。我在描述模块化 CSS 的时候也使用了 API 的说法，是为了阐明 HTML 代码是通过类名和 HTML 元素连接 CSS 样式的。

每个模块里都包含一段 HTML 示例代码，用来描述约定好的 CSS 和 HTML 的搭配格式。这段代码展示了 HTML 和 CSS 是如何一起工作的。

创建模块的时候，API 的结构是最重要的部分，因为后面很难再修改。当然，HTML 有可以随意修改的地方：每个元素里的内容可以任意改变。有些情况下，模块里的 DOM 元素可以增加、移除甚至改变排序（如果元素是可选的或者可以改变顺序，一定要在文档中明确说明）。HTML 还可以移除整个模块，重新写一个不同的模块。

CSS 同样也有可以修改的地方。可以做一些小的改变，比如增大内间距、调整颜色或者修复 bug。也可以做比较大的修改，比如重构媒体对象，不使用浮动了，改用 Flexbox，或者重新设计模块，把横向排列改成纵向排列。只要 API 的核心部件（类名和 DOM 结构）没有改变，就可以把 CSS 任意修改成自己想要的效果。

做出的这些修改会影响到网站的很多地方跟着变化，但是只要 HTML 按照 API 的结构书写，这些变化就会符合预期。如果你想改变网站上所有的下拉菜单的外观，那么这可以很容易实现，因为网站上所有的下拉菜单都使用了相同的模块（和相同的 API），相应的变化是一致的。

1. 编辑已有模块

下面来演示一下，假设这样一个场景，你想要修改媒体模块的展示形式。之前只有一张图片，现在需要支持两张图片，文字内容的两侧各有一张，如图 10-7 所示。

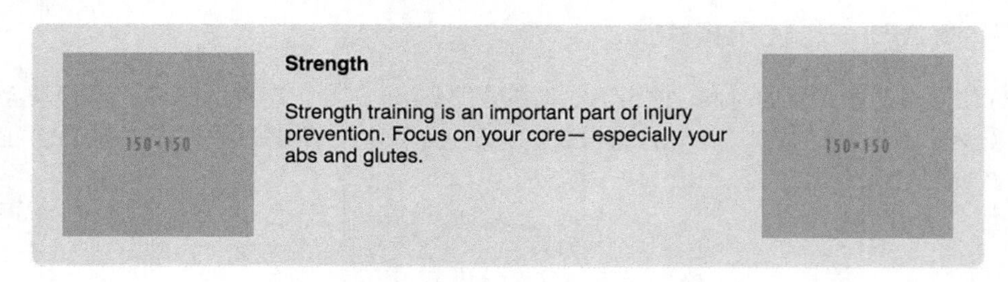

图 10-7　一个假设的媒体对象，包含两张图片

这需要修改一下 CSS。只要确保修改后的 CSS 仍然支持 API（这里是指，网站上现有的媒体对象只有一张图片，依旧可以正常工作），就可以随意修改样式。我们使用 Flexbox 重构模块，步骤如下。

首先，我们需要为注释块里的示例代码增添内容。旧的示例代码不要动，因为改完还要测试之前的内容是否保持不变。现在我们添加第二个示例来测试新的行为，按代码清单 10-10 来更新文档注释块。

代码清单 10-10　在文档中添加新的媒体示例

```
/*
Media

Displays images and/or body content beside one      ◁ 更新描述信息，允许多个图片
another.

Markup:
<div class="media">        ◁ 保持之前的标记示例不变
```

```
  <img class="media__image"
    src="http://placehold.it/150x150" />
  <div class="media__body">
    <h4>Strength</h4>
    <p>
      Strength training is an important part of
      injury prevention. Focus on your core&mdash;
      especially your abs and glutes.
    </p>
  </div>
</div>
```

增加新的示例代码，包含两张图片

```
<div class="media">
  <img class="media__image"
    src="http://placehold.it/150x150" />
  <div class="media__body">
    <h4>Strength</h4>
    <p>
      Strength training is an important part of
      injury prevention. Focus on your core&mdash;
      especially your abs and glutes.
    </p>
  </div>
  <img class="media__image"
    src="http://placehold.it/150x150" />
</div>

Styleguide Media
*/
```

这段代码在模式库中实现了两个模块实例。重新构建模式库，然后查看生成的文档效果。在没有修改 CSS 代码之前，你会发现一个实例是好的，另一个并非预期效果。接下来继续修改 CSS（见代码清单 10-11），让两个实例都正常工作。之后就可以看到如图 10-8 展示的效果。

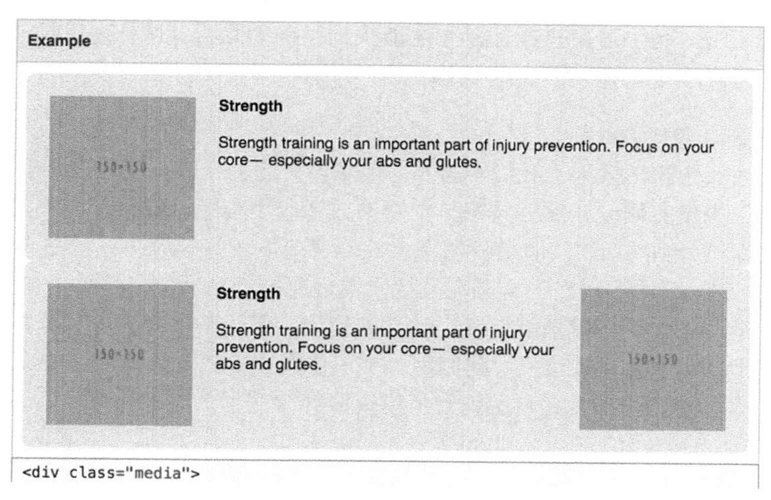

图 10-8　模式库中演示了两种不同类型的媒体对象

模式库现在扮演了一个类似于球场围栏的角色，它可以告诉你对 CSS 的修改是否破坏了网站上已有的媒体对象，同时检验新代码是否有效。

现在可以重构 CSS 来实现新的媒体场景。修改样式表除了让第二个实例正常工作，还要确保修改过程中不破坏第一个实例。

代码清单 10-11　使用 Flexbox 重构媒体模块

```
.media {
  display: flex;                  ← 把容器修改为弹性容器，media__image
  align-items: flex-start;          和 media__body 就会自动成为弹性元素
  padding: 1.5em;
  background-color: #eee;         ← 设置弹性元素顶端对齐，而不是拉伸填充
  border-radius: 0.5em;             满容器高度，防止图片变形
}

.media > * + * {
  margin-left: 1.5em;             ← 移除图片的右侧外边距，取而代之的是为
}                                   所有弹性元素之间添加相同的外边距

.media__body {
  margin-top: 0;
}

.media__body > h4 {
  margin-top: 0;
}
```

运行 npm run build，然后打开模式库的页面查看效果，可以看到修改成功了。媒体对象现在也可以算是多功能的了。因为我们依旧支持之前的模块 API，所以就可以不用担心破坏已完成的页面。

如果没有模块化 CSS 和模式库，修改 CSS 就可能会造成网站样式混乱，我们没办法查明为什么 HTML 到处都是，也不确定选择器是否还能找到正确的元素。有了这些稳定不变的 API，配合模式库文档，再修改 CSS 就会变得轻松愉悦。

2. 使用语义版本和重构代码

有时候为了改成想要的效果，我们不得不修改 API。这也可以，就是需要多做点工作，但是最起码可行。可以先做完修改，然后找遍整个网站或者应用程序，把每个模块实例的 HTML 都更新一下，让它们符合新的 API。但是我发现大部分情况下较好的解决办法是弃用这个模块（需要在文档中说明一下），然后创建一个全新模块来实现所需的新功能。这样一来，旧模块可以在之前用到的地方继续工作，开发新页面就迁移到新模块，因为新的模块支持全部功能。

为了更方便地使用这种开发方式，我们用一个三位数字的**语义版本**（semver）来为 CSS 设置版本号。一旦版本号变了，开发者自然就知道模块内容改变了。

语义版本——Semantic Versioning的简写，一种软件包版本命名格式，使用圆点分隔的三个数字表示（例如1.4.2）。三个数字分别代表主版本号、次版本号和修订号。可以访问Semantic Versioning网站查看更多信息。

我们如果只做一些小修改（比如修改bug），就增加修订版本号（例如，从1.4.2到1.4.3）；如果添加了新的模块或功能，但是没有修改API，或者某个模块被标为废弃，就增加次版本号，把修订版本号设置为0（例如，从1.4.2到1.5.0）；如果过滤了一遍样式表文件把废弃模块都删除了，就需要直接跳到下一个主版本号（例如，从1.4.2到2.0.0）。有时候我们做了大量的外观设计修改（比如网站重新设计了），这时候也需要升级主版本号，即使API还保持原样。

实际上，版本管理可以采用多种方式。这取决于项目的实际情况，在什么地方使用样式。如果要在NodeJS包或者Ruby Gem里引入CSS，那就使用相应的系统构建的版本。如果想通过服务器提供CSS静态访问，可以在URL中包含版本号（例如http://example.com/css/1.4.2/styles.css），同时支持多个版本。

有了版本控制，就可以按照需求配置项目使用任意版本的CSS了。你可以发布一个包含重大改动的3.0.0新版本，但是Web应用程序中可以继续使用旧版本，直到开发者更新一遍HTML升级所有使用的废弃模块。如果不升级应用程序中引入的样式表的版本，CSS的修改就不会破坏应用程序的正常显示。

模式库文档列出了样式表的使用方法，但是HTML开发者可以决定是否使用样式表提供的样式，或者使用哪个版本的样式。也就是说，HTML和CSS是解耦的。CSS一定先开发出来，然后才可以用到HTML中，而HTML也可控，可以选择何时应用新样式。这就是CSS优先的开发方式的好处。

修改模式库的时候，最好不要一个人自行决定。和团队里其他开发者沟通一下，再决定是否弃用或者删除某个模块。我们需要通过收集他人的信息来判断哪些模块是有用的，哪些已经不再需要了。

Bootstrap、Foundation等框架

你可能对某个或多个CSS框架比较熟悉，这类框架都提供了一套预先封装好的样式。这些样式一般包括按钮、表单、菜单列表和一套网格系统。CSS框架有很多，其中比较流行的有Bootstrap、Foundation、Pure等。有的框架功能丰富，提供了很多模块；有的框架相对简单，只提供了基本的功能。

一旦开始建立自己的模式库，你可能会发觉，仿佛正在建一个自己的框架。没错，就是这样！这也正是为什么这些框架都是成功的，因为它们每一个都是模式库。框架里面的CSS样式，都是为了可以在多种场景下可复用而特意编写的。虽然有一些框架并不是非常严格地按照模块化CSS的原则来编写，但在一定程度上，所有的框架都是模块化的。还有，它们都包含版本控制。

这些框架和个人的模式库之间的不同是，框架更通用。在模式库里，模块是为项目定制化的，可以更好地契合项目使用，带有项目本身特有的观感。比如你可以根据需要创建两个不同类型的板块模块，再有其他需要还可以很快改写更多。

总有开发者问我，到底需不需要使用 Bootstrap 这样的框架。我会回答，既需要也不需要。

框架有助于项目快速起步。你不需要做多少工作，就可以获取现成的按钮、板块和下拉菜单。但是根据我的经验，框架从来都不能提供你所需的全部模块。除非是很小的项目，否则你总要再写一些自己的模块。当然了，框架也会提供很多你根本用不到的模块。

如果你确实想使用自己熟悉的框架，我建议只取其中你需要的那一部分，用不到的部分丢掉。不要只在页面上粘贴一个 bootstrap.css 文件，而是把你需要的那些模块复制到你自己的样式表里（如果框架的许可协议允许这样做的话），然后把这部分 CSS 改造成你自己的样式。

如果你在页面里添加一个 CSS 框架，放在自己的样式表前面，接下来你就需要写一大堆样式来覆盖和补充框架样式。如果换一种实现方式，把框架里的样式放到自己的样式表里，就可以直接修改样式了。这样一来，页面里的 CSS 会更精简，也更容易追踪。

不要盲目地使用框架，要学习思考框架背后的设计思路。想象一下，如果你的模式库要设计成通用适配的，让不知道是谁的第三方使用，要怎么做。这可以让你写的样式可复用性更好，如果后期需要修改，可以减少对页面的破坏。

通常来讲，CSS 是一门“只增不减”的语言。开发者害怕去编辑或者删除那些已有的样式，因为他们没办法完全预知修改造成的结果。这时他们就会添加更多的代码到样式表的底部，来覆盖之前的样式规则，或者增加选择器优先级，最终导致样式表变成了一堆难以维护的乱码。

以模块化的方式来组织 CSS 代码，再维护一套与之相应的模式库，就可以避免陷入这样尴尬的境地。你总是知道某个模块的样式位于何处。每个模块只用来做一件事。同时，模式库还有助于开发者密切监视样式表开发过程中的进展情况。

10.3　总结

- 使用工具来存档和清点模块，比如 KSS。
- 使用模式库来记录 HTML 标记示例、模块变体和模块的 JavaScript。
- 开发模块时遵循“CSS 优先”。
- 考虑好 CSS 定义的 API，之后不要轻易修改它。
- 使用语义版本为 CSS 做版本控制。
- 不要盲目地添加整个 CSS 框架到页面上，只取自己需要的那部分。

第四部分

高级话题

设计一个精致的 UI 界面非常重要。用户更倾向于相信一个看起来很专业的应用程序。如果网站设计得赏心悦目，他们可能会更乐意花时间浏览。在本书最后六章中，我们把重点放在设计考量上。一些小小的细节，可能会对网站的观感产生重大的影响。

第 11 章

背景、阴影和混合模式

11

本章概要

- 线性渐变和径向渐变
- 盒阴影和文字阴影
- 调整背景图片的大小和位置
- 使用混合模式，让背景和内容相结合

关于 CSS 我们已经讲了很多东西。你已经对 CSS 的基本工作方式有了更深入的理解，学会了多种布局方法，还学会了如何确保代码组织良好且易于维护。这些内容涵盖了从头开始建立一个网站所需的基本要素。你学到了这些知识，然后可以应用到实际项目中，或许感觉非常不错，但是这还不够！

一个网站，从看起来还可以，到看起来非常棒，差别在于细节。在实现了页面里某个组件的布局并写完样式之后，不要急着继续，有意识地训练自己，以挑剔的眼光审视刚刚完成的代码。如果增加（或者减少）一点内边距是不是看起来更好？调整一下颜色，稍微变深或变浅，或者不要那么鲜艳，是不是效果更好一点？如果你正在开发设计师详细的视觉稿，那么你的实现效果是否尽可能做到了完美还原？设计师可是花费了很多精力推敲那些细节的，一定要认真对待这件事情。

要实现这些细节，CSS 中那些需要艺术创意的部分就派上用场了。可能你跟大部分开发者一样，并不认为自己也是个设计师或者艺术家，但是只要你一直从事 CSS 相关的工作，总是需要扮演其中某个角色。本书的第四部分将重点关注这部分内容。

最后这几章都是关于细节工作的，看看还有哪些特别的东西可以添加到页面上。我会教你一些设计上的小技巧，不要担心学不会，设计并不是你想象的那么主观。我会讲解一些具体的规则，告诉你如何使用颜色、间距、排版和动画。如果你想让自己的网站不仅功能完备，而且外观精美，那么这几章将带给你一些启发。

本章将介绍如何为网页添加视觉效果。以图 11-1 展示的按钮为例，它使用了背景渐变和投影两种特效，看上去有了立体感。背景颜色从顶部的中蓝色（#57b）过渡到底部的深蓝色（#148）。你可能没有留意到这层渐变，但是再加上底部和右侧边缘的阴影效果，就让按钮整体呈现出了立体感。

图 11-1 添加了渐变背景和投影效果的按钮

本章接下来会讲解渐变和投影是如何工作的，也会展示一些实际应用的例子。还有一种非常有意思的特效叫作**混合模式**（blend modes），可以把多个背景图片和背景颜色以不同方式组合在一起使用。

一般不太需要同时把这些特效添加到页面上，因此我们不会建一个大网页，而是拆分成多个小例子来演示。学会了这些特效，你就可以有选择地将其添加到各种项目里了。

11.1 渐变

前面的章节已经介绍了纯色背景和一些背景图片的使用方法，但是 `background` 属性依然还有很多的功能等待我们去探索。实际上，它是以下八个属性的简写。

- `background-image`——指定一个文件或者生成的颜色渐变作为背景图片。
- `background-position`——设置背景图片的初始位置。
- `background-size`——指定元素内背景图片的渲染尺寸。
- `background-repeat`——决定在需要填充整个元素时，是否平铺图片。
- `background-origin`——决定背景相对于元素的边框盒、内边距框盒（初始值）或内容盒子来定位。
- `background-clip`——指定背景是否应该填充边框盒（初始值）、内边距框盒或内容盒子。
- `background-attachment`——指定背景图片是随着元素上下滚动（初始值），还是固定在视口区域。注意，使用 `fixed` 值会对页面性能产生负面影响。
- `background-color`——指定纯色背景，渲染到背景图片下方。

本章，我们会学习这些属性。现在需要了解的是，使用简写属性（`background`）可以设置指定的值，同时把其他属性重置为初始值。因此，在需要用到多个属性时，我往往使用单独的属性。

`background-image` 属性非常有意思。你已经知道这个属性可以接受一个图片 URL 路径（第 8 章里的 `background-image: url(coffee-beans.jpg)`），而它也可以接受一个渐变函数。例如，定义一个从白色过渡到蓝色的渐变，如图 11-2 所示。

图 11-2 白色到蓝色的线性渐变

渐变是一种非常有用的特效。我们先看看渐变是怎么工作的，然后再举一些实际例子。要尝试渐变，先创建一个新页面和样式表，添加代码清单11-1中的CSS，其中使用了 linear-gradient() 函数定义渐变。

代码清单 11-1　基础线性渐变

```
.fade {
  height: 200px;
  width: 400px;
  background-image: linear-gradient(to right, white, blue);   ◁ 向右侧渐变，从白色过渡到蓝色
}
```

渐变实际上就是背景图片，渐变本身不会影响元素的大小。为了演示，我们给元素明确设置了宽高。因为元素是空的，所以必须手动设置高度才能看到渐变效果。

linear-gradient 函数使用三个参数来定义行为：角度、起始颜色和终止颜色。这里角度值是 to right，意思是渐变从元素的左侧开始（这里是白色），平滑过渡到右侧（这里是蓝色）。也可以使用其他的颜色表示法，比如 hex（#0000ff）、RGB（rgb(0, 0, 255)）或者 transparent 关键字。把代码清单11-2中的元素添加到页面上查看渐变效果。

代码清单 11-2　带背景渐变的元素

```
<div class="fade"></div>
```

有好几种不同的方式来指定渐变的角度。在本例中，我们使用了 to right，当然也可以使用 to top 或者 to bottom。甚至可以指定某个对角，比如 to bottom right，这样的话，渐变会从元素的左上角开始，逐渐过渡到右下角。

我们可以使用更确切的单位（比如度），更精确地控制角度。值 0deg 代表垂直向上（相当于 to top），更大的值会沿着顺时针变化，因此 90deg 代表向右渐变，180deg 代表向下渐变，360deg 又会代表向上渐变。因此，代码清单11-3等价于之前的例子。

代码清单 11-3　使用度的渐变

```
.fade {
  height: 200px;
  width: 400px;
  background-image: linear-gradient(90deg, white, blue);   ◁ 90deg 相当于 to right
}
```

度是最常用的单位，还有一些其他单位可以用来表示角度，如下所示。

- rad——弧度（radian）。一个完整的圆是 2π，大概是 6.2832 弧度。
- turn——代表环绕圆周的圈数。一圈相当于 360 度（360deg）。可以使用小数来表示不足一圈，比如 0.25turn 相当于 90deg。
- grad——百分度（gradian）。一个完整的圆是 400 百分度（400grad），100grad 相当于 90deg。

可以尝试一下为渐变设置不同的值，看看效果如何。

11.1.1 使用多个颜色节点

大部分渐变只需要两个颜色，从一个颜色过渡到另一个。也可以定义包含多个颜色的渐变，其中每个颜色可以称为一个**颜色节点**（color stop）。图 11-3 展示了包含三个颜色节点的渐变（红色、白色和蓝色）。

图 11-3　包含三个颜色节点的渐变（红色到白色再到蓝色）

为 `linear-gradient()` 函数添加更多的颜色，就可以插入多个颜色节点。按代码清单 11-4 更新样式表，然后在页面上查看渐变效果。

代码清单 11-4　包含多个颜色节点的线性渐变

```
.fade {
  height: 200px;
  width: 400px;
  background-image: linear-gradient(90deg, red, white, blue);   <-- 指定多个颜色节点
}
```

一个渐变可以接受任意数量的颜色节点，节点之间通过逗号分隔。渐变会自动均匀地平铺这些颜色节点。在本例中，最左侧（0%）从红色开始，过渡到中间（50%）的白色，到最右侧的蓝色（100%）。我们也可以在渐变函数中为每个颜色节点明确指定位置。代码清单 11-4 中的渐变等价于下面的代码：

```
linear-gradient(90deg, red 0%, white 50%, blue 100%)
```

从这个例子你可能已经猜到了，颜色节点的位置可以调整，不是必须均匀分布。除了使用百分比来定位以外，还可以使用像素、em 或者其他长度单位。

1. 条纹

如果在同一个位置设置两个颜色节点，那么渐变会直接从一个颜色变换到另一个，而不是平滑过渡。图 11-4 展示的渐变，从红色开始，直接变换到了白色，然后又变成了蓝色，整体呈现条纹状。

图 11-4　通过在同一位置放置两个颜色节点的渐变，实现条纹效果

实现该渐变的具体代码如代码清单 11-5 所示，注意渐变中有四个颜色节点，其中两个是白色。

代码清单 11-5　同一个位置放置两个颜色节点，由此来创建条纹

```
.fade {
  height: 200px;
  width: 400px;
  background-image: linear-gradient(90deg,
    red 40%, white 40%,
    white 60%, blue 60%);          相同位置上的颜色节点
}
```

因为第一个颜色节点是红色，在 40%的位置，所以渐变从左侧边缘一直到 40%是纯红色；因为第二个颜色节点是白色，也是在 40%的位置，所以渐变在这里直接变成了白色；接下来因为在 60%的位置，还有一个白色的颜色节点，所以 40%到 60%之间的渐变是纯白色；最后一个颜色节点是蓝色，也是在 60%的位置，这样就会直接变换成蓝色，然后一直到右侧边缘是蓝色。

2. 重复渐变

前面的例子虽然只是为了演示，但也可以用来实现一些有意思的效果，特别是搭配另一个稍微有点不同的渐变函数时，这个函数就是 `repeating-linear-gradient()`。此函数和函数 `linear-gradient` 的效果基本相同，唯一的区别就是前者会重复。这最终生成的条纹类似于理发店门口的旋转招牌，用在进度条上效果非常棒（如图 11-5 所示）。

图 11-5　使用重复线性渐变的条纹状进度条

对于重复渐变，最好使用特定的长度而不是百分比，因为设置的值决定了要重复的图片大小。按代码清单 11-6 所示的条纹进度条的代码，更新样式表。

代码清单 11-6　创建斜纹进度条

```
.fade {
  height: 1em;
  width: 400px;
  background-image: repeating-linear-gradient(-45deg,
    #57b, #57b 10px, #148 10px, #148 20px);          深蓝和浅蓝色交替生成条纹
  border-radius: 0.3em;
}
```

有时，把一个半成品的代码片段改成自己需要的样子，比从头开始编码实现要容易一些。我们可以在 css-tricks 网站的文章 *Stripes in CSS* 上找到更多的例子。

11.1.2　使用径向渐变

另一类渐变是径向渐变。线性渐变是从元素的一端开始，沿着直线过渡到另一端，而径向渐变不同，它是从一个点开始，全方位向外扩展。基本示例如图 11-6 所示。

图 11-6　由白色向蓝色过渡的径向渐变

按代码清单 11-7 中所示的径向渐变代码，编辑样式表。

代码清单 11-7　基础径向渐变

```
.fade {
  height: 200px;
  width: 400px;
  background-image: radial-gradient(white, blue);   <-- 从中心的白色过渡到边缘的蓝色
}
```

默认情况下，渐变在元素中是从中心开始，平滑过渡到边缘。渐变整体呈椭圆形，跟随元素大小进行变化（也就是说，较宽的元素，其径向渐变也较宽，反之亦然）。

跟线性渐变一样，径向渐变同样支持颜色节点。你可以提供多个节点，使用百分比或者长度单位指定节点位置。你也可以把径向渐变设置为圆形而非椭圆，甚至可以指定渐变中心点的位置。`repeating-radial-gradient()` 函数可以重复生成图样，形成同心圆环。

这些特性大部分可以通过示例解释清楚，图 11-7 列举了几个例子以及相应的代码。建议你在页面中试一下，或者尝试修改成自己的代码。

值	效　果
`radial-gradient(white, midnightblue)` 基础渐变（椭圆）	
`radial-gradient(circle, white, midnightblue)` 圆形渐变	
`radial-gradient(3em at 25% 25%, white, midnightblue)` 大小为3em，中心点距离左侧和顶部边缘都为25%	
`radial-gradient(circle, midnightblue 0%, white 75%, red 100%)` 指定颜色节点位置的径向渐变	
`repeating-radial-gradient(circle, midnightblue 0, midnightblue 1em, white 1em, white 2em)` 重复渐变生成条纹效果	

图 11-7　径向渐变的几个例子

在实际开发中，我发现径向渐变很少需要做复杂的编码，基本的应用形式已经可以满足大部分需求。如果你想更深入地研究一下，可以参考 MDN 有关渐变的相关文档。

前面的大部分例子使用了对照明显的颜色，这么做是为了突出效果，让渐变的行为清晰明了。不过在实际的项目开发中，要尽量少用差异如此明显的渐变颜色。

比如不要使用从白色到黑色的渐变，可以从白色渐变到浅灰色，或者在两个细微差别的蓝色之间渐变。这样不会让用户产生不适。某些情况下用户可能没有意识到渐变的存在，但这些渐变依然为页面营造了细微的立体感。后面我会展示一些关于渐变的实际应用案例，但在那之前，我们先来看看阴影。

11.2　阴影

阴影是另一种可以为网页增加立体感的特效。有两个属性可以创建阴影，`box-shadow` 可以为元素盒子生成阴影，`text-shadow` 可以为渲染后的文字生成阴影。我们已经在前面的章节使用过一两次 `box-shadow` 了，现在进一步研究一下它是如何工作的。

声明 `box-shadow: 1em 1em black` 生成了图 11-8 所示的阴影。其中 `1em` 代表偏移量，即阴影从元素的位置偏移了多少距离（先水平方向，后垂直方向）。如果偏移量都设置为 0，那么阴影会直接渲染在元素下方。black 指明了阴影的颜色。

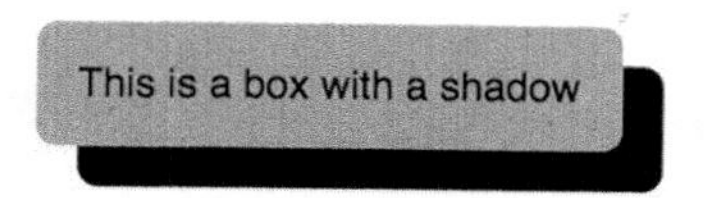

图 11-8　基本的盒阴影

默认情况下，阴影与元素的大小和尺寸相同。如果元素设置了 border-radius，那么阴影相应地也会有圆角。阴影的水平偏移量（*x*）、垂直偏移量（*y*）和颜色都不可或缺。还有两个值是可选的：模糊半径和扩展半径。完整的语法如图 11-9 所示。

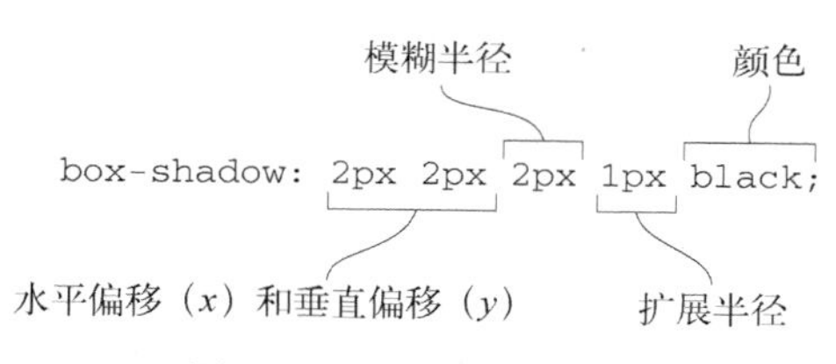

图 11-9　盒阴影设置规则

模糊半径用来控制阴影边缘模糊区域的大小，可以为阴影生成一个更柔和、有点透明的边缘。扩展半径用来控制阴影的大小，设置为正值可以使阴影全方位变大，设为负值则会变小。

11.2.1　使用渐变和阴影形成立体感

下面使用渐变和阴影来实现图 11-10 所示的按钮。由上至下的渐变可以使按钮产生弧形的 3D 效果，阴影加强了这种效果。我们还将在本例中使用:active 伪类来创建另一种阴影效果，供按钮摁下的时候使用。

图 11-10　使用了渐变和阴影的按钮（左）；按钮激活（摁下）时的样式（右）

这里的渐变幅度很小，你可能不会立即注意到，但它确实让按钮看起来稍微圆润些。阴影做了一些模糊处理，看起来更自然了。按钮点击时，移除了阴影效果，取而代之的是在按钮的边框内出现了内阴影。这样按钮就有了一种被摁下的感觉，就仿佛用户真的在网页上按压按钮。释放鼠标按键后，按钮又恢复了最初的效果，这是通过使用按钮的:active 状态实现的。

为按钮新建一个网页和样式表，将代码清单 11-8 添加到页面中。

代码清单 11-8　按钮的标记

```
<button class="button">Sign up now</button>
```

11

接下来，添加代码清单 11-9 中的样式。这些样式会覆盖掉用户代理样式的字号和边框，同时设置了按钮大小，并添加了渐变背景和盒阴影。

代码清单 11-9　使用了渐变和阴影的按钮样式

```
.button {
  padding: 1em;
  border: 0;
  font-size: 0.8rem;
  color: white;
  border-radius: 0.5em;
  background-image: linear-gradient(to bottom, #57b, #148);   ← 从浅蓝色到中蓝色的渐变
  box-shadow: 0.1em 0.1em 0.5em #124;   ← 带 0.5em 模糊半径的深蓝色阴影
}

.button:active {
  box-shadow: inset 0 0 0.5em #124,
              inset 0 0.5em 1em rgba(0,0,0,0.4);   两个内部盒阴影
}
```

background-image 属性提供了两个相似的蓝色组成的渐变。盒阴影偏移得不是很多，只向右和向下分别偏移了 0.1em；模糊效果也比较温和，只有 0.5em。阴影偏移得越大，就显得图片从网页上被“提起”得越高，立体感越强。激活状态下，盒阴影效果改变了。

这里做了两件事。我们增加了一个 inset 关键字，用来替换之前的盒阴影。这样就可以使阴影出现在元素边框的内部，而非之前的外部。同时我们定义了不止一个阴影，用逗号分隔。通过这种方式可以添加多个阴影。

第一个内阴影（inset 0 0 0.5em #124）偏移量为 0，轻微模糊。这在元素的边缘内添加了一个阴影环。第二个内阴影（inset 0 0.5em 1em rgba(0,0,0,0.4)）在垂直方向有一点偏移，这样就让按钮顶端的阴影延长了一些。RGBA 颜色表示法定义了一个半透明的黑色。建议你自己动手修改一下这些值，看看它们到底如何影响最终的渲染效果。

> **说明**　在 Chrome 浏览器中点击按钮时，你会发现按钮周围环绕了一个浅蓝色的光圈，这是浏览器为按钮的:focus 状态默认添加的轮廓线。可以通过设置.button:focus { outline: none; }来移除轮廓线。建议你在移除轮廓线的同时，添加一些其他特效来代替，这样当用户使用键盘导航的时候，就可以看到当前焦点状态在哪里。

把屏幕上的元素设计得如同真实世界的实物（称为**拟物化设计**的方法），这种设计方法在前几年广泛使用。在真实世界中，物体不会有完美的纯色。即使是光滑的表面，受各种角度的光线反射的影响，也会产生亮区和阴影区。

为按钮添加圆润饱满的外观、角度合适的阴影，就可以使其看起来像一个真实的物件。其他常见的拟物化设计的元素还有针织边框和类似于皮革纹理的图片等。2010 年至 2013 年间，这种设计渐渐被**扁平化设计**的新趋势取代了。

11.2.2 使用扁平化设计创建元素

在拟物化设计追求尽量贴近真实世界的同时，扁平化设计选择接受现代社会已经日益数字化的事实。扁平化设计讲究色彩明快统一、外观简洁明了，这就意味着尽量少使用渐变、阴影和圆角。但比较戏剧性的是，扁平化设计的日渐兴起，反而是在这些千呼万唤才出台的 CSS 特效规范之后（在规范出台之前，阴影和渐变效果只能使用图片来实现）。

扁平化设计并不是说完全不用这些特效，用还是要用的，但要用得巧用得妙。例如，前面使用的渐变是从浅蓝色过渡到中蓝色，我们现在也可以使用两个不同蓝色的渐变，只是渐变幅度几乎察觉不到。或者某个元素有个特别小的阴影，小到几乎没有。

我们现在以扁平化的方式重新设计一下按钮。新的按钮样式如图 11-11 所示，现在看起来不再像是真实世界里的物件了，尽管按钮下方还是有一道淡淡的阴影。

Sign up now

图 11-11 扁平化外观的按钮

新按钮的 CSS 样式如代码清单 11-10 所示，其中也包含了鼠标悬停和激活状态下的样式。按代码清单 11-10 更新你的样式表。

代码清单 11-10 鼠标悬停和激活状态的扁平化按钮

```
.button {
  padding: 1em;
  border: 0;
  color: white;
  background-color: #57b;          ◁ 纯色背景（没有渐变）
  font-size: 1rem;
  padding: 0.8em;
  box-shadow: 0 0.2em 0.2em rgba(0, 0, 0, 0.15);   ◁ 淡淡的阴影
}
.button:hover {
  background-color: #456ab6;       ◁ 鼠标悬停和激活状态下，
}                                     颜色稍微加深
.button:active {
  background-color: #148;          ◁
}
```

这里的盒阴影有一些改变，只有垂直方向上的偏移，这样就只有向下的阴影，跟之前看上去很自然的阴影角度不一样；同时使用了 RGBA 颜色表示法，其中红色、绿色和蓝色的值都是 0（生成黑色），alpha 值是 0.15（几乎完全透明）。鼠标悬停和激活状态的外观也是扁平化的，只是把背景颜色变成了暗一点儿的蓝色。同时字号也增加了一些，这是扁平化设计兴起以来的另一种流行趋势。

11.2.3　让按钮看起来更时尚

时至今日，扁平化设计风格依然流行，只是一直在演化。通用的设计方案是介于扁平化设计与拟物化设计之间。下面我们再来实现一下图 11-12 所示的按钮。这次的设计使用了两种不同风格的设计要素。

图 11-12　另一种类型的扁平化按钮（右侧展示的是激活状态）

新按钮还算是简约设计，但是按钮底部有个厚厚的边框，这让按钮看上去像一个 3D 立方体的前侧。实际上这条深色的线并不是什么 border，而是不加模糊效果的 box-shadow，这样阴影的边缘可以生成和边框圆角相同的圆弧。

激活状态时，按钮向下方移动了少量像素的距离，看上去就像按钮陷进了页面里，如同被按下去一样。按代码清单 11-11 更新样式表。

代码清单 11-11　当下流行的按钮样式

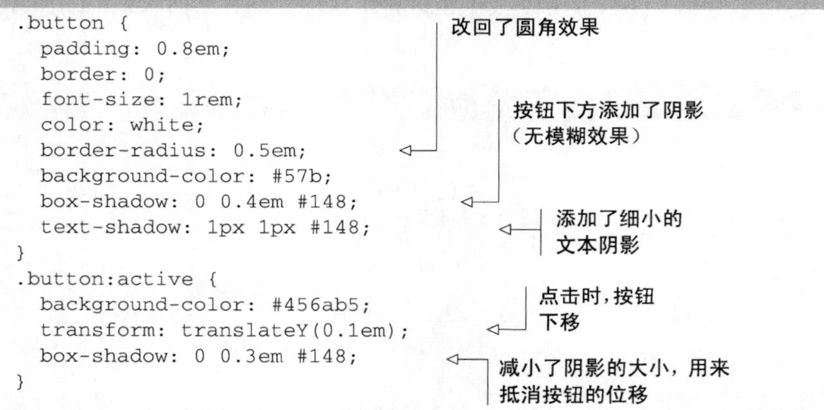

```
.button {
  padding: 0.8em;
  border: 0;
  font-size: 1rem;
  color: white;
  border-radius: 0.5em;
  background-color: #57b;
  box-shadow: 0 0.4em #148;
  text-shadow: 1px 1px #148;
}
.button:active {
  background-color: #456ab5;
  transform: translateY(0.1em);
  box-shadow: 0 0.3em #148;
}
```


这里的按钮以一种不同的方式使用 box-shadow，不是叠加一个模糊效果的阴影，而是保持阴影边缘清晰。这样看起来就像一个厚厚的底部边框，但是跟真正的边框还是有一些区别的，因为它的圆角的弧度可以完美贴合元素的边框圆角。

这里的文字也添加了阴影效果。文本阴影跟盒阴影很像，不同的地方就是只有渲染后的文字有阴影，而不是整个元素盒子。文本阴影的语法也基本上完全一样：水平偏移量、垂直偏移量、模糊半径（可选）和颜色。但文本阴影不支持 inset 关键字和扩展半径值。在这里，我们为文本添加了一个深蓝色的阴影，每个方向各偏移了 1px。

激活状态下，我们也做了一些新的事情。我们使用了 transform 属性以及 translateY() 函数，使元素在屏幕上下移了 0.1em（第 15 章讲到 transform 时会深入讲解具体用法）。然后我们把盒阴影的垂直偏移量减少了同样的距离（从 0.4em 变为 0.3em）。这样一来，摁下按钮时，按钮移动，但盒阴影不会动。你可以点击按钮查看效果。

渐变和阴影可以以各种各样的方式组合使用。随着时间的推移，又会有新的设计流行起来。我们要做的是，在看到某个网站上的新设计时，停下来花些时间，用浏览器的开发者工具检查一下，看看这是如何实现的。不要觉得麻烦哦，见多才能识广。

11.3 混合模式

大部分情况下，不论是使用真正的图片还是渐变，元素一般只会使用一张背景图片。但某些情况下你可能想要使用两张或者更多的背景图片，CSS 是支持这么做的。

`background-image` 属性可以接受任意数量的值，相互之间以逗号分隔，如下所示。

```
background-image: url(bear.jpg), linear-gradient(to bottom, #57b, #148);
```

使用多个背景图片时，列表中排在前面的图片会渲染到排序靠后的图片上面。在本例中，bear.jpg 会遮盖在线性渐变之上，渐变就会不可见。而如果我们使用两张背景图片，那么一般是希望第二张图片也可以透视显示。这时就可以使用**混合模式**（blend mode）。

如果熟悉图片编辑软件，那你可能见过混合模式。混合模式用来控制叠放的图片怎样融合在一起，有些模式的命名有点让人摸不着头脑，比如滤色（screen）、颜色加深（color-burn）、强光（hard-light）等。图 11-13 中演示的例子，是两张背景图片以正片叠底（multiply）混合模式组合生成的。两个背景使用了同一张图片，但是背景位置不同。

图 11-13　两张背景图片以正片叠底的方式组合在一起

最终呈现的效果很有意思，两张图片的副本虽然叠放在一起，但都清晰可见。而且混合模式不会冲淡或者削弱整体的颜色，这跟普通的调整透明度的做法还不一样。

说明　如果一张背景图片有一些透明度，即使不使用混合模式，在它下方的其他背景也会通过透明区域显现出来。你可以用一张透明的 png 或者 gif 图片试一下，或者使用渐变，但是把 `transparent` 关键字设置为其中一个颜色节点。

下面我们创建一个元素，使用两个背景并混合成图 11-13 所示的样子。新建一个页面，添加代码清单 11-12 所示的元素。后面的几个示例中会重复用到这个元素标记。

代码清单 11-12　混合背景的 div

```
<div class="blend"></div>
```

接下来我们就用一个空元素来生成想要的效果。添加代码清单 11-13 中的代码到样式表，并把样式表链接到页面。

代码清单 11-13　混合两张背景图片

```
.blend {
    min-height: 400px;
    background-image: url(images/bear.jpg), url(images/bear.jpg);
    background-size: cover;
    background-repeat: no-repeat;
    background-position: -30vw, 30vw;
    background-blend-mode: multiply;
}
```


大部分背景相关的属性可以接受多个值，以逗号分隔。`background-position` 就使用了两个值，第一个值会应用到第一张背景图片上，第二个值会应用到第二张背景图片上。`background-size` 和 `background-repeat` 属性也可以接受多个值，但如果只设置一个值，就会应用到所有的背景图片上。这里使用了 `min-height` 属性，是为了确保元素不会显示成高度为 0（因为是空元素）。

`background-size` 属性接受了两个特殊的关键字值，分别是 `cover` 和 `contain`。使用 `cover` 值可以调整背景图片的大小，使其填满整个元素，这样会导致图片的边缘被裁切掉一部分；使用 `contain` 值可以保证整个背景图片可见，尽管这可能导致元素的一些地方不会被背景图片覆盖（就像“letterboxing”效果[①]）。该属性也可以接受长度值，用来明确设置背景图片的宽度和高度。

尝试修改混合模式的其他值，查看它们有哪些不同效果，比如 `color-burn` 或者 `difference`。

① letterboxing 是一种屏幕宽高比显示方式，指的是 16 : 9 的图像要显示在 4 : 3 的设备上，为了保留画面完整性，图像与设备同宽，在上下添加黑边的显示模式。——译者注

这很有趣，但你可能会疑惑这些混合模式到底有什么实用性。这里列举一些实际应用：

- ❑ 使用某种颜色或者渐变为图片着色；
- ❑ 为图片添加纹理效果，比如划痕或者老胶片放映时的颗粒感等；
- ❑ 缓和、加深或者减小图片的对比度，使图片上的文字更具可读性；
- ❑ 在图片上覆盖了一条文字横幅，但是还想让图片完整显示。

下面我们先来看看这些应用的实例，然后再通过一个明细列表简要介绍所有可用的混合模式。

11.3.1 为图片着色

通过使用混合模式，我们可以把一张全彩色图片着色成单一色相的图片。下面演示一下把大熊图片渲染成蓝色，如图 11-14 所示。（注意，如果你是在纸质图书上阅读这部分内容，图片可能不是彩印。可以通过本书电子版或者在浏览器中运行一下示例来查看完整效果。）

图 11-14 使用单一蓝色色相着色的照片

`background-blend-mode` 不仅仅合并多个背景图片，还会合并 `background-color`。所有这些叠放的图层，最终都会被混合模式拼合在一起，因此我们可以把背景颜色设置为想要的色相，混合到图片中去。按代码清单 11-14 更新 CSS 代码。

代码清单 11-14 将背景颜色的色相混合到背景图片上

```
.blend {
    min-height: 400px;
    background-image: url("images/bear.jpg");
    background-color: #148;              ← 蓝色背景色
    background-size: cover;
    background-repeat: no-repeat;
```

```
    background-position: center;
    background-blend-mode: luminosity;   <--  使用明度混合模式
}
```

明度混合模式将前景层（大熊图片）的明度，与背景层（蓝色背景色图层）的色相和饱和度混合。也就是说，最终是完全使用背景色图层的颜色，但是明暗程度来自大熊图片。

一定要知道，明度混合模式（还有其他几种类似的混合模式）最终的渲染结果，取决于哪个图层在其他图层之上，这是非常重要的。背景色图层始终在最下层，其他背景图片叠放在背景色图层之上。

如果我们把一个蓝色的图层放在大熊图层上面而不是下面（使用渐变色来代替背景颜色），最终的渲染结果就会不同。在这种情况下，为了达到同样的效果，就需要使用颜色混合模式（颜色混合模式与明度混合模式恰好相反，使用前景色的色相和饱和度与背景色的明度来生成最终的结果色）。

11.3.2　理解混合模式的类型

CSS 支持 15 种混合模式，每一种都使用不同的计算原理来控制生成最终的混合结果。对每一个像素来说，就是取一个图层上的像素颜色，与其他图层上对应像素的颜色拼合计算，生成一个新的像素颜色，最终生成一张混合图片。

表 11-1 列出了所有的混合模式。这些混合模式又可以划分为五类：变暗、变亮、对比、复合和比较。有的模式在实际应用中可能更有用一点，需要反复的试验才能选出最合适的混合模式。

表 11-1　把混合模式分成五个大类

效果分类	混合模式	描　述
变暗	multiply	前景色越亮，背景色显示出来的越多
	darken	选择两个颜色中较暗的那个
	color-burn	加深背景色，增加对比度
变亮	screen	前景色越暗，背景色显示出来的越多
	lighten	选择两个颜色中较亮的那个
	color-dodge	加亮背景色，降低对比度
对比	overlay	对暗色使用multiply，对亮色使用screen，以增加对比度，对比效果较柔和
	hard-light	大幅增加对比度，有点像叠加，但是使用加强版的multiply或者screen，对比效果明显
	soft-light	有点类似于hard-light，但是使用burn/dodge来代替multiply/screen
复合	Hue	将上层颜色的色相混合到下层颜色上
	saturation	将上层颜色的饱和度混合到下层颜色上
	luminosity	将上层颜色的明度混合到下层颜色上
	color	将上层颜色的色相和饱和度混合到下层颜色上
比较	difference	从亮色中减去暗色
	exclusion	类似于difference，但对比度稍弱

编写本书时，大部分主要浏览器已经支持多数混合模式了，当然 IE 和 Edge 浏览器是个例外。Safari 浏览器也不支持复合效果混合模式[①]，必要的时候可以使用特性查询并提供回退处理（参见 6.5 节）。可以在 Can I Use 网站中检索 CSS background-blend-mode 查看最新的浏览器支持情况。

11.3.3　为图片添加纹理

混合模式的另一个应用场景就是为图片添加纹理效果。比如你有一张富有现代气息的清晰图片，但有时候出于样式考虑，你想让图片与众不同。这时候就可以使用灰度图为图片手动添加胶片噪点效果或者其他纹理。

观察图 11-15 展示的图片。这张图片跟前面使用的大熊图片一样，但是混合了一张纹理图片以后，就呈现出类似于粗制帆布的效果。这种类型的效果可以通过对比混合模式 `overlay`、`hard-light` 或 `soft-light` 来实现。这个例子中，我们不希望更改图片的色相，因此使用一张灰度图片来提供纹理，这样就保留了原始颜色。

图 11-15　混合了纹理的图片

实现纹理叠加的代码如代码清单 11-15 所示。纹理图片以重复平铺的方式覆盖在大熊图片上方。按代码清单 11-15 更新样式表，并在浏览器中查看效果。

① Safari 浏览器从 10.1 版本已经开始支持复合效果的混合模式。——译者注

代码清单 11-15　使用 soft-light 混合模式为图片添加纹理

```
.blend {
  min-height: 400px;
  background-image: url("images/scratches.png"), url("images/bear.jpg");   ◁ 将纹理图片覆盖在主图片之上
  background-size: 200px, cover;                                           ◁ 每 200px 平铺一张纹理图片
  background-repeat: repeat, no-repeat;
  background-position: center center;
  background-blend-mode: soft-light;   ◁ 使用柔光混合模式
}
```

纹理图片（图 11-16）的背景大小设置为 200px，同时允许背景图片重复，这样就可以使纹理图片平铺填满整个元素。同时，第二张图片的背景大小设置为 cover，且不允许重复，这样就不会平铺。

图 11-16　灰度模式的帆布纹理图片

我发现 soft-light 模式对于暗色系纹理图片效果很好，而 hard-light 和 overlay 模式更适用于亮色的纹理图片（如果纹理图片放在主图片下面则恰好相反）。然而实际应用效果可能差别很大，这取决于你的设计需要和基础图片的暗色程度。

11.3.4　使用融合混合模式

虽然 background-blend-mode 属性可以实现多张图片的混合，但只能局限于元素的背景颜色或者背景图片使用。还有一个属性 mix-blend-mode，可以融合多个元素。这样不仅可以混合图片，还可以把元素的文本和边框与容器的背景图片混合在一起。使用融合混合模式，可以把标题显示在图片上方，但遮住的图片部分依然可以显示出来，如图 11-17 所示。

图 11-17 标题和下面的图片混合在一起

融合后的效果很有意思，文字看上去是透明的，就像红色横幅通栏被剪掉了一部分。这里我们使用了 `hard-light` 混合模式和中灰色文字颜色。对比混合模式在使用很亮或很暗的颜色时才会有更好的效果，这里的文字我们使用了中灰色（`#808080`），背景图层显示出来之后没有太大变化。

首先我们需要把标题添加到标记里，然后作为子元素添加到容器中。按代码清单 11-16 更新代码。

代码清单 11-16 添加标题到容器中

```
<div class="blend">
  <h1>Ursa Major</h1>
</div>
```

为<h1>增加样式，最终效果为红色的纯色背景通栏、亮灰色顶部和底部宽边框、灰色文字。然后应用融合混合模式，整个元素被视为一个图层，和下面的容器里的背景图片混合在一起。将代码清单 11-17 更新到样式表中。

代码清单 11-17 使用融合混合模式来混合多个元素

```
.blend {
  background-image: url("images/bear.jpg");
  background-size: cover;
  background-position: center;
  padding: 5em 0 10em;
}

.blend > h1 {
  margin: 0;
  font-family: Helvetica, Arial, sans-serif;
  font-size: 6rem;
  text-align: center;
  mix-blend-mode: hard-light;
```

使用强光混合模式

```
  background-color: #c33;
  color: #808080;
  border: 0.1em solid #ccc;
  border-width: 0.1em 0;
}
```

为前景元素设置文字和背景颜色

这里的标题文字没有很强的对比效果，因此操作起来要小心。我们设置了大字号和粗体，这样在对比不太强的背景图片上，文字依然清晰易读。在本例中，标题就是被置于图片中对比度较小的深色区域。

混合模式在设计中有很多有趣的用法。使用混合模式，结合渐变和阴影，可以为页面添加很多有意思的视觉效果。但是凡事都有两面，请合理使用！

11.4　总结

- 使用渐变和阴影为页面增加立体效果。
- 基本的扁平化设计也可以少量应用阴影和渐变。
- 带有明确颜色节点的渐变，可以为元素添加条纹效果。
- 小巧的背景渐变比纯色背景更能提升设计效果。
- 使用混合模式可以为图片着色或者添加纹理效果。

第 12 章

对比、颜色和间距

本章概要

- ❑ 把设计师的视觉稿转化为 HTML 和 CSS
- ❑ 使用对比设计，把用户的注意力吸引到正确的页面部分
- ❑ 颜色的选用
- ❑ 充分利用空白间距
- ❑ 使用行高

使用 CSS 实现设计师提供的视觉稿，是 Web 开发中很重要的一个环节。我们做这部分工作时，实际上是把艺术转化为代码。这种转化过程，有时简单明了，但有时就需要跟设计师协商，采取折中方案。设计师对视觉稿做的每一次小改动，我们都需要考虑如何组织 CSS 代码使其更容易复用。相较于单页面的视觉稿，我们的 CSS 代码应该更具通用性。

转化工作完成之后，任务到了你身上，作为开发者，你需要基于设计师的构想，继续开发网站。你至少应该有一些设计师的基本思维，从设计师的角度去思考间距、颜色和排版等，这很重要。你需要了解如何确保最终实现的效果是准确的。如果你认可设计师的目标，那整个过程就会比较顺利。

当然了，你可能并非总是和设计师一起工作。如果是在一个小型创业公司或者个人项目中工作，那你只能靠自己。不管那种情况，掌握一些基本的设计原则是很有用的，这样你就可以自己设计了。

本章将介绍如何像设计师一样思考，完成页面视觉稿，并将其转化为代码。本章将重点关注间距和颜色，还将强调一些设计师可能会考虑的因素。目标是在你学了这部分内容后，可以一定程度上将其应用到实际项目设计中，甚至不需要设计师参与也能进行项目工作。为了达到这一目的，我们来构建图 12-1 所示的页面。

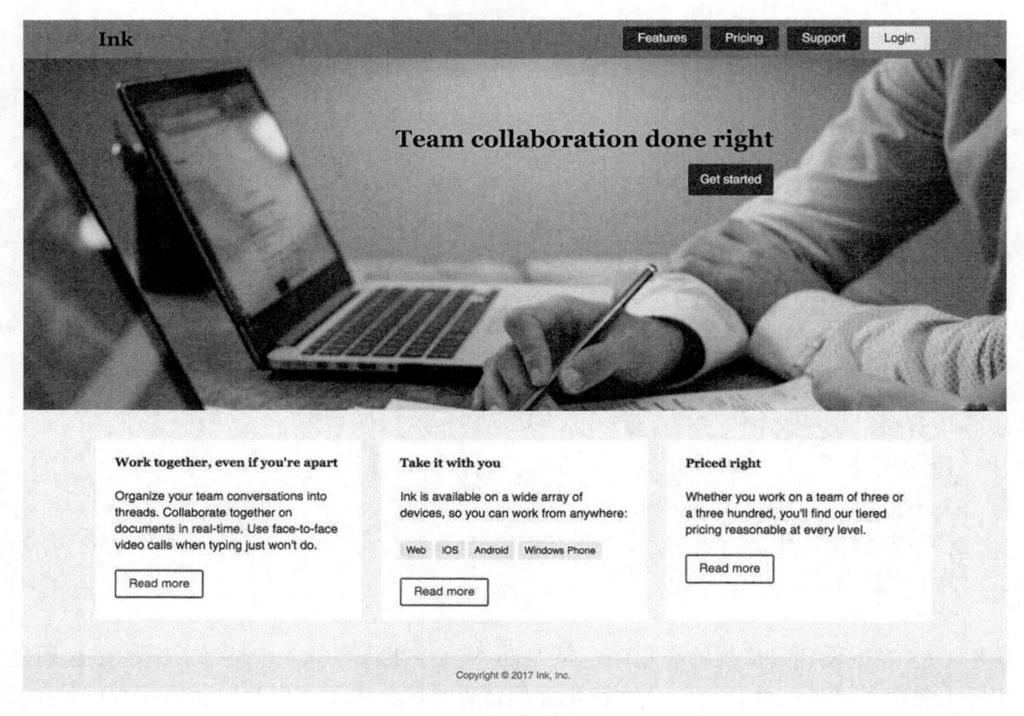

图 12-1　为 Ink 协作软件设计的网页

图 12-1 显示的是最终完成的页面效果。如果你最开始从设计师那里拿到设计稿，那么可能还会带有很多附加信息。后面你会看到这些附加信息，但首先我要指出设计中的一些要素。

12.1　对比最重要

当你看到图 12-1 所示的截图时，注意你的视线落在哪里。大概率是被"Team collaboration done right"这句广告语和它下面的"Get started"按钮吸引了。你也会看到页面上的一些别的东西（左上角的公司名称、右上角的导航菜单、下面的三个栏目），但是图片中间的内容最有吸引力。原因就在于**对比**（contrast）。

对比是设计中的一种手段，通过突出某物来达到吸引注意力的目的。我们的眼睛和思维天生对模式比较敏感，一旦某种东西破坏了模式的整体效果，我们就自然而然地注意到了它。

若要起到对比的效果，页面必须先建立模式，就如同必须先有了规矩才能打破规矩。在图 12-1 中，导航按钮之间的间距一致，这三栏的大小和间距也一样。另外，三个"Read more"按钮完全相同。页面上还有一些不太一样的颜色，但都是同样的绿色调，只是明暗程度不同。这也是模块化 CSS 和模式库如此重要的一个原因（参见第 9 章和第 10 章），不是使用嵌套的选择器创建一个"板块中的按钮"，而是创建一个可在任意地方使用的按钮。

推进样式代码复用，就可以确保网站中使用一致的模式。建立统一的模式，然后打破模式，突出网页上最重要的部分，这是专业设计师的一个核心思路。

使用不同的颜色、间距和大小是建立对比的一些常用方法。如果好几个条目是亮色的，还有一个是暗色的，那你就会首先注意到这个暗色条目。如果一个条目周围有很多无用的间距（称作**留白**），那这个条目就会比较突出。同样，较大的元素也会从一系列较小元素中脱颖而出。为了实现更强的对比效果，还可以多种方法组合使用，就像团队协作软件网站里的标语那样，它的字号较大、周围留白，还跟着一个醒目的深色按钮。

显然，标语部分并不是页面上唯一使用对比的地方。你会发现，通过对比，信息的重要程度和传递效果都有了层次感。除了标语和开始按钮，导航菜单（图 12-2）和页面底部的每个板块（图 12-3）明显也用了对比。虽然这些元素的对比程度不如标语部分那么强烈，但在各自的区域内部也都有吸引注意力的地方。因为页脚是整个页面里相对不太重要的内容，所以设计得很小，也没什么对比。

图 12-2 亮色的登录按钮比其他三个深绿色按钮更吸引注意力

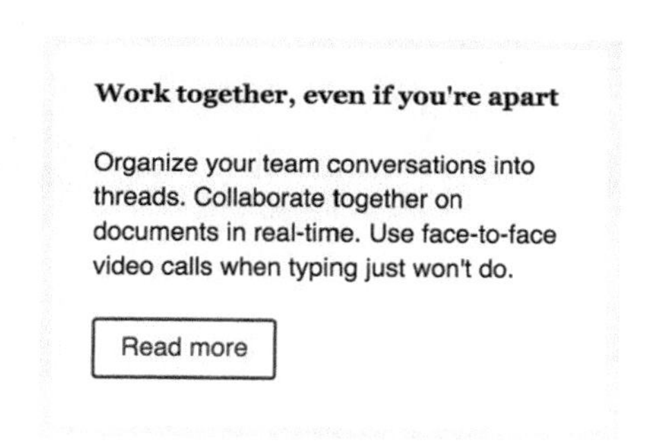

图 12-3 带有彩色文字和边框的按钮，在清一色黑白文字中脱颖而出

网页都有目的，可能是讲述一个故事，也可能是为了收集信息，或者是要求用户完成某些任务。在核心目标之外，还可能会有导航元素、广告、文本段落、填满版权信息和友情链接的页脚等。设计师的工作是让最重要的信息突显出来，而我们作为开发者，是不要弄乱设计师的设计。

12.1.1 建立模式

为了创建模式，有些在我们看来并没有那么重要的细节，设计师也可能会非常关注。比如某些元素之间精确的距离，对多个不同的组件使用相同的边框圆角和盒阴影。设计师甚至还会关注字符的间距和文本行间距。

图 12-4 展示了一张视觉稿，它使用像素精确标注了各个子元素的间距。我们把设计图转化为代码时，保证精确还原这个过程很枯燥（有时候还很难）。

视觉稿里使用粉色的方框来标注那些测量过的间距。例如，导航菜单里的按钮之间的距离是

10px，主图的底端和三个白底栏的顶端之间的距离是 40px，每个栏目的标题和后续文本段落之间的距离是 30px，等等。有些固定的间距长度可能会在页面上多次重复出现，这有助于建立模式的视觉一致性。比如，10px 和 25px 间距在这个页面上就比较通用。

下面我们进一步研究一下紧凑设计的两个方面：颜色选择和间距控制（排版也非常重要，第 13 章将重点关注）。我们将演示如何精确地还原图 12-4 所示的设计。同时，你要意识到网站是随时间不断演化的。还原了视觉稿只是完成了一部分工作，后续还要添加新特性和新内容，需要始终忠于设计师的愿景。基于此，我们看看做好这份工作需要考虑哪些因素。

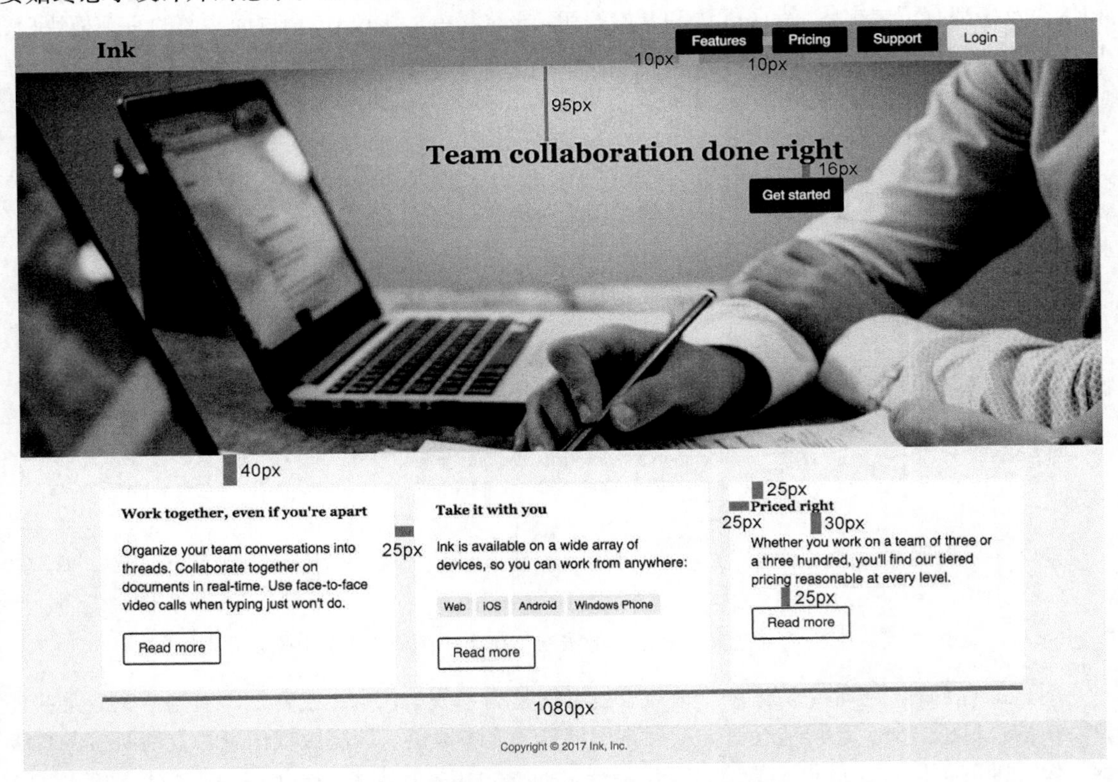

图 12-4　带有测量标注的网页设计视觉稿

12.1.2　还原设计稿

先创建一张新页面，并链接新的样式表。把代码清单 12-1 中的标记代码复制到页面中。我们会把整个设计页面划分成多个模块，后续章节会讲解如何编写样式。

代码清单 12-1　页面标记

```
<head>
  <link rel="stylesheet" href="styles.css">
```

```
</head>
<body>
  <nav class="nav-container">                 顶部导航容器
    <div class="nav-container__inner">
      <a class="home-link" href="/">Ink</a>
      <ul class="top-nav">
        <li><a href="/features">Features</a></li>
        <li><a href="/pricing">Pricing</a></li>
        <li><a href="/support">Support</a></li>
        <li class="top-nav__featured"><a href="/login">Login</a></li>
      </ul>
    </div>
  </nav>

  <div class="hero">                     巨大的主图
    <div class="hero__inner">
      <h2>Team collaboration done right</h2>
      <a href="/sign-up" class="button button--cta">Get started</a>
    </div>
  </div>

  <div class="container">                三栏板块
    <div class="tile-row">
      <div class="tile">
        <h4>Work together, even if you're apart</h4>
        <p>Organize your team conversations into threads. Collaborate
    together on documents in real-time. Use face-to-face <a
    href="/features/video-calling">video calls</a> when typing just won't
    do.</p>
        <a href="/collaboration" class="button">Read more</a>
      </div>

      <div class="tile">
        <h4>Take it with you</h4>
        <p>Ink is available on a wide array of devices, so you can work from
    anywhere:</p>
        <ul class="tag-list">
          <li>Web</li>
          <li>iOS</li>
          <li>Android</li>
          <li>Windows Phone</li>
        </ul>
        <a href="/supported-devices" class="button">Read more</a>
      </div>

      <div class="tile">
        <h4>Priced right</h4>
        <p>Whether you work on a team of three or a three hundred, you'll
    find our tiered pricing reasonable at every level.</p>
        <a href="/pricing" class="button">Read more</a>
      </div>
    </div>
  </div>
```

```
    <footer class="page-footer">
      <div class="page-footer__inner">
        Copyright &copy; 2017 Ink, Inc.
      </div>
    </footer>
  </body>
```

我们使用了 BEM 风格来为类命名，以便清楚地知道哪个元素属于哪个模块。双下划线代表模块的子元素，比如 hero__inner；双连字符代表模块变体，比如 button--cta（参见第 9 章）。我们将以自己的方式来完成这些模块，第一步先来看看它们使用的颜色。

12.2　颜色

设计师交付设计稿时，一般会交给你一个很大的 PDF 文档。文档包含几个部分，其中一个很大的部分是由整页的视觉稿组成，就像图 12-4 展示的那样。但在这之前，设计师需要先准备一些基础设计。PDF 文档可能会包含一两页关于多种标题和正文副本的排版示例，还可能会有一些基础 UI 元素的详细列表，比如链接和按钮，同时包含它们的各种状态，比如鼠标悬停和激活。此外还包括网站使用的调色板。

调色板通常就像图 12-5 所示的这样，列出了全站使用的所有颜色样本及对应的十六进制颜色值。设计师一般会为每种颜色取一个名字，后面的明细规范文档中可以使用这些命名。

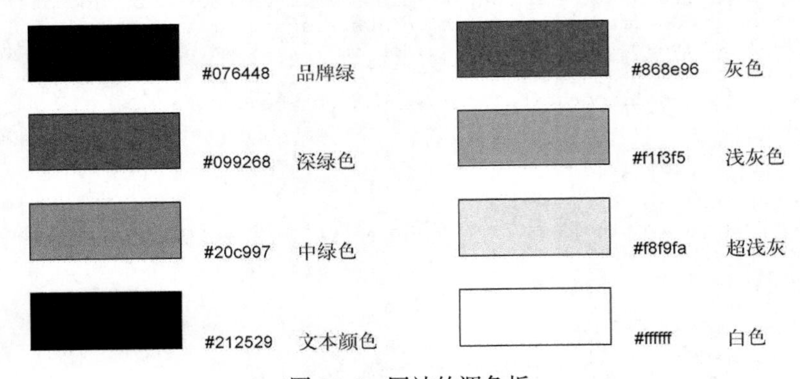

图 12-5　网站的调色板

调色板一般会有一种主色，其他颜色基于主色。主色一般从公司的品牌或者 LOGO 中衍生出来。这个例子中，主色是品牌绿（图 12-5 的左上角）。调色板中的其他颜色一般是同一色系不同明暗度的颜色，还有一些补充颜色。大部分调色板也会有黑色和白色（虽然可能不是纯黑白的 #000000 或者#ffffff），以及少量的灰色。

因为这些颜色会在 CSS 中多次重复出现，所以将它们指定为变量可以节省很多时间。另外，如果总是一次次地输入十六进制值，无法保证一定不出错。

我们先为页面统一添加一些基础样式，也包括为调色板中的每种颜色指定变量，以便于复用它们。图 12-6 所示的页面看起来不怎么像视觉稿，但是颜色已经开始贴近视觉稿了。

- Ink
- Features
- Pricing
- Support
- Login

Team collaboration done right

Get started

Work together, even if you're apart

Organize your team conversations into threads. Collaborate together on documents in real-time. Use face-to-face video calls when typing just won't do.

Read more

图 12-6　添加了基础样式和一些颜色的网页

添加代码清单 12-2 到样式表中。

代码清单 12-2　包括颜色变量的基础样式

```
html {
  --brand-green: #076448;
  --dark-green: #099268;
  --medium-green: #20c997;
  --text-color: #212529;
  --gray: #868e96;
  --light-gray: #f1f3f5;
  --extra-light-gray: #f8f9fa;
  --white: #fff;

  box-sizing: border-box;
  color: var(--text-color);
}
*,
*::before,
*::after {
  box-sizing: inherit;
}

body {
  margin: 0;
  font-family: Helvetica, Arial, sans-serif;
  line-height: 1.4;
  background-color: var(--extra-light-gray);
}

h1, h2, h3, h4 {
  font-family: Georgia, serif;
}

a {
  color: var(--medium-green);
}
a:visited {
  color: var(--brand-green);
```

为每种颜色指定变量

设置标题字体

用到颜色的地方以变量代替

```
}
a:hover {
  color: var(--brand-green);     ◁── 用到颜色的地方
}                                    以变量代替
a:active {        ◁── 先为链接激活状态占位，
}                     后面需要改成红色
```

这里我们对颜色使用了自定义变量（如果需要复习一下相关知识，参见第 2 章 2.6 节）。使用变量以后，一旦后续需要修改这些值，就会很省事。我曾经参与过的一个项目，已经进行到后期了，设计师决定调整品牌颜色。我只需要在一个地方修改一下变量，非常简单，但实际上已经修改了代码里所有用到变量的地方。

说明　为简单起见，我在例子中直接使用了 CSS 自定义属性，你也可以在项目中使用，无须另外安装特定工具。但如果项目需要支持 IE 或者其他旧版浏览器，那你就需要使用预处理器变量来替代。关于预处理器的介绍，参见附录 B。

这里我们对激活状态下的链接样式占了个位置，稍后还会回来填充颜色。在此之前，我们先粗略地布局页面。我们先把页面涉及的各主要区域放在正确的位置，然后添加一些颜色和字体设置（见图 12-7）。这里先不要关注间距问题。

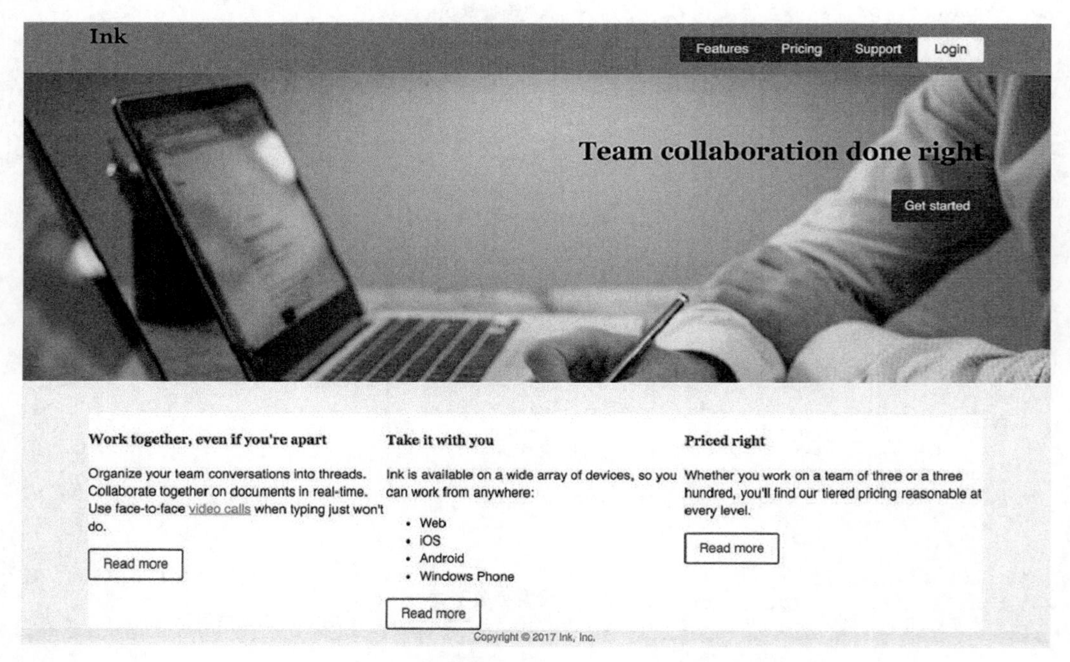

图 12-7　页面元素粗略布局，并添加了初始样式

我们从顶部开始，分三个部分来进行：头部区域、主图区域和三栏主体部分。大部分工作可以复用前面章节讲到的技术。然后我们再回过头来调整页面细节。

首先是头部以及导航条区域。这部分由三个模块组成：nav-container、home-link 和 top-nav，已展示在代码清单 12-3 中，将其添加到样式表。

代码清单 12-3 头部样式

```
.nav-container {
  background-color: var(--medium-green);
}
.nav-container__inner {
  display: flex;
  justify-content: space-between;
  max-width: 1080px;
  margin: 0 auto;
}

.home-link {
  color: var(--text-color);
  font-size: 1.6rem;
  font-family: Georgia, serif;
  font-weight: bold;
  text-decoration: none;
}

.top-nav {
  display: flex;
  list-style-type: none;
}
.top-nav a {
  display: block;
  padding: 0.3em 1.25em;
  color: var(--white);
  background: var(--brand-green);
  text-decoration: none;
  border-radius: 3px;
}
.top-nav a:hover {
  background-color: var(--dark-green);
}
.top-nav__featured > a {
  color: var(--brand-green);
  background-color: var(--white);
}
.top-nav__featured > a:hover {
  color: var(--medium-green);
  background-color: var(--white);
}
```

将内容居中，限制最大宽度为 1080px

使用弹性布局将导航项展示为一行

为每个导航链接添加颜色和内边距

整个头部区域包裹了一个 nav-container。这里我们使用了双容器的模式来使内部的元素居中（可以回顾一下第 4 章的相关内容）。这样可以实现背景颜色一直延伸到页面边缘，而主体部分被限制了宽度。主体部分是一个弹性盒子容器，使用 justify-content: space-between 将内容置于两端：home-link 在左侧，top-nav 在右侧。top-nav 也使用了弹性布局，这样其内部的所有链接都排成一行，同时链接的颜色使用自定义属性进行了配置。

接下来，我们为主图区域添加样式。这部分包括两个模块，一个是主图，另一个是按钮。添加代码清单 12-4 到样式表中。

代码清单 12-4　主图和按钮样式

```
.hero {
  background: url(collaboration.jpg) no-repeat;
  background-size: cover;
  margin-bottom: 2.5rem;
}
.hero__inner {                                  双容器模式
  max-width: 1080px;
  margin: 0 auto;
  padding: 50px 0 200px;    <-- 简单使用内边距定位标语和按钮
  text-align: right;
}
.hero h2 {
  font-size: 1.95rem;
}

.button {                                       标准按钮样式
  display: inline-block;
  padding: 0.4em 1em;
  color: var(--brand-green);
  border: 2px solid var(--brand-green);
  border-radius: 0.2em;
  text-decoration: none;
  font-size: 1rem;
}
.button:hover {
  background-color: var(--dark-green);
  color: var(--white);
}
.button--cta {                                  CTA 按钮变体
  padding: 0.6em 1em;
  background-color: var(--brand-green);
  color: var(--white);
  border: none;
}
```

像头部一样，主图区域也使用了双容器模式。内容器设置了一些内边距，这里的内边距值只是粗略地估算的。区域布局完成之后，我们还会回到这里，到时候我会指出如果精确匹配设计师的视觉稿会有哪些问题。

我们还定义了一个按钮模块，默认的外观是白色按钮，带有绿色的边框和文字。页面的主体部分底部使用的按钮就是默认样式。然后我们还为按钮定义了一个 CTA 变体，使用纯绿色背景和白色文字（之前也解释过，CTA，即 Call To Action 的缩写，是一种针对核心元素的营销手段，希望引导用户使用。在这个例子中，CTA 按钮即醒目的开始按钮）。最后，我们为图 12-8 所示的三栏主体部分添加样式。

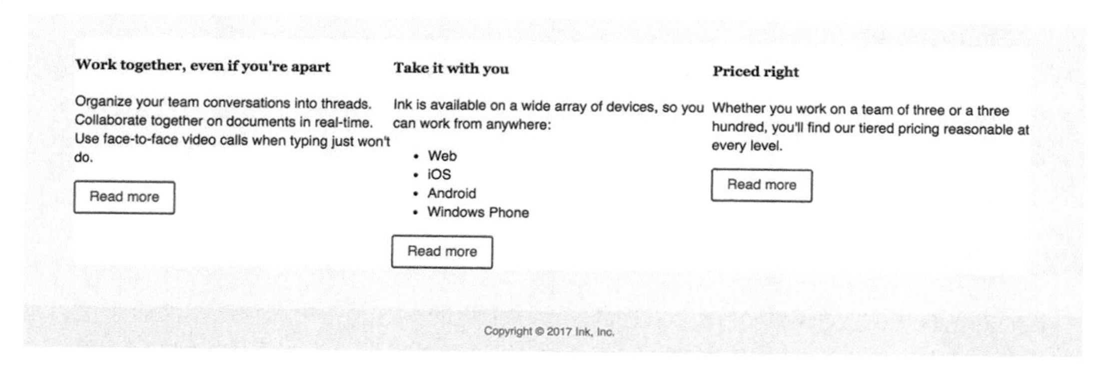

图 12-8 页面主区域的大概样式

页面主体部分由以下几部分组成：限制了最大宽度的容器、控制三栏布局的 `tile-row` 和每一栏内的白色板块区域 `tile`。把代码清单 12-5 中的代码添加到样式表，其中也包含了页脚的样式。因为之前添加过按钮样式，所以不需要再考虑这些了。

代码清单 12-5 三栏和板块样式

```
.container {
  margin: 0 auto;
  max-width: 1080px;          ◁ 和页面其他部分一样，设置最大宽度为 1080px
}

.tile-row {
  display: flex;
}
.tile-row > * {
  flex: 1;                    使所有栏等宽
}

.tile {
  background-color: var(--white);
  border-radius: 0.3em;
}

.page-footer {
  margin-top: 3em;
  padding: 1em 0;
  background-color: var(--light-gray);
  color: var(--gray);
}
.page-footer__inner {
  margin: 0 auto;
  max-width: 1080px;          ◁ 和页面其他部分一样，设置最大宽度为 1080px
  text-align: center;
  font-size: 0.8rem;
}
```

这里的清单又一次使用了双容器模式，将宽度限制为最大 1080px。同时为板块区域设置了白色背景和边框圆角。

页脚也是应用了对比，不同的是，这里并非为了吸引注意力，而是淡化注意力。这部分设置了浅灰色背景，并且使用了较小字号和灰色文本。因为这部分是整个页面上最不重要的内容，所以不需要视觉上的突出。使用让人容易忽视的配色就仿佛在告诉用户："页面的这部分内容可能并不是你要找的"。

12.2.1　理解颜色表示法

我们调色板里的颜色都是使用十六进制表示法指定的。这是一种简洁明了的表示法，也是 Web 开发者从 Web 早期就开始使用的一种表示法，但这种颜色表示法并不是特别好用。现代 CSS 也支持其他颜色表示法，常见的有 `rgb()`和 `hsl()`函数。

`rgb()`函数是一种描述红、绿、蓝彩色值的颜色表示法，使用十进制而非十六进制。它使用 0-255 取代了 00-FF，比如 `rgb(0, 0, 0)`代表纯黑色（相当于`#000`），`rgb(136, 0, 0)`代表砖红色（相当于`#800`）。

不论是 RGB，还是十六进制，理解起来都有点难。我们见到一个颜色值，比如`#2097c9`，或者它对应的 RGB 颜色，无法联想到它在页面会渲染成什么样。可以尝试分解一下，它的红色值（`20`）非常少，绿色值（`97`）处于中等水平，蓝色值（`c9`）相对较多。可以分析得出是蓝色和绿色占主导，但是有多暗或者多亮呢？事实上，RGB 颜色表示法很不直观，它们本来就是为计算机读取的，不适合人类。

HSL 则是一种更适合人类读取的颜色表示法，代表色相、饱和度和明度（或者光度）。HSL 的语法看起来就像 `hsl(198, 73%, 46%)`这样，相当于十六进制表示的`#2097c9`。

`hsl()`函数需要 3 个参数。第一个参数表示色相，是一个 0~359 的整数值。这代表色相环上的 360 度，从红色（`0`）、黄色（`60`）、绿色（`120`）、青色（`180`）、蓝色（`240`）、洋红色（`300`）依次过渡，最后回到红色。第二个参数表示饱和度，是一个代表色彩强度的百分数，`100%`的时候颜色最鲜艳，`0%`就意味着没有彩色，只是一片灰色。第三个参数表示明度，也是百分数，代表颜色有多亮（或者多暗）。大部分鲜艳的颜色是使用 `50%`的明度值。明度值设置得越高，颜色越浅，`100%`就是纯白色；设置得越低，颜色越暗，`0%`就是黑色。例如，`hsl(198, 73%, 46%)`这个颜色值，包含了青蓝色的色相、偏高的饱和度（73%）和接近 50%的明度，因此会生成一个比天蓝色稍深一些的蓝色。

表 12-1 列出了几种颜色，并对比了它们的十六进制、RGB、HSL 和颜色命名等多种表示法。（一共有大约 150 种命名颜色可以在 CSS 中使用）

表 12-1　颜色表示法和颜色值的对比

Name	Hex	RGB	HSL
blue	#0000ff	rgb(0, 0, 255)	hsl(240, 100%, 50%)
lavender	#e6e6fa	rgb(230, 230, 250)	hsl(240, 67%, 94%)
coral	#ff7f50	rgb(255, 127, 80)	hsl(16, 100%, 66%)

（续）

Name	Hex	RGB	HSL
Gold	#ffd700	rgb(255, 215, 0)	hsl(51, 100%, 50%)
green	#008000	rgb(0, 128, 0)	hsl(120, 100%, 25%)
tan	#d2b48c	rgb(210, 180, 140)	hsl(34, 44%, 69%)

熟悉 HSL 最好的办法，就是去使用它。推荐一个网站 HSL Color Picker，这个网站提供了一个交互式颜色选择器，有 3 个滑动条分别用来选择 3 个参数值，还有一个用来设置透明度。可以尝试拖动一下滑动条，看看它们是如何影响最终生成的颜色的。

说明 RGB 和 HSL 表示法都有一个对应的包含 alpha 通道的表示法：`rgba()`和`hsla()`。它们接受第四个参数，一个取值范围在 0～1 的数字，用来表示透明度。此外，一些浏览器也开始支持八位的十六进制表示法，其中最后两位用来设置 alpha 通道值。

1. 在浏览器中转换颜色

下面我们把十六进制颜色值转换成 HSL 表示法。很多在线资源可以为我们提供全部三种表示法，比如 hslpicker.com，但是最简单的转换方式还是使用 Chrome 或者 Firefox 的开发者工具，因为我们经常开着它们。我们来演示一下在 Chrome 里面如何实现。

页面加载完成之后，打开浏览器的开发者工具（Mac 里面快捷键是 Cmd+Option+I，Windows 里面是 Ctrl+Shift+I）。在 Elements 面板下，点击并选中`<html>`标签，相应的样式就会展示在 Styles 面板下，包括自定义的属性（如图 12-9 所示）。

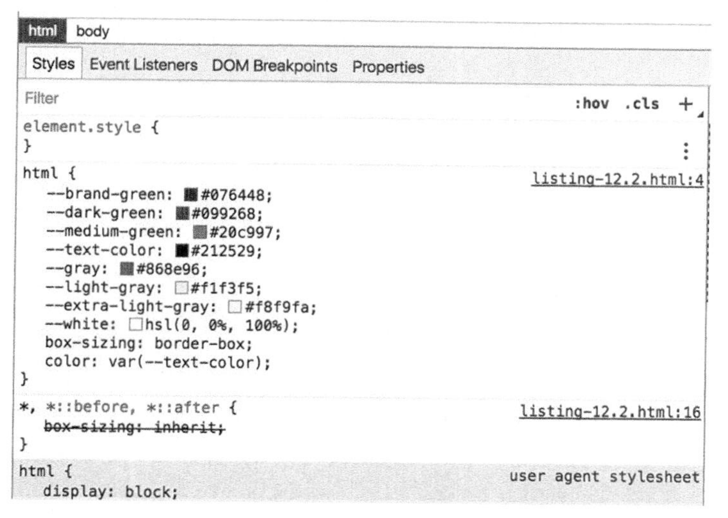

图 12-9 应用的颜色都显示在开发者工具的 Styles 面板中，按住 Shift 并点击颜色值旁边的小方块，可以循环展示十六进制、RGB 和 HSL 表示法

每个颜色值旁边都有一个小方块，用来展示颜色示例。如果你按住 Shift 健，用鼠标点击这

个小方块，十六进制值就变成了RGB值；再次点击，RGB值变成了HSL值；第三次点击又变回了十六进制表示法。

说明　这种循环变换颜色表示法的技巧也适用于Firefox开发者工具。有点可惜的是，Firefox浏览器中，它仅适用于常规属性，而不适用于本例中这种自定义属性指定的颜色值。

如果你想更深入一些，单击小方块可以打开一个全色选择器对话框（如图12-10所示），然后你就可以更精细地调整颜色，也可以从调色板中选择颜色，或者切换十六进制、RGB和HSL表示法。对话框里还包含一个滴管工具，可以直接从页面里提取颜色。Firefox提供了类似的颜色选择器，但是功能没有这么多。

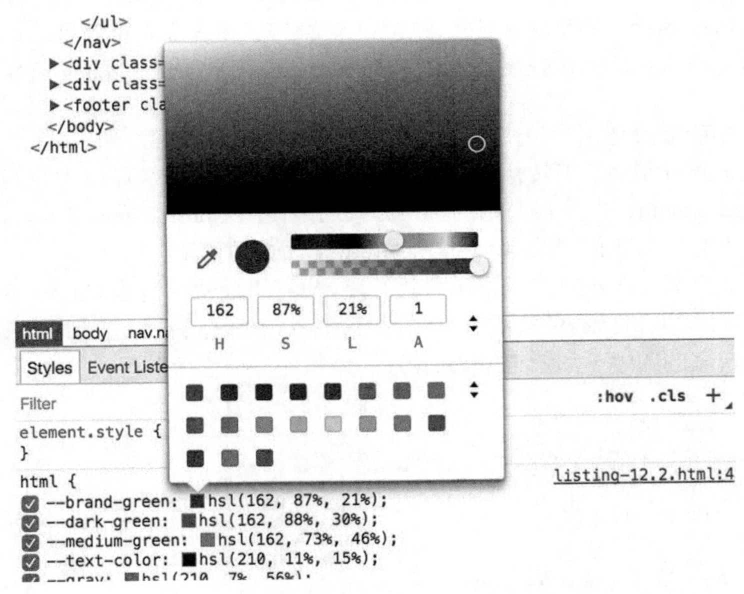

图12-10　使用颜色选择器对话框微调颜色

2. 把样式表切换为HSL颜色

十六进制颜色一般可以满足需求，但是转换成HSL值可以更方便地进行颜色微调，也更容易找到可以添加到网站的新颜色。我们把网站的颜色都转换成HSL格式，并且观察一下它们。

复制开发者工具里面的HSL颜色值，粘贴到样式表中。样式表中的对应部分应该如代码清单12-6所示。

代码清单12-6　把十六进制颜色转换成HSL值

```
html {
  --brand-green: hsl(162, 87%, 21%);
  --dark-green: hsl(162, 88%, 30%);
  --medium-green: hsl(162, 73%, 46%);
```

绿色都使用相同的色相

```
  --text-color: hsl(210, 11%, 15%);
  --gray: hsl(210, 7%, 56%);
  --light-gray: hsl(210, 17%, 95%);
  --extra-light-gray: hsl(210, 17%, 98%);
  --white: hsl(0, 0%, 100%);

  box-sizing: border-box;
  color: var(--text-color);
}
```

文字颜色和灰色都不是纯灰

把颜色都改成 HSL 表示法之后，有些事情就变得显而易见了。首先，你会发现三种绿色都使用了相同的色相值。如果不看浏览器，你很难一下子认出 162 表示一种蓝绿色，但很容易发现这三种颜色之间存在相似的地方。如果使用十六进制值，你很难察觉到，但是换成 HSL 值就比较明显了。了解这些之后，在调色板中再加一种绿色就会很容易。如果需要用到同样颜色的较浅色调，我们就可以尝试写 hsl(162, 50%, 80%)，然后在浏览器的开发者工具里微调饱和度和明度，直到看上去合适为止。

你也可能发现灰色并不是纯灰，它们有相同的色相值，也各自有不太大的饱和度值。单看颜色本身，你可能发现不了这些，但就是这些小细节，让我们的页面看上去更丰富多彩。真实世界里几乎不存在完全无彩的灰色，而且我们的眼睛也乐于看到光彩，哪怕极淡。

说明 设计师一般会在调色板中使用多个不同的灰色。按照我的经验，准备得再充分，还是避免不了需要其他的灰色。不论是比超浅灰更浅的颜色，还是介于灰色和浅灰之间的颜色，需求总是存在的。这样一来，变量命名就成了问题。基于这样的原因，可以考虑使用数值来命名，比如--gray-50 或者--gray-80，这里的数字大致等于明度值。使用这样的命名方式，有需要时就可以在已有的颜色值之间再插入一个。

总之，在实际项目开发中，我们没有必要把所有的颜色都转换成 HSL 格式。什么时候有需要了，使用 HSL 可以轻松处理颜色。

12.2.2 添加新颜色到调色板

有时可能会需要某种颜色，但是设计师没有提供，比如红色的报错信息或者蓝色的信息框。有经验的设计师一般会对这种情况提供通用的解决方案，但作为开发者，在需要为调色板添加新颜色时，我们依然需要思考自己的解决方法。

样式表里已经为链接激活状态的颜色保留了位置。激活的链接一般是红色，这是用户代理的样式表提供的，但这种红色偏亮，看起来有些卡通，在当前页面不是非常合适。我们需要找一种不太亮的颜色来搭配页面整体的绿色。

为某种颜色寻找一个搭配的颜色，最简单的方式是找到它的**补色**（complement）。补色位于色相环的对侧位置，蓝色的补色是黄色；绿色的补色是洋红色（或者紫色）；红色的补色是青色。

使用 HSL 颜色值时，计算补色非常简单，为色相值加上或者减去 180 即可。核心颜色品牌绿的色相值是 162，加上 180 得到 342 的新色相值，这是个红色，带一点点洋红。我们也可以通过减去 180 来寻找补色，得到了–18 的色相值。色相–18 其实等同于色相 342，因此 `hsl(-18, 87%, 21%)`和 `hsl(342, 87%, 21%)`会渲染成同样的颜色。不过建议把色相值保持在 0~360 的范围内，因为这个范围内的颜色与色相对应关系我们比较熟悉。

现在有了色相值，我们还需要饱和度和明度。页面上的通用链接颜色是中绿色（`hsl(162, 73%, 46%)`），我们就从这里入手。因为绿色是主要的品牌颜色，我们不希望另一种颜色抢走太多注意力，所以就把饱和度稍微调低一些，比如低 10%。这样就得到了新颜色 `hsl(342, 63%, 46%)`。图 12-11 展示了这种红色的链接激活状态。

Organize your team conversations into threads.
Collaborate together on documents in real-time.
Use face-to-face video calls when typing just won't do.

图 12-11　红色的链接激活状态

把新颜色添加到样式表，按代码清单 12-7 编辑代码。代码中为新颜色指定了自定义属性 `--red`，然后就可以使用它设置激活链接了。

代码清单 12-7　添加新的红色到调色板

```
html {
  --brand-green: hsl(162, 87%, 21%);
  --dark-green: hsl(162, 88%, 30%);
  --medium-green: hsl(162, 73%, 46%);
  --text-color: hsl(210, 11%, 15%);
  --gray: hsl(210, 7%, 56%);
  --light-gray: hsl(210, 17%, 95%);
  --extra-light-gray: hsl(210, 17%, 98%);
  --white: hsl(0, 0%, 100%);
  --red: hsl(342, 63%, 46%);          <-- 自定义一个红色变量

  box-sizing: border-box;
  color: var(--text-color);
}
...
a:active {
  color: var(--red);                 <-- 在激活链接上使用变量
}
```

完成了以上这些，重新加载页面并查看实际效果。因为链接的激活状态不是默认显示的，所以这稍微有点麻烦。我们需要单击并停留在链接上，才能触发激活，一旦松手又会变回绿色。简单起见，我们可以使用开发者工具强制激活链接。

按鼠标右键点击链接，在菜单中选择“检查”或者“查看元素”，就可以打开开发者工具。如图 12-12 所示，在 Elements 面板，右键点击`<a>`标签，在菜单中选择`:active`[1]（Firefox 浏览器中选择 `active`）。这样就可以强制浏览器显示元素的激活样式。

① 在较新的 Chrome 浏览器中，需要在 Force state 的二级菜单中选择`:active`。——译者注

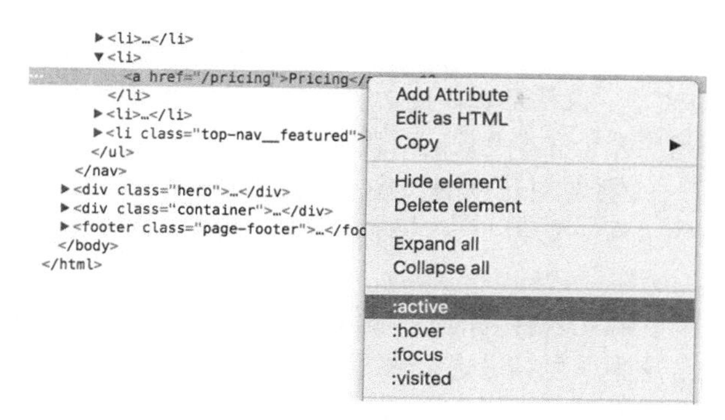

图 12-12 开发者工具可以强制设置元素为激活、悬停、聚焦或者浏览过等状态，这样开发者就可以预览相应状态下的样式了

元素被强制为激活状态，我们就可以查看红色是什么样的了。如果有需要，我们可以在开发者工具里实时修改样式并查看如何影响元素。

怎么选择合适的颜色并没有什么标准方案，而使用 HSL 确实会简单一些。先找到页面已有颜色的补色，然后在开发者工具里面调整饱和度和明度，就可以找到看上去还不错的颜色。

如果你想更深入地研究颜色选择，可以上网浏览颜色理论相关的文章。你可以从 Natalya Shelburne 所写的这篇著名的文章 *Practical Color Theory for People Who Code* 开始。

12.2.3 思考字体颜色的对比效果

你可以已经注意到了，字体颜色都是深灰色，而不是纯黑（`#000`）。从 HSL 颜色值可以看出，明度值是 15%，而不是 0%。使用灰色而非纯黑是常见做法。在背光式计算机屏幕上，纯白色背景（`#fff`）上的纯黑色文本会产生强烈的对比效果，很容易在阅读时造成视觉疲劳，特别是大段的文本。黑色背景上的白色文本也会有同样的问题。在这种情况下，要么用深灰色代替黑色，要么用浅灰色代替白色，或者都替换掉。对用户来讲，看上去依然是黑白的，但阅读时会感觉更舒适。

我们不想让文本产生过于强烈的对比效果，同样也不希望对比效果太差。浅灰色背景上的灰色文本同样难以阅读，甚至会使用户的视力受损。在阳光下看智能手机，也是一样。那么我们怎样才能实现适当的对比效果呢？

为了帮助我们判断，W3C 的 Web 内容无障碍指南（Web Content Accessibility Guidelines，WCAG）提供了关于对比度最小值的建议（称为 AA 级），更严格一点，还有加强型对比度（称为 AAA 级）。鉴于大号文本更易于阅读，两个级别都对大号文本的对比度适当放宽了限制。表 12-2 展示了建议的对比度。

表 12-2 WCAG 文本对比度建议

	Level AA	Level AAA
普通文本	4.5 : 1	7 : 1
大号文本	3 : 1	4.5 : 1

WCAG 定义的大号文本，是指未加粗的 18pt（24px）及其以上的文本，或者加粗的 14pt（18.667px）及其以上的文本。也就是说，正文字体应该达到或者超出普通文本建议的对比度，标题文本应该达到或者超出大号文本建议的对比度。

WCAG 同样提供了一个计算对比度的公式，但我从来不操心数学计算，因为使用工具更简单。在线就有很多可用的工具，搜索“CSS 颜色对比检查器”（CSS color contrast checker）[①]可以查看。

每个工具都各有优劣，我比较喜欢的一个是 contrast ratio。这款检查器支持所有可用的 CSS 颜色格式。把背景颜色和文本颜色粘进去，就可以显示计算好的对比度（如图 12-13 所示）。鼠标悬停在数字上，就可以查看其是否通过了 WCAG 的哪种字号的 AA 级或者 AAA 级。

Background:
Text color:
white
15.1
hsl(0,0%,15%)
Passes AAA level for any size text
How
ground color

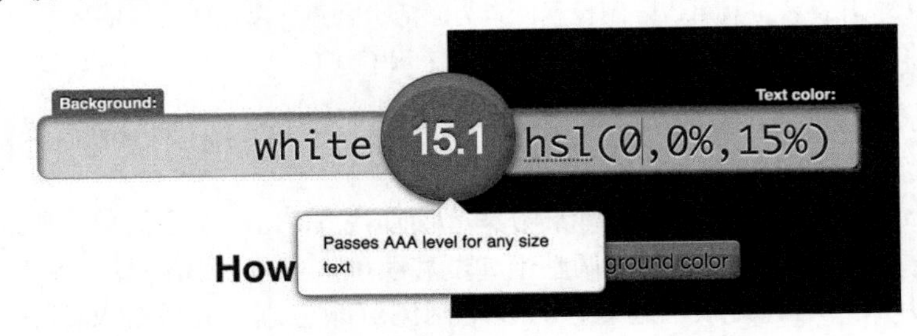

图 12-13　背景颜色和文本颜色计算得出 15.1:1 的对比度

众多设计图中，并不见得每处文字都要达到 AAA 对比级别，WCAG 的建议也提到了这些。比较好的处理方案是主体文本达到 AAA 级别，对于那些彩色标签或者其他装饰性文字，可以稍微随意一点，达到 AA 级别就好。

同时，要意识到并不是通过了数学计算就万事大吉了，因为有一些字型并非那么易读，尤其是在设计中使用了纤细字体时。图 12-14 展示了同一段文字的两个副本。虽然两个副本使用了相同的颜色，但感知到的对比度不一样。

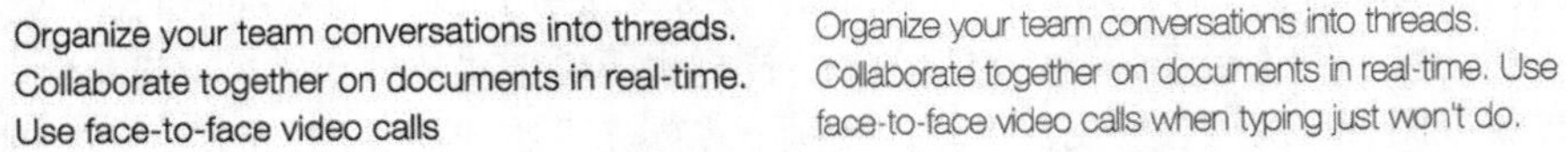

Organize your team conversations into threads.
Collaborate together on documents in real-time.
Use face-to-face video calls
Organize your team conversations into threads.
Collaborate together on documents in real-time. Use
face-to-face video calls when typing just won't do.

图 12-14　虽然颜色相同，但是纤细字体导致了视觉上的对比度不足

图 12-14 的两个段落都使用了 Helvetica Neue 字体，但左侧段落设置字重为 300（一般称为较轻或者图书装帧），右侧段落设置字重为 100（纤细）。7：1 的对比度对左侧的文字来说效果已经很好了，但是对右侧文字来说可能需要更高的对比度。

提示　只有部分字体提供了纤细的字重，使用时为保证可读性，一定要设置强烈的颜色对比。

① 这里建议使用搜索引擎直接搜索英文，中文可能搜不到。——译者注

12.3 间距

搞清楚了颜色之后，我们来看设计师在视觉稿中标注的那些精确的间距。开发过程中，这部分工作比较枯燥，而且后期设计师审查时可能还会反复调整，指出一些需要修改的跟视觉稿不一致的实现。

这部分工作里的大多数内容可以简单归结为正确设置元素的外边距。一般从最容易的地方开始，哪怕后面可能需要再做一些调整。我们需要思考两件事情，一个是是否需要使用相对单位，另一个是行高如何影响垂直间距。

12.3.1 使用 em 还是 px

考虑使用相对单位还是绝对单位，是非常重要的决定。因为设计师一般使用像素来标注距离，所以使用绝对单位会比较容易，但是使用相对单位会有很多好处，不论 em 还是 rem。

我们来看一下导航菜单里标注的距离（如图 12-15 所示），每个子项之间需要 10px，子项底边与导航条底部边界之间也是 10px。

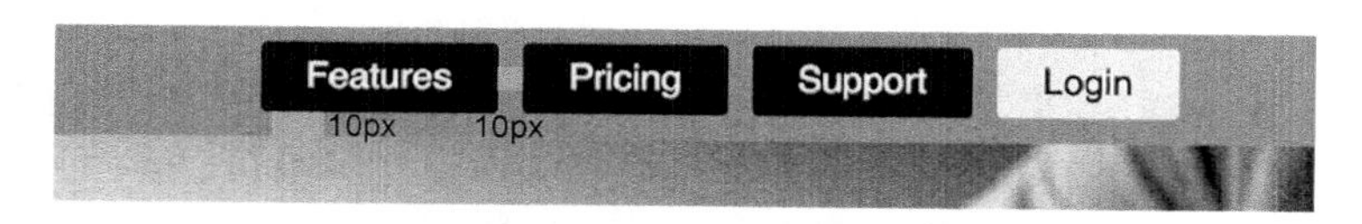

图 12-15 每个导航项之间和周围都需要 10px

整个第 2 章都在讨论使用相对单位的好处，尤其是可以使用响应式字号（`font-size: calc(0.5em+1vw)`），这就允许我们的设计可以按比例缩放字体。在较大的屏幕上，字号就可以相应变大，基于 em 和 rem 的外边距也随之变大。在用户修改了浏览器的默认字号的时候，相对单位的好处也能体现出来。

然而因为这种使用响应式字号的技巧相对比较新，所以大部分设计师不太习惯使用相对单位。如果你打算使用这个技巧，可能就需要先跟设计师讨论一下，而且你必须自己去做单位转换。

如果决定使用像素，短期内工作会比较轻松，但这也意味着后面的设计将缺少弹性。可能会导致将来有更多的工作，当然这也不一定。如果决定使用相对单位，前期就需要多做一些工作，但是设计会更强大稳固。

因为使用像素相对比较简单（比如在需要时直接设置外边距或者内边距为 10px），所以我们使用 em 来实现导航菜单，演示比较复杂的实现过程。

在设计规范中，导航条里的标注测量值显示菜单项需要 10px 的环绕间距（如图 12-15 所示）。因为基础字号是 16px，我们计算一下，使用期望长度除以基础字号，10 除以 16 得到 0.625，所以这里的间距就是 0.625em。现在可以把代码清单 12-8 中的代码添加到样式表。

代码清单 12-8　使用内边距和外边距设置导航区域的间距

```
.nav-container {
  background-color: var(--medium-green);
}
.nav-container__inner {
  display: flex;
  justify-content: space-between;
  max-width: 1080px;
  margin: 0 auto;
  padding: 0.625em 0;        <-- 为整个导航条的顶部和底部添加 10px 的内边距
}

/* ... */

.top-nav {
  display: flex;
  list-style-type: none;
  margin: 0;                 <-- 移除用户代理样式表为列表元素默认添加的外边距
}
.top-nav > li + li {
  margin-left: 0.625em;      <-- 每个导航项之间添加 10px 的水平外边距
}
```

处理间距时，需要知道什么时候应该使用内边距，什么时候应该使用外边距。在这个例子中，nav-container__inner 应该使用内边距来设置垂直间隔，这样就可以应用到整个容器，最左侧的页面标题和顶部导航列表都可以填充间距。然后使用外边距来设置每个导航项之间的水平间隔，因为我们希望每项之间有间隔。

主图下方和三栏之间的间隔也比较简单（如图 12-16 所示）。因为这些间隔都是应用于元素外部，不论是带背景图片的元素还是设置背景色的元素，所以需要使用外边距来实现间隔。

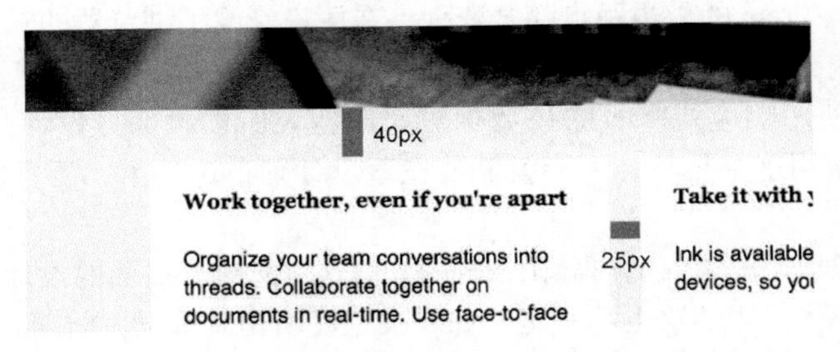

图 12-16　主图下方（40px）和栏目之间（25px）的外边距

再次使用像素值除以基础字号，把长度转化为 em。主图下方的 40px 相当于 2.5em（40/16=2.5——该外边距已经设置了），每个栏目之间的 25px 相当于 1.5625em（25/16）。添加代码清单 12-9 中展示的这些外边距。

代码清单 12-9　为主图下方和栏目之间添加外边距

```
.hero {
  background: url(collaboration.jpg) no-repeat;
```

```
  background-size: cover;
  margin-bottom: 2.5rem;
}

/* ... */

.tile-row {
  display: flex;
}
.tile-row > * {
  flex: 1;
}
.tile-row > * + * {
  margin-left: 1.5625em;
}
```

确保主图下方有40px的间距

每个栏目之间添加25px的间距

像这种容器（带有背景图片或者背景颜色），一般它们之间的间隔实现起来很简单。如果需要调整文本行之间的间距，比如段落或者标题里面的文本，就比较麻烦。

12.3.2 思考一下行高

视觉稿里的文字周围也设置了一些间距，图12-17标注了这些大小。（这里可能有点看不清楚，这是一个白色板块，背景是很浅的浅灰色。顶部和左侧距离白色板块的边缘各有25px的距离。）

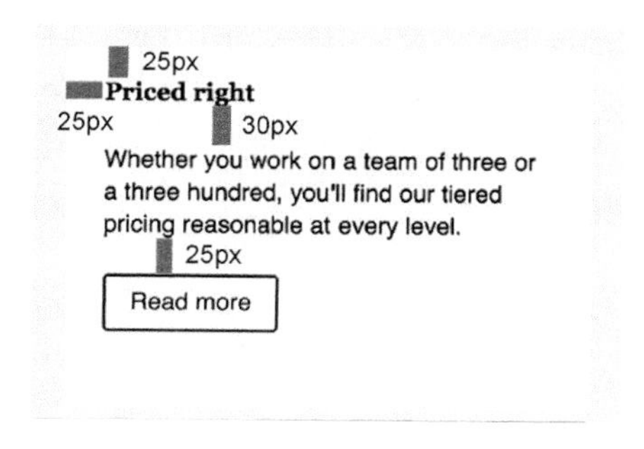

图12-17 板块内部和文字周边需要设置的间距

文字周围环绕的25px间隔，可以考虑为板块添加内边距来实现：25/16=1.5625em。标题和正文段落之间的30px，就不是这么简单了。如果你打算在两个元素之间设置30px的外边距，那么实际上这两行文字之间的间隔差不多是36px。要理解为什么会这样，需要先看看元素高度是怎么定义的。

在盒模型中，元素的内容盒子为内边距所环绕，然后是边框，最后是外边距。但是对于段落和标题这样的元素，内容盒子并不是只有显示出来的文字区域，元素的行高决定了内容盒子最终的高度，这要超出字符的顶部和底部。如图12-18所示，文字高度是1em，但是行高超出了文字上下边缘一点。

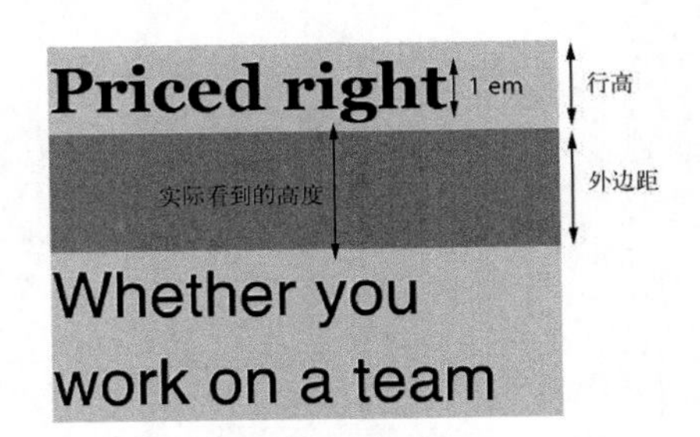

图 12-18　行高定义了内容盒子的高度

网页里的行高是 1.4，这是从`<body>`元素上设置并继承下来的。这样只有一行文字的元素，内容盒子的高度就是 1.4em，文字在内部垂直居中。字号是 16px，内容盒子的最终高度就是 22.4px。额外的 6.4px 平均分配到文字的上方和下方。

因此，如果为标题设置 30px 的底部外边距，那么外边距的顶部和标题文字之间实际上会多出来 3.2px。外边距的下方，段落的内容盒子同样会多出来 3.2px（超出的间距是一样的，因为标题和段落有同样的行高和字号）。这样就会导致标题文字和段落文字之间的实际间隔是 36.4px。

> **说明**　设计师习惯使用**行距**（leading）来表示每行文字之间的间距。在 CSS 中，文字间距由行高控制，不能直接转换成行距。在第 13 章我们会研究如何调整这个间距。

设计师通常不会在意一两个像素的差异，但相差太多就该找你了。一般来讲，行高越大，或者元素设置的字号越大，越不容易察觉到实现上的不一致。

要解决这种实现差异，就需要算出额外的间距并在外边距中减去它。不要设置 30px 的外边距了，减去额外的 6.4px，得到的是 23.6px，再除以 16，最终大约得到 1.5em。把代码清单 12-10 中的代码添加到样式表中。

代码清单 12-10　设置板块和段落间距

```
p {
  margin-top: 1.5em;
  margin-bottom: 1.5em;
}

/* ... */

.tile {
  background-color: var(--white);
  border-radius: 0.3em;
  padding: 1.5625em;
}
.tile > h4 {
  margin-bottom: 1.5em;
}
```

在基础样式中为段落添加外边距

在板块内部增加内边距

在板块标题下方添加外边距

我们已经在基础样式中为段落设置 1.5em 的外边距，整个网页所有的段落都会有同样的间距。然后在板块标题下方设置了一样的距离（`.tile > h4`），因此，不管后面有没有段落，标题下方的间距都会一直相同。这是由于存在外边距折叠，两个外边距会重叠，在标题和段落之间生成一个 30px 的间距。

视觉稿里只剩最后一组间距需要实现了，那就是主图中环绕标语的间距。这部分视觉稿如图 12-19 所示。

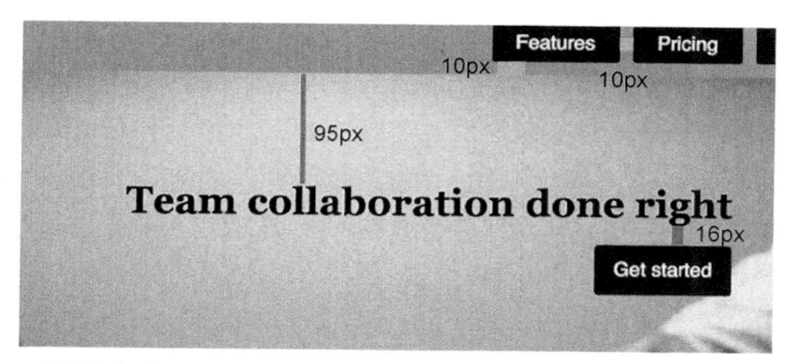

图 12-19 设计稿需要在标语上方设置 95px 的间距，下方设置 16px 的间距（标语和按钮之间）

标语的行高一样会影响到设置这些间距，因为它的字号更大。标语字号是 1.95rem，这就意味着乘以 16px 的基础字号之后，字号是 31.2px。然后再乘以 1.4 倍的行高，最终算出行高是 43.68px，文字的上方和下方各有大约 6px。

既然行高已经在文字上方占据了 6px,我们只需要再增加 89px 的间隔,就达到了期望的 95px。同理，标语下方只需要再增加 10px，就达到了视觉稿中显示的 16px 间隔。这里面涉及了大量的数学计算，有时最简单的解决办法是和设计师一起坐下来，在浏览器里实时修改这些间距，直到设计师满意为止。

现在我们已经知道需要为标语上方添加 89px 的间隔，下方添加 10px 的间隔，接下来就是把这些值转化为相对单位并添加到样式表。89/16 得到 5.5625em，10/16 得到 0.625em。把代码清单 12-11 中的这部分代码更新到样式表中，为标语添加带注释的声明来设置位置。

代码清单 12-11 在主图中设置标语和按钮的位置

```
.hero {
  background: url(collaboration.jpg) no-repeat;
  background-size: cover;
  margin-bottom: 2.5rem;
}
.hero__inner {
  max-width: 1080px;
  margin: 0 auto;
  padding: 5.5625em 12.5em 12.5em 0;     ◁ 使用刚刚计算得到的距离替换之前的估值
  text-align: right;
}
.hero h2 {
  font-size: 1.95rem;
  margin-top: 0;                         ◁ 移除上方的外边距，因为 hero__inner 的内边距已经提供了所需的间距
  margin-bottom: 0.625rem;               ◁ 设置标语和按钮之间的间距
}
```

hero__inner 元素的顶部内边距设置了标语上方所需的间距。虽然设计稿中没有指定它的右侧和底部内边距,但我们也设置了值。标语的顶部外边距设置为 0,这样就不会在 hero__inner 的内边距上再增加额外的距离。标语的底部外边距使用 rem 单位而不是 em 单位，这是因为标语不是使用默认的 16px 字号。

12.3.3　为行内元素设置间距

网页设计稿中还有最后一处程序细节需要实现。中间的栏目里有个操作系统列表，只有在这些操作系统中才可以运行 Ink 应用程序（如图 12-20 所示）。之前我们把它们放在了一个无序列表里面，现在我们按照视觉稿设计的样子把它们放在一行显示。

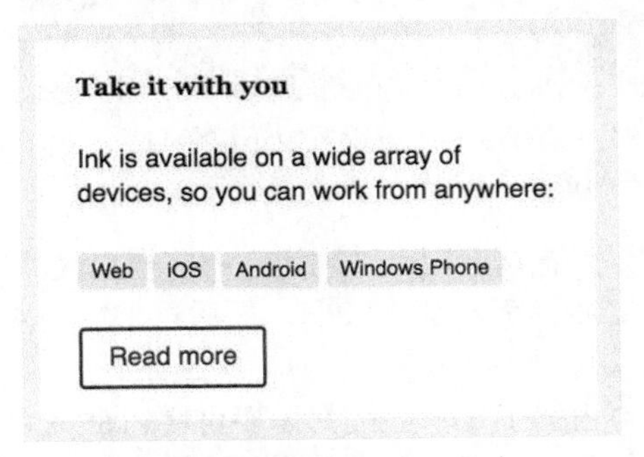

图 12-20　列表项需要添加样式并实现行内显示

这种微型布局的设计在一些标签形东西的展示上很常见,比如博客文章的标签列表或者商品的分类。我们在这里也使用这样的设计,因为这可以带来一些你应该比较熟悉的且有意思的东西。

这种布局有多种实现方式，弹性盒子和行内元素是两种比较容易想到的。书中前面已经见过很多弹性盒子布局了，这里可以考虑使用行内元素来实现。

很容易就能想到一些样式。每项都需要设置 display: inline，还需要少许的内边距、背景颜色和边框圆角。开始时感觉设置这些样式就够了，但是一旦内容出现折行，就暴露问题了。如果视口的宽度是固定值或者内容持续增加，就可能会发生图 12-21 所示的结果。

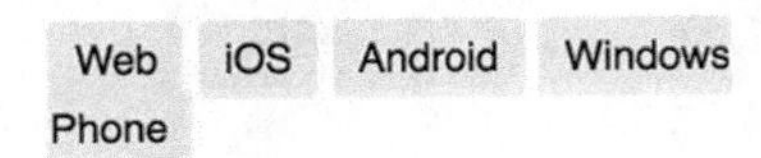

图 12-21　折行的时候，列表项发生重叠

每一行列表项的灰色背景会和另一行的列表项重叠，原因在于行高。前面讲到过，文本行的高度是由行高乘以字号决定的。如果为行内元素添加内边距，元素本身会变高，却不会增加文本行的高度。文本行的高度只由行高来决定。

要解决这个问题，就需要增加每项的行高。更新代码清单 12-12 中的代码，为页面中的这些标签添加样式。可以改变行高的值，看看会产生什么效果。

代码清单 12-12 为标签添加样式

```
.tag-list {
  list-style: none;          覆盖用户代理默认
  padding-left: 0;           的列表样式
}
.tag-list > li {
  display: inline;
  padding: 0.3rem 0.5rem;
  font-size: 0.8rem;
  border-radius: 0.2rem;                        设置很大的行高，折行
  background-color: var(--light-gray);          的时候增加垂直间距
  line-height: 2.6;                         <
}
```

只有行内元素有这种行为。如果一个元素是弹性子元素（或者行内块级元素），为了容纳它，其所在的行会随之增高。当然我们一样需要设置水平和垂直外边距，为子元素之间增加间隔。利用原本就有的白色背景，这些元素之间就产生了我们想要的间距。

说明 注意 Windows Phone 这个子元素，行内元素允许折行，但在弹性盒子或者行内块中，不允许折行，而是整个元素折下来多出一行。最终选择哪种实现方式来解决问题，取决于实际情况，不管怎样，这是一个需要注意的地方。

这样就完成了整个页面的实现，看起来应该完全符合图 12-22 所示的视觉稿。

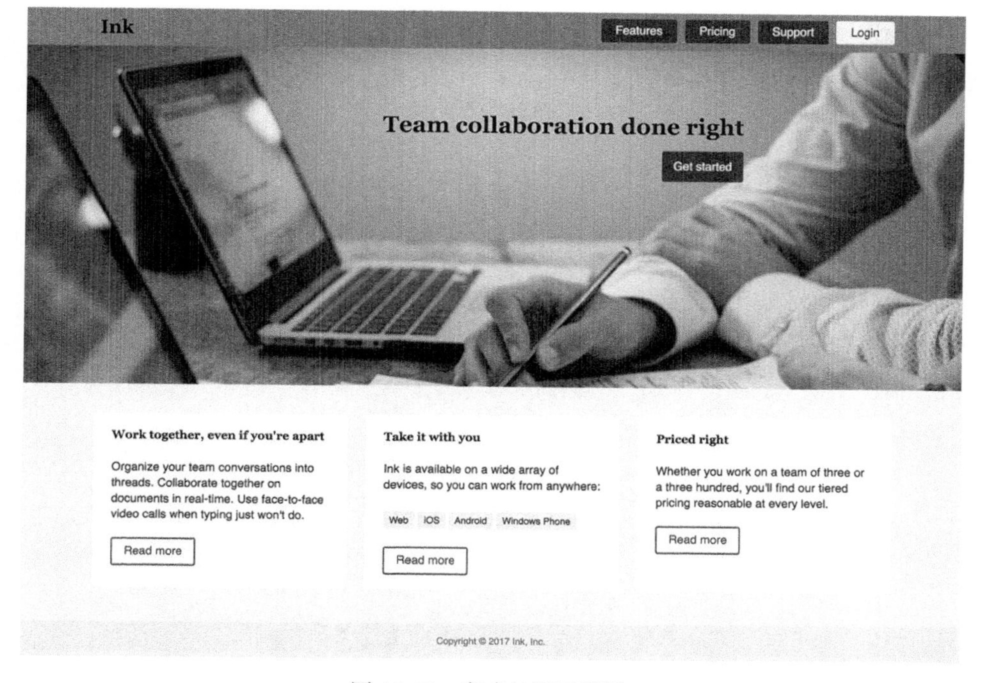

图 12-22 完成的页面设计

我们花了很多时间来分析这些细节。很多开发者在实现网页时不太在意细节，但只有做好细节才能做出好作品，正是这些细节体现出了普通和优秀的差别。

在你写 CSS 时，我一直在建议你花些时间来完善设计细节。即使你做的没有设计师那么专业，也要相信自己的眼睛。试着这里调大一点距离或者那里调小一点距离，看看哪种看起来更好，多花点儿时间来调试。不要过分使用颜色，只是有选择地放在需要吸引用户注意的地方。创建一致的模式，然后打破这些规律的模式就可以把用户的注意力吸引到页面最重要的东西上了。

12.4 总结

- 选择性地使用对比，来把用户注意力吸引到页面上重要的部分。
- 使用 HSL 颜色表示法，让颜色处理更简单更易于理解。
- 设计师执着于细节时，要相信他们的判断。
- 花些时间来调整间距。
- 牢记行高可以影响垂直间距。

第 13 章

排　版

13

本章概要

- ❑ Web 字体如何赋予页面独特的体验
- ❑ 使用谷歌字体 API
- ❑ 调整字体的间距（字距和行距）
- ❑ Web 字体性能相关因素与优化
- ❑ 处理FOUT和FOIT

网页设计，成也字体，败也字体。几年前，Web 开发者只能从有限的一些字体中做选择，即所谓的 **Web 安全字体**（Web safe font）。这些字体类型包括 Arial、Helvetica、Georgia 等，大部分用户的系统会安装。因为浏览器只能使用这些系统字体渲染页面，所以我们必须使用它们。我们可以指定非系统字体，比如 Helvetia Neue，但只有那些碰巧安装了这款字体的用户才能正确显示，其他用户只能看到通用的回退方案。

随着 Web 字体的兴起，情况改变了。Web 字体使用`@font-face` 规则，告诉浏览器去哪里找到并下载自定义字体，供页面使用。原本平淡无奇的页面，使用自定义字型之后，可能就改观了。这仿佛打开了一个新世界，我们比过去多了非常多的选择。

使用不同的字体可以使页面产生不同的观感，可以活泼也可以严肃，可以沉稳可信也可以不拘小节。看图 13-1 的字体示例，相同的文字设置了三对不同的字体。左上角的例子，标题使用 News Cycle，正文使用 EB Garamond。这样看起来比较正式，一般出现在新闻网站上。右上角的例子使用了 Forum 和 Open Sans，看上去就没有那么正式。这些字体可能会用在个人博客或者小型技术公司。左下方的例子使用了 Anton 和 Pangolin，显得比较活泼，甚至有点像动画片似的，适合儿童网站。只换了一下字体，别的什么也没做，我们就可以完全改变页面的氛围。

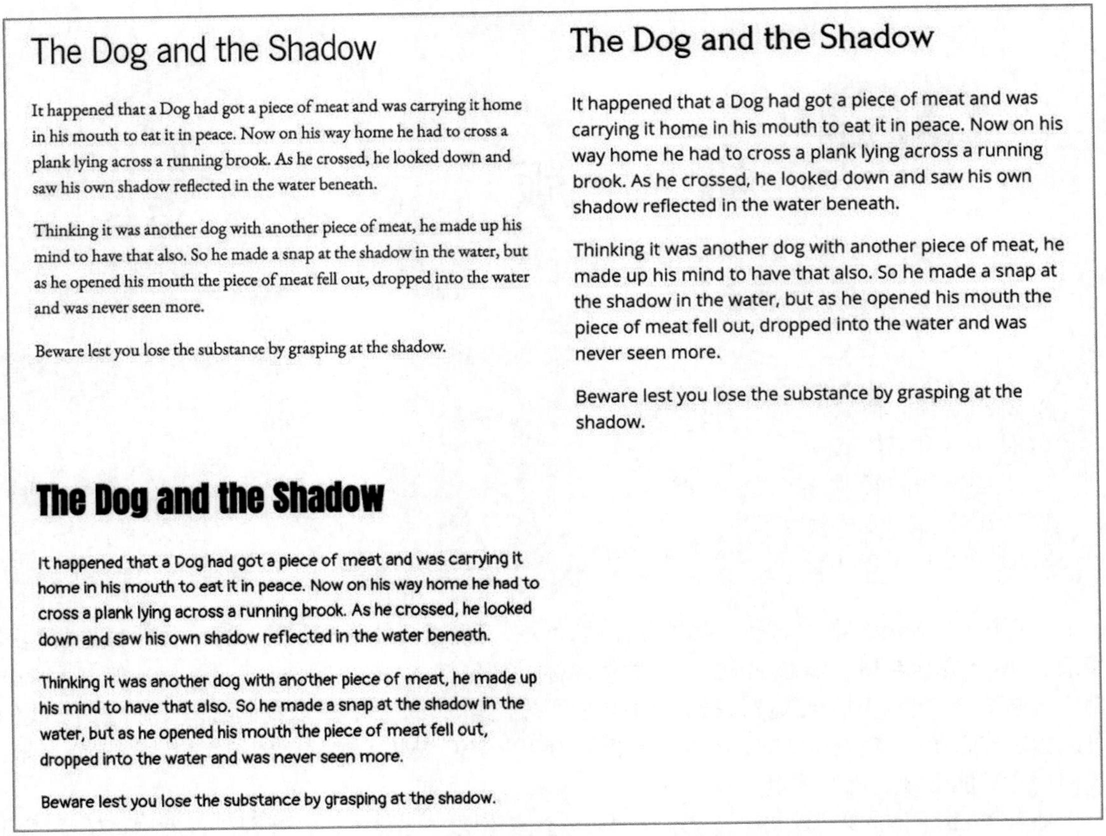

The Dog and the Shadow

It happened that a Dog had got a piece of meat and was carrying it home in his mouth to eat it in peace. Now on his way home he had to cross a plank lying across a running brook. As he crossed, he looked down and saw his own shadow reflected in the water beneath.

Thinking it was another dog with another piece of meat, he made up his mind to have that also. So he made a snap at the shadow in the water, but as he opened his mouth the piece of meat fell out, dropped into the water and was never seen more.

Beware lest you lose the substance by grasping at the shadow.

The Dog and the Shadow

It happened that a Dog had got a piece of meat and was carrying it home in his mouth to eat it in peace. Now on his way home he had to cross a plank lying across a running brook. As he crossed, he looked down and saw his own shadow reflected in the water beneath.

Thinking it was another dog with another piece of meat, he made up his mind to have that also. So he made a snap at the shadow in the water, but as he opened his mouth the piece of meat fell out, dropped into the water and was never seen more.

Beware lest you lose the substance by grasping at the shadow.

The Dog and the Shadow

It happened that a Dog had got a piece of meat and was carrying it home in his mouth to eat it in peace. Now on his way home he had to cross a plank lying across a running brook. As he crossed, he looked down and saw his own shadow reflected in the water beneath.

Thinking it was another dog with another piece of meat, he made up his mind to have that also. So he made a snap at the shadow in the water, but as he opened his mouth the piece of meat fell out, dropped into the water and was never seen more.

Beware lest you lose the substance by grasping at the shadow.

图 13-1 使用不同字体可以显著影响网站的整体感觉

本章将讲解 Web 字体。我将展示 Web 字体如何工作，并推荐一些在线服务，它们可以提供很多字体供你选择使用。我也会介绍用来控制字体排版、间距和大小的 CSS 属性。理解这些属性可以让你提升网站的可读性，也可以更好地实现设计师提供的设计稿。

排版是一种艺术形式，和印刷出版一样历史悠久。本章讨论的内容是这本书中唯一具有几百年历史的话题。因此，我不打算太过详尽地阐述这部分内容，但会介绍一些要点，以及如何将其应用到现代 Web 中。

13.1 Web 字体

通过在线服务使用 Web 字体是最简单也最普遍的方式。常见的如下所示。

- Typekit
- Webtype
- 谷歌字体

无论收费还是免费，这些服务都为你解决了很多问题，包括技术上（托管服务）和法律上（授权许可）的一些问题。它们都提供了可以选择字体的大型字体库，但有时如果你需要某些特定字体，可能需要开通特定服务才可以使用。

谷歌字体有很多高质量并且开源的字体（还免费），我建议你使用这项服务来为网页添加 Web 字体。因为谷歌做了大量的工作，所以添加字体非常简单。然后我们会深入研究它到底是如何工作的。

我们还是使用第 12 章制作的网页，添加 Web 字体来改进设计。完成后的网页会如图 13-2 所示，页面的大部分内容使用的是 Roboto 作为正文主体字体，标题使用的是 Sansita。

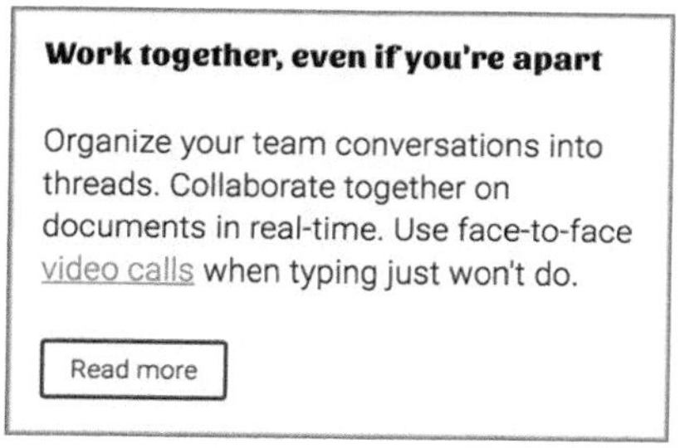

Work together, even if you're apart

Organize your team conversations into threads. Collaborate together on documents in real-time. Use face-to-face video calls when typing just won't do.

Read more

图 13-2　使用了 Sansita 和 Roboto 字体的页面的一部分

标题和正文分别使用不同的字体是很常见的。通常，一种字体是 serif，另一种是 sans-serif，但示例中的两种都是 sans-serif。你也可能会见到有的设计中标题和正文使用了相同的字体，但不同的字重。

Serif——字母笔画末端的小线条或者“爪状”装饰。包含 serif 的字体就被称为 serif 字体（例如 Times New Roman）。如果没有 serif，那就是 sans-serif 字体（例如 Helvetica）。

你如果已经学完了第 12 章，那应该已经做完了页面上除了 Web 字体以外的部分（页面的 HTML 代码参见代码清单 12-1，CSS 代码分布在第 12 章剩下的代码清单中，因此你的页面应该已经按这些代码渲染好了）。下面我们来添加 Web 字体。

13.2　谷歌字体

访问谷歌字体网站，就可以看到谷歌字体中可以使用的字体目录。网站使用文字栏的网格来展示这些字体（如图 13-3 所示）。你可以直接从网页上选择字体，也可以点击右上角的放大镜来搜索特定字体。

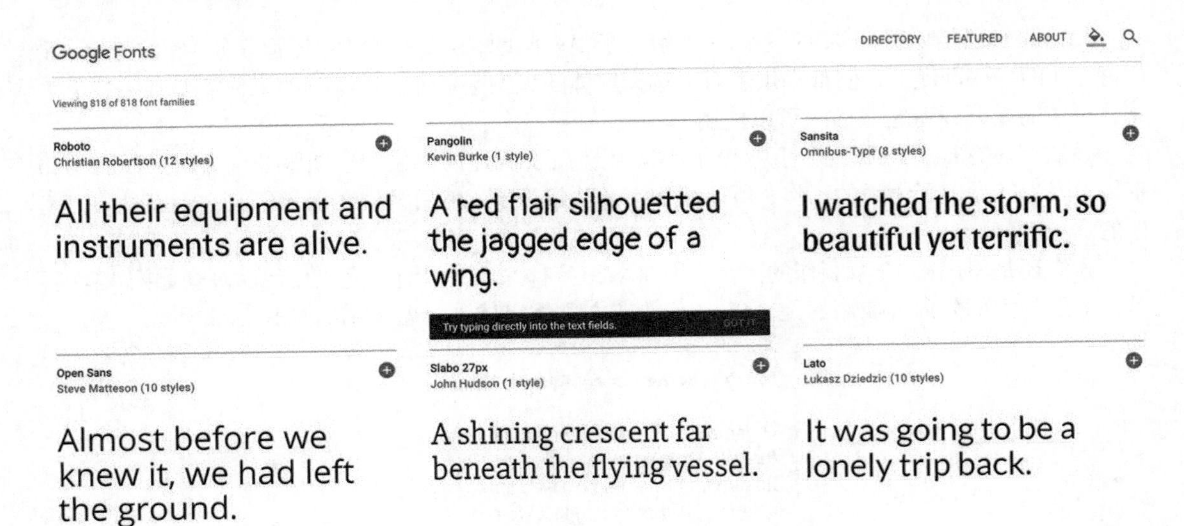

图 13-3　谷歌字体的字体选择界面

对于想要使用的字体，点击红色的加号图标，谷歌就会将其添加至已选择字体，罗列到右下方的抽屉里（如图 13-4 所示）。点击红色的减号图标就可以移除字体。

图 13-4　抽屉中展示当前已选择字体，并附带示例代码片段

如果你知道自己需要的字体是什么，就可以通过名字搜索字体。在搜索菜单中输入 `Sansita`，主区域里的其他字体板块就被过滤掉了。点击加号图标，把它添加到已选择字体。然后在搜索框里删除 Sansita 并输入 `Roboto`，谷歌会找到几款相关的字体，其中包括 Roboto、Roboto Condensed、Roboto Slab 等。把 Roboto 添加到已选择字体。

如果你打开已选择的字体抽屉，里面会显示 Sansita 和 Roboto，还附带一些 HTML（在网页中嵌入字体）和 CSS（在样式中使用字体）的代码片段。在使用这些代码片段之前，你还需要修改一下字体，挑选适合网页的字重。点击自定义标签查看可选项（如图 13-5 所示）。

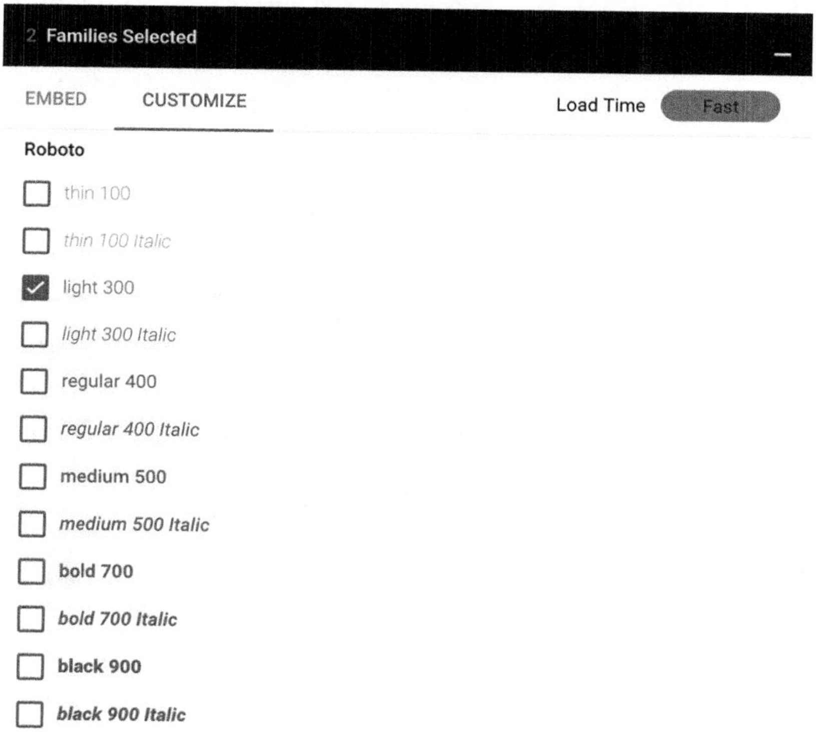

图 13-5　选择为网页引入哪种字重和字体样式

你可能习惯于使用常规和粗体，但有些字型设计成多种不同的字重。比如，Roboto 有六种不同的字重，范围从纤细（thin）到特粗（black），同时每种字型还有对应的斜体格式。勾选想要下载的字体旁边的复选框。

> **说明**　**字型**（typeface）和**字体**（font）这两个术语经常被混为一谈。**字型**通常是指字体（比如 Roboto）的整个家族，一般由同一个设计师创造。一种字型可能会存在多种变体和字重（比如细体、粗体、斜体、压缩，等等），这些变体的每一种可称之为一种**字体**（font）。

理想情况下，你可以下载所有的字体变体，这样在设计网页时就会有充足的选择。但当开始勾选复选框时，你会发现加载时间（Load Time）指示器（在右上方）从“快速”变成“适中”，再变成“缓慢”。选择的字体越多，浏览器需要下载的就越多。Web 字体是拖慢网页加载时间最大的几个元凶之一，仅排在图片之后。因此应该谨慎一些，只挑选自己需要的字体。

在 Roboto 下选择细体 300，在 Sansita 下选择超粗 800，这是你将用在示例中的两种字重。正文中可能经常需要用到斜体版本，但不用提前准备，等到确定网站需要时再下载。点击“嵌入”（Embed）选项卡返回到代码片段，你会发现代码已经更新到选择的指定字重了。

如代码清单 13-1 所示，复制`<link>`标签并添加到页面的`<head>`里，这样就为页面添加了一个包含字体描述的样式表。这时页面上一共有两个样式表：自己原来的样式表和字体样式表。

代码清单 13-1　`<link>`标签里面是包含谷歌字体的样式表

```
<link href="https://fonts.googleapis.com/css?family=Roboto:300|Sansita:800"
      rel="stylesheet">
```

谷歌通过样式表为页面配置好了 Web 字体需要的设置，然后就可以在自己的样式表中随意使用 Web 字体了。添加 Web 字体之后的页面效果如图 13-6 所示。

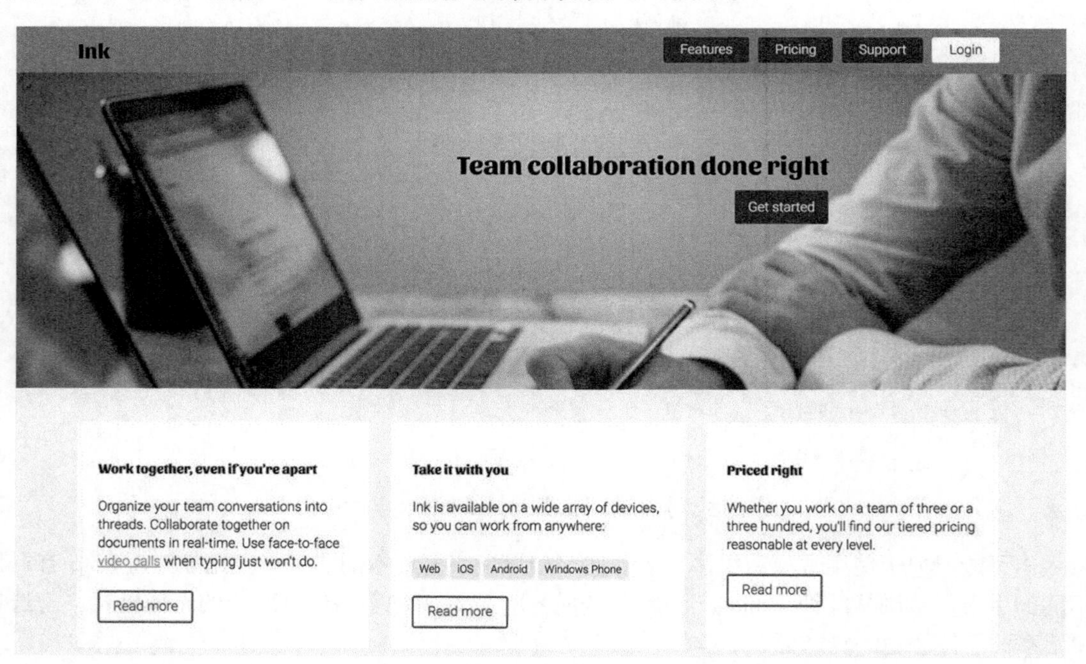

图 13-6　使用了 Roboto 和 Sansita 字体的页面

需要使用 `font-family` 属性来指定 Roboto 或者 Sansita，才能使用字体。我们更新一下 CSS。在`<body>`标签中为正文字体设置 Roboto，整个网页会继承使用。然后为标题和左上角的 Ink 首页链接设置 Sansita 字体。把样式表中的相应部分改成代码清单 13-2 中的代码。

代码清单 13-2 使用 Web 字体

```
body {
  margin: 0;
  font-family: Roboto, sans-serif;          <-- 对页面全局应用 Roboto 字体
  line-height: 1.4;
  background-color: var(--extra-light-gray);
}

h1, h2, h3, h4 {
  font-family: Sansita, serif;          <-- 设置标题为 Sansita 字体
}

/* ... */

.home-link {
  color: var(--text-color);
  font-size: 1.6rem;
  font-family: Sansita, serif;          <-- 设置首页链接为 Sansita 字体
  font-weight: bold;
  text-decoration: none;
}
```

因为页面中添加了谷歌字体样式表，所以浏览器可以理解这些字体名称指向下载的 Web 字体，并将其应用到页面。如果你使用其他的 Web 字体服务（比如 Typekit），那么整个过程也是大同小异。这些服务要么提供所需的 CSS URL 地址，要么提供可以为网页添加 CSS 的 JavaScript 片段。

接下来我们将稍微调整字体的间距，并分享一些关于加载性能的考量因素。在这之前，我们先来看看谷歌字体做了什么。

13.3 如何使用@font-face

提供字体服务的网站把添加字体的工作做得如此简单易用，但我们依然需要了解一下它们是怎么实现的。先来看看谷歌提供的CSS文件。在浏览器中打开URL https://fonts.googleapis.com/css?family=Roboto:300|Sansita:800，就可以看到谷歌的 CSS。我们复制其中的一部分，如代码清单 13-3 所示。

代码清单 13-3 谷歌的字体定义样式表

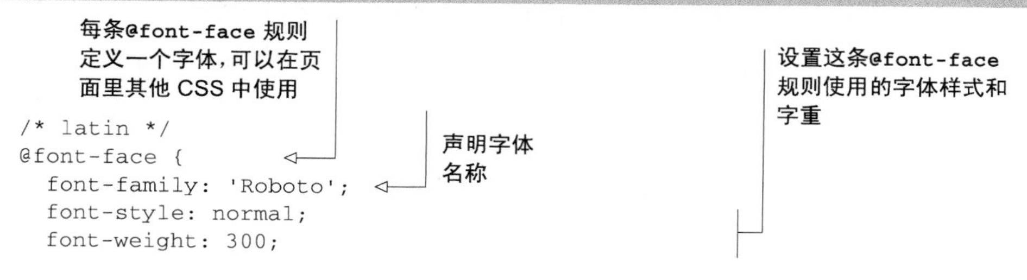


```
/* latin */
@font-face {
  font-family: 'Roboto';
  font-style: normal;
  font-weight: 300;
```

```
  src: local('Roboto Light'), local('Roboto-Light'),
    url(https://fonts.gstatic.com/s/roboto/v15/Hgo13k-
    tfSpn0qi1SFdUfZBw1xU1rKptJj_0jans920.woff2) format('woff2');
  unicode-range: U+0000-00FF, U+0131, U+0152-0153, U+02C6, U+02DA, U+02DC,
    U+2000-206F, U+2074, U+20AC, U+2212, U+2215;
}

/* latin */
@font-face {
  font-family: 'Sansita';
  font-style: normal;
  font-weight: 800;
  src: local('Sansita ExtraBold'), local('Sansita-ExtraBold'),
    url(https://fonts.gstatic.com/s/sansita/v1/M0VOVsEPZWhxh-
    yeRPQtpQzyDMXhdD8sAj6OAJTFsBI.woff2) format('woff2');
  unicode-range: U+0000-00FF, U+0131, U+0152-0153, U+02C6, U+02DA, U+02DC,
    U+2000-206F, U+2074, U+20AC, U+2212, U+2215;
}
```

可以找到字体文件的位置

这条@font-face规则使用的 Unicode 编码范围

`@font-face` 规则定义了浏览器字体，以便在页面的 CSS 中使用。这里的第一条规则实际上是说，“如果页面需要渲染 `font-family` 为 Roboto 的拉丁字符，这些字符使用了正常的字体样式（非斜体）并且字重为 300，那么就使用这个字体文件”。第二条规则类似，定义了一个粗体版本（字重为 800）的 Sansita 字体。

`font-family` 设置了引用字体的名称，可以在样式表的其他地方使用。`src:`提供了一个逗号分隔的浏览器可以搜索的地址列表，以 `local(Roboto Light)`和 `local(Roboto-Light)`开头，这样的话，如果用户的操作系统中恰好安装了名为 Roboto Light 或者 Roboto-Light 的字体，就使用这些字体。否则，就下载使用 `url()`指定的 woff2 字体文件。

说明　谷歌提供的字体文件也包含其他字符集的类似代码，比如西里尔字母、希腊语和越南语。这些字符集放在其他的字体文件中，如果没有用到，浏览器就不会下载它们。同样，我们这里为了简单起见，省略了这部分。

13.3.1　字体格式与回退处理

谷歌的样式表假设浏览器支持 WOFF2 格式的字体文件。这是可以的，因为谷歌通过检查浏览器的用户代理字符串，能够判断出我的浏览器（Chrome）支持这些字体文件。如果我们在 IE10 浏览器中访问相同的 URL，返回的样式表稍有不同，其中会使用 WOFF 字体。

WOFF 是指 Web 开放字体格式，这是一种专为网络使用而设计的压缩字体格式。所有的现代浏览器都支持 WOFF，但不是所有的都支持 WOFF2（WOFF2 格式有更好的压缩效果，因此文件更小）。你应该不希望像谷歌那样，每次都去判断用户代理字符串。代码清单 13-4 展示了一种稳健的解决方案，同时提供 WOFF 和 WOFF2 字体文件的 URL（为了使代码更易读，这里使用了简写的 URL）。

代码清单 13-4 WOFF2 Web 字体声明，附带回退为 WOFF

```
@font-face {
  font-family: "Roboto";
  font-style: normal;
  font-weight: 300;
  src: local("Roboto Light"), local("Roboto-Light"),
       url(https://example.com/roboto.woff2) format('woff2'),   <- 使用列表中支持的第一种格式
       url(https://example.com/roboto.woff) format('woff');     <- 不支持 WOFF2 的浏览器回退为 WOFF
}
```

Web 字体刚刚兴起的时候，开发者必须引入四五种不同格式的字体，因为每款浏览器支持的格式都不一样。现在绝大部分浏览器已经支持 WOFF，因为 WOFF2 加载更快，一般会提供这两种字体的 URL。

13.3.2 同一种字型的多种变体

如果需要用到同一种字型的多种字体，那么每一种字体都需要自己的`@font-face`规则。如果你在谷歌字体页面上同时选择了 Roboto 的细体和粗体版本，谷歌就会提供一个类似于 https://fonts.googleapis.com/css?family=Roboto:300,700 的样式表 URL。在浏览器中打开 URL 并查看代码，这里我们复制了一部分，如代码清单 13-5 所示。

代码清单 13-5 定义同一种字型的两种不同字重

```
/* latin */
@font-face {
  font-family: 'Roboto';
  font-style: normal;        细体 Roboto
  font-weight: 300;
  src: local('Roboto Light'), local('Roboto-Light'),
       url(https://fonts.gstatic.com/s/roboto/v15/Hgo13k-
    tfSpn0qi1SFdUfZBw1xU1rKptJj_0jans920.woff2) format('woff2');
  unicode-range: U+0000-00FF, U+0131, U+0152-0153, U+02C6, U+02DA, U+02DC,
    U+2000-206F, U+2074, U+20AC, U+2212, U+2215;
}
...
/* latin */
@font-face {
  font-family: 'Roboto';
  font-style: normal;        粗体 Roboto
  font-weight: 700;
  src: local('Roboto Bold'), local('Roboto-Bold'),
       url(https://fonts.gstatic.com/s/roboto/v15/d-
    6IYplOFocCacKzxwXSOJBw1xU1rKptJj_0jans920.woff2) format('woff2');
  unicode-range: U+0000-00FF, U+0131, U+0152-0153, U+02C6, U+02DA, U+02DC,
    U+2000-206F, U+2074, U+20AC, U+2212, U+2215;
}
```

代码清单 13-5 展示了 Roboto 字体的两种不同的定义。如果页面上需要渲染字重为 300 的 Roboto，就使用第一种定义；如果需要渲染字重为 700 的 Roboto，就使用第二种。

如果页面样式需要用到其他版本的字体（比如 `font-weight: 500` 或者 `font-style: italic`），浏览器就会从提供的两种字体中选择更接近的字体。不过这取决于浏览器，它可能会把某个已提供字体倾斜或者加粗来达到想要的效果，通过使用几何学的方法来实现字母形状的转换。因为这样的字体显示肯定不如原生设计的效果好，所以不建议依靠这种方式。

在你使用谷歌字体或者其他字体服务提供商时，通过界面操作就可以获得所需的代码。有时可能服务商没有提供你要使用的字体，这种情况下就需要自己提供字体服务，使用`@font-face`规则定义浏览器所需的格式。

13.4　调整字距，提升可读性

我们回到页面上。现在 Web 字体加载好了，我们按照设计稿再调整一下。这里涉及两个属性：`line-height` 和 `letter-spacing`，这两个属性可以控制文本行之间的距离（垂直方向）和字符之间的距离（水平方向）。

很多开发者往往不太看重这两个属性。如果在网页实现的时候多花点儿时间调整它们，可能会使整个网站的效果产生很大的改进。除此之外，还可以让用户在阅读的时候体验更好，增加用户黏性。

如果文字间距太紧凑，阅读更多句子或者词语就会比较费劲，间距太大也会有同样的问题。图 13-7 展示了多种不同间距的文本。

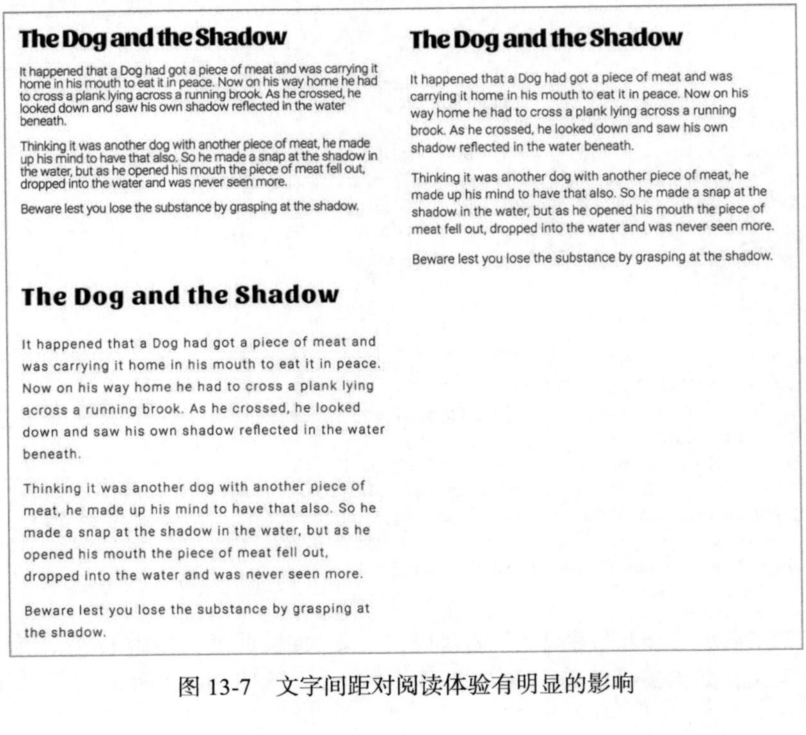

The Dog and the Shadow

It happened that a Dog had got a piece of meat and was carrying it home in his mouth to eat it in peace. Now on his way home he had to cross a plank lying across a running brook. As he crossed, he looked down and saw his own shadow reflected in the water beneath.

Thinking it was another dog with another piece of meat, he made up his mind to have that also. So he made a snap at the shadow in the water, but as he opened his mouth the piece of meat fell out, dropped into the water and was never seen more.

Beware lest you lose the substance by grasping at the shadow.

The Dog and the Shadow

It happened that a Dog had got a piece of meat and was carrying it home in his mouth to eat it in peace. Now on his way home he had to cross a plank lying across a running brook. As he crossed, he looked down and saw his own shadow reflected in the water beneath.

Thinking it was another dog with another piece of meat, he made up his mind to have that also. So he made a snap at the shadow in the water, but as he opened his mouth the piece of meat fell out, dropped into the water and was never seen more.

Beware lest you lose the substance by grasping at the shadow.

The Dog and the Shadow

It happened that a Dog had got a piece of meat and was carrying it home in his mouth to eat it in peace. Now on his way home he had to cross a plank lying across a running brook. As he crossed, he looked down and saw his own shadow reflected in the water beneath.

Thinking it was another dog with another piece of meat, he made up his mind to have that also. So he made a snap at the shadow in the water, but as he opened his mouth the piece of meat fell out, dropped into the water and was never seen more.

Beware lest you lose the substance by grasping at the shadow.

图 13-7　文字间距对阅读体验有明显的影响

试着读一下左上方的压缩版文字，你会发现需要更集中注意力才行。可能不小心就漏了一行，或者同一行读两次，很快就不想读下去了。这样的页面显得比较拥挤，没有条理。左下方的文字有点太分散了，这样每个字母就会占去太多注意力，不容易在大脑里组合成单词。相比之下，右上方的文字比较舒服，看上去“刚刚好”，是这三个里面最容易阅读的。

13.4.1 正文主体的字间距

为 `line-height` 和 `letter-spacing` 找到合适的值是件主观性很强的事情。最好的解决办法通常是多试几个值，如果两个值要么太紧凑要么太松散，那就取它们的中间值。幸运的是，下面介绍的这些经验法则可以为你提供帮助。

`line-height` 属性的初始值是关键字 `normal`，大约等于 1.2（确切的数值是在字体文件中编码的，取决于字体的 em 大小），但是在大部分情况下，这个值太小了。对于正文主体来说，介于 1.4 和 1.6 之间的值比较理想。

我们已经在上一章为`<body>`设置了 1.4 的行高，这个值会被页面里其他的元素继承。看看是不是把这个设置弄丢了。图 13-8 展示了其中一个板块。其中左边的这个，`line-height` 和 `letter-spacing` 都使用初始值，右边的是调整过的（我们的目标是把网页调整成右侧板块的字距）。

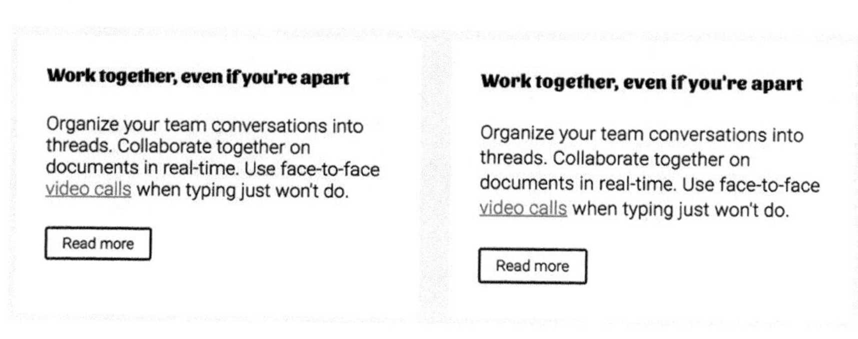

图 13-8 Ink 页面的一个板块，一个使用原始字距（左），另一个是最终调整值（右）

把 `line-height` 的值改成 1.3 或者 1.5，看看效果如何，是否比之前的 1.4 好一些。

提示 文字行越长，行高应该设置得越大。这样读者的眼睛扫到下一行的时候才更容易，不会注意力分散。理想情况下，每行文字的长度应该控制在 45～75 个字符，一般认为这样的长度最利于阅读。

接下来，我们看看 `letter-spacing`。这个属性需要一个长度值，用来设置每个字符之间的距离。即使只设置 1px，也是很夸张的字间距了，因此这应该是个很小的长度值。我在尝试找到合适值的时候，一般每次只增加 1em 的 1/100（例如，`letter-spacing: 0.01em`）。把代码清单 13-6 添加到 CSS 中。

代码清单 13-6　在 body 元素上设置字符间距

```
body {
  margin: 0;
  font-family: Roboto, sans-serif;
  line-height: 1.4;              ◁ 行高和字距会被页面上所有元素继承
  letter-spacing: 0.01em;        ◁ 为字符之间添加 0.01em 的额外间距
  background-color: var(--extra-light-gray);
}
```

把字符间距增加到 0.02em 或者 0.03em，看看效果如何。你可能不具备设计师的专业眼光，没办法确定哪种效果最佳，但是没关系，凭直觉就好。如果还是有疑虑，那就保守一点不要设置太大。我们的目的不是要吸引用户注意字符间距，事实上恰恰相反。在 Ink 页面上，我发现 0.01em 和 0.02em 都可以，那我们就保守一点选择 0.01em。

把行距和字距转换成 CSS

在设计领域，文本行之间的距离称为**行距**（leading，与 bedding 有点谐音），来源于印刷版每行文字之间添加的一条条的引导线（lead）。字符之间的距离称之为**字距**（tracking）。如果你和设计师一起工作，他们可能会在设计稿中指明行距和字距，但这些值看起来跟 CSS 属性 `line-height` 和 `letter-spacing` 一点儿都不像。

行高一般使用“点”作单位来描述，比如 18pt，代表的是一行文字的高度加上它与下一行文字之间的距离。这实际上与 CSS 的 `line-height` 一样，但是没有使用一个无单位的数字来表达。你必须首先把它转化为跟字体一样使用像素单位，然后再计算出无单位数字。

把点值乘以 1.333，就可以把 pt 转化为 px（因为每英寸是 96px，并且每英寸等于 72pt，96/72=1.333），即 18pt×1.333=24px。然后除以字号，得到无单位的行高值，即 24px/16px=1.5。

字距通常会给定一个字数，比如 100。因为这个数字表示 1em 的千分之一，所以除以 1000 就可以转化成 em 单位，即 100/1000=0.1em。

13.4.2　标题、小元素和间距

标题的间距通常和正文主体不太一样。调整完主体间距设置以后，检查一下标题，看看是否需要调整。

标题一般比较短，通常只有几个字，但有时候也会出现比较长的标题。设计的时候常犯的错误就是只测试短标题。现在页面的行高设置好了，可以试着为各个标题添加额外的文字强制换行看看效果（如图 13-9 所示）。

图 13-9　强制标题换行，确保行高是合适的

实际页面中，因为垂直间距看上去还可以，所以就不再修改了，但一定要记得检查一遍。有时候 1.4 的行高可能显得有点大，这也取决于字型，特别是设置大字号的时候。我曾经在一些网站上把行高调低到 1.0。

相对来讲，字符间距反而可以设置得稍宽一些。把代码清单 13-7 中的代码添加到样式表，其中字符间距做了一些小调整。

代码清单 13-7　增加标题字间距

```
h1, h2, h3, h4 {
  font-family: Sansita, serif;
  letter-spacing: 0.03em;
}

/* ... */

.home-link {
  color: var(--text-color);
  font-size: 1.6rem;
  font-family: Sansita, serif;
  font-weight: bold;
  letter-spacing: 0.03em;
  text-decoration: none;
}
```

增加标题字符间距（注：指向两处 letter-spacing: 0.03em;）

对于正文主体来讲，调整间距是为了使阅读体验效果更佳，但对于标题和其他内容很少的元素（比如按钮）来讲，影响不大。这时候间距可调整范围大大增加，就可以多多发挥创意了。也可以使用负数设置字符间距，让字符更紧凑。图 13-10 里的标语设置了 `letter-spacing: -0.02em`。

图 13-10　页面上内容简短、风格鲜明的部分，可以考虑使用更紧凑的字符间距

间距变化还是很明显的。如果是几段文字产生这样的间距变化，可能就会变得难以阅读，但对于小段文本效果还可以（只有几个字）。我们对标语文字使用这样的效果，将代码清单 13-8 添加到样式表中。

代码清单 13-8　收紧标语的字间距

```
.hero h2 {
  font-size: 1.95rem;
  letter-spacing: -0.02em;      <-- 使用负值的 letter-spacing 来压缩字符间距
  margin-top: 0;
  margin-bottom: 0.625rem;
}
```

我们也可以重新评估一下页面上小元素的间距和文本，比如按钮。我认为现在的按钮看着有点太大了，特别是头部的导航按钮。我们来调整一下。图 13-11 展示了现在的效果（上）和调整后的效果（下）。

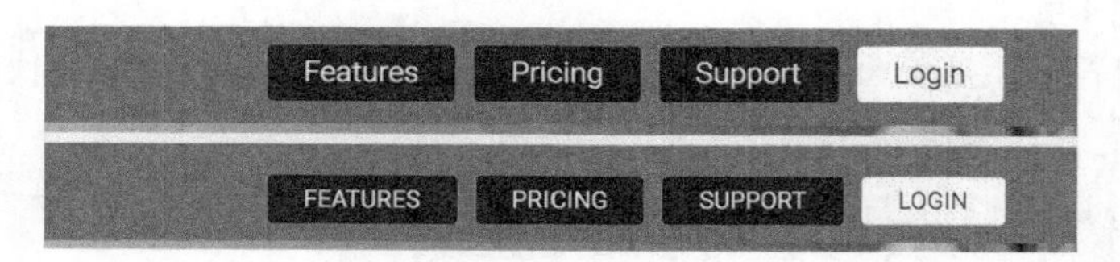

图 13-11　调整文本属性可以改善导航按钮的外观（下）

这里做了如下调整：减小字号，使用 `text-transform` 把字母改成大写，调大字符间距。

提示　全部使用大写字母的文字，调大字符间距看上去更好一些。

把代码清单 13-9 中的声明添加到样式表。页面上其他的按钮同样使用了缩减的字号，会变得稍小一些，但对于导航链接来讲，只需改成大写和调整字符间距即可。

代码清单 13-9　调整 `nav` 菜单元素的大小和间距

```
.nav-container__inner {
  display: flex;
  justify-content: space-between;
  align-items: flex-end;          <-- 把导航容器中的元素对齐到底部
  max-width: 1080px;
  margin: 0 auto;
  padding: 0.625em 0;
}
```

```
/* ... */

.top-nav a {
  display: block;
  font-size: 0.8rem;                    减小导航链接和按钮的字号
  padding: 0.3rem 1.25rem;              把内边距值从 em 换成 rem
  color: var(--white);
  background: var(--brand-green);
  text-decoration: none;
  border-radius: 3px;
  text-transform: uppercase;            把导航链接改成大写
  letter-spacing: 0.03em;               并增加字符间距
}
...
.button {
  display: inline-block;
  padding: 0.4em 1em;
  color: hsl(162, 87%, 21%);
  border: 2px solid hsl(162, 87%, 21%);
  border-radius: 0.2em;
  text-decoration: none;
  font-size: 0.8rem;                    减小导航链接和按钮的字号
}
```

因为减小了导航链接的字号，所以它们将不再填充 `nav-container` 内容盒子的高度。默认情况下这些链接是顶部对齐的，下方留出一些区域。将 `nav-container` 的弹性子元素对齐到底部（`flex-end`），就可以解决这个问题。

因为导航元素的字号已经改变了，所以它们的内边距（之前以 em 为单位来设置）也会随之改变。为了避免这样，我在这里把单位改成 rem。当然也可以通过数学计算得出新的以 em 为单位的相应值，但是这样做并不值得。

`text-transform` 属性对你来说可能有点陌生。它可以把所有字母改成大写，不管 HTML 原始文本如何书写。这里强烈推荐使用这种方式，而不是去 HTML 里直接把文本改成大写。原因在于通过这种方式，如果将来设计稿修改了，就可以只改一行 CSS，而不必修改所有 HTML 页面的多个地方。如果是需要遵循某种语法规则的大写（比如首字母缩略词[①]），就需要修改 HTML 的内容了。像这种只是单纯地出于设计上的考虑，只使用 CSS 就可以实现。

`lowercase` 是 `text-transform` 属性的另一个值，表示把所有字母都小写。还可以设置为 `capitalize`，这样只把每个单词的首字母大写，其余字母保持 HTML 里的原始状态。

更加深入：垂直规律

第 12 章讨论了在设计中贯彻始终如一的模式的重要性，其中也包括屏幕上元素间距的始终如一。**垂直规律**（vertical rhythm）就是针对整个页面所有文本行应用这一原则的实践方式。这是通过设置**基线网格**（baseline grid）来实现的，基线网格是指文本行之间重复等距离的标

① 首字母缩略词（acronym），比如 HTML 是由 HyperText Markup Language 的首字母缩略而成。——译者注

线。页面上大部分甚至全部的文本应该参考基线网格来对齐。

这张图中使用了等距离水平线标注了基线网格，注意标题、正文文本和按钮文本是如何对齐到网格的。

使用各种规格的文本和外间距的元素，却遵守一致的垂直方向上的规律，即基线网格

在网站中引入这种设计原则无疑会增加很多工作量，但回报你的是更加精细的一致性。如果你追求细节，打算自己尝试一下，建议你读一读文章 *Why is Vertical Rhythm an Important Typography Practice?*。

再提醒一句，创建垂直规律一般需要在 `line-height` 声明中使用单位。因为这样会改变行高值被继承的方式（参见第 2 章），所以你必须确保在页面上所有字号改变的地方都明确设置合适的行高。

13.5　恼人的 FOUT 和 FOIT

在处理字体前，需要先考虑一下性能，因为字体文件很大。我在前面提到过，页面使用的字体文件数量应该精简到最少，但即使这样，仍然可能存在问题。浏览器中经常会遇到这种情况，页面的内容和布局就要开始渲染了，字体却还在下载中。有必要来思考一下这时候会发生什么。

开始时，大多数的浏览器供应商为了尽可能快地渲染页面，使用了可用的系统字体。然后，一小段时间过去了，Web 字体加载完成，页面会使用 Web 字体重新渲染一次。图 13-12 阐述了这个过程。

比起系统字体，Web 字体很可能会在屏幕上占据不一样的空间。第二次渲染时，页面布局变了，文字突然跳动了。如果这是在第一次渲染之后很快发生，用户可能不会注意到。但是如果字体下载过程中有网络延迟（或者字体文件太大了），可能长达几秒之后才会再次渲染页面。这种情况发生时，有的用户可能会感到厌烦。他们可能已经开始阅读网页内容了，这时页面突然变化，会让他们注意力分散。这就是所谓的 FOUT，即无样式文本闪动（Flash of Unstyled Text）。

Take it with you

Ink is available on a wide array of devices, so you can work from anywhere:

Web iOS Android Windows Phone

Read more

240ms：回退字体渲染

Take it with you

Ink is available on a wide array of devices, so you can work from anywhere:

Web iOS Android Windows Phone

Read more

410ms：Web字体渲染

图 13-12 FOUT（无样式文本闪动）

因为开发者们不喜欢这样，所以大部分浏览器供应商修改了浏览器的行为。他们不再渲染回退字体，改成渲染页面上除了文本以外的其他所有元素。确切地说，他们把文本渲染成不可见的，因此文字依然会占据页面的空间。通过这种方式，页面的容器元素得以实现，用户就可以看到页面正在加载。这就导致了一个新的问题，FOIT，即不可见文本闪动（Flash of Invisible Text）。如图 13-13 所示，背景颜色和边框都显示出来了，但是文字在第二次渲染的时候才显示，即 Web 字体加载之后。

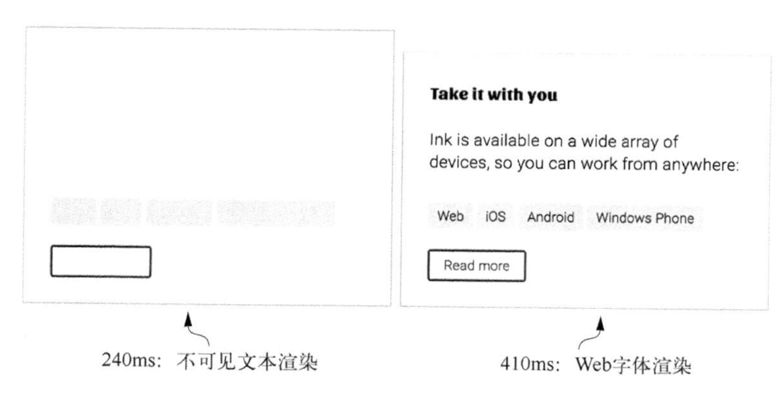

图 13-13 FOIT（不可见文本闪动）

这种方案解决了之前的问题，但又带来了新问题。如果 Web 字体加载时间很长会发生什么？或者加载失败呢？页面会一直空白，这些彩色的盒子只是空壳，对于用户来讲完全没有意义。这种情况发生时，我们还是希望使用 FOUT 时的系统字体。

开发者针对这些问题提出了很多解决办法，基本上每一年会涌现出“更好”的方案。要解决问题，其实就是要避免发生 FOUT 和 FOIT。然而在 Web 字体领域，这两个问题从未完全解决过。我们能做的就是尽可能让它们产生的影响降到最低。

幸好关于这些问题的讨论即将尘埃落定，这里我就不从头介绍好几种不同的技巧了，直接演示我认为最合理的解决方案。这里需要用到一点 JavaScript 来控制字体加载。同时我也会介绍一个即将新增的 CSS 属性，不需要 JavaScript 就可以提供这种控制。你可以使用任意一种或者同时使用两种。

13.5.1　使用 Font Face Observer

使用 JavaScript 可以监控字体加载事件，这样就可以更好地控制 FOUT 与 FOIT 的发生过程。还可以使用 js 库来帮助处理，我喜欢用一款名叫 Font Face Observer 的库。这个库可以让你等待 Web 字体加载，然后做出相应的响应。我一般是在字体准备好时，使用 JavaScript 为`<html>`元素添加一个 `fonts-loaded` 类。然后就可以使用这个类为页面设置不同的样式，用不用 Web 字体都可以。

下载一份 fontfaceobserver.js 文件，保存到和页面相同的目录下。然后添加代码清单 13-10 中的代码到页面底部，放在`</body>`闭合标签之前。

代码清单 13-10　使用 Font Face Observer 监测字体加载

```
<script type="text/javascript">
  var html = document.documentElement;
  var script = document.createElement("script");
  script.src = "fontfaceobserver.js";
  script.async = true;

  script.onload = function () {
    var roboto = new FontFaceObserver("Roboto");
    var sansita = new FontFaceObserver("Sansita");
    var timeout = 2000;

    Promise.all([
      roboto.load(null, timeout),
      sansita.load(null, timeout)
    ]).then(function () {
      html.classList.add("fonts-loaded");
    }).catch(function (e) {
      html.classList.add("fonts-failed");
    });
  };
  document.head.appendChild(script);
</script>
```

动态创建`<script>`标签，添加 Font Face Observer 到页面上

为 Roboto 和 Sansita 字体创建观察器

两种字体都加载完成以后，为`<html>`元素添加 `fonts-loaded` 类

如果字体加载失败，为`<html>`元素添加 `fonts-failed` 类

这段脚本创建了两个观察器，分别用于 Roboto 字体和 Sansita 字体。`Promise.all()`方法会等待两个字体都加载完成，然后脚本为页面添加 `fonts-loaded` 类。如果加载失败，或者加载超时（超过两秒），`catch` 回调函数会被调用，为页面添加 `fonts-failed` 类。这样当页面加载完成时，脚本会为页面要么添加 `fonts-loaded` 类，要么添加 `fonts-failed` 类。

说明　这段脚本和 Font Face Observer 都使用了 JavaScript 的一个名为 promise 的特性，但是 IE 浏览器不支持这个特性。幸运的是，Font Face Observer 包含了一个 polyfill 来添加支持。如果你已经使用了自己的 polyfill，那就在它们的网站上下载 Font Face Observer 的独立版本。

接下来，我们演示一下如何使用 `fonts-loaded` 和 `fonts-failed` 类来控制字体在加载过程中的表现。

限制网络来测试字体加载行为

如果你是在高速网络连接条件下开发，很难测试到网站的字体加载行为。有一种解决方案是在 Chrome 或者 Firefox 开发者工具中手动调低下载速度。

在 Chrome 的 Network 标签中，顶部条里有个下拉菜单，预先设置了几种网速。在选择框中选中 Regular 3G（常规 3G），就可以手动设置低速网络连接，如下图所示：

建议同时勾选 Disable Cache（禁用缓存）旁边的复选框，每次加载页面，所有的资源都会重新下载。这样就可以模拟出低网速条件下，网站最初的页面加载时用户会看到的样子。

需要保持开发者工具是打开状态，这些设置才会生效。完成后记得把这些设置恢复到正常，否则下次你打开开发者工具时可能会大吃一惊。

13.5.2 回退到系统字体

针对字体加载，我们可以采用两种基本方法。第一种，在 CSS 中使用回退字体，然后在选择器中使用 `.fonts-loaded`，把回退字体改成想要的 Web 字体。这样就可以把浏览器的 FOIT（不可见文本）改为 FOUT（无样式文本）。

第二种，在 CSS 中使用 Web 字体，然后在选择器中使用 `.fonts-failed`，把字体改成回退字体。这种方法依然会产生 FOIT，但是如果超时就会转换为系统字体，页面不会在加载失败时被不可见文本卡住。

这两种方法，我一般倾向于第二种，但这纯粹是我个人的看法，至于哪种更好，取决于你的偏好或者工作项目的具体内容，甚至设置多久的超时时间也是喜好问题。

我们来实现第二种方法。代码清单 13-11 中的代码使用 `.fonts-failed` 类添加回退样式，把这些代码添加到你的 CSS 中。

代码清单 13-11 定义回退样式，FOIT 中的文本卡顿又会出现了

```
body {
  margin: 0;
  font-family: Roboto, sans-serif;
  line-height: 1.4;
```

```
  letter-spacing: 0.01em;
  background-color: var(--extra-light-gray);
}
.fonts-failed body {
  font-family: Helvetica, Arial, sans-serif;
}

h1, h2, h3, h4 {
  font-family: Sansita, serif;
  letter-spacing: 0.03em;
}
.fonts-failed h1,
.fonts-failed h2,
.fonts-failed h3,
.fonts-failed h4 {
  font-family: Georgia, serif;
}
...
.home-link {
  color: var(--text-color);
  font-size: 1.6rem;
  font-family: Sansita, serif;
  font-weight: bold;
  letter-spacing: 0.03em;
  text-decoration: none;
}
.fonts-failed .home-link {
  font-family: Georgia, serif;
}
```

如果 Web 字体加载失败，就回退到系统字体

字体加载失败时（或者加载超时），`fonts-failed` 类被添加到页面，回退样式就会应用到页面上。网速快时，Web 字体加载之前，会有短暂的 FOIT 出现。如果网速比较慢，FOIT 会持续两秒，然后显示回退字体。

提示　我们为调整 Web 字体的字符间距花费了很多时间。你可能也想为回退的系统字体再走一遍同样的流程，因为它们的字符间距很可能不一样。可以把这些调整间距的代码放在 `fonts-failed` 规则集中，这样只有在 Web 字体加载失败时才会应用。如果你想再多做一些，可以把回退字体调整成和 Web 字体几乎一样的间距，这样出现 FOUT 的时候就不会那么明显。Font style matcher 网站提供的工具可以帮你做这些。

处理字体加载没什么标准答案。如果你对站点的加载时间进行了分析，那么在决定使用哪种方法时，可以使用它来帮助你。一般来说，网速快时 FOIT 更容易接受一些，但网速慢时应该倾向于 FOUT，根据实际情况来判断。

13.5.3 准备使用 font-display

有个新的 CSS 属性 font-display 正在开发中，无须 JavaScript 的帮助就可以更好地控制字体加载。截止到本书完稿之时，这个新属性仅在 Chrome 和 Opera 浏览器中可用，Firefox 即将支持[①]。我会简单介绍一下它是如何工作的，为将来做一些前瞻性的准备。

这条属性需要在@font-face 规则内部使用，用来指定浏览器应该如何处理 Web 字体加载。代码清单 13-12 展示了一个示例。

代码清单 13-12 font-display 属性的一个示例

```
@font-face {
  font-family: "Roboto";
  font-style: normal;
  font-weight: 300;
  src: local("Roboto Light"), local("Roboto-Light"),
       url(https://example.com/roboto.woff2) format('woff2'),
       url(https://example.com/roboto.woff) format('woff');
  font-display: swap;        <-- 加载字体时使用 swap 行为，即 FOUT
}
```

这告诉浏览器立即显示回退字体，然后等 Web 字体可用的时候进行**交换**（swap），简而言之，就是 FOUT。

这个属性同时也支持以下几个值。

- auto——默认行为（在大多数浏览器中是 FOIT）。
- swap——显示回退字体，在 Web 字体准备好之后进行交换（FOUT）。
- fallback——介于 auto 和 swap 之间。文本会保持较短时间（100ms）的隐藏状态，如果这时候 Web 字体还没有准备好，就显示回退字体。接下来一旦 Web 字体加载完成，就会显示 Web 字体。
- optional——类似于 fallback，但是允许浏览器基于网速判断是否显示 Web 字体。这就意味着在较慢的连接条件下 Web 字体可能不会显示。

这些选项比之前的几行 JavaScript 提供了更多的控制能力。对于高网速，fallback 表现最好，会出现短暂的 FOIT，但如果 Web 字体加载超过了 100ms 就会产生 FOUT。对于低网速，swap 更好一些，可以立刻渲染回退字体。如果 Web 字体对于整体设计来讲并非必不可少的时候，就可以使用 optional。

如何控制 Web 字体的表现是个比较棘手的问题。如果想要更深入研究，推荐阅读 Jeremy L. Wagner 写的 *Web Performance in Action*。书中花了一整章来介绍 Web 字体表现，同时有些章节也包含其他跟 CSS 有关的问题。

13

① 到本书翻译时，Firefox 和 Safari 浏览器都已经支持这个属性。——译者注

13.6 总结

- 使用字体供应商（比如谷歌字体）的服务可以轻松集成 Web 字体。
- 严格限制添加到网页的 Web 字体数量，来控制页面体积。
- 使用`@font-face`规则集管理自己的字体。
- 花点时间调整 `line-height` 和 `letter-spacing`，使页面段落分明、清晰易读。
- 使用 Font Face Observer 或其他 JavaScript 来协助控制加载行为，防止文本隐藏的问题。
- 留意以后 `font-display` 的支持情况。

第 14 章 过　渡

14

本章概要

- ❑ 使用过渡为网页引入动效
- ❑ 理解定时函数并选择合适的效果
- ❑ 配合JavaScript使用

在传统的打印媒介上，事物都是静止不动的。文字不能在纸上移动，颜色也不能变化。但是Web是个新鲜生动的媒介，可以做更多的事情，比如元素可以淡出、菜单可以滑入、颜色可以从一种变为另一种，实现这些效果最简单的方式是**过渡**（transitions）。

当某个值发生**过渡**（transitions）变化时，通过使用CSS过渡，你可以让浏览器使用“ease”方式来实现变化过程。比如，我们有个蓝色的链接，其悬停状态是红色，如果使用了过渡，当用户鼠标划过在元素上面的时候，链接会从蓝色过渡到紫色再过渡到红色，鼠标移走时再变回去。如果正确使用，过渡可以增强页面的交互效果，而且因为我们的眼睛更容易被动态的东西吸引，所以当变化产生时可以更好地获得用户关注。

一般无须怎么费力就可以在页面上添加过渡效果。本章会介绍如何实现过渡，添加过程中如何选择合适的过渡效果。因为有些用例可能会比较复杂，所以我们也会研究一下如何解决这些问题。

14.1 从这边到那边

过渡是通过一系列`transition-*`属性来实现的。如果某个元素设置了过渡，那么当它的属性值发生变化时，并不是直接变成新值，而是使用过渡效果。

我们使用按钮创建一个基本示例，演示一下过渡的工作原理。最开始是个蓝绿色方角按钮，鼠标悬停时，过渡成一个红色圆角按钮。图14-1展示了这两种状态，同时还有过渡中间状态。

Hover over me　Hover over me　Hover over me

图 14-1　过渡前、过渡中和过渡后的元素

添加按钮到一张新页面并链接样式表。按钮的标记代码如代码清单14-1所示。

代码清单 14-1　为页面添加简单的按钮

```
<button>Hover over me</button>
```

然后把代码清单 14-2 中的样式添加到样式表。这些样式定义了正常和悬停两种状态，其中有两条过渡属性，用来指导浏览器如何在两种状态之间流畅过渡。

代码清单 14-2　使用过渡效果的按钮样式

```
button {
  background-color: hsl(180, 50%, 50%);     <—— 蓝绿色按钮
  border: 0;
  color: white;
  font-size: 1rem;                          所有属性变化都
  padding: .3em 1em;                        使用过渡效果
  transition-property: all;
  transition-duration: 0.5s;                <— 过渡时间为 0.5s
}
button:hover {
  background-color: hsl(0, 50%, 50%);       悬停状态为带圆角
  border-radius: 1em;                       的红色按钮
}
```

transition-property 这个属性可以指定哪些属性使用过渡。在示例中，关键字 all 意味着所有的属性变化都使用过渡。transition-duration 属性代表过渡到最终值之前需要多长时间，本例中设置为 0.5s，代表 0.5s。

加载页面并使用鼠标划过按钮，就可以查看过渡效果。注意 border-radius 属性平滑地从 0 过渡到 1em，尽管非悬停状态并没有明确设置边框圆角为 0。按钮自动设置了初始值为 0，过渡是从 0 开始的。可以在悬停状态尝试更改其他属性，比如 font-size 和 border。

元素属性任何时候发生变化都会触发过渡：可以是状态改变的时候，比如:hover；也可以是 JavaScript 导致变化的时候，比如添加或者移除类影响了元素的样式。

注意，我们没有在:hover 规则集里设置过渡属性，而是把过渡属性设置在了一个始终指向该元素的选择器，尽管我们的目的确实是要在鼠标悬停时添加过渡。我们希望进入悬停状态时（淡入过渡）和退出悬停状态时（淡出过渡）都有过渡。虽然其他属性发生着变化，但你肯定不想过渡属性本身发生变化。

也可以使用简写属性 transition，语法如图 14-2 所示。该简写属性接受四个参数值，分别代表四个过渡属性 transition-property、transition-duration、transition-timing-function 和 transition-delay。

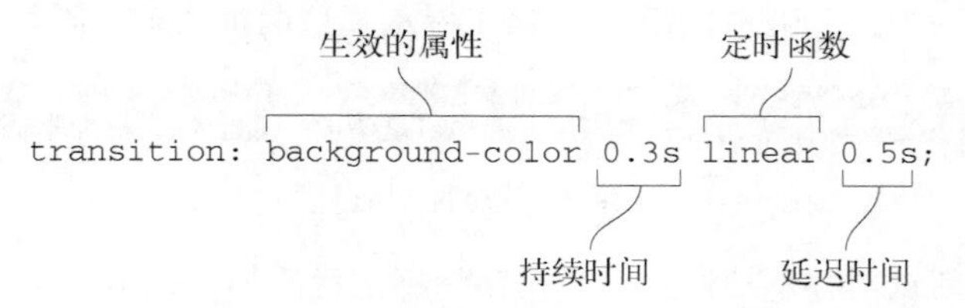

图 14-2　transition 简写属性的语法

第一个值设置了哪个属性需要过渡，初始值是关键字 `all`，表示所有属性都生效。如果只有某个属性需要过渡，在这里指定属性即可。例如 `transition-property: color` 将只应用在元素的颜色上，其他属性会立刻发生变化。也可以设置多个值，比如 `transition-property: color, font-size`。

第二个值是持续时间，是一个用秒（例如 `0.3s`）或者毫秒（`300ms`）表示的时间值。

警告 跟长度值不太一样，0 不是一个有效的时间值。你必须为时间值添加一个单位（`0s` 或者 `0ms`），否则声明将无效，并被浏览器忽略。

第三个值是定时函数，用来控制属性的中间值如何计算，实际上控制的是过渡过程中变化率如何加速或者减速。定时函数可以是一个关键字值，比如 `linear` 或者 `ease-in`，也可以是自定义函数。这是过渡中很重要的部分，稍后会详细说明。

最后一个值是延迟时间，允许开发者在属性值改变之后过渡生效之前设置一个等待周期。如果你为按钮的悬停状态设置 `0.5s` 的过渡延迟，那么在鼠标指针进入元素 0.5s 之后才会开始发生变化。

如果需要为两个不同的属性分别设置不同的过渡，可以添加多个过渡规则，以逗号分隔，如下代码所示。

```
transition: border-radius 0.3s linear, background-color 0.6s ease;
```

相应地，如果使用普通写法，上面的代码等价于以下代码。

```
transition-property: border-radius, background-color;
transition-duration: 0.3s, 0.6s;
transition-timing-function: linear, ease;
```

本章后面有使用多个过渡的例子。

14.2 定时函数

定时函数是过渡中非常重要的一部分。过渡让某个属性从一个值“移动”到另一个值，定时函数用来说明**如何**移动。是以恒定的速度移动吗？还是开始的时候慢，后面越来越快？

我们可以使用几个关键字值来描述移动过程，比如 `linear`、`ease-in` 和 `ease-out`。使用 `linear` 过渡，值以固定的速度改变；使用 `ease-in`，变化速度开始时慢，然后一直加速，直到过渡完成；`ease-out` 是减速，开始时快速变化，结束时比较慢。图 14-3 阐述了这几种定时函数下，小盒子如何从左边移动到右边。

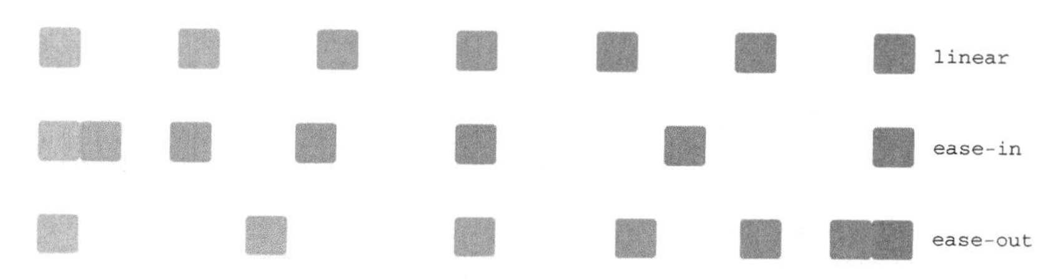

图 14-3 `linear` 过渡以恒定的速度移动，而 `ease-in` 加速，`ease-out` 减速

从静态图片上不太容易想象这个过程，我们构建一个示例，以便在浏览器中动态查看。新建一个 HTML 页面并添加代码清单 14-3。

代码清单 14-3　一个简单的定时函数演示

```
<div class="container">
  <div class="box"></div>     ◁— 这个盒子将从屏幕左边过渡到右边
</div>
```

接下来为盒子设置样式，添加一些颜色和大小。然后为盒子绝对定位，当鼠标悬停时移动它的位置。为页面添加新样式表，并复制代码清单 14-4 中的代码。

代码清单 14-4　使盒子从左边过渡到右边

```
.container {
  position: relative;
  height: 30px;
}
.box {
  position: absolute;
  left: 0;                  ◁— 开始时定位到最左侧
  height: 30px;
  width: 30px;
  background-color: hsl(130, 50%, 50%);
  transition: all 1s linear;       ◁— 设置过渡
}
.container:hover .box {
  left: 400px;              ◁— 鼠标悬停时向右移动 400px
}
```

演示页面左上角将渲染一个小绿盒子。鼠标悬停到容器上时，盒子向右侧移动。注意它将以固定不变的速度移动。

> **警告**　演示页面通过为元素设置绝对定位并过渡 `left` 属性来实现它在屏幕上的移动。然而有一些属性因为性能原因要避免使用过渡，其中就包括 `left`。接下来的章节会讲到这些问题，并使用转换作为更好的替代方案。

现在可以编辑过渡属性查看不同的定时函数是如何工作的，尝试一下 `ease-in`（`transition: all 1s ease-in`）和 `ease-out`（`transition: all 1s ease-out`）。仅使用这些关键字值就可以完成工作了，但有时你可能希望有更多的控制。这时你就可以自己定义定时函数。下面来看一下如何实现。

14.2.1　理解贝塞尔曲线

定时函数是基于数学定义的贝塞尔曲线（Bézier curve）。浏览器使用贝塞尔曲线作为随时间变化的函数，来计算某个属性的值。图 14-4 展示了几种定时函数的贝塞尔曲线，同时这几个关键字值都可以用作定时函数。

这些贝塞尔曲线都是从左下方开始，持续延伸到右上方。时间是从左向右递进的，曲线代表某个值在到达最终值的过程中是如何变化的。`linear` 定时函数在整个过渡期间是个稳定的过程，呈现为一条直线。其他定时函数有弯曲的地方，代表加速或者减速。

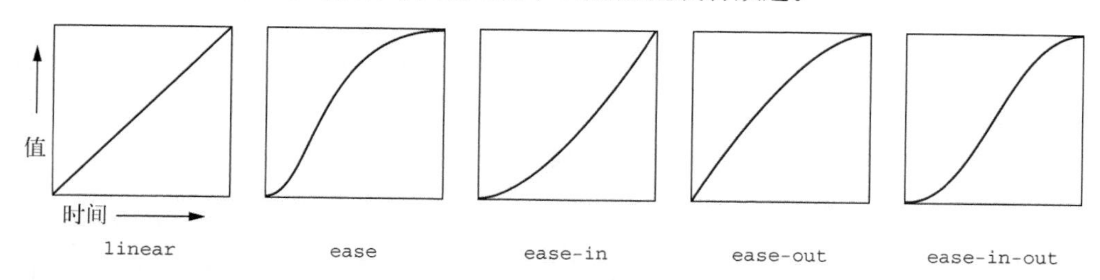

图 14-4 定时函数的贝塞尔曲线描述了值是如何随时间变化的

然而，我们不应该局限在这五种关键字贝塞尔曲线上。我们可以定义自己的三次贝塞尔曲线（ubic Bézier curve），实现更温和或者更强烈的过渡效果，甚至可以添加一点“弹跳”效果。下面我们来试试。

在刚才创建的页面上，打开开发者工具并检查小绿盒子元素。在样式面板（Chrome）或者规则面板（Firefox）中，你会发现定时函数旁边有一个小小的标志符号。点击标志符号会打开一个弹窗，可以在弹窗中修改定时函数的曲线（如图 14-5 所示）。

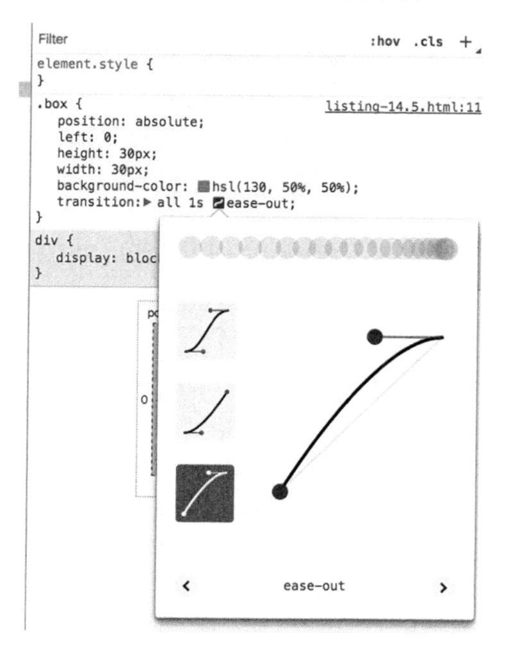

图 14-5 在 Chrome 的开发者工具中修改贝塞尔曲线

在弹窗左侧，界面上提供了一系列预设的曲线（Firefox 提供的比 Chrome 多多了），点击曲线就可以直接选取。弹窗右侧展示选中的贝塞尔曲线。

曲线的每个末端都有一条短直线——**控制柄**（handles），直线上有小圆点，称为**控制点**（control points）。点击并拖动小圆点可以改变曲线的形状，注意控制柄的长度和方向是如何“牵引”曲线的。

点击弹窗外部可以关掉弹窗，可以看到定时函数已经更新了。替换掉了之前的类似于 `ease-out` 这样的关键字，改成了像 `cubic-bezier(0.45, 0.05, 0.55, 0.95)` 这样的写法。`cubic-bezier()` 函数和 4 个参数共同组成了自定义定时函数。

选择定时函数

不管你使用关键字定时函数还是自定义贝塞尔曲线，了解一下什么时候该使用哪种都是很有用的。每个网站或者应用程序都应该包含一条减速曲线（`ease-out`）、一条加速曲线（`ease-in`）和 `linear` 关键字。最好的做法是复用相同的几条曲线，提供更加一致的用户体验。

可以在下列场景中分别使用这三种函数。

- **线性**——颜色变化和淡出、淡入效果。
- **减速**——用户发起的变化。用户点击按钮或者划过元素的时候，使用 `ease-out` 或者类似曲线。这样用户就可以看到快速发生的反馈，及时响应输入，然后元素慢慢过渡到最终状态。
- **加速**——系统发起的变化。当内容加载完成或者超时事件触发的时候，使用 `ease-in` 或者类似曲线。这样元素就可以慢慢引起用户注意，然后速度越来越快直到完成最终变化。

当然，这些都不是硬性规定，只是提供了一些思路，如果感觉不太合适，完全可以不用遵守这些规则。有时你可能还需要更多的曲线来实现更复杂或者更有趣的过渡，可以使用 `ease-in-out`（先加速后减速）或者弹跳效果（弹跳的示例参见第 15 章）。

下面我们进一步研究 `cubic-bezier()` 是如何工作的。图 14-6 展示了另一种曲线。

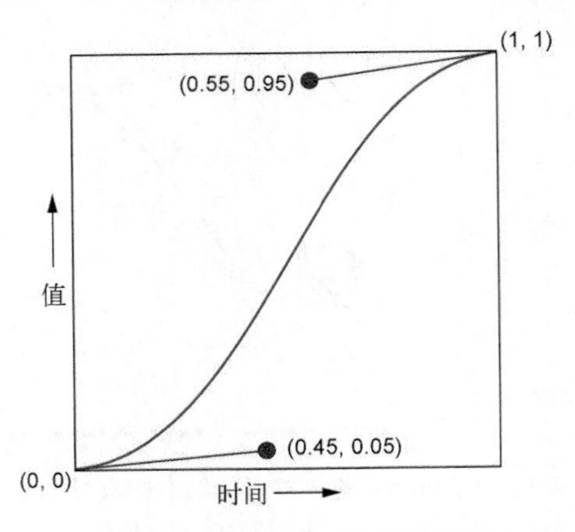

图 14-6　贝塞尔曲线表示定时函数

这张图片上是一条自定义贝塞尔曲线。这条曲线开始时加速，在中间的时候达到最快（曲线上最陡峭的部分），到后面开始减速。曲线位于笛卡儿网格内，从点（0,0）开始，到点（1,1）结束。

两端的端点既然确定了，只需要再确定两条控制柄的位置就可以定义曲线了。在 CSS 中，曲线可以通过 `cubic-bezier(0.45, 0.05, 0.55, 0.95)`来定义，其中的四个参数分别代表两个控制柄的控制点的 x 和 y 坐标。

我们很难通过这些数字想象出来曲线的具体样式。使用图形化工具来编辑曲线更符合一贯做法，因此我会在复制贝塞尔曲线的结果到样式表之前，先在浏览器中编辑、测试过渡效果。我比较喜欢使用开发者工具，你也可以使用一些在线工具，比如 cubic-bezier 网站。

14.2.2 阶跃

最后再介绍一种定时函数，即 `steps()`函数。跟前面介绍的从一个值到另一个值的基于贝塞尔曲线的流畅过渡不同，这个函数是一系列非连续性的瞬时“阶跃”（steps）。

阶跃函数需要两个参数：阶跃次数和一个用来表示每次变化发生在阶跃的开始还是结束的关键词（`start` 或者 `end`）。图 14-7 描述了一些阶跃函数。

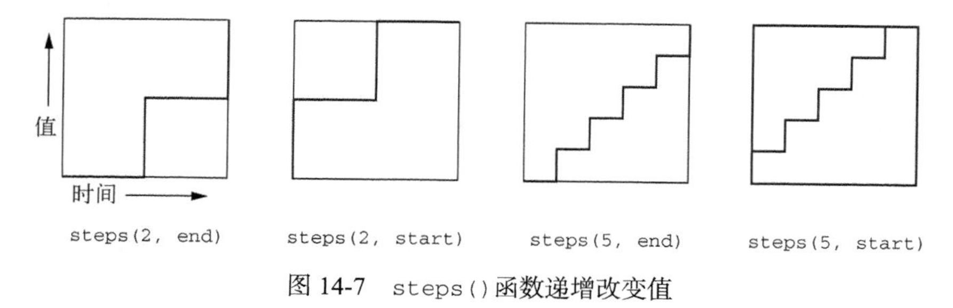

图 14-7 `steps()`函数递增改变值

注意因为第二个参数的默认值是 `end`，所以 `steps(3)`可以用来代替 `steps(3, end)`。按代码清单 14-5 编辑样式表，查看阶跃的实际效果。

代码清单 14-5 使用 `steps()`增加值

```
.box {
  position: absolute;
  left: 0;
  height: 30px;
  width: 30px;
  background-color: hsl(130, 50%, 50%);
  transition: all 1s steps(3);      <-- 三次非连续性的阶跃过渡
}
```

现在就不是一秒内（过渡持续时间）流畅地从左到右移动了，时间被分成了三等份，或者说三步。每一步时，盒子分别出现在开始的位置、三分之一的位置、三分之二的位置，最后在 1s 的时刻移动到最终位置。

说明 默认情况下，属性值在每一步结束的时候改变，因此过渡不会立即开始。添加 start 关键字 steps(3, start)就可以改变这种行为，这样过渡就会发生在每步开始的时候，而不是结束。

steps()函数的实际应用并不常见，css-tricks 网站的文章 *Clever Uses for Step Easing* 中的清单可以提供一些灵感。

14.3　非动画属性

大部分的过渡很容易理解。比如，对链接使用 transition: color 200ms linear，当鼠标悬停或者点击的时候，它们就会从一种颜色过渡到另一种。你也可以对可点击板块的背景颜色或者按钮的内边距使用过渡。

如果 JavaScript 修改了页面上的东西，你可能就需要考虑添加过渡是否合适。有些情况下比较简单，就和为元素添加过渡属性差不多，遇到复杂的情况就需要一些额外配置了。本章接下来会介绍如何创建下拉菜单并添加过渡效果，这样菜单打开时比较柔和，而不是突兀地出现。

首先，需要设置菜单为淡入，为 opacity 属性添加过渡。然后修改下拉动作实现不一样的效果，为 height 添加过渡。这两步都出现了一些问题，我们需要再思考一下。

菜单的外观如图 14-8 所示。我们先从实现菜单的打开和关闭开始，然后添加过渡效果。菜单下方有个链接，注意菜单的抽屉打开的时候是如何出现在链接上方的，这非常重要。

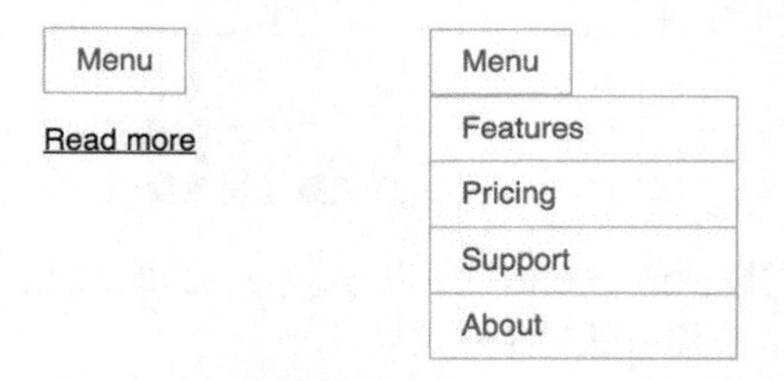

图 14-8　下拉菜单的关闭（左）和打开（右）状态

为下拉菜单新建一个页面，添加代码清单 14-6 中的代码。这和前面章节创建的下拉菜单差不多，同时也包含了一些 JavaScript 来触发菜单的打开和关闭状态。

代码清单 14-6　过渡效果下拉菜单

```
<div class="dropdown" aria-haspopup="true">
  <button class="dropdown__toggle">Menu</button>
  <div class="dropdown__drawer">          ◁— 抽屉会显示和隐藏，以此来展示菜单
    <ul class="menu" role="menu">
      <li role="menuitem">
        <a href="/features">Features</a>
      </li>
      <li role="menuitem">
        <a href="/pricing">Pricing</a>
```

```
        </li>
        <li role="menuitem">
          <a href="/support">Support</a>
        </li>
        <li role="menuitem">
          <a href="/about">About</a>
        </li>
      </ul>
    </div>
  </div>
  <p><a href="/read-more">Read more</a></p>     ◁ 显示在下拉菜单下方的链接

  <script type="text/javascript">
    (function () {
      var toggle = document.getElementsByClassName('dropdown__toggle')[0];
      var dropdown = toggle.parentElement;
      toggle.addEventListener('click', function (e) {
        e.preventDefault();
        dropdown.classList.toggle('is-open');
      });
    }());
  </script>
```

按钮点击时在容器上添加和删除 **is-open** 类

没添加淡入特效之前的样式如代码清单 14-7 所示。把这些代码放到样式表中，并链接到页面上。代码中已经添加了一些过渡效果，鼠标悬停时，颜色可以平滑过渡。除此之外没有太多新内容，页面已经可以正常运行了，这样你就可以专心研究如何创建淡入特效了。

代码清单 14-7 过渡效果下拉菜单的样式

```
body {
  font-family: Helvetica, Arial, sans-serif;
}

.dropdown__toggle {
  display: block;
  padding: 0.5em 1em;
  border: 1px solid hsl(280, 10%, 80%);
  color: hsl(280, 30%, 60%);
  background-color: white;
  font: inherit;
  text-decoration: none;
  transition: background-color 0.2s linear;     ◁ 背景色改变的时候添加过渡效果
}
.dropdown__toggle:hover {
  background-color: background-color: hsl(280, 15%, 95%);     ◁ 鼠标悬停时改变背景颜色
}
.dropdown__drawer {
  position: absolute;
  display: none;
  background-color: white;
  width: 10em;
}
.dropdown.is-open .dropdown__drawer {
```

14

```
  display: block;
}

.menu {
  padding-left: 0;
  margin: 0;
  list-style: none;
}
.menu > li + li > a {
  border-top: 0;
}
.menu > li > a {
  display: block;
  padding: 0.5em 1em;
  color: hsl(280, 40%, 60%);
  background-color: white;
  text-decoration: none;
  transition: all .2s linear;      ← 为背景颜色和文本颜色添加过渡
  border: 1px solid hsl(280, 10%, 80%);
}
.menu > li > a:hover {
  background-color: hsl(280, 15%, 95%);     鼠标悬停时
  color: hsl(280, 25%, 10%);                改变颜色
}
```

在浏览器中打开网页查看实际效果。可以点击开关按钮打开和关闭菜单。注意观察按钮和菜单链接在鼠标悬停时是如何平滑过渡颜色的，鼠标移开时又是如何变化的。

这里对悬停效果使用了 0.2s 的过渡持续时间。按照经验来讲，大部分的过渡持续时间应该处于 200 ~ 500ms。时间如果再长，用户就会感觉页面变得卡慢，页面响应让他们产生了无谓的等待，尤其是面对那些经常或者重复使用的过渡特效时。

> **提示**　对于鼠标悬停、淡入淡出和轻微缩放特效，应该使用较快的过渡速度。一般要控制在 300ms 以下，有时候甚至可能要低到 100ms。对于那些包含较大移动或者复杂定时函数的过渡，比如弹跳特效（参见第 15 章），要使用较长的 300 ~ 500ms 的持续时间。

我在处理过渡的时候，有时会放慢到两三秒。这样我就可以仔细观察过渡过程，确保是按我想要的效果在运行。如果你也是这样做，记得在完成之后改回合适的速度。

14.3.1　不可添加动画效果的属性

不是所有属性都可以添加动画效果，`display` 属性就是其中之一。你可以在 `display: none` 和 `display: block` 之间切换，但不能在这两个值之间过渡，因此，任何应用到 `display` 上的过渡属性都会被忽略。

如果你在 MDN 之类的参考指南上查阅属性，它们就会明确告诉你某个属性是否可以添加动画效果，什么类型的值（比如长度、颜色、百分比）可以用内插值[①]替换。MDN 文档 *Background-color* 中关于 `background-color` 属性的细节展示在图 14-9 中。

Initial value	`transparent`
Applies to	all elements. It also applies to `::first-letter` and `::first-line`.
Inherited	no
Media	visual
Computed value	If the value is translucent, the computed value will be the `rgba()` corresponding one. If it isn't, it will be the `rgb()` corresponding one. The `transparent` keyword maps to `rgba(0,0,0,0)`.
Animation type	a color
Canonical order	the unique non-ambiguous order defined by the formal grammar

图 14-9 MDN 文档为每个属性都提供了技术能力总结框

如图所示，`background-color` 属性只有一个颜色值的时候才可以添加动画，意思是从一个颜色过渡到另一个颜色（这就意味着属性必须设置为单一颜色值）。属性的动画类型不仅用于过渡，还可用于第 16 章要讲的动画。文档中还列出了关于属性的一些其他的有用信息，比如它的初始值，哪种类型的元素可以使用，是否可以继承等。如果你需要一份如何使用某个属性的技术能力总结，可以在 MDN 文档中找到该属性并查找它的属性框。

说明 大部分的接受长度值、数值、颜色值或者 `calc()` 函数值的属性可以添加动画效果；大部分的使用关键字或者其他非连续性值的属性（比如 `url()`）不可以使用动画。

如果你查阅过 `display` 属性，你会发现它的动画类型是 `discrete`，这就意味着它只能被赋予非连续性的值，不能在动画或者过渡中做插值计算。我们这里要实现元素的淡入淡出，就不能使用 `display` 属性了，但我们可以使用 `opacity` 属性。

14.3.2 淡入与淡出

接下来，我们使用透明度的过渡为下拉菜单的打开和闭合添加淡入淡出特效。最终效果大概如图 14-10 展示的那样。

① 内插值是指为了达到流畅的动画效果，在两个值之间插入一系列介于两值之间的事先计算好的值，计算逻辑及插值速度取决于定时函数。——译者注

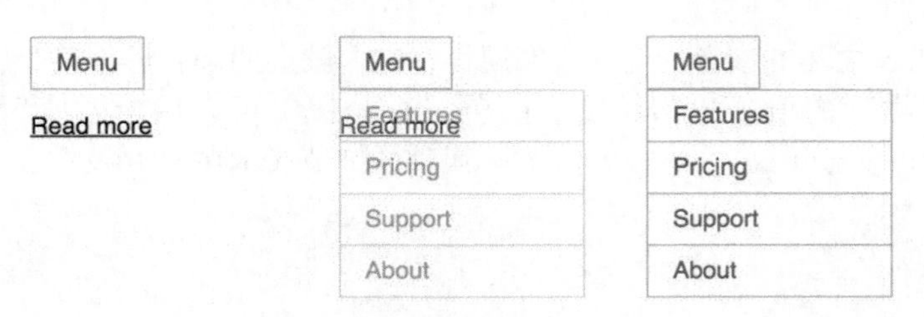

图 14-10　菜单淡入

opacity 属性可以是介于 0（完全透明）和 1（完全不透明）之间的任意值。代码清单 14-8 展示了基本思路，但只有这些代码还不行，很快你就会明白原因。先把样式表按代码清单 14-8 更新一下。

代码清单 14-8　添加透明度和过渡规则

```
.dropdown__drawer {
  position: absolute;
  background-color: white;
  width: 10em;
  opacity: 0;                              ◁ 使用 opacity: 0 替换 display: none
  transition: opacity 0.2s linear;         ◁ 为透明度添加过渡效果
}
.dropdown.is-open .dropdown__drawer {
  opacity: 1;                              ◁ 使用 opacity: 1 替换 display: block
}
```

现在打开和关闭菜单可以淡入淡出了，但问题是菜单关闭的时候并不会消失，只是完全透明了，仍然存在于页面上。这时候点击 Read more 链接，不会按照预期工作。我们实际上点击了链接前面的透明菜单元素，跳转到了 Features 页面。

我们需要为透明度添加过渡，但同时需要在菜单抽屉不可见时彻底移除它。可以借助另一个属性 visibility 来实现。

visibility 属性可以从页面上移除某个元素，有点类似于 display 属性，分别设置 visible 和 hidden 即可。但跟 display 不同的是，visibility 可以支持动画。为它设置过渡不会使其逐渐消失，但 transition-delay 可以生效，而在 display 属性上是不生效的。

> **说明**　为某个元素设置 visibility: hidden 可以从可见页面中移除该元素，但不会从文档流中移除它，这就意味着该元素仍然占位。其他元素会继续围绕该元素的位置布局，在页面上保留一个空白区域。在我们的例子中，不会影响到菜单，因为我们同时也设置了绝对定位。

我们可以利用 visibility 的这个能力作为小窍门来实现动画。按照代码清单 14-9 更新 CSS，然后我会讲解它是如何工作的。

代码清单 14-9 在 visibility 改变时巧妙使用过渡延迟

```
.dropdown__drawer {
  position: absolute;
  background-color: white;
  width: 10em;
  opacity: 0;                              菜单关闭时，设置
  visibility: hidden;                      隐藏和透明
  transition: opacity 0.2s linear,
              visibility 0s linear 0.2s;   <-- 为可见性添加0.2s
}                                              的过渡延迟
.dropdown.is-open .dropdown__drawer {
  opacity: 1;                              菜单打开时，设置可见
  visibility: visible;                     和完全不透明
  transition-delay: 0s;                <-- 添加 is-open 类时
}                                          移除过渡延迟
```

我们在这里为过渡设置了两组值，定义了淡出行为。第一组值为 opacity 设置 0.2s 的过渡，第二组值为 visibility 设置 0s 的过渡（立即执行），但有 0.2s 的延迟。这就意味着先执行 opacity 的过渡，结束之后再执行 visibility 的过渡。这样就实现了菜单的缓慢淡出，当完全透明的时候，可见性切换为 `hidden`。现在用户就可以点击“Read more”链接而不受菜单的干扰了。

菜单淡入的时候，我们需要不同的顺序，这时候可见性需要立即触发，然后再执行透明度的过渡。这就是为什么我们在第二个规则集中把过渡延迟设置为 `0s`。这样一来，菜单关闭时，其实是不可见的，但是整个淡入和淡出过渡过程中都是可见的。

提示 你可以使用 JavaScript 的 `transitionend` 事件在过渡完成之后做一些额外处理。

淡入淡出特效也可以使用一些 JavaScript 代码来代替过渡延迟，但我觉得这样需要使用更多的代码，而且容易出错。然而有时候为了实现想要的效果，有必要使用 JavaScript（接下来很快就会见到），但如果一个过渡或者动画只用 CSS 就可以实现，一般会选择 CSS。

14.4 过渡到自动高度

我们尝试为下拉菜单添加另一种常见的效果，即通过高度的过渡来滑动打开和关闭菜单。这种效果如图 14-11 所示。

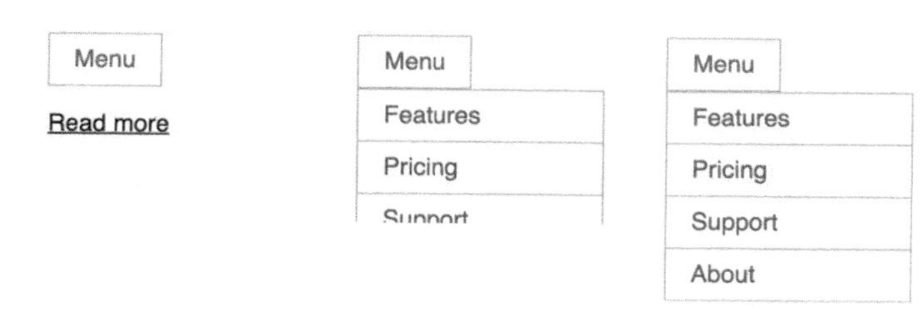

图 14-11 通过过渡高度来滑动打开元素

菜单打开时，会从高度为 0 过渡到正常高度（auto）。菜单关闭时，又会过渡回 0。代码清单 14-10 展示了基本思路，遗憾的是，它不起作用。先把你的代码中的这部分改成该清单中的样子，然后我们来看看问题出在哪，如何处理。

代码清单 14-10　过渡高度值

```
.dropdown__drawer {
  position: absolute;
  background-color: white;
  width: 10em;
  height: 0;                          关闭状态下高度为 0，
  overflow: hidden;                   overflow 为 hidden
  transition: height 0.3s ease-out;   为高度添加过渡
}
.dropdown.is-open .dropdown__drawer {
  height: auto;                       打开状态下的高度
}                                     由内容决定
```

设置 overflow 为 hidden，是为了在关闭或者过渡过程中截断抽屉的内容。代码不起作用是因为一个值不能从长度（0）过渡到 auto。

你可以明确设置一个高度值，比如 120px，但问题是没办法知道高度到底是多少。因为只有当内容在浏览器中渲染完成之后才能确定高度，所以需要使用 JavaScript 来获取。

页面加载完成后，我们访问 DOM 元素的 scrollHeight 属性，就可以获取到高度值。然后就可以把元素的高度修改为获取到的值。按照代码清单 14-11 编辑页面脚本。

代码清单 14-11　精确设置元素高度，让过渡效果起作用

```
(function () {
  var toggle = document.getElementsByClassName('dropdown__toggle')[0];
  var dropdown = toggle.parentElement;
  var drawer = document.getElementsByClassName('dropdown__drawer')[0];
  var height = drawer.scrollHeight;        获取计算得到的
                                           抽屉自动高度值
  toggle.addEventListener('click', function (e) {
    e.preventDefault();
    dropdown.classList.toggle('is-open');
    if (dropdown.classList.contains('is-open')) {
      drawer.style.setProperty('height', height + 'px');   打开的时候精确
    } else {                                                设置高度值
      drawer.style.setProperty('height', '0');   关闭的时候把
    }                                            高度重置为 0
  });
}());
```

现在，除了触发 is-open 类，我们还为元素的高度指定了精确的像素值，这样就可以过渡到正确的高度。然后在关闭的时候把高度值重新设置为 0，这样菜单又可以过渡回去。

> **警告**　如果一个元素使用 display: none 隐藏起来，那它的 scrollHeight 属性等于 0。遇到这种情况的时候，可以先把 display 属性设置为 block（el.style.display = 'block'），获取到 scrollHeight，然后重置 display 的值（el.style.display = 'none'）。

有时候过渡需要 CSS 和 JavaScript 相互配合。某些情况下，整个逻辑都使用 JavaScript 实现可能更容易想到。比如，只使用 JavaScript 重复设置新的高度值就可以实现高度的过渡，但我们通常应该使用 CSS 去做那些需要消耗性能的事情。浏览器对这部分已经做过优化（当然就会有更好的性能表现），并且提供了类似于过渡曲线的特性，避免了手动实现需要书写的大量代码。

对于过渡来说，只学习这些还不够。在第 15 章中，过渡与变换结合起来会更有用。

14.5 总结

- 使用过渡可以使页面中的突变变得平滑。
- 使用加速运动可以吸引用户注意力。
- 通知用户他们的行为已生效，应该使用减速运动。
- 只使用 CSS 无法满足需求时，可以使用 JavaScript 更改类配合过渡来实现。

第 15 章

变　换

15

本章概要

- ❑ 使用变换操作元素，提升过渡和动画的性能
- ❑ 为过渡添加“弹跳”效果
- ❑ 浏览器的渲染路径
- ❑ 了解 3D 变换和透视距离

本章我们将学习 `transform` 属性，它可以用来改变页面元素的形状和位置，其中包括二维或者三维的旋转、缩放和倾斜。变换通常结合过渡或动画一起使用，这也是为什么我把本章内容放在这两个话题之间。本章和第 16 章将用到大量的过渡、变换和动画来创建页面。

首先，我们会看看如何在静态元素上应用变换。这样就可以理解这些变换行为怎样独立发挥作用，便于后面把变换添加到过渡中。然后我们会创建一个复杂的小菜单，用到多种变换和过渡效果。最后我们会看看如何使用 3D 变换和透视图。这部分内容会一直延续到下一章，到时候我们会把 3D 变换结合动画一起使用。

15.1　旋转、平移、缩放和倾斜

基本的变换规则如下所示。

```
transform: rotate(90deg);
```

这条规则应用到元素上之后，会使元素向右（顺时针）旋转 90 度。变换函数 `rotate()`用来指定元素如何变换。还有其他几种不同的变换函数，这些函数通常被分成以下四类（如图 15-1 所示）。

- ❑ **旋转**（Rotate）——元素绕着一个轴心转动一定角度。
- ❑ **平移**（Translate）——元素向上、下、左、右各个方向移动（有点类似于相对定位）。
- ❑ **缩放**（Scale）——缩小或放大元素。
- ❑ **倾斜**（Skew）——使元素变形，顶边滑向一个方向，底边滑向相反的方向。

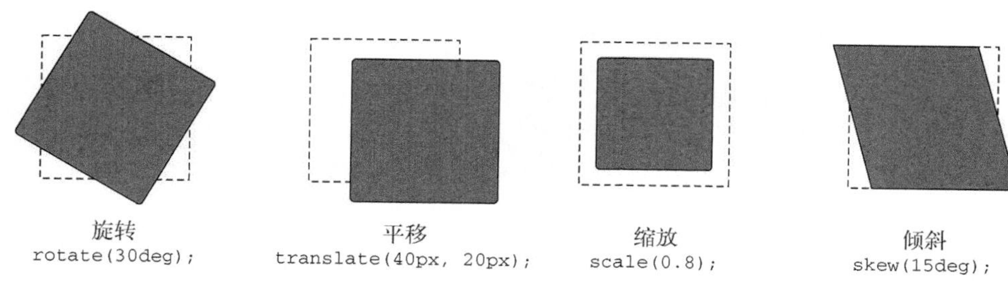

图 15-1 四种基本变换类型（虚线框代表元素的初始位置）

每种变换都使用相应的函数作为 transform 属性的值。我们新建一个简单的示例，在浏览器中试试。这是一张带图文的卡片（如图 15-2 所示），我们对其使用变换效果。

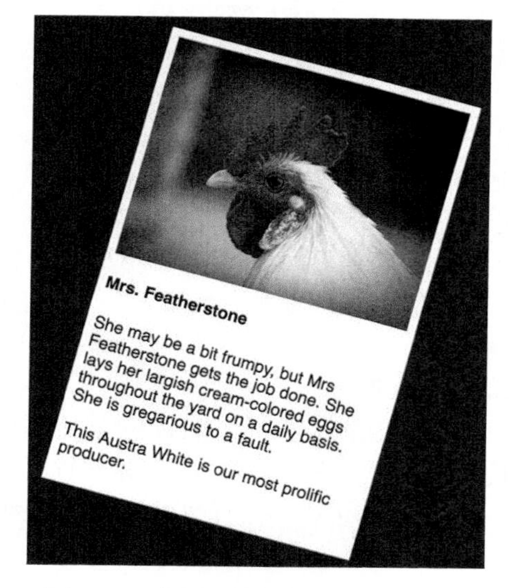

图 15-2 应用了旋转变换的简单卡片

新建一个页面和一张样式表，把它们关联起来。添加代码清单 15-1 中的 HTML。

代码清单 15-1 创建一张简单卡片

```
<div class="card">
  <img src="images/chicken1.jpg" alt="a chicken"/>
  <h4>Mrs. Featherstone</h4>
  <p> She may be a bit frumpy, but Mrs Featherstone gets the job done. She
     lays her largish cream-colored eggs on a daily basis. She is gregarious
     to a fault.</p>
  <p>This Austra White is our most prolific producer.</p>
</div>
```

接下来在样式表中添加代码清单 15-2 中的 CSS，其中包含了一些基础样式、颜色设置和应用了旋转变换的卡片样式。

代码清单 15-2　设置卡片样式并使用变换

```
body {
  background-color: hsl(210, 80%, 20%);
  font-family: Helvetica, Arial, sans-serif;
}

img {
  max-width: 100%;
}

.card {
  padding: 0.5em;
  margin: 0 auto;
  background-color: white;
  max-width: 300px;
  transform: rotate(15deg);
}
```

使卡片居中（margin: 0 auto）

使卡片向右旋转 15 度（transform: rotate(15deg)）

在浏览器中加载页面，我们就可以看到旋转后的卡片。通过这个小实验，或多或少能感受到 `rotate()` 函数的表现。使用负角度可以使卡片向左旋转（可以尝试 `rotate(-30deg)`）。

接下来可以尝试使用其他函数修改变换类型。使用下面的这些值，并观察它们的行为。

- `skew(20deg)`——使卡片倾斜 20 度。试试负角度，让卡片向其他方向倾斜。
- `scale(0.5)`——将卡片缩小至初始大小的一半。`scale()` 函数需要一个无单位的数值，小于 1 表示要缩小元素，大于 1 表示要放大元素。
- `translate(20px, 40px)`——使元素向右移动 20px，向下移动 40px。同样，也可以使用负值使元素向相反的方向变换。

使用变换的时候要注意一件事情，虽然元素可能会被移动到页面上的新位置，但它不会脱离文档流。你可以在屏幕范围内以各种方式平移元素，其初始位置不会被其他元素占用。当旋转某元素的时候，它的一角可能会移出屏幕边缘，同样也可能会遮住旁边其他元素的部分内容（如图 15-3 所示）。

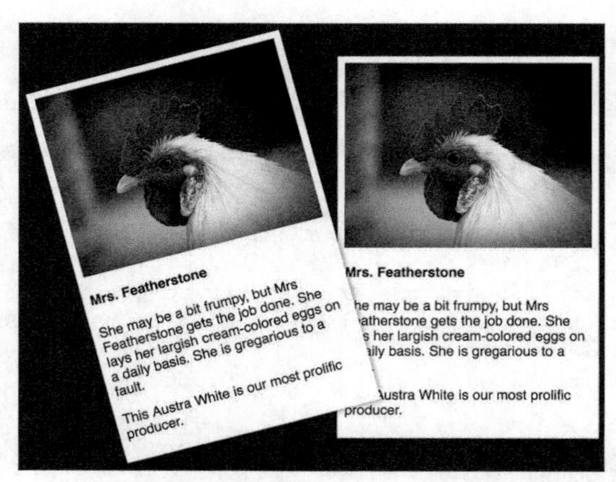

图 15-3　变换元素不会导致其他元素移动，因此可能出现重叠

某些情况下，为变换元素或者所有元素设置较大的外边距，有助于避免不必要的重叠。

警告 变换不能作用在<span>或者<a>这样的行内元素上。若确实要变换此类元素，要么改变元素的 `display` 属性，替换掉 `inline`（比如 `inline-block`），要么把元素改为弹性子元素或者网格项目（为父元素应用 `display: flex` 或者 `display: grid`）。

15.1.1 更改变换基点

变换是围绕**基点**（point of origin）发生的。基点是旋转的轴心，也是缩放或者倾斜开始的地方。这就意味着元素的基点是固定在某个位置上，元素的剩余部分围绕基点变换（但 `translate()` 是个例外，因为平移过程中元素整体移动）。

默认情况下，基点就是元素的中心，但可以通过 `transform-origin` 属性改变基点位置。图 15-4 展示了一些围绕不同基点变换的元素。

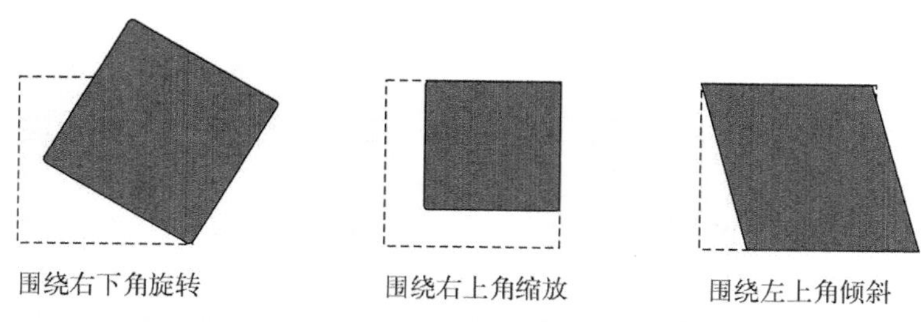

图 15-4 使用元素上不同的角作为基点发生的旋转、缩放和倾斜

左侧的元素绕基点旋转，其基点设置为 `transform-origin: right bottom`；中间的元素向着基点（`right top`）缩放；右侧元素的倾斜方式是，基点（`left top`）保持不动，元素其他部分向远处延伸。

基点也可以指定为百分比，从元素左上角开始测量。下面的两句声明是等价的。

```
transform-origin: right center;
transform-origin: 100% 50%;
```

说明 也可以使用 px、em 或者其他单位的长度值来指定基点。按照我的经验，使用 `top`、`right`、`bottom`、`left` 和 `center` 这些关键字，在大部分项目中就够用了。

15.1.2 使用多重变换

可以对 `transform` 属性指定多个值，用空格隔开。变换的每个值从右向左按顺序执行，比如我们设置 `transform: rotate(15deg) translate(15px, 0)`，元素会先向右平移 15px，然后顺时针旋转 15 度。按照代码清单 15-3 编辑样式表。

代码清单 15-3　使用多种变换

```
.card {
  padding: 0.5em;
  margin: 0 auto;
  background-color: white;
  max-width: 300px;
  transform: rotate(15deg) translate(20px, 0);
}
```

向右平移 20px，然后顺时针旋转 15 度

最简单的查看这种效果的方法就是打开浏览器的开发者工具，实时修改属性值，看它们是如何影响元素的。注意修改 `translate()` 的值的时候，元素好像是沿着一个倾斜的坐标轴在移动，而不是正常的方向。这是因为旋转发生在平移之后。

理解起来可能有点儿困难。通常把 `translate()` 放在最后执行（在 `transform` 代码顺序中需要放在首位），这样可以使用正常的上/下、左/右坐标系，操作更简便。把代码顺序调整为 `transform: translate(20px, 0) rotate(15deg)`，可以查看具体效果。

15.2　在运动中变换

变换本身不具备太多实用性。虽然使用了 `skew()` 的盒子可能看上去很有趣，但不适于阅读。当和动作结合起来使用的时候，变换就会有用多了。

我们来创建一个实践这种用法的新页面。图 15-5 展示了将要实现的页面截图。我们会为页面添加很多动作。

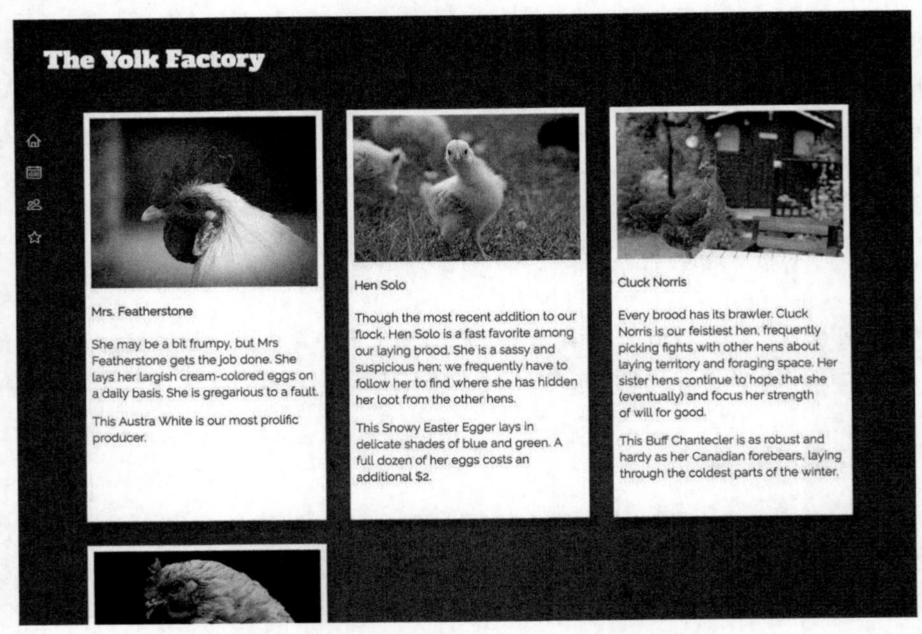

图 15-5　左侧的导航图标将包含几个变换和过渡效果

本节我们会实现左侧的导航菜单。最初，菜单只有四个纵向排列的图标；鼠标一悬停，菜单文字就出现了。这个示例包含多个过渡和一对变换。我们先来实现页面，然后进一步研究导航菜单（在第 16 章中，我们会实现中间主区域的卡片部分，并为其添加更多的变换和动画效果）。

新建页面和名为 style.css 的样式表，添加代码清单 15-4 中的标记。代码中包含了一个链接，指向谷歌字体 API 提供的两款 Web 字体（Alfa Slab One 和 Raleway）。代码中还包括网页头部和导航菜单。

代码清单 15-4 在运动中变换的页面标记

```
<!doctype html>
<html lang="en">
  <head>
    <title>The Yolk Factory</title>
    <link
     href="https://fonts.googleapis.com/css?family=Alfa+Slab+One|Raleway"
     rel="stylesheet">
    <link rel="stylesheet" href="style.css">
  </head>

  <body>
    <header>
      <h1 class="page-header">The Yolk Factory</h1>
    </header>
    <nav class="main-nav">
      <ul class="nav-links">
        <li>
          <a href="/">
            <img src="images/home.svg" class="nav-links__icon"/>
            <span class="nav-links__label">Home</span>
          </a>
        </li>
        <li>
          <a href="/events">
            <img src="images/calendar.svg" class="nav-links__icon"/>
            <span class="nav-links__label">Events</span>
          </a>
        </li>
        <li>
          <a href="/members">
            <img src="images/members.svg" class="nav-links__icon"/>
            <span class="nav-links__label">Members</span>
          </a>
        </li>
        <li>
          <a href="/about">
            <img src="images/star.svg" class="nav-links__icon"/>
            <span class="nav-links__label">About</span>
          </a>
        </li>
      </ul>
    </nav>
  </body>
</html>
```

为页面添加 Alfa Slab One 和 Raleway 两款字体

每个导航链接都包含一张图片和一个标签

nav 元素包含了这段代码中的大部分内容，其中有个链接的无序列表（<ul>）。每个链接都由一个图标图片和一个文本标签组成。注意，这里的图标图片是 SVG 格式。后面你会发现这很重要，到时候会在第 16 章为页面添加更多内容。

SVG——Scalable Vector Graphics 的简称，可缩放矢量图形。这是一种基于 XML 的图片格式，使用向量定义图片。因为图片是使用数学计算来定义的，所以可以放大或缩小到任意尺寸。绝大部分浏览器支持 SVG。

接下来我们添加一些基础样式，包括背景渐变和标题区域的内边距，同时也为页面引入 Web 字体。复制或者添加代码清单 15-5 到样式表。这些只是基础样式和网页头部，菜单部分的布局后面再说。

代码清单 15-5　基础样式和标题样式

```
html {
  box-sizing: border-box;
}
*,
*::before,
*::after {
  box-sizing: inherit;
}

body {
  background-color: hsl(200, 80%, 30%);
  background-image: radial-gradient(hsl(200, 80%, 30%),      深蓝色背景渐变
                      hsl(210, 80%, 20%));
  color: white;
  font-family: Raleway, Helvetica, Arial, sans-serif;
  line-height: 1.4;
  margin: 0;
  min-height: 100vh;          <-- 确保 body 元素填满整个视窗，
}                                 这样渐变就会填满屏幕

h1, h2, h3 {
  font-family: Alfa Slab One, serif;
  font-weight: 400;
}

main {
  display: block;
}

img {
  max-width: 100%;
}

.page-header {                在移动视窗上为头部
  margin: 0;                  设置稍小的内边距
  padding: 1rem;          <--
}
```

```
@media (min-width: 30em) {
  .page-header {
    padding: 2rem 2rem 3rem;      ← 在较大的屏幕上为头部设置稍大的内边距
  }
}
```

这个示例用到了前面章节里的很多概念。body 元素的背景使用了径向渐变，可以为页面增加一点立体感（Opera Mini 浏览器不支持径向渐变，`background-color` 为其提供了备用值）。Web 字体 Alfa Slab One 应用在标题上，Raleway 用在正文主体。网页头部通过媒体查询设置了响应式样式，在屏幕尺寸允许的情况下添加更大的内边距。

要实现菜单需要分成几个步骤。首先完成菜单的布局，然后设置一些响应式行为。我们将采用移动优先的实现方案（参见第 8 章），从小屏幕开始。标题和菜单看起来应该如图 15-6 所示。

图 15-6 导航菜单的移动设计

鉴于小屏幕上导航链接按水平方向排列，使用 Flexbox 比较合适。我们对弹性容器设置 `justify-content: space-between`，这样导航项目可以平均地分配页面宽度。接下来我们设置字体颜色和图标对齐。把代码清单 15-6 添加到样式表。

代码清单 15-6 导航菜单链接的移动样式

```
.nav-links {
  display: flex;
  justify-content: space-between;     ← 使用 Flexbox 在屏幕水平方向上展开导航项目
  margin-top: 0;
  margin-bottom: 1rem;
  padding: 0 1rem;
  list-style: none;
}
.nav-links > li + li {
  margin-left: 0.8em;
}
.nav-links > li > a {
  display: block;
  padding: 0.8em 0;
  color: white;
  font-size: 0.8rem;
  text-decoration: none;
  text-transform: uppercase;          ← 为链接文本添加样式
  letter-spacing: 0.06em;
}
.nav-links__icon {
  height: 1.5em;
  width: 1.5em;
```

```
  vertical-align: -0.2em;
}
.nav-links > li > a:hover {
  color: hsl(40, 100%, 70%);
}
```

把图标向下稍微移动，与文本标签对齐

在小屏幕上菜单就是这样了，但在较大的屏幕上，我们可以添加更多的特效。对于桌面布局，可以使用固定定位使菜单停靠在屏幕左侧，效果看上去如图 15-7 所示。

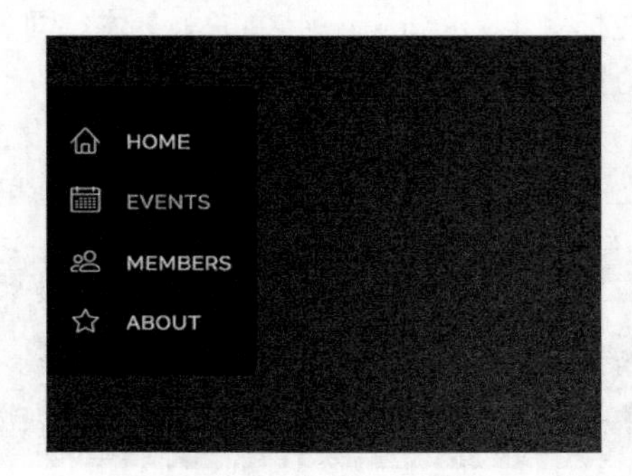

图 15-7　大屏幕上导航菜单停靠在屏幕左侧

这个菜单由两个模块构成，前面已经为外层元素命名为 main-nav，内层结构命名为 nav-links。main-nav 用作容器，固定在左侧，它还提供了深色背景。我们来实现一下。

添加代码清单 15-7 到样式表中，注意第二个媒体查询及其内容要放在已有的 nav-links 样式后面，这样才可以在必要时覆盖掉移动样式。

代码清单 15-7　在大屏幕上固定菜单

```
@media (min-width: 30em) {
  .main-nav {
    position: fixed;
    top: 8.25rem;
    left: 0;
    z-index: 10;
    background-color: transparent;
    transition: background-color .5s linear;
    border-top-right-radius: 0.5em;
    border-bottom-right-radius: 0.5em;
  }

  .main-nav:hover {
    background-color: rgba(0, 0, 0, 0.6);
  }
}

/* ... */

@media (min-width: 30em) {
  .nav-links {
    display: block;
```

仅在大中型屏幕上应用样式

确保导航显示在网页后续新增内容的前面

开始时保持背景颜色透明

为背景颜色添加过渡效果

为鼠标悬停状态设置深色半透明背景

覆盖移动样式中的 Flexbox，使链接纵向排列

```
    padding: 1em;
    margin-bottom: 0;
  }
  .nav-links > li + li {
    margin-left: 0;
  }
  .nav-links__label {
    margin-left: 1em;
  }
}
```

position: fixed 声明把菜单放入并固定在一个位置，页面滚动也不会受到影响。display: block 规则覆盖掉移动样式中的 display: flex，使得菜单项叠放在一起。

现在我们开始处理过渡和变换效果。需要完成以下三件事情。

(1) 鼠标划过链接的时候，放大图标尺寸。

(2) 隐藏链接标签，当用户使用鼠标悬停在菜单上时，让它们通过淡入过渡特效全部显示出来。

(3) 使用平移为链接标签添加“飞入”效果，与淡入一起使用。

下面我们来一一实现。

15.2.1 放大图标

看导航链接的结构（如下代码所示）。每个列表元素都包含一个链接（<a>），链接中包含一个图标和一个标签。

```
<li>
  <a href="/">
    <img src="images/home.svg" class="nav-links__icon"/>
    <span class="nav-links__label">Home</span>
  </a>
</li>
```

说明 列表子元素要与父元素<ul>组合在一起使用，因此体积会较大一些，比预想中的模块嵌套得更深。我有考虑把它们拆分成较小的模块，但眼下需要把它们放在一起，以便整体设置特效。

我们先来实现鼠标悬停时放大图标。需要用到缩放变换，然后添加过渡效果，这样可以使变换过程变得平滑。如图 15-8 所示，鼠标悬停在 Events 菜单项的日历图标上，该图标会稍微放大一些。

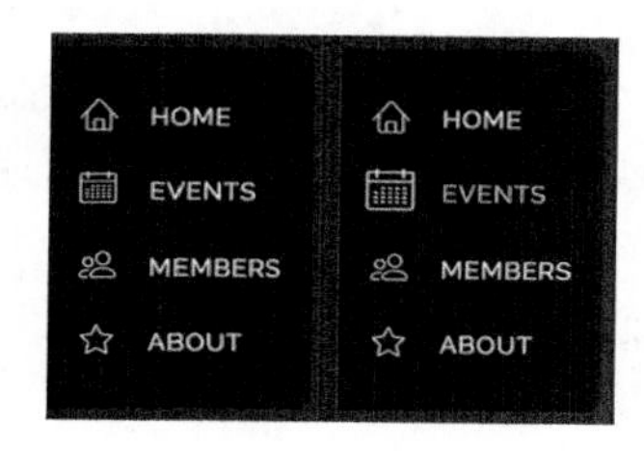

图 15-8 正常的图标大小（左）；鼠标悬停时图标放大（右）

Events 的图标设置过宽度和高度，因此我们可以通过增大这些属性来放大它。但是，当重新计算文档流时，这将导致其周围的一些元素跟着移动。

如果改用变换，那周围的元素不会受到影响，Events 标签也不会向右移动。按代码清单 15-8 更新 CSS，为悬停或者激活状态下的元素添加这种效果。

代码清单 15-8　图标链接在鼠标悬停或者激活状态下，图标会放大

```
@media (min-width: 30em) {

  .nav-links {
    display: block;
    padding: 1em;
    margin-bottom: 0;
  }
  .nav-links > li + li {
    margin-left: 0;
  }
  .nav-links__label {
    margin-left: 1em;
  }

  .nav-links__icon {
    transition: transform 0.2s ease-out;      ← 为 transform 属性添加过渡
  }

  .nav-links a:hover > .nav-links__icon,
  .nav-links a:focus > .nav-links__icon {
    transform: scale(1.3);                    ← 增大图标尺寸
  }
}
```

现在，如果你用鼠标划过菜单项，你将看到相应的图标会变大一些，帮助用户确认正在悬停的菜单项。我特意使用 SVG 图片资源，这样图片尺寸变化时就不会出现像素颗粒或者其他奇怪的失真。`scale()`变换是实现此需求的绝佳方法。

SVG：一种更好的图标解决方案

图标在某些设计中是非常重要的一部分，图标的使用技巧也一直在进化。很长一段时间里，图标使用的最佳实践是把所有图标放入单个图片文件，称之为**精灵图**（sprite sheet）。然后使用 CSS 背景图片，小心翼翼地调整尺寸和背景位置，在元素中显示精灵图上的图标。

后来，**图标字体**（icon fonts）开始流行起来。这种解决方案不再把图标嵌入精灵图，而是把每个图标都作为字符放入自定义的字体文件。通过使用 Web 字体，单个字符将被渲染成图标。这样的服务类似于 Font-Awesome，提供了几百个常见的图标，图标使用变得非常简单。

以上这些技术还在使用，但我还是建议你使用 SVG 图标。SVG 功能更强大，性能更好。SVG 可以作为`<img>`源使用，本章就这么用过，但 SVG 还有其他用法。我们可以创建 SVG 精灵图，而且因为 SVG 是基于 XML 的文件格式，所以可以直接在 HTML 中使用它。例如如下代码所示。

```
<li>
  <a href="/">
    <svg class="nav-links__icon" width="20" height="20" viewBox="0 0 20
      20">
      <path fill="#ffffff" d="M19.871 12.1651-8.829-9.758c-0.274-0.303-
       0.644-0.47-1.042-0.47-0 0 0 0 0 0-0.397 0-0.767 0.167-1.042
       0.471-8.829 9.758c-0.185 0.205-0.169 0.521 0.035 0.706 0.096
       0.087 0.216 0.129 0.335 0.129 0.136 0 0.272-0.055 0.371-
       0.16512.129-2.353v8.018c0 0.827 0.673 1.5 1.5 1.5h11c0.827 0 1.5-
       0.673 1.5-1.5v-8.01812.129 2.353c0.185 0.205 0.501 0.221 0.706
       0.035s0.221-0.501 0.035-0.706zM12 19h-4v-4.5c0-0.276 0.224-0.5
       0.5-0.5h3c0.276 0 0.5 0.224 0.5 0.5v4.5zM16 18.5c0 0.276-0.224
       0.5-0.5 0.5h-2.5v-4.5c0-0.827-0.673-1.5-1.5-1.5h-3c-0.827 0-1.5
       0.673-1.5 1.5v4.5h-2.5c-0.276 0-0.5-0.224-0.5-0.5v-9.12315.7-
       6.3c0.082-0.091 0.189-0.141 0.3-0.141s0.218 0.050 0.3 0.14115.7
       6.3v9.123z"></path>
    </svg>
    <span class="nav-links__label">Home</span>
  </a>
</li>
```

如果有需要，也可以直接对 SVG 的部分中使用 CSS。使用正常的 CSS 就可以动态地改变 SVG 中不同部分的颜色，甚至改变大小和位置。同时 SVG 的文件体积更小，因为它不同于 GIF、PNG 这些像素化的图片或者其他基于光栅的图片格式。

如果你不太熟悉 SVG，可以查看 css-tricks 网站的文章 *Using SVG*，其中介绍了在 Web 页面中使用 SVG 的多种方式，是个不错的入门资料。

现在图标看上去可以了，我们接下来把注意力转向它们旁边的标签。

15.2.2 创建“飞入”的标签

菜单的标签没有必要一直保持可见状态。默认情况下可以把它们隐藏，只在相应位置保留图标，告诉用户菜单的位置。当用户移动鼠标到菜单或者导航元素上时，再把标签以淡入的方式展示出来。这样的话，用户的鼠标一靠近图标，整个菜单就显现了。这个过程中一次性使用了多种特效，背景和标签都使用了淡入，标签从它们最终位置偏左一点开始过渡（如图 15-9 所示）。

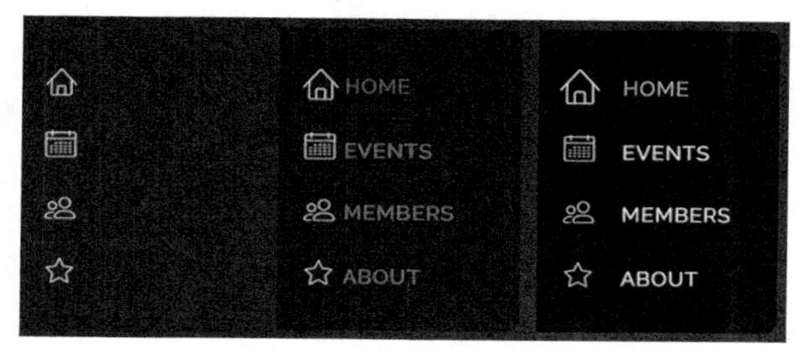

图 15-9 鼠标悬停时，菜单淡入，标签淡入的同时从左侧滑入

整个特效中，标签需要同时使用两个不同的过渡效果：一个针对透明度，另一个针对translate()变换。参照代码清单 15-9 中列出的代码，更新样式表中的相应部分。

代码清单 15-9　nav-item 标签上的过渡

```
@media (min-width: 30em) {
  .nav-links {
    display: block;
    padding: 1em;
    margin-bottom: 0;
  }
  .nav-links > li + li {
    margin-left: 0;
  }

  .nav-links__label {
    display: inline-block;
    margin-left: 1em;
    padding-right: 1em;
    opacity: 0;
    transform: translate(-1em);
    transition: transform 0.4s cubic-bezier(0.2, 0.9, 0.3, 1.3),
                opacity 0.4s linear;
  }
  .nav-links:hover .nav-links__label,
  .nav-links a:focus > .nav-links__label {
    opacity: 1;
    transform: translate(0);
  }

  .nav-links__icon {
    transition: transform 0.2s ease-out;
  }
  .nav-links a:hover > .nav-links__icon,
  .nav-links a:focus > .nav-links__icon {
    transform: scale(1.3);
  }
}
```

把标签设置为行内块级元素，这样就可以对其使用变换效果了

开始时隐藏标签

使标签向左移动 1em

为要改变的属性值添加过渡

鼠标悬停或者激活状态下，设置标签可见，并把它移动回正确的位置

菜单只占了屏幕的一小部分，但实际上有很多内容。其中有些菜单选择器相当长，并且很复杂。

注意，我们刚刚是把:hover 伪类添加在了顶层的 nav-links 元素上，而:focus 伪类是加到了内部的<a>元素上（focus 一般只能应用于链接或者按钮等特定元素）。这样所有标签就可以在鼠标划过时都显示出来。除此之外，如果用户使用键盘上的 Tab 健，被激活的单个标签也会显示出来。

隐藏状态下，标签使用 translate()向左移动了 1em。在淡入时，它过渡回了实际位置。这里的 translate()函数省略了第二个参数，只指定了 x 值，这样就只发生水平位移。因为我们不需要元素上下移动，所以这没有问题。

自定义的 cubic-bezier()函数也值得好好看看。它产生了一个弹跳特效：标签向右移动时，超出了停止位置，然后再回到最终位置停下来。运动曲线如图 15-10 所示。

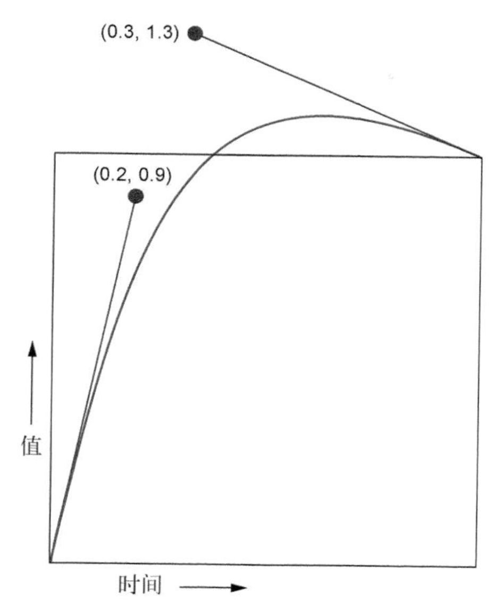

图 15-10 在终点添加弹跳特效的贝塞尔曲线

你会发现曲线超出了盒子的顶端，这就意味着值超过了过渡的最终值。从 `translate(-1em)` 到 `translate(0)` 的过渡中，标签的变换会短暂地到达一个超出最终位置大概 0.15em 的值，然后再缓缓回到最终位置。同样，我们也可以在定时函数的开始添加弹跳效果，即把第一个控制柄移动到低于盒子底部。然而过渡曲线是不可能超出左右两侧边缘的，这不合逻辑。

在浏览器中加载页面，查看过渡是如何运行的。弹跳过程一闪而过，你可能需要调慢过渡时间来更好地观察它，这样看上去像是增加了标签的重量和动力，运动过程显得更自然。

15.2.3 交错显示过渡

现在的菜单看上去非常好，我们最后再做一次优化，让它更加精致。我们会用到 `transition-delay` 属性，为每个菜单项设置不同的延迟时间。这样就可以使每段动画交错飞入显示，不再一次性全部展示出来，就像翻滚的“波浪”（如图 15-11 所示）。

图 15-11 顶部的菜单项会早于下面的元素飞入

要实现这种效果，我们将使用:nth-child()伪类选择器，根据每个菜单项在列表中的位置选中它们，然后分别为每个元素设置连续变长的过渡延迟。把代码清单 15-10 中的代码添加到样式表中，放在其他 nav-links 样式后面。

代码清单 15-10 为菜单项添加交错的过渡延迟

```
.nav-links:hover .nav-links__label,
.nav-links a:focus > .nav-links__label {
  opacity: 1;
  transform: translate(0);
}
.nav-links > li:nth-child(2) .nav-links__label {
  transition-delay: 0.1s;
}
.nav-links > li:nth-child(3) .nav-links__label {
  transition-delay: 0.2s;
}
.nav-links > li:nth-child(4) .nav-links__label {
  transition-delay: 0.3s;
}
.nav-links > li:nth-child(5) .nav-links__label {
  transition-delay: 0.4s;
}
```

选中第二个菜单项的标签

为过渡设置 0.1s 的延迟

选中第三个菜单项的标签

为过渡设置 0.2s 的延迟

视需求情况重复设置

:nth-child(2)选择器选中了列表中的第二个元素，然后我们为其添加轻微延迟。第三个元素（:nth-child(3)）设置了稍长一点的延迟，第四个和第五个元素分别再长一点。我们不需要为第一个元素操心，因为我们希望它的过渡立即开始，不需要设置过渡延迟。

在浏览器中运行页面，使用鼠标划过菜单查看效果。整个菜单显得流畅生动。鼠标移开时，所有元素以同样的交错顺序淡出。

你会发现这种实现方式有个缺点，那就是菜单必须和所写的选择器数量一样多。我们这里针对第五个元素也添加了规则，尽管当前菜单只有四个元素。这是一种预防措施，以防将来会再增加一个菜单项。虽然安全起见我们甚至可以为第六个元素添加规则，但需要意识到菜单数量总是有可能在某个时间点超出已有规则的，记得到时候在 CSS 中添加更多的规则。

提示 类似的重复代码块，使用预处理器书写会更简单一些。相关示例参见附录 B。

菜单到现在终于做好了，接下来可以为页面添加更多内容。不过我们先放一放，到下一章再继续实现。在这之前，还有两件和变换有关的事情需要了解。

15.3 动画性能

有些变换看上去好像没有存在的必要。比如平移变换的结果，通常也可以使用相对定位来实现；对图片或者 SVG 做缩放变换，其实也可以通过设置宽高来完成，这样甚至更直观。

实际上，变换在浏览器中的性能要好得多。如果我们要对元素的定位使用动画（比如为 left 属性添加过渡效果），可以明显感受到性能很差。对复杂元素使用动画或者在页面内一次性对多个元素使用动画，问题尤其明显。这种性能问题在过渡（参见第 14 章）和动画（第 16 章将介绍）上都有体现。

如果我们要实现过渡或动画，无论什么类型，包括定位或大小操作，都应该尽可能考虑使用变换。要理解为什么需要这样做，我们需要先看看浏览器是如何渲染页面的。

渲染路径

浏览器计算好了页面上哪些样式应用于哪些元素上之后，需要把这些样式转化成屏幕上的像素，这个过程叫作**渲染**（rending）。渲染可以分为三个阶段：布局、绘制和合成（如图 15-12 所示）。

图 15-12 渲染路径上的三个阶段

1. 布局

在第一个阶段**布局**中，浏览器需要计算每个元素将在屏幕上占多大空间。因为文档流的工作方式，所以一个元素的大小和位置可以影响页面上无数其他元素的大小和位置。这个阶段会解决这个问题。

任何时候改变一个元素的宽度或高度，或者调整位置属性（比如 `top` 或者 `left`），元素的布局都会重新计算。如果使用 JavaScript 在 DOM 中插入或者移除元素，也会重新计算布局。一旦布局发生改变，浏览器就必须**重排**（reflow）页面，重新计算所有其他被移动或者缩放的元素的布局。

2. 绘制

布局之后是**绘制**。这个过程就是填充像素：描绘文本，着色图片、边框和阴影。这不会真正显示在屏幕上，而是在内存中绘制。页面各部分生成了很多的**图层**（layers）。

如果改变某个元素的背景颜色，就必须重新绘制它。但因为更改背景颜色不会影响到页面上任何元素的位置和大小，所以这种变化不需要重新计算布局。改变背景颜色比改变元素大小需要的计算操作要少。

某些条件下，页面元素会被提取到自己的图层。这时候，它会从页面的其他图层中独立出来单独绘制。浏览器把这个图层发送到计算机的图形处理器（graphics processing unit，GPU）进行绘制，而不是像主图层那样使用主 CPU 绘制。这样安排是有好处的，因为 GPU 经过了充分的优化，比较适合做这类计算。

这就是我们经常提到的**硬件加速**（hardware acceleration），因为需要依赖于计算机上的某些硬件来推进渲染速度。多个图层就意味着需要消耗更多的内存，但好处是可以加快渲染。

3. 合成

在**合成**（composite）阶段，浏览器收集所有绘制完成的图层，并把它们提取为最终显示在屏幕上的图像。合成过程需要按照特定顺序进行，以确保图层出现重叠时，正确的图层显示在其他图层之上。

opacity 和 transform 这两个属性如果发生改变，需要的渲染时间就会非常少。当我们修改元素的这两个属性之一时，浏览器就会把元素提升到其自己的绘制图层并使用 GPU 加速。因为元素存在于自己的图层，所以整个图像变化过程中主图层将不会发生变化，也无须重复的重绘。

如果只是对页面做一次性修改，那么通常不会感觉出这种优化可以带来明显的差异。但如果修改的是动画的一部分，屏幕需要在一秒内发生多达几十次的更新，这种情况下渲染速度就很重要了。大部分的屏幕每秒钟会刷新 60 次。理想情况下，动画中每次变化所需的重新计算也要至少这么快，才能在屏幕上生成最流畅的运动轨迹。浏览器在每次重新计算的时候需要做的事情越多，越难达到这种速度。

使用 will-change 控制绘制图层

浏览器会尽可能把一些元素划归到不同的图层，这已经在优化渲染流程上取得了明显的进步。如果你对一个元素的 transform 或者 opacity 属性设置动画，现代浏览器为了使动画过程更加流畅，通常会基于包括系统资源在内的一系列因素，做出最佳处理，但有时候你可能会遇到突变或闪烁的动画。

如果碰到这种情况，你可以使用一个叫作 will-change 的属性对渲染图层添加控制。这个属性可以提前告知浏览器，元素的特定属性将改变。这通常意味着元素将被提升到自己的绘制图层。例如，设置了 will-change: transform 就表示我们将要改变元素的 transform 属性。

除非遇到性能问题，否则不要盲目添加该属性到页面，因为它会占用很多的系统资源。前后测试一下，在性能表现好时再在样式表中保留 will-change。如果想要更加深入了解该属性如何工作和是否应该使用它，可以查看 Sara Soueidan 的优秀文章 *Everything You Need to Know About the CSS* will-change *Property*。

我发现这篇文章发表之后有件事情发生了变化，文中表示只有 3D 变换会提升元素到自己的图层，现在已经不是这样了，最新的浏览器对 2D 变换也可以使用 GPU 加速。

第 16 章中我们会看到，处理过渡或者动画的时候，尽量只改变 transform 和 opacity 属性。如果有需要，可以修改那些只导致重绘而不会重新布局的属性。只有在没有其他替代方案的时候，再去修改那些影响布局的属性，并且密切关注动画中是否存在性能问题。如果想要查看哪些属性会导致布局、绘制或者合成，可以访问 CSS Triggers 网站。

15.4　三维（3D）变换

目前为止我们使用过的变换都是 2D 的。这些变换容易使用（也很常见），因为网页本身就是 2D 的。但我们不应该被局限在这里，旋转和平移都可以在三个维度上实现：*X* 轴、*Y* 轴和 *Z* 轴。

我们可以像之前那样使用 translate() 函数，在水平和垂直方向上平移（*X* 轴和 *Y* 轴）。也可以使用 translateX() 和 translateY() 函数实现同样的效果。下面两条声明会产生同样的效果。

```
transform: translate(15px, 50px);
transform: translateX(15px) translateY(50px);
```

我们同样可以使用 translateZ() 函数实现 *Z* 轴上的平移，相当于移动元素使其更靠近或远离用户。同样，也可以使元素绕着三个不同维度的坐标轴进行旋转。但和平移不同的是，我们已经非常熟悉 rotateZ() 了，因为 rotate() 就可以被称为 rotateZ()，它就是绕着 *Z* 轴旋转的。函数 rotateX() 和 rotateY() 分别围绕着水平方向上的 *X* 轴（使元素向前或者向后倾斜）和垂直方向上的 *Y* 轴（使元素向左或者向右转动或**偏移**）旋转。有关这些函数的说明，参见图 15-13。

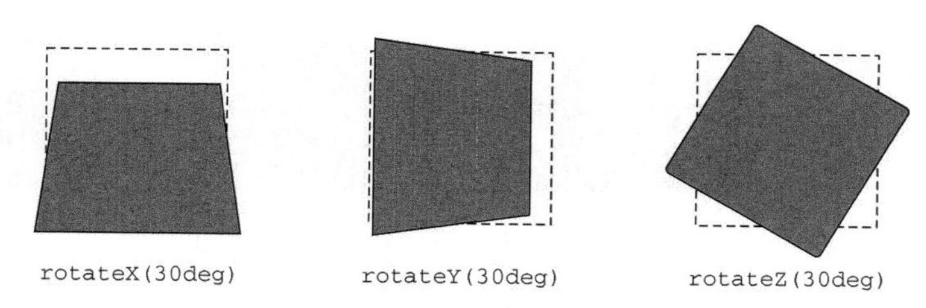

图 15-13　使用 300px 透视距离观察三个不同坐标轴上的旋转（虚线框代表元素的初始位置）

15.4.1　控制透视距离

为页面添加 3D 变换之前，我们需要先确定一件事情，即**透视距离**（perspective）。变换后的元素一起构成了一个 3D 场景。接着浏览器会计算这个 3D 场景的 2D 图像，并渲染到屏幕上。我们可以把透视距离想象成“摄像机”和场景之间的距离，前后移动镜头就会改变整个场景最终显示到图像上的方式。

如果镜头比较近（即透视距离小），那么 3D 效果就会比较强。如果镜头比较远（即透视距离大），那么 3D 效果就会比较弱。图 15-14 展示了几种不同的透视距离。

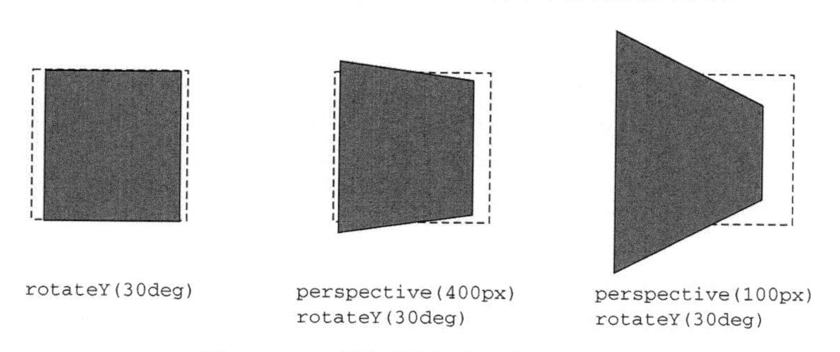

图 15-14　不同透视距离下相同的旋转

左侧这个旋转后的元素，没有设置透视距离，看起来不太像是 3D 的。它只是水平方向上做了一些压缩，没有立体感。不设置透视距离的 3D 变换看上去像是平的，“向远处转”的那部分元素没有显得变小。中间这个盒子，设置了 400px 的透视距离。它的右侧边，即距离观察者较远的这一侧，显得有点变小，距离较近的这一侧看上去变大了一些。右侧盒子设置了更短的透视距离，是 100px。这样加强了 3D 效果，元素的边缘越远，缩小得越明显。

可以通过两种方式指定透视距离：使用 `perspective()` 变换或者使用 `perspective` 属性。两种方式有些不同，我们通过一个简单的例子来说明。这是个简化的示例，只用来演示透视距离的效果。

首先，我们为四个元素添加旋转效果，使用 `rotateX()` 让它们向后倾斜（如图 15-15 所示）。因为每个元素旋转同样的角度，并且设置了相同的 `perspective()`，所以它们看上去一样。

图 15-15　四个元素都围绕 *X* 轴旋转，并且都设置了 `perspective(200px)`

为这个演示新建一个页面，并复制代码清单 15-11 的 HTML。

代码清单 15-11　用来演示 3D 变换和透视距离的 4 个盒子

```
<div class="row">
  <div class="box">One</div>
  <div class="box">Two</div>
  <div class="box">Three</div>
  <div class="box">Four</div>
</div>
```

接下来，我们为每个盒子添加 3D 变换和透视距离。同时我们也可以为盒子填充一些颜色和内边距，使最终效果更加明显。把代码清单 15-12 中的代码添加到页面的样式表。

代码清单 15-12　为盒子添加 3D 变换

```
.row {
  display: flex;
  justify-content: center;
}

.box {
  box-sizing: border-box;
  width: 150px;
  margin: 0 2em;
  padding: 60px 0;
  text-align: center;
  background-color: hsl(150, 50%, 40%);
  transform: perspective(200px) rotateX(30deg);    ◁ 使盒子向后旋转 30 度，并设置透视距离
}
```

在当前示例中，每个盒子看上去都相同。它们都有自己的透视距离，是用 `perspective()` 函数设置的。这个方法可以为单个元素设置透视距离，示例中我们直接为所有盒子做了相同的设置。这样就像为每个元素分别单独拍照，但是拍摄位置相同。

有时候我们希望多个元素共享同一套透视距离，就仿佛它们处于相同的 3D 空间中。图 15-16 用来演示这种情况。这里有四个相同的元素，但它们都向着远方的一个相同的交汇点延伸，就仿佛把四个元素放一起然后拍摄一张整体的照片。要实现这种效果，需要为它们的父元素设置 `perspective` 属性。

图 15-16 为共有祖先元素设置 `perspective` 属性可以使多个元素共享相同的透视距离

要查看这样的效果，可以移除盒子上的 `perspective()` 函数，改成为容器添加 `perspective` 属性。参考代码清单 15-13 中的代码。

代码清单 15-13 建立统一的透视距离

```
.row {
  display: flex;
  justify-content: center;
  perspective: 200px;
}

.box {
  box-sizing: border-box;
  width: 150px;
  margin: 0 2em;
  padding: 60px 0;
  text-align: center;
  background-color: hsl(150, 50%, 40%);
  transform: rotateX(30deg);
}
```

为容器添加透视距离（perspective: 200px）

不再为盒子本身设置透视变换（transform: rotateX(30deg)）

通过为父容器（或其他祖先元素）设置统一的透视距离，父容器包含的所有应用了 3D 变换的子元素，都将共享相同的透视距离。

添加透视距离是 3D 变换中非常重要的部分。如果不设置透视距离，离得远的元素不会显得变小，离得近的元素也不会显得变大。上面的例子比较简单，第 16 章会把这些技术用在一个实际的例子中，实现元素从远处“飞入”页面。

15.4.2 实现高级 3D 变换

对元素进行 3D 处理的时候，还有其他一些很有用的属性。我不会占用太多篇幅讲解这些属性，因为在实际开发中用到的机会比较少。下面我们来了解一下这些属性，万一用到也会有些帮助。如果你想更深入研究这些属性，我们也会提供一些在线的示例。

1. perspective-origin 属性

默认情况下，透视距离的渲染是假设观察者（或者镜头）位于元素中心的正前方。perspective-origin 属性可以上下、左右移动镜头的位置。图 15-17 展示的还是之前的例子，但镜头移到了左下方。

图 15-17　移动透视源点增大了元素向远端延伸的形变

添加代码清单 15-14 中的代码，就可以查看上述效果。

代码清单 15-14　使用 perspective-origin 移动镜头的位置

```
.row {
  display: flex;
  justify-content: center;
  perspective: 200px;
  perspective-origin: left bottom;    <-- 把镜头位置移动到元素的左下方
}
```

还是跟之前一样的透视距离，但是视角变了，所有的盒子都移到了观察者的右侧。我们可以使用关键字 top、left、bottom、right 和 center 来指定位置，也可以使用百分比或者长度值，从元素的左上角开始计算（比如 perspective-origin: 25% 25%）。

2. backface-visibility 属性

如果你使用 rotateX() 或者 rotateY() 旋转元素超过 90 度，就会发现一些有趣的事情：元素的“脸”不再直接朝向你。它的“脸”转向别的地方，你会看到元素的背面。图 15-18 中的元素设置了 rotateY(180deg) 的变换，它看起来就像是之前元素的镜像图片。

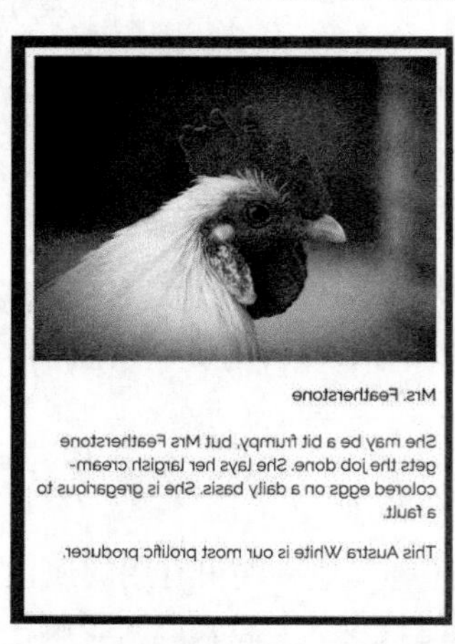

图 15-18　旋转元素查看它的背面

这就是元素的背面。默认情况下背面是可见的，但我们可以为元素设置 `backface-visibility: hidden` 来改变它。添加这条声明之后，元素只有在正面朝向观察者的时候才可见，朝向别处的时候不可见。

针对这项技术，一个可能的应用场景是把两个元素背靠背放在一起，就像卡片的两面。卡片的正面展示出来，背面隐藏。然后我们可以旋转它们的容器元素，使这两个元素都翻转过来，这样正面隐藏背面显现。卡片翻转特效的演示，参见文章 *Intro to CSS 3D Transforms*。

3. `transform-style`（`preserve-3d`）属性

如果你要使用嵌套元素构建复杂的 3D 场景，`transform-style` 属性就变得非常重要。现在假设我们已经对容器设置了透视距离，接下来对容器内的元素进行 3D 变换。容器元素渲染时，实际上会被绘制成 2D 场景，就像是 3D 对象的一张照片。这看起来没什么问题，因为元素最终就是要渲染到 2D 屏幕上的。

如果接下来我们对容器元素进行 3D 旋转，就有问题了。这是因为实际上没有对整个场景进行旋转，只是旋转 3D 场景的 2D 照片。透视距离全都错了，场景中的立体感也被破坏了。示例如图 15-19 所示。

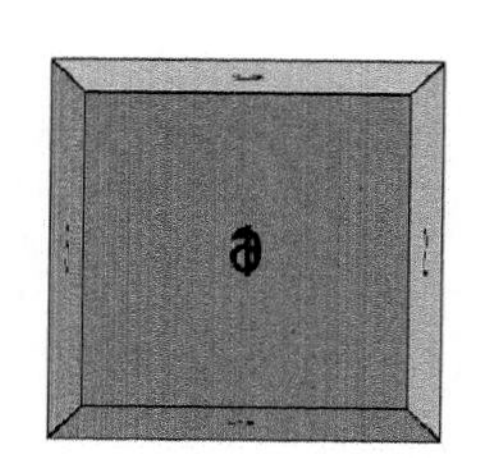

3D立方体正面视角

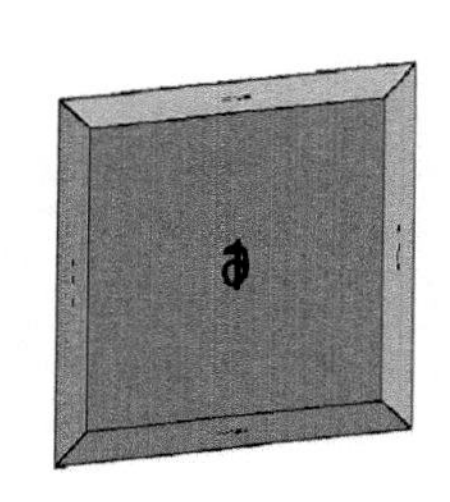

使用`flat`变换样式旋转立方体

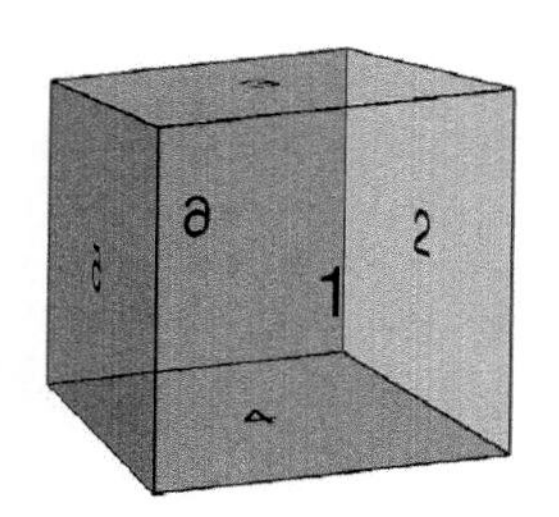

使用`preserve-3d`变换样式旋转立方体

图 15-19 如果对 3D 变换元素的父元素再做 3D 变换，可能需要用到 `preserve-3d` 属性（右）

左图展示了通过把六个面变换到相应位置创建一个 3D 立方体。中间的图片展示的是对整个立方体（即它们的父元素）使用变换会发生什么。为了改正这个问题，我们应该对父元素使用 `transform-style: preserve-3d`（如右图所示）。

警告 所有 IE 浏览器中都不支持 `preserve-3d` 变换样式。

如果想要了解更多内容和使用案例，可以查看 Ana Tudor 在 DWB 网站写的教程。虽然这些示例很有意思，但我从来没有在实际项目中使用过 `preserve-3d`。如果你接触 3D 变换只是为了看看可以实现哪些东西，这份教程会很有帮助。

15.5 总结

- 在二维和三维空间中使用变换来缩放、旋转、平移和倾斜元素。
- 如果想要优化过渡和动画性能，变换就必不可少。
- 理解渲染路径是如何工作的，创建动画的时候一定要牢记。
- 使用自定义定时函数曲线为过渡添加弹跳特效。

第 16 章

动　画

本章概要

- 使用关键帧动画为页面添加复杂运动
- 页面加载的时候使用动画
- 使用旋转器动画提供反馈
- 吸引用户对保存按钮的注意力，提醒用户去保存

在第 14 章和第 15 章里，我们创建了几种过渡行为，可以使元素从某种状态平滑变换为另一种。这为页面增添了动态的效果，用户体验上也增加了视觉趣味性，但有时候仅仅使用过渡还不够。

过渡是直接从一个地方变换到另一个地方，相比之下，我们可能希望某个元素的变化过程是迂回的路径。有时，我们可能需要元素在动画运动后再回到起始的地方。这些事情无法使用过渡来实现。为了对页面变化有更加精确的控制，CSS 提供了关键帧动画。

关键帧（keyframe）是指动画过程中某个特定时刻。我们定义一些关键帧，浏览器负责填充或者插入这些关键帧之间的帧图像（如图 16-1 所示）。

图 16-1　定义关键帧后，浏览器插入所有关键帧之间的帧图像

从原理上看，过渡其实和关键帧动画类似：我们定义第一帧（起始点）和最后一帧（结束点），浏览器计算所有中间值，使得元素可以在这些值之间平滑变换。但使用关键帧动画，我们就不再局限于只定义两个点，而是想加多少加多少。浏览器负责填充一个个点与点之间的值，直到最后一个关键帧，最终生成一系列无缝衔接的过渡。

最后这一章将介绍如何创建关键帧动画。我们会在前一章创建的页面中添加一些动画，然后探索它们的一些其他使用方式。动画并非只能做让页面变得生动的事情，还能向用户传达有意义的反馈。

16.1　关键帧

CSS 中的动画包括两部分：用来定义动画的`@keyframes`规则和为元素添加动画的`animation`属性。

我们创建一个简单的动画来熟悉一下语法。动画包含三个关键帧，如图 16-2 所示。第一帧中元素是红色的；第二帧中元素是浅蓝色的，并且向右移动了 100px；最后一帧中，元素是淡紫色的，并且回到了左侧的初始位置。

图 16-2　三个关键帧，分别对元素的颜色和位置添加动画

动画对`background-color`和`transform`这两个属性做了一些改动。关键帧@规则如代码清单 16-1 所示，新建样式表 styles.css 并添加这些代码。

代码清单 16-1　定义关键帧@规则

```
@keyframes over-and-back {                    <- 为动画命名
  0% {
    background-color: hsl(0, 50%, 50%);       | 第一个关键帧声明
    transform: translate(0);                  |
  }

  50% {                                       <- 第二个关键帧发生于
    transform: translate(50px);                  动画进行到一半时
  }

  100% {
    background-color: hsl(270, 50%, 90%);     | 最后一个关键帧
    transform: translate(0);                  |
  }
}
```

关键帧动画都需要名称，示例中的动画被命名为`over-and-back`。动画中使用百分比定义了三个关键帧。这些百分比代表每个关键帧发生于动画过程中的哪些时刻：一个在动画的开始（0%），

一个在中间（50%），一个在终点（100%）。每个关键帧块内的声明定义了当前关键帧的样式。

示例中同时为两个属性添加了动画，但我们注意到并不是每个关键帧都设置了两个属性。transform 把元素从初始位置移动到右侧，然后再移回原位，但 background-color 在 50%的关键帧中并没有指定。这意味着元素会从红色（0%的位置）过渡到淡紫色（100%的位置）。在50%的位置，背景颜色恰好是这两个颜色的中间值。

下面我们把这些代码添加到网页中查看效果。新建一个 HTML 文档并添加代码清单 16-2。

代码清单 16-2 只有一个盒子元素的网页，为盒子添加动画

```
<!doctype html>
<html lang="en">
  <head>
    <link rel="stylesheet" href="styles.css">
  </head>
  <body>
    <div class="box"></div>        ◁── 即将添加动画的元素
  </body>
</html>
```

接下来在样式表中为盒子添加样式并应用动画，可以复制代码清单 16-3 中的代码。

代码清单 16-3 为盒子应用动画

```
.box {
  width: 100px;                    │ 为元素添加高
  height: 100px;                   │ 和宽以便演示
  background-color: green;
  animation: over-and-back 1.5s linear 3;    ◁── 为元素应用动画
}
```

在浏览器中打开网页，你应该看到动画重复执行了三次，然后停下了。animation 属性是好几个属性的简写。在这个演示中，我们实际上指定了以下四个属性。

- animation-name（over-and-back）——代表动画名称，就像@keyframes 规则定义的那样。
- animation-duration（1.5s）——代表动画持续时间，在本例中是 1.5s。
- animation-timing-function（linear）——代表定时函数，用来描述动画如何加速和/或减速。可以是贝塞尔曲线或者关键字值，就像过渡使用的定时函数一样（ease-in、ease-out，等等）。
- animation-iteration-count（3）——代表动画重复的次数。初始值默认是 1。

刷新页面，再次查看动画播放，观察动画执行过程中的几个地方。

第一，颜色从 0%的红色平滑过渡到 100%的淡紫色，但是接下来动画重复的时候立即变回红色。如果你打算重复某个动画并希望整体衔接流畅，需要确保结束值和初始值相匹配。

第二，最后一次重复动画结束后，背景颜色变为绿色，即原样式规则中指定的值。但注意动画持续过程中，这句样式声明被@keyframes 中的规则覆盖了。如果出现样式层叠，那么动画中设置的规则比其他声明拥有更高的优先级。

我们回顾一下第 1 章（1.1.1 节），层叠的第一部分是介绍样式表的来源。作者样式优先级高于用户代理样式，因为作者样式有比较高的优先级来源，但动画中应用的声明有更高的优先级来源。为某个属性添加动画的时候，会覆盖样式表中其他地方应用的样式。这就确保了关键帧中所有的声明可以互相配合完成动画，而不用关注动画之外对这个元素可能应用了哪些样式。

警告　浏览器对动画的支持情况比较好，仅有小部分移动浏览器需要使用 `-webkit-` 前缀，动画属性（`-webkit-animation`）和关键帧@规则（`@-webkit-keyframes`）都要用到。这就需要复制出有前缀和无前缀两套代码。可以考虑使用 Autoprefixer 来实现（参见第 5 章附加栏“浏览器前缀”）。

16.2　为 3D 变换添加动画

接下来，我们开始在第 15 章创建的网页上添加动画。完成代码清单 15-10 后，我们有了一个蓝色背景的页面，页面左侧有导航菜单。我们将用几张内容卡片来填充页面剩余的部分。我们先完成整个效果图的页面布局，然后再添加动画。

16.2.1　创建无动画页面布局

在这个演示中，我们会在页面主区域添加一些卡片（如图 16-3 所示）。然后再使用 3D 变换添加动画，使卡片具有飞入效果。

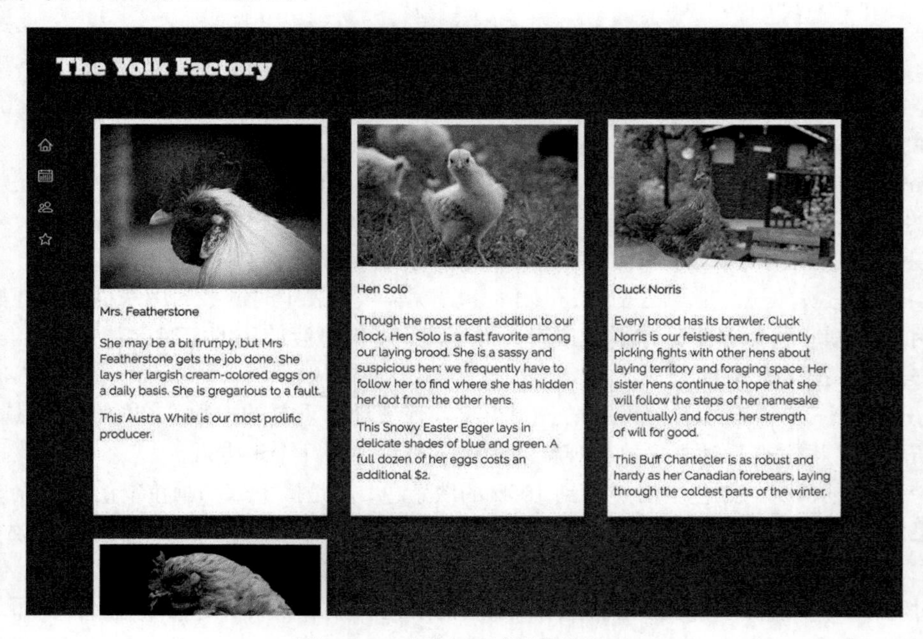

图 16-3　页面主区域添加的卡片

代码清单 16-4 展示了这部分内容的代码，把这些代码添加到页面上<nav>元素后（为了节省空间，代码中卡片内的文字有删节。如果想要更加贴近图 16-3 中的截图，可以随意添加更多内容）。

代码清单 16-4 创建 flyin-grid 和几张卡片

```
<main class="flyin-grid">          ← 网格容器
  <div class="flyin-grid__item card">
    <img src="images/chicken1.jpg" alt="a chicken"/>
    <h4>Mrs. Featherstone</h4>
    <p>
      She may be a bit frumpy, but Mrs Featherstone gets
      the job done. She lays her largish cream-colored
      eggs on a daily basis. She is gregarious to a fault.
    </p>
  </div>
  <div class="flyin-grid__item card">
    <img src="images/chicken2.jpg" alt="a chicken"/>
    <h4>Hen Solo</h4>
    <p>
      Though the most recent addition to our flock, Hen
      Solo is a fast favorite among our laying brood.
    </p>
  </div>
  <div class="flyin-grid__item card">
    <img src="images/chicken3.jpg" alt="a chicken"/>
    <h4>Cluck Norris</h4>
    <p>
      Every brood has its brawler. Cluck Norris is our
      feistiest hen, frequently picking fights with other
      hens about laying territory and foraging space.
    </p>
  </div>
  <div class="flyin-grid__item card">
    <img src="images/chicken4.jpg" alt="a chicken"/>
    <h4>Peggy Schuyler</h4>
    <p>
      Peggy was our first and friendliest hen. She is the
      most likely to greet visitors to the yard, and
      frequently to be found nesting in the coop.
    </p>
  </div>
</main>
```

卡片同时也是网格元素

这部分页面由两个模块组成。外层的模块是飞入网格（Flyin-Grid），为网格内的元素提供了布局，同时还包含了 3D 飞入效果，接下来会讲到。每个网格元素都是内层卡片模块的一个示例。卡片模块提供了外观样式，包括白色背景、内边距和字体颜色等。

这种布局首选网格布局，接下来就会用到。同时我们也应该考虑到移动端布局，以及在不支持网格的旧版浏览器中基于 Flexbox 的回退方案。我们首先实现移动端布局，然后添加 Flexbox 样式，最后是基于网格的样式。

移动端布局效果如图 16-4 所示。在小屏幕上，卡片会填满屏幕的宽度，只留左右两侧一点外边距。

图 16-4　移动端布局中，卡片会填满屏幕宽度，叠放在菜单下方

将代码清单 16-5 中的移动样式添加到样式表中。

代码清单 16-5　卡片的移动样式

```
.flyin-grid {
  margin: 0 1rem;          ◁ 在容器左右两侧添加很小的外边距
}

.card {
  margin-bottom: 1em;
  padding: 0.5em;
  background-color: white;
  color: hsl(210, 15%, 20%);
  box-shadow: 0.2em 0.5em 1em rgba(0, 0, 0, 0.3);      为卡片添加颜色和其他细节样式
}
.card > img {
  width: 100%;         ◁ 设置图片应该填满整张卡片的宽度
}
```

在这样的屏幕尺寸下，飞入网格很容易实现，因为网格元素只需要像普通块级元素一样正确叠放。每张卡片都设置了白色背景和简单的外观样式。很快我们就会使用媒体查询设置更加复杂的布局。

接下来，我们使用 Flexbox 添加回退布局，这只会应用在较大的屏幕上。这样就比较接近最终的效果图（如图 16-3 所示）了。将代码清单 16-6 中的 CSS 添加到样式表。

代码清单 16-6 使用基于 Flexbox 的回退布局

```
.flyin-grid {
  margin: 0 1rem;
}

@media (min-width: 30em) {          ◁ 响应式布局的断点
  .flyin-grid {
    display: flex;                     建立允许折行的弹性容器
    flex-wrap: wrap;
    margin: 0 5rem;                 ◁ 增加两侧的内边距
  }

  .flyin-grid__item {
    flex: 1 1 300px;               ◁ 允许 flex-grow，设置 flex-basis 为 300px
    margin-left: 0.5em;
    margin-right: 0.5em;
    max-width: 600px;
  }
}
```

代码清单 16-6 使用 Flexbox 创建了一个响应式布局。我们设置了 `flex-wrap: wrap`，这样弹性元素在同一行放不下的时候允许换行。弹性基准值 300px 指定了元素的最小宽度，同时 `max-width` 指定了最大宽度，在这些约束条件下，需要的时候元素就会换行。flex-grow 的值为 1，允许卡片拉伸填满容器的剩余空间。

卡片模块不需要在之前添加的移动端样式基础上做任何改变，所有的颜色和其他样式都和之前一样。

在某些特定的屏幕尺寸下，卡片表现得和最终布局一致，但如果最后一行的卡片数量少于上面每行的卡片数量，卡片宽度不会总是相同。这个问题如图 16-5 所示。

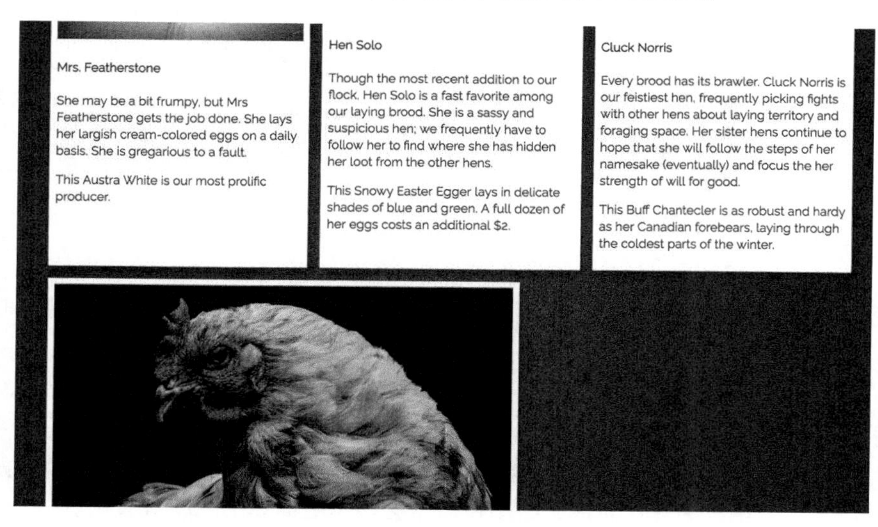

图 16-5 Flexbox 使得最后一行中的卡片不会总和上面每行的卡片宽度一致

在这样的视口宽度下（大约1000px），第一行刚好放入三张卡片，第二行只剩下了一张卡片。最后的这张卡片宽度拉伸到 max-width 的600px，这使得它明显比其他卡片大。缩小屏幕尺寸允许放下两行，每行只有两张卡片，那所有卡片的尺寸就会相同，因为每行的卡片数量一样多。一旦改变屏幕尺寸，可能又会出现这种问题。除了屏幕尺寸，还跟一共有多少张卡片有关系，比如六张卡片可能会整齐地分成两行，每行三张，但在更大的屏幕尺寸下可能出现一行四张、另一行两张的情况。

我们还是可以使用弹性布局的，虽然这不是最理想的解决方案，但简单易用。对前面描述的这种问题，我们有两种选择：一是花时间计算多个断点，然后针对不同弹性元素的宽度做特定设置；二是把这种问题看作是一种“效果还凑合”的回退方案，在支持网格的浏览器中使用网格布局来覆盖弹性布局。

下面我们来实现第二个选择。在弹性布局的后面，我们使用特性查询来检测是否支持 grid 并添加覆盖样式。更新代码清单16-7中的CSS代码到样式表中。

代码清单 16-7　对支持网格布局的浏览器添加网格布局

```
@media (min-width: 30em) {
  .flyin-grid {
    display: flex;                 <- 回退样式
    flex-wrap: wrap;                  不做更改
    margin: 0 5rem;
  }

  .flyin-grid__item {
    flex: 1 1 300px;
    margin-left: 0.5em;
    margin-right: 0.5em;
    max-width: 600px;
  }                                       在媒体查询块内部检测
                                          网格布局的支持情况
  @supports (display: grid) {         <-
    .flyin-grid {                                                        定义列宽
      display: grid;
      grid-template-columns: repeat(auto-fit, minmax(300px, 1fr));  <-
      grid-gap: 2em;
    }

    .flyin-grid__item {
      max-width: initial;
      margin: 0;                   <- 移除回退布局中
    }                                 设置的外边距
  }
}
```

现在最新的浏览器中会使用完美的布局方式。网格列会确保所有的网格元素宽度一致。使用 repeat()和 auto-fit 允许网格来确定当前的视口宽度下多少列最合适。这种解决方案在旧版浏览器中可以优雅地降级为弹性布局，在小视口中会显示更简单的移动端布局。

16.2.2　为布局添加动画

页面的设计和布局工作已经完成，接下来该添加动画了。页面加载的时候，卡片是飞入的，如图 16-6 所示。卡片会以绕纵轴旋转 90 度的起始状态，从远处出现。然后它们会飞向观察者，在动画接近结束的时候，转到直接朝向观察者。图 16-6 展示了定义动画的三个关键帧。

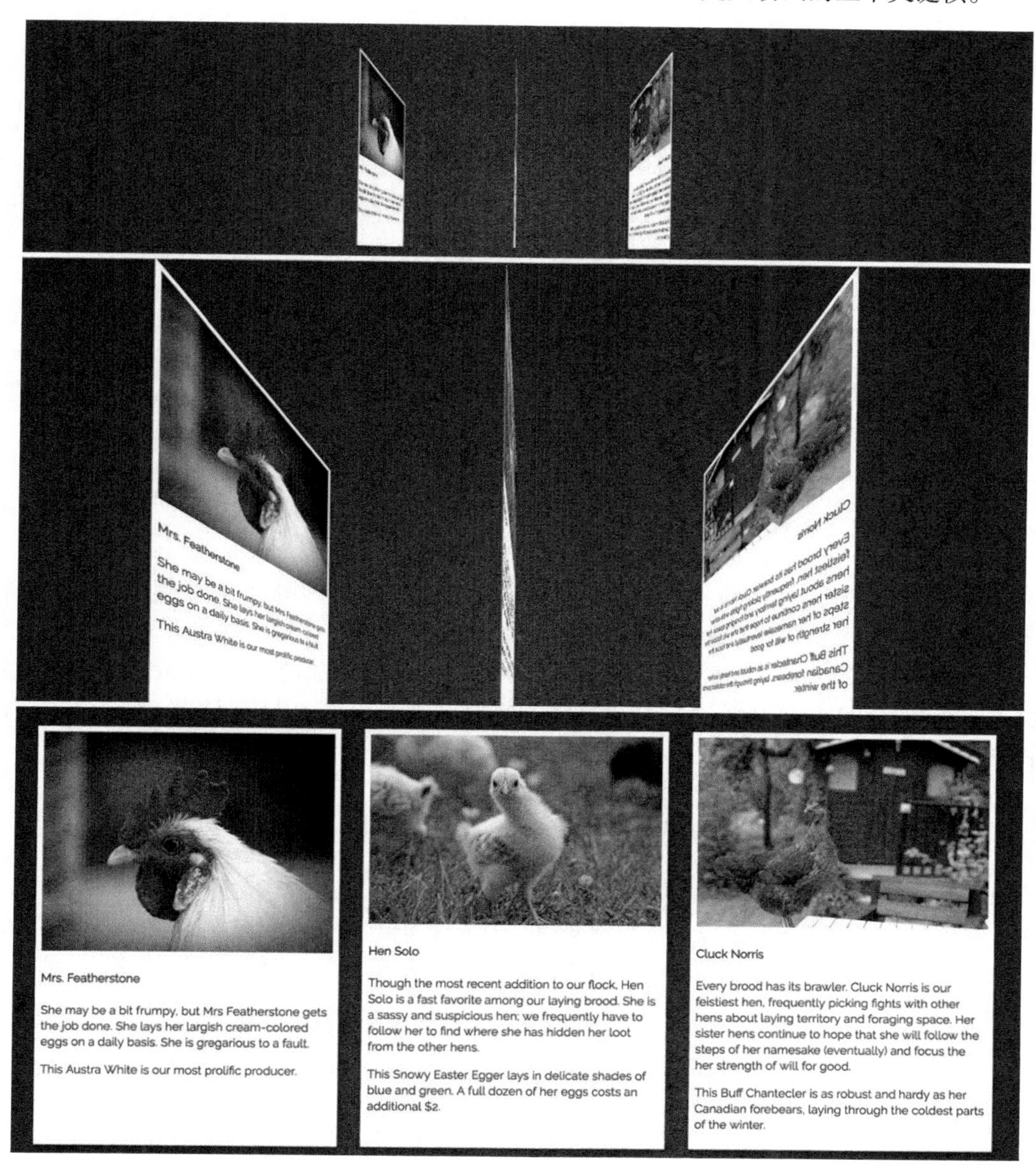

图 16-6　使用 3D 变换实现从远处飞入卡片

这段动画包含两个变换：translateZ()使卡片从远处飞回来，rotateY()负责旋转卡片。代码清单 16-8 列出了相关代码，包括对 flyin-grid 容器设置了透视距离，定义了关键帧，并为每个 flyin-grid 元素添加了动画。我们也添加了不透明的设置，这样元素飞入时会附带过渡特效。

代码清单 16-8　添加飞入动画

```
.flyin-grid {
  margin: 0 1rem;
  perspective: 500px;          ← 在容器上设置共享的透视距离
}

.flyin-grid__item {
  animation: fly-in 600ms ease-in;          ← 为每个元素添加动画
}

@keyframes fly-in {
  0% {
    transform: translateZ(-800px) rotateY(90deg);          ← 以旋转后的状态，从远处开始
    opacity: 0;
  }
  56% {
    transform: translateZ(-160px) rotateY(87deg);          ← 已经很近了，但几乎还是旋转状态
    opacity: 1;
  }
  100% {
    transform: translateZ(0) rotateY(0);          ← 在正常位置结束
  }
}
```

这段 CSS 在容器上设置了透视距离，这样所有的元素会处于相同的透视角度下。同时还为每个元素设置了动画。加载页面查看动画效果。

动画以旋转后的元素从远处飞回开始。在起始关键帧和中间关键帧之间，元素沿 *Z* 轴一路向前快速推进（从 800px 到 160px），从透明逐渐过渡到完全不透明。从中间关键帧到结束关键帧，最后一小段推进结束，而大部分的旋转发生在这期间。

16.3　动画延迟和填充模式

可以使用 animation-delay 属性推迟动画开始的时间，该属性行为和 transition-delay 类似。利用这个属性，我们可以设置动画交错发生，这和第 15 章中导航菜单交错产生过渡效果的方式差不多。通过在稍微不同的时间内错开每个元素的动画，可以使它们一个接一个地飞入，如图 16-7 所示。

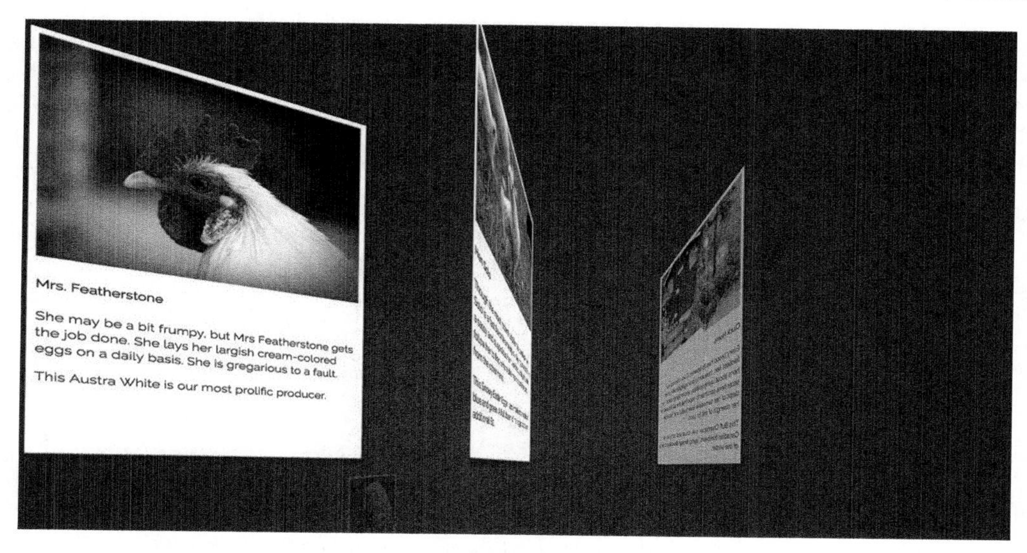

图 16-7 元素使用交错的动画效果飞入

代码清单 16-9 是为四个网格元素添加延迟的，但这段代码并没有完全按照我们预期的那样运行。先把这段代码添加到样式表中，然后我们研究一下问题所在以及如何解决它。

代码清单 16-9 错开动画开始时间

```
.flyin-grid__item {
  animation: fly-in 600ms ease-in;
}
.flyin-grid__item:nth-child(2) {
  animation-delay: 0.15s;
}
.flyin-grid__item:nth-child(3) {
  animation-delay: 0.3s;
}
.flyin-grid__item:nth-child(4) {
  animation-delay: 0.45s;
}
```

把每个元素的动画开始时间设置得比前一个稍晚一点

在浏览器中加载页面，你可能已经发现了问题。动画确实是在预期的时间播放的，但有些元素提前展示在了页面上，一小段时间后它们消失然后播放动画（如图 16-8 所示）。这有点不合理，不是我们想要的效果。我们希望所有的元素在开始的时候都不可见，只有在各自的动画执行的时候才会出现。

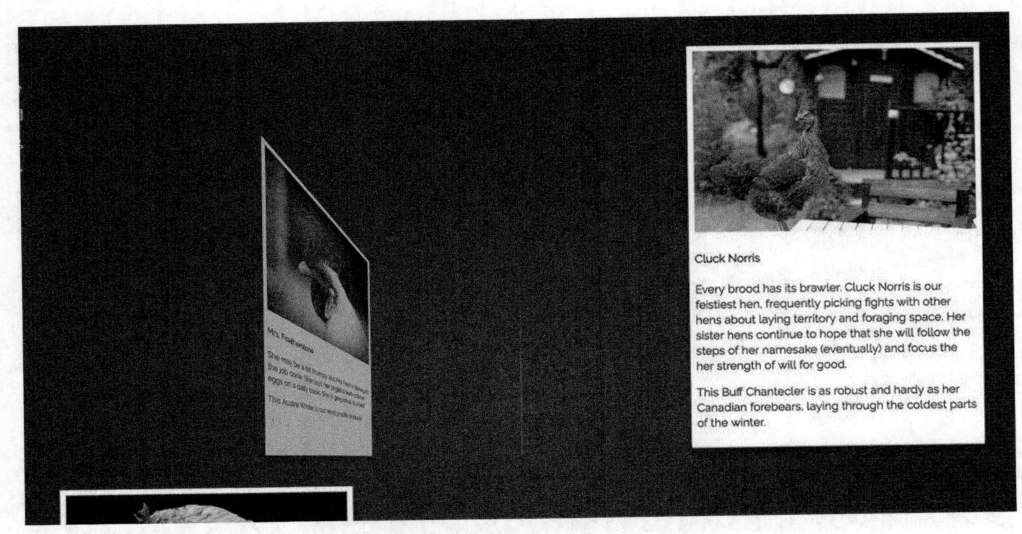

图 16-8　后面的元素在动画还没开始播放的时候就出现在了最终位置

这个问题的出现是因为 transform 和 opacity 属性只应用在了动画执行期间。动画开始之前，网格元素在页面上是可见的，就在它们各自的正常位置。动画开始的时候，它们瞬间变成0%关键帧上应用的属性值。我们需要把动画样式后向填充设置，就像一直暂停在第一帧，直到动画开始播放。可以使用 animation-fill-mode 属性来实现（如图 16-9 所示）。

图 16-9　使用 animation-fill-mode 可以在动画播放前或播放后应用动画样式

这里的深色盒子代表动画的持续时间。animation-fill-mode 的初始值是 none，意思是动画执行前或执行后动画样式都不会应用到元素上。如果设置 animation-fill-mode: backwards，在动画执行之前，浏览器就会取出动画中第一帧的值，并把它们应用在元素上；使用 forwards 会在动画播放完成后仍然应用最后一帧的值；使用 both 会同时向前和向后填充。

为页面添加后向填充模式可以修复动画开始时的元素跳动。将代码清单 16-10 更新到样式表中。

代码清单 16-10 使用后向动画填充模式

```
.flyin-grid__item {
  animation: fly-in 600ms ease-in;
  animation-fill-mode: backwards;     <-- 动画开始之前应用第一帧上的动画样式
}
```

这样就可以使动画的初始状态暂停在第一帧，等待动画的播放。现在，在动画开始之前，网格元素向后移动了 800px，旋转了 90 度，opacity 设为 0，准备好了迎接动画开始。

因为动画结束时元素就停在它们本来的位置，所以我们不需要设置前向填充，卡片已经完美地从动画的最后一帧变到了元素的静止位置。

16.4 通过动画传递意图

人们对动画有个普遍误解，即它们只是用来让页面变得有趣，没有什么实际用处。有时候确实是这样的（就像上一个例子），但不总是这样。有些非常好的动画不是最后才加上的，而是融入到了开发过程中。它们向用户传达页面上某些事物的特殊含义。

16.4.1 反馈用户操作

动画可以向用户表明按钮被点击了或者消息被接收了。如果你曾经提交过表单，回想一下是否经常记不清自己点没点过注册按钮，就知道这有多重要了。

在新页面上创建一个包含提交按钮的小表单。然后我们会再添加一个旋转指示器，让用户知道表单正在发送，浏览器正在等待服务器的响应。表单如图 16-10 所示，由一个标签、一个文本域和一个按钮组成。

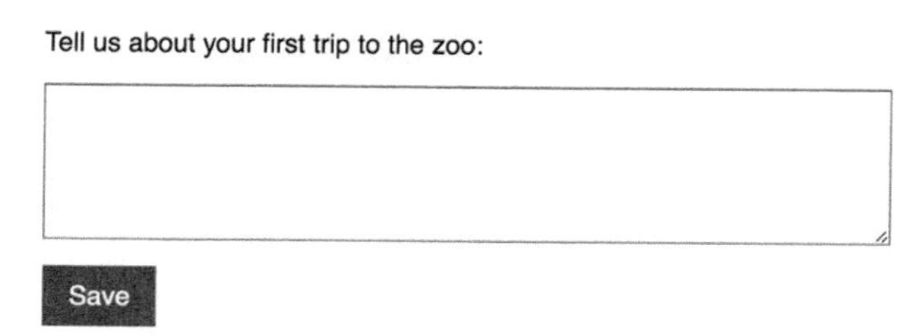

图 16-10 一个带 Save 按钮的简单的表单

新建一个页面和空白样式表，用来添加表单。把代码清单 16-11 中的 HTML 加进去。

代码清单 16-11 带 Save 按钮的表单

```
<!doctype html>
<html lang="en">
  <head>
    <link rel="stylesheet" href="style.css">
  </head>
  <body>
```

```
    <form>
      <label for="trip">Tell us about your first trip to the zoo:</label>
      <textarea id="trip" name="about-my-trip" rows="5"></textarea>    ◁— 文本域
      <button type="submit" id="submit-button">Save</button>    ◁— 提交按钮
    </form>
  </body>
</html>
```

我们先添加一些 CSS，让页面有合适的布局和样式，之后再加入一些有意义的动画效果来增强用户体验。把代码清单 16-12 加入到样式表。

代码清单 16-12　调整表单布局并添加样式

```
body {
  font-family: Helvetica, Arial, sans-serif;
}

form {
  max-width: 500px;    ◁— 限制表单最大宽度
}

label,
textarea {
  display: block;
  margin-bottom: 1em;
}

textarea {
  width: 100%;
  font-size: inherit;
}

button {
  padding: 0.6em 1em;
  border: 0;
  background-color: hsl(220, 50%, 50%);    | 带白色文字的
  color: white;                            | 蓝色按钮
  font: inherit;
  transition: background-color 0.3s linear;
}
button:hover {
  background-color: hsl(220, 45%, 40%);    ◁— 鼠标悬停时加深按钮颜色
}
```

我们假设这个表单是某个大型 Web 应用程序中的一部分。用户点击 Save 按钮的时候，它会发送数据到服务器，或许还会在接收到响应后添加一些新内容到页面上，但是网络连接需要时间。如果用户在等待响应的时候，可以有一些形象的指示告诉他们内容已经提交了，很快就会有反馈，那么他们心里就会比较踏实。通常情况下我们会使用动画来提供这种指示。

我们可以修改 Save 按钮，增加一种“正在加载”的状态。这时候按钮文字隐藏起来，用一个旋转图标代替（如图 16-11 所示）。用户提交表单时，我们使用 JavaScript 为按钮添加 `is-loading`

类，动画效果就出来了。

Tell us about your first trip to the zoo:

I took my first trip to the zoo when I was five years old. My favorite animals were the pigeons at the food court.

图 16-11 用户点击 Save 时，旋转图标出现在按钮上

我们可以用多种不同的方式设计旋转图标。这里使用了我个人比较偏爱的一种设计，一个旋转的月牙形，看上去非常小但效果不错。添加旋转图标需要对 CSS 做两处改动，首先使用边框和边框圆角制作月牙形状，然后设置动画使其旋转起来。要使用这些样式，还需要少量的 JavaScript 语句，在按钮被点击时添加 `is-loading` 类。

相关的 CSS 如代码清单 16-13 所示。这段代码会在按钮上的一个绝对定位的伪元素上添加动画。把它添加到样式表。

代码清单 16-13 定义旋转动画和 `is-loading` 状态

```
button.is-loading {
  position: relative;
  color: transparent;            ◁ 隐藏按钮文字
}
button.is-loading::after {
  position: absolute;
  content: "";
  display: block;
  width: 1.4em;
  height: 1.4em;
  top: 50%;
  left: 50%;                     把伪元素定位
  margin-left: -0.7em;           到按钮中心
  margin-top: -0.7em;
  border-top: 2px solid white;
  border-radius: 50%;
  animation: spin 0.5s linear infinite;   ◁ 重复循环旋转动画
}

@keyframes spin {
  0% {
    transform: rotate(0deg);
  }
  100% {
    transform: rotate(360deg);   ◁ 设置每次循环都旋转一周
  }
}
```

这样就为按钮定义了 `is-loading` 状态。一旦应用，按钮的文字被 `color: transparent`

设置成不可见，且伪元素通过绝对定位放在了按钮的中间。

这里的定位稍微有点麻烦。top 和 left 属性分别把伪元素向下移动了按钮高度的一半、向右移动了按钮宽度的一半，这样伪元素的**左上角**恰好位于按钮的中心点。然后，负外边距又把伪元素分别向上和向左拉回了 0.7em，而 0.7em 正好是按钮宽度和高度的一半。这四个属性作用在一起，使伪元素在按钮的水平和竖直方向上都居中。可以为元素临时加上 is-loading 类，在浏览器的开发者工具中分别调整这些值，体会一下它们是如何使伪元素居中的。

明白伪元素定位后，我们再来看动画。这里使用了一个新的关键字 infinite 赋值给动画重复次数，意思是只要 is-loading 类应用在按钮上，动画就一直重复。动画使用了旋转变换，从 0 度到 360 度，这样就可以把伪元素旋转一整圈。动画的结尾恰好使元素停留在开始的位置，看上去动画每次重复都无缝衔接。

把代码清单 16-14 中 script 标签添加到网页。这样通过使用 JavaScript 的能力，当按钮被点击的时候，就会添加 is-loading 类。把这段代码放到</body>闭合标签前面。

代码清单 16-14　按钮被点击的时候添加 is-loading 类

```
<script type="text/javascript">
  var input = document.getElementById('trip');
  var button = document.getElementById('submit-button');

  button.addEventListener('click', function(event) {
    event.preventDefault();                        ← 阻止表单提交
    button.classList.add('is-loading');            ← 显示加载旋转图标
    button.disabled = true;
    input.disabled = true;
                                                   ← 这里的代码会使用 JavaScript 提交表单数据
  });
</script>
```

点击 Save 按钮的时候，prevent-Default()阻止了正常的表单提交。这样在系统上使用 JavaScript 提交表单数据的时候，可以让用户停留在当前页面，不会跳转离开。在此期间，输入功能是禁止的，is-loading 类添加到了按钮上，旋转指示器会显示出来。加载页面并点击按钮，查看旋转指示器的展示效果。

这里我们没有真的提交表单数据，因为在这个演示中没有可提交数据的服务器。但在真正开发应用程序的时候，一旦服务器响应，需要恢复表单输入并移除 is-loading 类。我们这里只是为了演示，刷新页面就可以重置表单和移除 is-loading 类。

16.4.2　吸引用户的注意力

动画也可以用来把用户的注意力吸引到某些地方。如果预测到用户可能会在文本域中输入较多的内容，我们可以提醒用户在输入的时候及时保存。使用动画快速摇动按钮，就可以提示用户保存他们输入的内容（如图 16-12 所示）。

图 16-12 快速左右移动按钮，产生摇晃效果

多次快速左右变换元素，就可以产生摇晃效果。我们可以定义一个关键帧动画，并使用 shake 类把动画应用到按钮元素上。将代码清单 16-15 添加到样式表。

代码清单 16-15 定义摇晃动画

```
.shake {
  animation: shake 0.7s linear;
}
@keyframes shake {
  0%,
  100% {
    transform: translateX(0);
  }
  10%,
  30%,
  50%,
  70% {
    transform: translateX(-0.4em);
  }
  20%,
  40%,
  60% {
    transform: translateX(0.4em);
  }
  80% {
    transform: translateX(0.3em);
  }
  90% {
    transform: translateX(-0.3em);
  }
}
```

- 动画执行期间，在多个位置使用相同的关键帧定义
- 向左移动元素
- 向右移动元素
- 最后一次摇晃的时候降低移动幅度

我们在这个动画中增加了一些新的东西，即多次应用相同的关键帧定义。

在开始（0%）和结束（100%）关键帧，元素位于默认位置。因为这两个关键帧使用的值相同，所以我们可以只定义一次属性值，使用逗号分隔。10%、30%、50%和 70%处的关键帧也一样，都是把元素向左移动，而 20%、40%和 60%处的关键帧是把元素向右移动。80%和 90%两个关键帧分别向右侧和左侧移动元素，但是幅度稍小。

动画一共四次摇动了元素，其中第四次幅度有所降低，用来模拟运动即将结束慢下来的过程。

你也可以暂时把 shake 类添加到按钮上，页面加载的时候直接查看动画效果。

说明　样式表中的动画可以多次重复调用，因此动画的定义不需要和最终使用动画的模块放在一起。我喜欢把所有@keyframe 定义都聚集在一起，放在样式表接近末尾的地方。

最后，在我们认为用户可能需要保存输入的时候，使用 JavaScript 播放动画。可以使用 keyup 事件监听器和超时函数来实现。当用户向文本域输入字符的时候，我们可以设置一个一秒的超时函数，向按钮添加 shake 类。如果用户在一秒结束之前输入了其他字符，我们就清除计时，重新设置一个。按照代码清单 16-16 更新页面里的 script 标签。

代码清单 16-16　一秒延迟后添加 shake 类

```
<script type="text/javascript">
  var input = document.getElementById('trip');
  var button = document.getElementById('submit-button');

  var timeout = null;                          ← 定义一个变量，指向超时函数

  button.addEventListener('click', function(event) {
    event.preventDefault();
    clearTimeout(timeout);                     ← 取消等待的超时函数（如果有的话）
    button.classList.add('is-loading');
    button.disabled = true;
    input.disabled = true;
  });

  input.addEventListener('keyup', function() {
    clearTimeout(timeout);                     ← 取消等待的超时函数（如果有的话）
    timeout = setTimeout(function() {
      button.classList.add('shake');           1s 等待后，添加 shake 类
    }, 1000);
  });
  button.addEventListener('animationend', function() {
    button.classList.remove('shake');          动画结束后移除 shake 类
  });
</script>
```

现在加载页面并在文本域中输入一些文字。等待一秒后，保存按钮会出现摇晃。只要我们持续输入，计时器会不断地重置，摇晃动画不会出现，直到下一次停止输入超过一秒后。这样摇晃的按钮不会总是打断用户，只在用户停下来的时候才会触发。

我们也用到了 JavaScript 的 animationend 事件。摇晃动画播放结束时才会触发这个事件。事件触发后，shake 类会从按钮上移除，这样会在用户下次输入并停下来时重新添加 shake 类，并再次播放动画。

像这样使用 JavaScript 添加和移除类可能是最简单的操作动画的方式，但如果你特别熟悉这门语言，还有一整套处理 CSS 动画的 API，包含暂停、取消和逆向播放动画的能力。要想了解更多信息，可以查看 MDN 文档 *Animation*。

不论加载指示器还是摇晃的保存按钮，这些动画都向用户传达了很多信息，而且不需要用户

阅读任何说明。它们都直接表达了各自的含义，使用的 UI 也不显得突兀。

我们在开发 Web 应用程序的时候，应该经常思考是否可以使用动画向用户提供有价值的反馈，即使是非常小的动画。可能是在发送邮件的时候，文本域可以飞出屏幕边缘；或者删除草稿的时候，使用动画可以让草稿缩小直至消失。动画不需要多么显眼或者炫酷，只需要对用户产生回应，让他们知道自己的操作是在按预期进行。

可以考虑使用预定义关键帧动画集，推荐一个优秀的网站：animista。它提供了非常大的动画库可供选择，包含像果冻一样的弹跳、滚动和摇晃等效果。

16.5 最后一点建议

对很多 Web 开发者来讲，CSS 是一种让人望而生畏的语言。它一脚踩在设计领域，另一脚踩在代码世界。CSS 语言中有些内容不是很直观，特别是对于那些自学的开发者。我希望本书可以帮你找到一些门道。

我们已经深入学习了这门语言中最基础的部分，也学习了一些页面布局中容易产生疑惑的内容。其中涵盖了很多话题，从如何组织 CSS 使代码易于维护，到最新的布局方式。我们还尝试进入设计领域，构建了实用且生动美观的界面。

我最后再给你一条建议，就是保持好奇心。我已经向你介绍了 CSS 工具集里的一大批工具，但这些工具可以组合和匹配的方式是无穷无尽的。当你看到令人赞叹的 Web 页面的时候，打开浏览器的开发者工具，试着去弄清楚它是如何实现的。多多在线关注那些制作创意演示或者提供趣味教程的开发者和设计师，多多尝试新事物，持续学习。

16.6 总结

- 使用关键帧动画定义动画中的关键点。
- 使用前向和后向填充模式使动画的开始或结束无缝衔接。
- 在恰当的时间使用 JavaScript 触发动画。
- 为 Web 页面添加动画，无须华丽炫酷，只需针对用户交互传达正确的含义。

附录 A

选择器

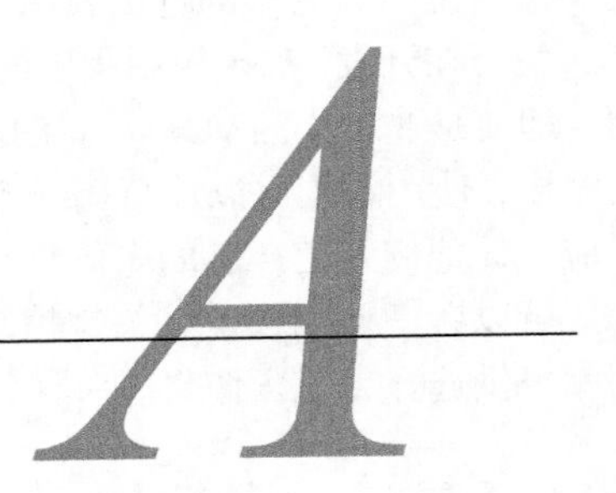

选择器可以选中页面上的特定元素并为其指定样式。CSS 有各种各样的选择器。

A.1 基础选择器

- tagname——类型选择器或者标签选择器。该选择器匹配目标元素的标签名。它的优先级是 0,0,1。例如：p、h1、strong。
- .class——类选择器。该选择器匹配 class 属性中有指定类名的元素。它的优先级是 0,1,0。例如：.media、.nav-menu。
- #id——ID 选择器。该选择器匹配拥有指定 ID 属性的元素。它的优先级是 1,0,0。例如：#sidebar。
- *——通用选择器。该选择器匹配所有元素。它的优先级是 0,0,0。

A.2 组合器

组合器将多个基础选择器连接起来组成一个复杂选择器。例如，在.nav-menu li 选择器中，两个基础选择器之间的空格被称作**后代组合器**（descendant combinator）。它表示目标元素<li>是一个拥有 nav-menu 类的元素的后代。后代组合器是最常见的组合器。不过还存在其他几个组合器，它们分别代表了元素的某种特定关系。

- **子组合器**（>）——匹配的目标元素是其他元素的直接后代。例如：.parent > .child。
- **相邻兄弟组合器**（+）——匹配的目标元素紧跟在其他元素后面。例如：p + h2。
- **通用兄弟组合器**（~）——匹配所有跟随在指定元素之后的兄弟元素。注意，它不会选中目标元素之前的兄弟元素。例如：li.active ~ li。

复合选择器

多个基础选择器可以连起来（不使用空格或者其他组合器）组成一个**复合**（compound）选择器（例如：h1.page-header）。复合选择器选中的元素将匹配其**全部**基础选择器。例如，.dropdown.is-active 能够选中<div class="dropdown is-active">，但是无法选中<div class="dropdown">。

A.3　伪类选择器

伪类选择器用于选中处于某个特定状态的元素。这种状态可能是由于用户交互，也可能是由于元素相对于其父级或兄弟元素的位置。伪类选择器始终以一个冒号（:）开始。优先级等于一个类选择器（0,1,0）。

- :first-child——匹配的元素是其父元素的第一个子元素。
- :last-child——匹配的元素是其父元素的最后一个子元素。
- :only-child——匹配的元素是其父元素的唯一一个子元素（没有兄弟元素）。
- :nth-child(*an+b*)——匹配的元素在兄弟元素中间有特定的位置。公式 *an+b* 里面的 a 和 b 是整数，该公式指定要选中哪个元素。要了解一个公式的工作原理，请从 0 开始代入 n 的所有整数值。公式的计算结果指定了目标元素的位置。下表给出了一些例子。

选　择　器	目标元素	结　　果	描　　述
:nth-child(n)	0, 1, 2, 3, 4, …	■■■■■■■■■	所有元素
:nth-child(2n)	0, 2, 4, 6, 8, …	□■□■□■□■□	偶数元素
:nth-child(3n)	0, 3, 6, 9, 12, …	□□■□□■□□■	每一个第三个元素
:nth-child(3n+2)	2, 5, 8, 11, 14, …	□■□□■□□■□	从第二个元素开始的每个第三个元素
:nth-child(n+4)	4, 5, 6, 7, 8, …	□□□■■■■■■	从第四个元素开始的每个元素
:nth-child(-n+4)	4, 3, 2, 1, 0, …	■■■■□□□□□	前四个元素

- :nth-last-child(*an+b*)——类似于:nth-child()，但不是从第一个元素往后数，而是从最后一个元素往前数。括号内的公式与:nth-child()里的公式的规则相同。
- :first-of-type——类似于:first-child，但不是根据在全部子元素中的位置查找元素，而是根据拥有相同标签名的子元素中的数字顺序查找第一个元素。
- :last-of-type——匹配每种类型的最后一个子元素。
- :only-of-type——该选择器匹配的元素是满足该类型的唯一一个子元素。
- :nth-of-type(*an+b*)——根据目标元素在特定类型下的数字顺序以及特定公式选择元素，类似于:nth-child。
- nth-last-of-type(*an+b*)——根据元素类型以及特定公式选择元素，从其中最后一个元素往前算，类似于:nth-last-child。
- :not(<*selector*>)——匹配的元素不匹配括号内的选择器。括号内的选择器必须是基础选择器，它只能指定元素本身，无法用于排除祖先元素，同时不允许包含另一个排除选择器。
- :empty——匹配的元素必须没有子元素。注意，如果元素包含空格就无法由该选择器匹配，因为空格在 DOM 中属于文本节点。写作本书时，W3C 正在考虑:blank 伪类选择器，它跟:empty 的行为类似，但是能选中仅包含空格的元素，目前还没有浏览器支持:blank。

- :focus——匹配通过鼠标点击、触摸屏幕或者按 Tab 键导航而获得焦点的元素。
- :hover——匹配鼠标指针正悬停在其上方的元素。
- :root——匹配文档根元素。对 HTML 来说，这是<html>元素，但是 CSS 还可以应用到 XML 或者类似于 XML 的文档上，比如 SVG。在这些情况下，该选择器的选择范围更广。

还有一些表单域相关的伪类选择器。其中一些是在选择器 Level4 版本的规范中提出或者修订的，因此在 IE10 以及其他一些浏览器中不受支持。请在 Can I Use 网站上查看兼容情况。

- :disabled——匹配已禁用的元素，包括 input、select 以及 button 元素。
- :enabled——匹配已启用的元素，即那些能够被激活或者接受焦点的元素。
- :checked——匹配已经针对选定的复选框、单选按钮或选择框选项。
- :invalid——根据输入类型中的定义，匹配有非法输入值的元素。例如，当<input type="email">的值不是一个合法的邮箱地址时，该元素会被匹配（Level4）。
- :valid——匹配有合法值的元素（Level4）。
- :required——匹配设置了 required 属性的元素（Level4）。
- :optional——匹配没有设置 required 属性的元素（Level4）。以上并未列出全部伪类选择器。请参阅 MDN 文档 *Pseudo-classes*，查看 MDN 上的完整清单。

A.4　伪元素选择器

伪元素类似于伪类，但是它不匹配特定状态的元素，而是匹配在文档中没有直接对应 HTML 元素的特定部分。伪元素选择器可能只匹配元素的一部分，甚至向 HTML 标记中未定义的地方插入内容。

这些选择器以双冒号（::）开头，尽管大多数浏览器也支持单冒号的语法以便向后兼容。伪元素选择器的优先级与类型选择器（0,0,1）相等。

- ::before——创建一个伪元素，使其成为匹配元素的第一个子元素。该元素默认是行内元素，可用于插入文字、图片或其他形状。必须指定 content 属性才能让元素出现，例如：.menu::before。
- ::after——创建一个伪元素，使其成为匹配元素的最后一个子元素。该元素默认是行内元素，可用于插入文字、图片或其他形状。必须指定 content 属性才能让元素出现，例如：.menu::after。
- ::first-letter——用于指定匹配元素的第一个文本字符的样式，例如：h2::first-letter。
- ::first-line——用于指定匹配元素的第一行文本的样式。
- ::selection——用于指定用户使用鼠标高亮选择的任意文本的样式。通常用于改变选中文本的 background-color。只有少数属性可以使用，包括 color、background-color、cursor、text-decoration。

A.5　属性选择器

属性选择器用于根据 HTML 属性匹配元素。其优先级与一个类选择器（0,1,0）相等。

- [attr]——匹配的元素拥有指定属性 attr，无论属性值是什么，例如：input[disabled]。
- [attr="value"]——匹配的元素拥有指定属性 attr，且属性值等于指定的字符串值，例如：input[type="radio"]。
- [attr^="value"]——“开头”属性选择器。该选择器匹配的元素拥有指定属性 attr，且属性值的开头是指定的字符串值，例如：a[href^="https"]。
- [attr$="value"]——“结尾”属性选择器。该选择器匹配的元素拥有指定属性 attr，且属性值的结尾是指定的字符串值，例如：a[href$= ".pdf"]。
- [attr*="value"]——“包含”属性选择器。该选择器匹配的元素拥有指定属性 attr，且属性值包含指定的字符串值，例如：[class*="sprite-"]。
- [attr~="value"]——“空格分隔的列表”属性选择器。该选择器匹配的元素拥有指定属性 attr，且属性值是一个空格分隔的值列表，列表中的某个值等于指定的字符串值，例如：a[rel~="author"]。
- [attr|="value"]——匹配的元素拥有指定属性 attr，且属性值要么等于指定的字符串值，要么以该字符串开头且紧跟着一个连字符（-）。适用于语言属性，因为该属性有时候会指定一种语言的子集（比如墨西哥西班牙语，es-MX，或者普通的西班牙语，es），例如：[lang|="es"]。

不区分大小写的属性选择器

上述属性选择器都是区分大小写的。选择器规范 Level4 提出了一种不区分大小写的修饰符，可以作用于任何属性选择器。它的用法是将 i 添加到结束方括号前面，例如：input[value="search"i]。

很多浏览器还不支持该特性。不支持的浏览器会直接忽略。因此，如果使用了不区分大小写修饰符，请确保提供一个常规的区分大小写的回退方案。

附录 B

预处理器

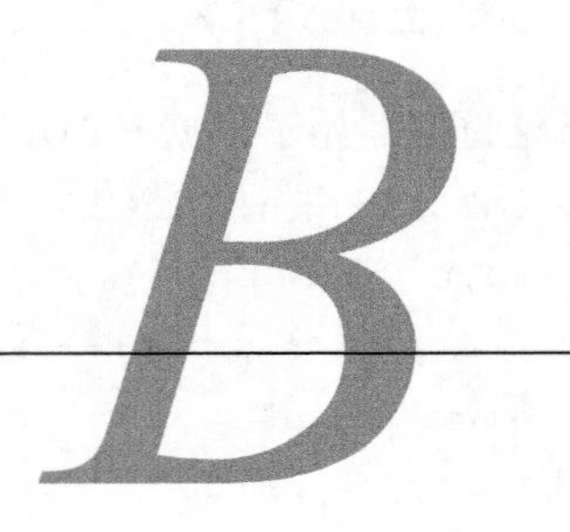

对现代 CSS 工作流来讲，使用预处理器是必不可少的一部分。预处理器不仅有助于提高代码书写效率，而且有助于维护基础代码。例如，我们有时候只需要写几行代码，然后在整个样式表中复用它。

预处理器的工作原理是把我们写的源文件转译成输出文件，即常规 CSS 样式表。大部分情况下，源文件看上去和常规 CSS 差不多，只是增加了一些额外的特性。使用了预处理器变量的简单示例如下代码片段所示。

```
$brand-blue: #0086b3;

a:link {
  color: $brand-blue;
}

.page-heading {
  font-size: 1.6rem;
  color: $brand-blue;
}
```

这段代码片段定义了一个名为$brand-blue 的变量，用在了样式表后面的两个不同的地方。使用 Sass 预处理器运行的时候，整个样式表中的变量都被替换了，输出了下面的 CSS。

```
a:link {
  color: #0086b3;
}

.page-heading {
  font-size: 1.6rem;
  color: #0086b3;
}
```

我们需要明确一件事情，对浏览器而言，因为最终输出是常规 CSS，所以预处理器不会向语言添加任何新特性。但对作为开发者的我们来讲，预处理器确实提供了许多方便。

在前面的例子中，使用变量代表颜色值，就可以多次重复使用它，而不需要每次复制粘贴十六进制码。生成输出文件的过程中，预处理器替我们做了重复复制这件事情。这也意味着我们可以在一个地方修改变量值，改动会传递到整个样式表。

预处理器有好几种，其中比较流行的两个是 **Sass** 和 **Less**。因为 Sass 是最流行的预处理器，所以在本附录里我会主要介绍它。Less 和 Sass 类似，主要在一些语法细节上有所区别。例如，Sass 使用$来表示变量（`$brand-blue`），而 Less 使用@符号（`@brand-blue`）。本附录中提到的所有 Sass 特性，Less 都支持，可以浏览 Less 的官方文档查看语法上的区别。

B.1　Sass

使用 Sass 之前，需要先确定几件事情。首先是使用哪种实现方案。Sass 是用 Ruby 写的，但因为这种实现方式在编译大型样式表的时候比较慢，所以建议使用 **LibSass**，这是用 C/C++实现的 Sass 编译器。

如果你对 JavaScript 和 Node 环境比较熟悉，可以通过 npm 包管理工具安装 node-sass，也可以获取 LibSass。如果还没有安装 Node.js，可以在 Node.js 网站上找到它（免费），按照上面的指导进行下载安装即可。后面会介绍相关的操作命令，但如果你想对 npm 了解更多，或者遇到问题需要求助，可以访问 npm 文档。

B.1.1　安装 Sass

要安装 Sass，先在终端中新建一个项目目录，并进入该目录，然后运行下面两条命令。

- `npm init -y`——初始化一个新的 npm 项目，创建 package.json 文件。有关该文件的更多信息，参见第 10 章（10.1.1 节）。
- `npm install --save-dev node-sass`——安装 `node-sass` 包，并把它作为开发依赖写入 package.json。

说明　在 Windows 系统中，还需要安装 `node-gyp` 包。更多信息可以查看 GitHub 网站的 sass/node-sass 网页。

第二个需要确认的事情是使用哪种语法。Sass 支持两种语法：Sass 和 SCSS。它们的语言特性一样，但 Sass 语法去掉了所有的大括号和分号，严格使用缩进来表示代码结构，如下代码所示。

```
body
  font-family: Helvetica, sans-serif
  color: black
```

这有点类似于 Ruby 和 Python 这样的编程语言，空格是有意义的。SCSS 语法使用大括号和分号，因此看起来更像常规 CSS，如下代码所示。

```
body {
  font-family: Helvetica, sans-serif;
  color: black;
}
```

相对来讲，使用 SCSS 更普遍一些。如果你不太确定，建议选择 SCSS，我们在本附录中也是使用 SCSS。

说明　SCSS 文件使用.scss 扩展名，Sass 文件使用.sass 扩展名。

B.1.2　运行 Sass

现在已经安装好了 Sass，我们开始创建样式表。在项目目录新建两个子文件夹，分别叫作 sass 和 build。我们会把源文件放在 sass 文件夹，Sass 会使用这些文件来生成 CSS 文件，并放到 build 文件夹。接下来，编辑 package.json 文件。按照代码清单 B-1 修改 `scripts` 入口。

代码清单 B-1　为 package.json 添加一条 sass 命令

```
"scripts": {
  "sass": "sass sass/index.scss build/styles.css"
},
```

这样就定义了一条 `sass` 命令，运行的时候会把 sass/index.scss 编译成 build/styles.css 这个新文件。目前项目中还不存在 sass/index.scss 文件，先创建它，Sass 源码会放在这里面。运行 `npm run sass`，执行这条命令，就会生成（或者覆盖）build/styles.css 样式表。

提示　像 Grunt、Gulp 和 Webpack 这些常见的任务构建工具，会有一些可以使用的插件，比如 gulp-sass。如果你想使用插件，可以找一款 Sass 或者 Less 的，集成到自己最熟悉的工作流中。

B.1.3　理解 Sass 的核心特性

前面已经展示过 Sass 变量的例子了（`$brand-blue`）。把代码清单 B-2 中的代码添加到 index.scss 文件中，看看 Sass 是如何编译的。

代码清单 B-2　Sass 变量

```
$brand-blue: #0086b3;          <-- 定义变量

a:link {
  color: $brand-blue;          <-- 使用变量
}

.page-heading {
  font-size: 1.6rem;
  color: $brand-blue;          <-- 使用变量
}
```

运行 `npm run sass`，可以把上面的代码编译成 CSS。输出文件（build/styles.css）如下所示。

```
a:link {
  color: #0086b3; }

.page-heading {
  font-size: 1.6rem;
  color: #0086b3; }

/*# sourceMappingURL=styles.css.map */
```

变量已经被替换为十六进制颜色值，浏览器现在可以直接运行了。同时 Sass 还生成了一个源映射文件，并添加了一条注释到样式表的底部，来标明**源映射**（source map）的路径。

> **源映射**——一个特殊文件，计算机可以用它来追踪生成后的代码（在我们这里是 CSS）中每一行对应的源代码中的那一行（Sass）。这个映射文件可以用在一些调试器中，包括浏览器的开发者工具。

你可能注意到编译后的代码没有被很好地格式化，闭合大括号带到了上一行，有时候空行也可能会删除。这些都没关系，因为浏览器不会关心这些空格。我会把本附录里接下来的例子中的代码格式处理好，这样结构清晰更易于理解。

1. 行内计算

Sass 同样支持使用`+`、`-`、`*`、`/`和`%`（除法取整）进行行内计算。这样我们就可以从一个初始值获得多个值，如代码清单 B-3 所示。

代码清单 B-3　使用行内计算

```
$padding-left: 3em;

.note-author {
  left-padding: $padding-left;      <-- 使用变量
  font-weight: bold;
}

.note-body {
  left-padding: $padding-left * 2;      <-- 变量乘以 2
}
```

使用 `npm run sass` 编译源码，生成了下面的输出。

```
.note-author {
  left-padding: 3em;
  font-weight: bold;
}

.note-body {
  left-padding: 6em;
}
```

这个特性在两个值相关但不同的时候特别有用。在本例中，无论$padding-left 的值是多少，note-body 的左侧内边距总是 note-author 的两倍。

2. 嵌套选择器

Sass 允许在代码块内嵌套选择器。你可以使用嵌套把有关联的代码分到一组，如代码清单 B-4 所示。

代码清单 B-4 嵌套选择器

```
.site-nav {
  display: flex;

  > li {                     <—— 嵌套选择器
    margin-top: 0;

    &.is-active {            <—— &符号代表将插入
      display: block;            外层选择器的位置
    }
  }
}
```

Sass 会把外层声明块的选择器与嵌套选择器合并。示例代码编译为如下所示。

```
.site-nav {
  display: flex;
}

.site-nav > li {
  margin-top: 0;
}

.site-nav > li.is-active {
  font-weight: bold;
}
```

默认情况下，外层的.site-nav 选择器会自动添加到编译代码的每个选择器前面，拼接的位置还会插入一个空格。要修改默认操作，可以使用&符号代表外层选择器想要插入的位置。

警告 嵌套会提高最终生成的选择器的优先级，使用嵌套的时候要小心，避免嵌套层级过深。

也可以在声明块内嵌套媒体查询，这样可以用来避免重复书写相同的选择器，如代码清单 B-5 所示。

代码清单 B-5 嵌套媒体查询

```
html {
  font-size: 1rem;
                                     声明块内的
  @media (min-width: 45em) {   <——   媒体查询
    font-size: 1.25rem;
```

```
  }
}
```

这段代码编译成了如下。

```
html {
  font-size: 1rem;
}

@media (min-width: 45em) {
  html {
    font-size: 1.25rem;
  }
}
```

这样的话，如果你要修改选择器，就不必再去媒体查询里面修改对应的选择器了。

3. 局部文件（@IMPORT）

局部文件可以允许你把样式分割成多个独立的文件，Sass 会把这些文件拼接在一起生成一个文件。使用局部文件可以按照自己的想法随意组织文件，但最终只提供给浏览器一个文件，这样可以减少网络请求的数量。

在项目中新建 sass/button.scss 文件，添加代码清单 B-6 中的样式到文件中。

代码清单 B-6 按钮局部样式表

```
.button {
  padding: 1em 1.25em;
  background-color: #265559;
  color: #333;
}
```

然后在 index.scss 中使用`@import` 规则引入这个局部样式表，写法如代码清单 B-7 所示。

代码清单 B-7 引入局部文件

```
@import "button";          <—— 局部文件的路径
```

运行 Sass 的时候，局部文件会被编译，然后插入到`@import` 规则指定的地方。

我认为这是预处理器最重要的特性。随着样式表越来越大，滚动上千行代码去寻找样式表中相关的部分变得非常困难。使用这个特性可以把样式表打散，变成一系列小巧的模块，同时又不会造成网络性能下降。想要了解更多，可以查看第 9 章的附加栏"预处理器和模块化 CSS"。

4. 混入

混入（mixin）是一小段 CSS 代码块，可以在样式表任意地方复用。如果有一段特定的字体样式需要在多个地方使用，或者类似于清除浮动这样常用的重复规则（4.2 节讨论过），使用混入就比较合适。

混入使用`@mixin` 规则来定义，使用`@include` 规则来调用。这里有个清除浮动的混入示例，如代码清单 B-8 所示。

代码清单 B-8　清除浮动混入

```
@mixin clearfix {            ← 定义一个混入，命名为 clearfix
  &::before {                ← 嵌套选择器
    display: table;
    content: " ";
  }

  &::after {                 ← 嵌套选择器
    clear: both;
  }
}

.media {
  @include clearfix;         ← 调用混入
  background-color: #eee;
}
```

预处理器会提取 mixin 中的代码，替换到`@include`规则所在的位置。最终的代码如下所示。

```
.media {
  background-color: #eee;
}
.media::before {
  display: table;
  content: " ";
}

.media::after {
  clear: both;
}
```

注意，最终编译生成的代码中没有了 clearfix。混入的内容只会添加到样式表中用到了它的地方。

你还可以定义带参数的混入，就像平时编程中使用的函数一样。代码清单 B-9 展示的混入，定义了一个警告框。其中有两个参数`$color`和`$bg-color`，它们是混入的作用域内定义的变量。

代码清单 B-9　带参数的混入

```
@mixin alert-variant($color, $bg-color) {    ← 定义一个包含两个参数的混入
  padding: 0.3em 0.5em;
  border: 1px solid $color;                  ← 参数变量可以在混入中使用
  color: $color;
  background-color: $bg-color;
}

.alert-info {
  @include alert-variant(blue, lightblue)    ← 把值传到混入中
}

.alert-danger {
  @include alert-variant(red, pink)          ← 把值传到混入中
}
```

每次调用混入，都可以传递不同的值。这些值指定为对应的两个变量。上面的这段代码最终输出的 CSS 如下。

```
.alert-info {
  padding: 0.3em 0.5em;
  border: 1px solid blue;
  color: blue;
  background-color: lightblue;
}

.alert-danger {
  padding: 0.3em 0.5em;
  border: 1px solid red;
  color: red;
  background-color: pink;
}
```

混入又一次实现了复用同一段代码，但在这种情况下，最终生成了两个不同的版本。生成的代码不同，是因为传递的参数值不一样。

警告 过去，混入特性经常用来为某些 CSS 属性混入带前缀的写法。例如，`border-radius` 混入可能代表`-webkit-border-radius`、`-moz-border-radius` 和 `border-radius` 三个属性。我不太建议你这么使用混入特性，可以考虑使用 Autoprefixer 来代替（想了解更多内容，可以查看本附录后面的“PostCSS”部分）。

5. 扩展

sass 还支持`@extend` 规则。这和 mixin 类似，但编译方式有所不同。对于扩展，sass 不会多次复制相同的声明，而是把选择器组合在一起，这样它们就会包含同样的规则。最好还是通过示例来演示。在代码清单 B-10 中，`.message` 包含的规则被扩展到另外两个规则集中。

代码清单 B-10 扩展基础类

```
.message {
  padding: 0.3em 0.5em;
  border-radius: 0.5em;
}

.message-info {
  @extend .message;          <-┐
  color: blue;                 │
  background-color: lightblue; │  和.message 类
}                              │  共享样式
                               │
.message-danger {              │
  @extend .message;          <-┘
  color: red;
  background-color: pink;
}
```

上面的代码会生成如下输出。

```
.message,
.message-info,
.message-danger {
  padding: 0.3em 0.5em;
  border-radius: 0.5em;
}

.message-info {
  color: blue;
  background-color: lightblue;
}

.message-danger {
  color: red;
  background-color: pink;
}
```

注意，Sass 复制了`.message-info`和`.message-danger`选择器，并上移到第一个规则集。这样做的好处是标记只需要引用一个类，无须两个都引入，从`<div class="message message-info">`变成了`<div class="message-info">`。因为现在 `message-info` 类也包含 `message` 类中所有的样式，所以再引入 `message` 类就变得多余。

警告　`@extend` 不同于 mixin，它会把选择器移动到样式表中更靠前的位置。这就意味着我们写的源码的最终顺序可能跟预期不完全相同，这就会影响样式叠加的效果。

`@extend` 的输出长度通常会比 mixin 短一些。这是显而易见的，也很容易想到`@extend` 更好一些，因为它最终输出的样式表更小（因此网络传输速度更快）。但也要知道 mixin 产生的大量重复代码，使用 gzip 可以压缩得比较小。只要你的服务器使用 gzip 压缩处理过所有的网络传输（当然，也应该这么做），增加的这些重复代码通常会比预期小得多。

但也不要为了性能优化就完全放弃 mixin，只用`@extend`。要考虑代码的组织方式，具体问题具体分析，看看 mixin 和 extend 哪种更合适。通常情况下，你可能更倾向于使用 mixin，只有当需要减少 HTML 中填写的类名数量的时候才考虑使用`@extend`，如代码清单 B-10 所示。

6. 颜色处理

Sass 还有个不错的特性，它有一堆处理颜色的函数。如果你需要两个同类的颜色（比如，同一种绿色的较浅和较深版本），可以使用代码清单 B-11 中的函数来生成。

代码清单 B-11　Sass 颜色函数

```
$green: #63a35c;

$green-dark: darken($green, 10%);     ← 加深 10%
$green-light: lighten($green, 10%);   ← 减淡 10%
```

```
$green-vivid: saturate($green, 20%);
$green-dull: desaturate($green, 20%);       调整饱和度

$purple: adjust-hue($green, 180deg);        在色相环上
$yellow: adjust-hue($green, -70deg);        旋转颜色

$green-transparent: rgba($green, 0.5);   ◁ 调整透明度
```

通过这些函数，你可以实现修改一个变量，同时修改相关联的其他颜色值。这样就不必把所有颜色都存到变量中，可以在需要的属性中直接修改，如下代码所示。

```
.page-header {
  color: $green;
  background-color: lighten($green, 50%);
}
```

如果需要实现更多高级操作，还有一些其他的颜色函数，可以参考这篇文章：*A Visual Guide to Sass & Compass Color Functions*。

7. 循环

针对某个值使用循环，可以生成一系列细小的变化。在第 15 章中，我们使用了几个`:nth-child()`选择器来匹配连续的菜单元素，然后为每个元素添加不同的`transition-delay`（如代码清单 15-10 所示）。这类代码可以更简单地通过 Sass 循环来实现，用到了`@for`规则，如代码清单 B-12 所示。

代码清单 B-12 迭代一组值

```
@for $index from 2 to 5 {                                   ◁ 从 2 到 4 迭代 $index 值
  .nav-links > li:nth-child(#{$index}) {                    ◁ 在选择器中使用变量
    transition-delay: (0.1s * $index) - 0.1s;               ◁ 变量乘以一个时间值
  }
}
```

这样就把相同的代码块输出了好几次，每次变量`$index`的值都会增加。我们在选择器中使用了该变量，是通过`#{}`注释来输出的。最终代码如下所示。

```
.nav-links > li:nth-child(2) {
  transition-delay: 0.1s;
}

.nav-links > li:nth-child(3) {
  transition-delay: 0.2s;
}

.nav-links > li:nth-child(4) {
  transition-delay: 0.3s;
}
```

在原生 CSS 中，修改这种模式的代码比较麻烦。如果我要把过渡延迟改成每次增加 0.15s，

就需要分别手动把每个声明改成 0.15s、0.3s 和 0.45s。如果我想再添加一个重复动作，就需要手动复制代码块并修改所有值。现在有了 Sass 循环，要做修改，只需要编辑数学公式或者修改迭代次数。

8. 它还是 CSS

预处理器不会修改 CSS 的基本原理。我在整本书中讲到的内容，依然全部适用。之所以没有贯穿全书使用 Sass，是因为我希望书中所有话题讲解的都是这门语言本身的知识要点，而不是任何一款预处理器。即使你要使用 Sass，也依然需要深入理解 CSS，但 Sass（或者 Less）可以完成原生 CSS 中绝大部分比较耗时的工作。Sass 是一个非常有用的工具，建议你学会熟练使用它。

B.2　PostCSS

PostCSS 是另一种类型的预处理器。它编译源文件并输出一个处理过的 CSS 文件，这一点上和 Sass 或者 Less 一样，但 PostCSS 是完全依靠插件工作的。如果没有安装插件，输出文件就是没有任何变化的源文件副本。

你能用 PostCSS 实现什么功能，完全取决于你使用哪些插件。你可以使用多个插件，提供和 Sass 一样的功能；也可以只用一两个插件，同时使用 Sass 和 PostCSS 运行代码。如果有需要，你甚至可以用 JavaScript 编写自己的插件。

有一点很重要，PostCSS 运行插件是有顺序的。如果你配置了多个插件，它们的执行顺序有时候影响很大，可能需要反复试验才能使 PostCSS 实现想要的工作方式。具体的配置方法可以查看 PostCSS 文档。

说明　PostCSS 最开始是指发布处理器，因为它通常在预处理器之后运行。PostCSS 已经脱离之前那个特定的工作阶段，但相对于所有工具可以提供的功能范围来说，它是有一些局限的。

B.2.1　使用 Autoprefixer

PostCSS 中最重要的插件可能就是 Autoprefixer 了。这个插件可以将相关的所有浏览器前缀都添加到 CSS 中。想要了解更多有关浏览器前缀的信息，参见第 5 章的附加栏“浏览器前缀”。

如果你的源代码如下所示。

```
.example {
    display: flex;
    transition: all 0.5s;
    background: linear-gradient(to bottom, white, black);
}
```

Autoprefixer 就会添加额外的声明，为旧版浏览器提供带前缀的回退写法，输出如下代码。

```
.example {
    display: -webkit-box;
    display: -ms-flexbox;
```

```
    display: flex;
    -webkit-transition: all .5s;
    transition: all .5s;
    background: -webkit-gradient(linear, left top, left bottom, from(white),
     to(black));
    background: linear-gradient(to bottom, white, black);
}
```

如果你要自己手写所有的浏览器前缀，既耗时又容易出错。同时源码中会增加大量的无意义代码，因为不需要过多关注这些带浏览器前缀的 CSS 如何运行。

你可以为 Autoprefixer 配置想要支持的浏览器列表，如果有需要，它就会自动添加浏览器前缀来支持这些浏览器。例如，使用数组`["ie >= 10", "last 2"]`配置 Autoprefixer，可以确保你的代码兼容（如果可行的话）IE10 及以上版本，以及其他所有浏览器最新的两个版本。Autoprefixer 使用 Can I Use 数据库中的最新数据来确定什么时候需要添加前缀。

在这里强烈建议你哪怕不用任何其他 PostCSS 插件，也要用 Autoprefixer。本书所有的代码示例都没有包含浏览器前缀，就是因为我已经假定你会使用 Autoprefixer 来做这件事情。

B.2.2　使用 cssnext

cssnext 是另一款非常流行的 PostCSS 插件（也可以称之为一组插件）。这款插件希望模拟那些还没有受所有浏览器支持的最新的 CSS 语法（有一些还没有在 CSS 规范中最终确认），为实现这些 CSS 特性使用了很多方法，比如 polyfill 等。

这款插件里的很多特性有点像 Sass 提供的功能，比如嵌套选择器、使用`@apply`规则实现类似于 mixin 的行为、颜色处理函数等。cssnext 中同样也包含 Autoprefixer。在 cssnext 网站点击 Features 链接即可获取插件特性的完整列表。

我们需要知道这些特性中的一部分仍然处在 W3C 研发的早期阶段，在最终定下来之前，几乎可以确定会做一些修改。如果你想体验这些新兴的 CSS 特性，可以使用 cssnext 插件，但是我不建议你将其作为唯一的预处理器规则。随着浏览器为一些 cssnext 特性添加原生支持，从使用 PostCSS 处理这些特性过渡到使用浏览器原生实现，可能会比较困难。有个好办法是把预处理器规则从兼容规则中分离出去。

B.2.3　使用 cssnano

cssnano 是基于 PostCSS 的压缩工具。**压缩工具**（minifier）可以从代码中剥离所有无关的空格，使代码体积尽可能变小，但同时依然保持相同的语法含义。

说明　压缩工具不能代替 gzip 压缩，gzip 是需要服务器来提供的。一般来说，最好是对 CSS 同时使用体积压缩和 gzip 压缩，这样可以减少网络加载时间。

CSS 压缩工具有很多种，但将其作为 PostCSS 构建过程中的一部分，而非单独的步骤，显然更有意义。cssnano 可以让你这么做。

B.2.4　使用 PreCSS

PreCSS 是一款 PostCSS 插件包，提供了一些类似于 Sass 的特性，其中包含了$变量、行内计算、循环和混入等。

如果你感觉同时使用 Sass 和 PostCSS 预处理器运行代码效率不高，可以考虑使用 PostCSS 的 PreCSS 插件包来代替 Sass。PreCSS 和 Sass 不完全相同，如果选择这种替代方案，你就需要查阅 PreCSS 的文档。这是个相对较新的工具，可能不如 Sass 稳定。